Springer-Lehrbuch

Wilhelm Forst · Dieter Hoffmann

Gewöhnliche Differentialgleichungen

Theorie und Praxis - vertieft und visualisiert mit Maple®

2., überarbeitete und aktualisierte Auflage

Wilhelm Forst
Institut für Numerische Mathematik
Universität Ulm
Ulm, Deutschland

Dieter Hoffmann
FB Mathematik und Statistik
Universität Konstanz
Konstanz, Deutschland

ISSN 0937-7433
ISBN 978-3-642-37882-9
ISBN 978-3-642-37883-6 (eBook)
DOI 10.1007/978-3-642-37883-6

Mathematics Subject Classification (2010): 34-01

Die Deutsche Nationalbibliothek verzeichnet diese Publikation in der Deutschen Nationalbibliografie; detaillierte bibliografische Daten sind im Internet über http://dnb.d-nb.de abrufbar.

Springer Spektrum

Gedruckt auf säurefreiem und chlorfrei gebleichtem Papier.

Springer Spektrum ist eine Marke von Springer DE. Springer DE ist Teil der Fachverlagsgruppe Springer Science+Business Media
www.springer-spektrum.de

Auch dieses Buch ist für

Léon, Étienne, Gabriel, Nicolas, Luca, Louise und Matías.

Inhaltsverzeichnis

Vorwort zur ersten Auflage

Es gibt viele gute und auch einige sehr gute Bücher über Gewöhnliche Differentialgleichungen. Das vorliegende Buch versucht keineswegs, allein die Zahl solcher Bücher zu erhöhen; das Hauptziel wird aus dem Untertitel *„Theorie und Praxis“* und dem Zusatz *„vertieft und visualisiert mit Maple“* deutlich. Sein besonderer Reiz liegt in der Kombination einer sehr sorgfältig ausgearbeiteten zeitgemäßen Einführung in die Theorie mit zahlreichen Beispielen und zugehörigen Arbeitsblättern mit *‚Maple vom Feinsten‘*. Das *Computeralgebrasystem* wird so mit den Inhalten der Theorie verknüpft, daß das *Schwergewicht* auf *Erklärung, Vertiefung, Einübung* und *Visualisierung* liegt.

Es wird eine Einführung in die Theorie der Gewöhnlichen Differentialgleichungen gegeben für Mathematiker, Physiker, Wirtschaftswissenschaftler und Ingenieure — allgemeiner auch für Studierende mit Mathematik als Nebenfach. Dabei haben wir durchaus auch die vermehrt eingeführten *Bachelor-Studiengänge* im Blick, bei denen eine angemessene Stoffreduzierung gegenüber vielen herkömmlichen Darstellungen unumgänglich ist.

Gerade auch bei den Differentialgleichungen ist *Visualisierung*, oft gekoppelt mit dynamischen Abläufen, besonders wichtig. Bei uns wird zusätzlich gezeigt, wie man solche Dinge relativ leicht selbst verwirklichen kann.

Solide Grundkenntnisse der Linearen Algebra vorausgesetzt, kann unser Buch nach einer zweisemestrigen Einführung in die Analysis, also ab dem 3. Studiensemester, gewinnbringend für *alle* Studiengänge herangezogen werden. Dem *Lernenden* werden mathematisch ‚saubere‘ und leistungsfähige Methoden an die Hand gegeben, was die praktische Arbeit wesentlich erleichtert. Der *Lehrende* findet ein ansprechendes und ausgefeiltes Buch, das er zur Orientierung oder als Begleittext ohne jeden Vorbehalt empfehlen kann.

Gleich zu Beginn sei ausdrücklich gesagt: Vokabeln wie etwa ‚Leser‘ sollten stets als ‚Leser*in* und Leser‘ verstanden werden. Sprachliche Spielereien wie ‚LeserInnen‘ oder ‚der (die) Leser(in)‘ und Ähnliches finden wir unschön und wenig sinnvoll. Auch wenn wir das nicht fortwährend betonen: *Weibliche und männliche Leser des Buches sind uns gleichermaßen willkommen.*

Das vorliegende Buch kann den *Lernenden* von Beginn an begleiten und als Grundlage oder Ergänzung zu einer Einführung in die Gewöhnlichen Differentialgleichungen im Grundstudium dienen. Es schafft gute Voraussetzungen für die Beschäftigung mit weiterführenden oder allgemeineren Themen und vor allem für die vielfältigen Anwendungen.

Das Buch kann dem *Lehrenden*, der die zu präsentierenden Themen und Methoden stärker heutigen computerunterstützten Möglichkeiten anpassen will, eine gute Hilfe und zuverlässiger Wegweiser sein.

Wir haben uns immer wieder bemüht, dem Leser die zugrundeliegenden Ideen nahezubringen und ihn zum Mitmachen zu animieren. Dies hat die Darstellung stark geprägt.

Zu allen Themen finden sich im Text zahlreiche, meist vollständig durchgerechnete und mit Bedacht ausgewählte **Beispiele**. Die große Fülle der ausgeführten Beispiele zeigt ausgiebig das *„Wie“*, der sonstige Text erläutert das *„Warum“*. Die Maple-Arbeitsblätter zeigen dann, wie man die Dinge mit einem Computeralgebrasystem umsetzen kann. Sie geben vielfältige Anregungen zum selbständigen Experimentieren.

Instruktive und sorgfältig ausgewählte **Abbildungen** tragen — auch schon im Textteil — zur Veranschaulichung des Stoffes bei und erleichtern so das Verständnis.

Auf ein detailliertes Durchgehen der Gliederung des Buches verzichten wir. Das ausführlich gehaltene Inhaltsverzeichnis gibt vorweg genügend Übersicht. Ein erstes Durchblättern dürfte zur Lektüre des gesamten Buches verführen. Es seien nur einige Besonderheiten des Textes erwähnt:

- Anders als in vielen sonstigen Lehrbüchern wird der Stoff an dem orientiert, was in einem Semester im Grundstudium machbar ist. Die vielen ungewöhnlich positiven Rückmeldungen von Studenten und Kollegen zu unserem entprechenden Buch über Funktionentheorie zeigen, daß eine Darstellung der vorgelegten Art sehr willkommen ist.
- Exemplarisch werden *Anwendungsbeispiele* unter verschiedenen Aspekten angesprochen.
- LAPLACE-*Transformationen* werden angemessen behandelt, da sie — besonders für viele Praktiker — ein unverzichtbares Werkzeug darstellen.
- Viele Themen werden relativ früh mit Vorteil für allgemeine *DGL-Systeme* behandelt und dann jeweils auf den zweidimensionalen Fall beziehungsweise Differentialgleichungen höherer Ordnung spezialisiert. Dies erweist sich als fruchtbar und erhöht die Durchsichtigkeit.
- Nach der Pflicht in den ersten 7 Kapiteln enthält der Anhang über *Matrixfunktionen* noch ein Kürprogramm. Die Beschäftigung mit diesem Thema entwickelte sich ursprünglich aus der Frage, *wie* ein Computeralgebrasystem — hier speziell Maple — die Exponentialfunktion von Matrizen beziehungsweise allgemeiner Matrixfunktionen berechnet.
- Zahlreiche *historische Anmerkungen und Notizen* unterstreichen, daß sich hinter den zentralen Begriffen und Theorien der Mathematik das Wirken herausragender Einzelpersönlichkeiten verbirgt.

Natürlich konnten nicht alle Themen behandelt werden: So fehlen etwa bewußt der Satz von PEANO, separate Eindeutigkeitsüberlegungen, Ausführungen zum LORENTZ-Attraktor und weitergehende Stabilitätsaussagen.

Zur **inhaltlichen und didaktischen Konzeption** ist folgendes zu sagen:

Unser Buch soll den Lernenden ab dem dritten Semester begleiten und wird sicher auch später noch zuverlässiger Ratgeber und Nachschlagemöglichkeit sein. Es ist durchaus auch zum Selbststudium geeignet; denn es ermuntert fortwährend zu aktivem Mitdenken und eigenem Tun. Dabei ist die mathematische Darstellung durch die Computerrealisierung begleitet. Beide Ebenen werden jedoch bewußt voneinander getrennt.

Die Darstellung ist weit entfernt davon, eine bloße Sammlung von Kochrezepten zu sein. Gerade die mathematisch strenge Herleitung zentraler Ideen und durchgehend präzise Formulierung fördern entscheidend Verständnis und Durchblick und geben so erst die gewünschte Sicherheit bei der Anwendung. Nur ganz vereinzelt, wo ein vollständiger strenger Beweis nicht ratsam schien, beschränken wir uns auf einen Literaturverweis.

Zu Maple

Wir wollen Lernende, Lehrende und Praktiker gewinnen, ein Computeralgebrasystem im ‚Alltag' angemessen einzusetzen. Anwender können stärker für die erforderliche Theorie gewonnen werden, wenn — mehr als sonst meist üblich — Verbindungen zum praktischen Rechnen erkennbar sind. Das dauernde Wechselspiel zwischen Text, dort auch mit vielen ausführlich durchgerechneten instruktiven Beispielen, und ‚Maple-Worksheets', kurz MWSs, führt zu einer wesentlich besseren Durchdringung des Stoffes. Viele Beispiele des Textteils werden in den MWSs aufgegriffen und neue Gesichtspunkte beleuchtet, die nicht nur für Maple-Nutzer interessant sind. Auch andere Leser finden hier ergänzendes Material und ausführlich durchgerechnete Aufgaben.

Wir hoffen, daß etwas von unserer Begeisterung auf die Leser überspringt und Lehrende neue Impulse für die Gestaltung ihrer Vorlesungen mitnehmen. Computeralgebrasysteme wie etwa Maple können in Kombination mit innovativen Ansätzen Lehre, Lernen und den Gebrauch von Mathematik nachhaltig reformieren. Wir stehen erst am Anfang einer rasanten Entwicklung.

Der Stoff kann effizienter und weniger fehleranfällig präsentiert werden, als dies allein mit Bleistift und Papier bzw. Kreide und Tafel möglich ist. Vor allem können viel komplexere Beispiele bearbeitet und visualisiert werden. Die ausgeführten und didaktisch aufbereiteten Worksheets geben *Vorschläge* und *Anregungen,* die selbständig ergänzt und modifiziert werden können.

Zur Lösung von Differentialgleichungen gibt es — vergleichbar etwa mit der Bestimmung von Stammfunktionen — kein Patentrezept, keine Methode, die *immer* zum Ziel führt. Zu vielen Differentialgleichungen existiert gar keine analytische Lösung. Dies trifft durchaus bereits auf solche zu, die bei der Modellierung von einfachen Problemen der Praxis auftreten. Deshalb zieht

Maple — wie andere Computeralgebrasysteme — neben analytischen Verfahren auch *numerische Methoden* heran. Mit der zusätzlichen Möglichkeit der *Visualisierung* (Richtungsfelder, Phasenportraits, ...) hat man eine leistungsfähige Arbeitsumgebung zur Hand, in der auch lebensnahe Aufgaben angegangen werden können und nicht nur einfache Übungsaufgaben, die mit zumutbarem Aufwand ‚von Hand' gelöst werden können. Jedoch nur mit sicheren theoretischen Kenntnissen und intensivem Einüben der zugehörigen Ergebnisse können solche Computeralgebrasysteme sinnvoll eingesetzt werden. Sonst ist man ihnen hilflos ausgeliefert.

Wir wollen keineswegs Maple unkritisch preisen, sondern weisen durchaus immer wieder auch auf Grenzen, Schwächen und ‚Macken' des Systems hin. Maple ist sicher kein Rundum-Sorglos-Paket! Wie bei vielen Dingen im Computerbereich in der heutigen Zeit, wünschen sich die Nutzer eigentlich ruhigere und dafür deutlich ausgereiftere ‚Produkt-Zyklen'. Neben faszinierenden Dingen stehen nämlich auch solche, bei denen man den Kopf schüttelt.

Wir *nutzen* Maple nicht nur, wie oft zu sehen, sondern *gestalten* damit und *setzen Ideen um*, hier speziell bei Gewöhnlichen Differentialgleichungen.

Wir sind überzeugt, auch mit diesem Buch einen neuen Qualitätsmaßstab zu setzen, was für die Akzeptanz von Computeralgebrasystemen im Hochschulbereich — auch ausbaufähig in Richtung *e-learning* — förderlich sein wird.

Natürlich soll niemand mühsam Maple-Code abtippen. Diesen findet man — später auch mit Aktualisierungen — über

http://www.springeronline.com/3-540-22226-X .

An die Lehrenden

Das Konzept des Buches basiert auf unseren langjährigen Erfahrungen mit recht verschiedenartigen Veranstaltungen aus dem Gesamtspektrum der Analysis. Neben vielen Vorlesungen für Mathematik- und Physikstudenten der Anfangssemester bis hin zum Aufbaustudium an den Universitäten Konstanz und Ulm haben wir beide oft auch Serviceveranstaltungen abgehalten und so Gespür dafür entwickelt, was außerhalb des ‚Elfenbeinturms' benötigt wird. Gerade durch die Anforderung, Mathematik auf sehr verschiedenen Niveaus bei unterschiedlichen Ausrichtungen und zum Teil noch deutlich auseinanderliegenden Eingangsvoraussetzungen zu lehren, ist im Laufe der Zeit vieles mehrfach überarbeitet, geglättet, verbessert und ergänzt worden und auf diese Weise ein — mathematisch und didaktisch — überzeugendes und bewährtes Konzept entstanden. Leistungsfähige und zugkräftige Methoden erwachsen in dieser Darstellung aus dem Zusammenspiel zwischen mathematisch ‚richtiger' Sichtweise, die Eleganz und Transparenz nach sich zieht, und Anwendungsorientierung.

Was die Kombination der Differentialgleichungen mit Computeralgebrasystemen angeht, findet man im deutschsprachigen Bereich noch relativ wenige ausgereifte Darstellungen. Die Skepsis mancher Kollegen in Bezug auf den Einsatz eines solchen Systems ist oft auch uneingestandene Angst vor dem Unbekannten und noch nicht Vertrauten. Wir wollen besonders auch diejenigen Kollegen ansprechen, sie ermuntern und ihnen Hilfen geben, die bisher dem Einsatz von Computeralgebrasystemen auch in der Lehre eher distanziert gegenüberstehen. Die Möglichkeiten, das Lernen und Begreifen von Mathematik durch ein solches System zu unterstützen, sind beeindruckend — nur wissen das viele Kollegen gar nicht und zögern daher noch, solche Dinge auch in den Lehrveranstaltungen einzusetzen.

Der *Einsatz Neuer Medien* in der Lehre birgt besonders in der Mathematik neben Chancen auch zahlreiche Risiken. Gerade deshalb sollten die Lehrenden ihre Sachkenntnis einbringen und dieses Gebiet mitgestalten, bevor fachfremde Instanzen die Alleinkompetenz beanspruchen.

Wir sind überzeugt, daß unser Buch langfristig neben den Klassikern der Theorie einen festen und besonderen Platz im Angebot einnehmen wird.

Das mathematisch ausgereifte — jedoch recht anspruchsvolle — Buch [Sc/Sc] von Friedrich-Wilhelm Schäfke und Dieter Schmidt und Lehrveranstaltungen dieser beiden Autoren schon während der 60er-Jahre haben einige Teile unseres Buches deutlich geprägt. Doch haben wir diese Dinge dann ‚aufgebohrt' und mit durchgerechneten Beispielen angereichert, weil wir in vielen Jahren die Erfahrung gemacht haben, daß der überwiegende Teil der Studenten deutlich mehr Hilfen benötigt, als dort gegeben werden.

Auf diese Weise entstand ein Buch, das nicht allein für die Kollegen, sondern vor allem für die Lernenden geschrieben, aber gewiß kein Nürnberger Trichter ist. Die Lernenden werden von uns ein Stück des Weges an der Hand geführt, sie bekommen die Schönheiten am Wegesrand gezeigt, werden allerdings nicht in einer Sänfte getragen!

Da sich das Buch nicht ausschließlich an Studierende der Mathematik, Wirtschaftswissenschaften und Physik und sicher nicht an Spezialisten wendet, hat es — in Umfang, Tiefe und Stoffauswahl — deutlich andere und wesentlich bescheidenere Ziele als etwa die Darstellungen von [Sc/Sc], [Wal], [Co/Le] oder auch [Hs/Si]. Diese Bücher empfehlen wir besonders interessierten Studenten zur ergänzenden und weiterführenden Lektüre. Im Vergleich dazu liegen hier mathematisches Niveau und Stoffumfang niedriger. Für den Gebrauch zu und neben Vorlesungen haben wir insgesamt einen realistischen Zeitplan im Auge und mußten uns so beschränken!

An die Lernenden

Mathematik lernt man — wie fast alles im Leben — vor allem durch eigenes Tun. Man sollte beim Durcharbeiten eines Mathematikbuches Bleistift, Papier und einen (großen) Papierkorb — und in diesem speziellen Fall möglichst auch einen Computer mit Maple — parat haben und fleißig nutzen.

Ausdrücklich sei gesagt: Die Länge der Darstellung eines einzelnen Themas in der Vorlesung oder in einem Buch entspricht nur selten dem zeitlichen Aufwand, der für das Durcharbeiten bis zum wirklichen Verständnis erforderlich ist.

Zum Gebrauch des Buches

□ soll das Ende eines Beweises optisch hervorheben. Mit „$\surd$" haben wir gelegentlich Routine-Überlegungen ‚abgehakt'. Manche Dinge haben wir farbig eingerahmt, um sie optisch stärker hervorzuheben. Natürlich gehört etwa bei Symbolen oder Notierungsweisen der *Rahmen* nicht dazu. In Beweisen haben wir manchmal ‚linke Seite' und ‚rechte Seite' mit ‚$\ell.S.$' bzw. ‚$r.S.$' abgekürzt. ‚Œ' steht für *‚Ohne Einschränkung'*.

Häufig haben wir einzelne Wörter oder Formulierungen mit einfachen Anführungsstrichen versehen: Dabei handelt es sich meist um ‚eigentlich' noch zu präzisierende Dinge.
Die Beispiele im Text sind kapitelweise numeriert.

Animationen, die im Buch natürlich nur auszugsweise zu sehen sind, haben wir am Rande durch das Symbol

gekennzeichnet.

Durch die *Daumenindizes* können die einzelnen Kapitel und MWSs leicht aufgefunden werden.

Zum Maple-Layout

Da die recht einfache Darstellung über ‚Export LaTeX' unter Maple bei uns doch viele Wünsche — für eine Buchwiedergabe — offenließ, haben wir einen eigenen, uns voll befriedigenden Stil für die Ein- und Ausgabe von Maple gewählt und dabei das mögliche Zusammenspiel Maple-LaTeX-PostScript genutzt. Um ein besseres Schriftbild zu erhalten, haben wir manche Ausgaben geringfügig ‚geschönt', z. B. Klammern weggelassen oder hinzugefügt, manchmal etwa φ statt Φ oder P_1 statt P_1 geschrieben. Um Platz zu sparen, sind oft Maple-Ausgaben (auch Graphiken) nebeneinander plaziert. Titel von Graphiken wurden durchgehend im Text gesetzt.

Dank

Gern benutzen wir diese Gelegenheit, um noch einmal all denen zu danken, die uns bei der Erstellung des Buches unterstützt haben. Nur einige davon wollen wir namentlich besonders erwähnen:

Markus Sigg hat das gesamte Manuskript durchgesehen. Er war uns mit seiner Sorgfalt und mathematischen und sprachlichen Kompetenz eine große Hilfe, gelegentlich kritisch und mahnend, immer der Sache dienend. Stefanie Rohrer hat einige Kapitel aufmerksam gelesen und auf manche Unstimmigkeiten hingewiesen. Die Verantwortung für eventuell noch verbliebene Fehler liegt natürlich allein bei uns.

Albert Schneider hat uns freundlicherweise das Kursmaterial [Schn] zur Verfügung gestellt, aus dem wir einige Anregungen entnehmen konnten.

D.H. verdankt Rainer Janssen als gutem Freund Anregungen, Ermutigung und manche Hilfe, was das Arbeitsumfeld angeht.

Ein Buch wie dieses ist nicht ohne gute Computer-Arbeitsbedingungen zu realisieren. Hierfür danken wir unserem Ulmer Kollegen Franz Schweiggert sowie den Mitarbeitern seiner Abteilung. Von diesen sei Andreas Borchert namentlich erwähnt. Er hat — wie schon bei der Arbeit an unserem Buch über Funktionentheorie — bei der Computerverbindung Konstanz-Ulm mit bewundernswerter Sachkenntnis Starthilfe gegeben und uns immer wieder unterstützt. D.H. dankt noch Oliver Maruhn für sehr kompetente Hilfen im Computerbereich.

Wir danken Thomas Richard von der Firma Scientific Computers GmbH für Unterstützung bei der Arbeit mit Maple.

Wir danken unseren *Ehefrauen*, die besonders in der langen Schlußphase der Bucherstellung viel Geduld mit ihren gestreßten und nur noch bedingt alltagstauglichen Männern aufbringen mußten. D.H. dankt noch Léon, Étienne, Gabriel, Nicolas und Luca, die zwar noch nicht wirklich bei der Arbeit an diesem Buch helfen konnten, ihm dabei aber einen wunderbaren Blick aus anderer Augenhöhe auf die nicht-mathematische Welt ermöglicht haben.

Zum Schluß möchten wir allgemein, besonders aber auch den Fachleuten und Kennern, sagen: Wir würden uns über persönliche Reaktionen sehr freuen. Verbesserungsvorschläge, Hinweise auf Fehler(chen), Anregungen und konstruktive Kritik sind willkommen — aber auch Lob nehmen wir gerne entgegen!

Ulm — Wilhelm Forst
Konstanz — Dieter Hoffmann
8. Dezember 2004

Vorwort zur zweiten Auflage

Das mathematische und didaktische Konzept der ersten Auflage dieses Buches ist insgesamt freundlich aufgenommen und von vielen Seiten *sehr* gelobt worden. Besonderen Gefallen an unserer Darstellung haben all die Lernenden und Lehrenden gefunden, die die zu behandelnden Themen und Methoden stärker heutigen computerunterstützten Möglichkeiten anpassen wollen und dabei schätzen, wie man auch schwierige Dinge mit dem Computer relativ einfach ‚begreifbar' machen kann. Die Akzeptanz von Computeralgebrasystemen im deutschsprachigen Hochschulbereich ist aber sicher noch ausbaufähig.

Nun ist eine Neuauflage notwendig geworden. In ihr wurde die Gesamtkonzeption nicht verändert, insbesondere das Bemühen, daß Studenten auch eine Idee davon vermittelt bekommen, wie etwa Richtungsfelder und Lösungen ‚aussehen'. Die enge Verzahnung mit dem Computeralgebrasystem Maple als mächtigem Werkzeug bietet vielfältige Vorteile für den Lernprozess.

Es wurden fast alle Abbildungen sorgfältig überarbeitet oder neu erstellt. Durch die Umstellung von Maple 9 auf Maple 16 waren die ‚Maple-Worksheets' zu aktualisieren.

Das neue Druckverfahren hat zudem zu einer weitgehenden Umgestaltung des Layouts geführt.

Wir danken Sabine Bormann, Maplesoft Europe GmbH, für die Bereitstellung von Maple 16 und Thomas Richard als kompetentem Ansprechpartner für wertvolle Unterstützung bei der Arbeit mit Maple.

Wer an unserer Darstellung Gefallen findet, sei auch auf [Fo/Ho] hingewiesen.

Natürlich sollte wieder niemand mühsam Maple-Code abtippen. Diesen findet man — später auch mit Aktualisierungen — über

http://www.springer.com/mathematics/analysis/book/978-3-642-37882-9 .

Ulm
Konstanz
19. März 2013

Wilhelm Forst
Dieter Hoffmann

Kapitel 1

Kapitel 1

Einführende Überlegungen

Die Theorie der gewöhnlichen Differentialgleichungen ist eine der mathematischen Disziplinen, in denen die Anwendbarkeit der Mathematik besonders augenfällig zutage tritt.

Die Bedeutung der wechselseitigen Beziehungen zwischen der Theorie der Differentialgleichungen und den Naturwissenschaften, oder — allgemeiner — Wissenschaften, die die Erfahrung auf einer höheren Ebene als der rein beschreibenden interpretieren, kann nur schwerlich überschätzt werden.

Die Theorie steht in andauerndem fruchtbaren Kontakt zu diesen Wissenschaften, wobei diese einerseits wertvolle Hilfe durch die Theorie der Differentialgleichungen erfahren, andererseits die Theorie immer wieder mit konkreten Fragestellungen neu beleben und fordern.

Dadurch ist dieses Gebiet weniger als manch andere Bereiche in der Mathematik ausschließlich seiner Eigendynamik gefolgt und weniger in Gefahr, durch ‚mathematische Inzucht' in Richtung „l'art pour l'art" zu degenerieren.

Um einen Eindruck von dem faszinierenden Anwendungsreichtum der Differentialgleichungen zu geben, haben wir einige Beispiele zusammengestellt, die aufzeigen, wie Forscher verschiedenster Gebiete Differentialgleichungen zur Lösung oder als einen Lösungsversuch auch von ‚real life'-Problemen mitbenutzen:

Schon der ganz einfache Fall $y' = ay$ (Änderung ist proportional zum Ist-Zustand) erfaßt so verschiedenartige Dinge wie z. B.:

Radioaktiver Zerfall [Zac]
Anfängliche Entwicklung einer Bakterienkultur [Ma/Mu]
Blutkonzentration eines Pharmakons nach intravenöser Injektion [Fuc]
Barometrische Höhenformel [Hai]

W. Forst, D. Hoffmann, *Gewöhnliche Differentialgleichungen*, Springer-Lehrbuch,
DOI 10.1007/978-3-642-37883-6_1,

Zellwachstum[1] [Bat]
Stetige Verzinsung [Hof]

Man vergleiche hierzu insbesondere auch [Heu] und [Bra].

$$ay'' + by' + cy = f(x)$$

$b = 0, f = 0$: HOOKEsches Gesetz [Col]
Schwingendes Federpendel [Hof]
Schwingungen von Atomen und Molekülen [Zac]
Elektromagnetische Schwingkreise $\left(L\ddot{Q} + R\dot{Q} + \frac{Q}{C} = U_0 \cos\omega t\right)$ [Me]
Elektrische Polarisation [Ma/Mu]
Modell zur Diabetes-Aufdeckung (GTT) [Bra]

$$y_1' = -\alpha_1 y_1$$
$$y_2' = \alpha_1 y_1 - \alpha_2 y_2$$

Radioaktiver Zerfall von Mutter- und Tochtersubstanz [Ma/Mu]
Futterdurchgang durch Wiederkäuermagen [Bat]

$$y_1' = a y_1 - b y_1 y_2$$
$$y_2' = c y_1 y_2 - d y_2$$

(kontinuierliches) Räuber-Beute-Modell [Had]
Verwendung von Insektenvernichtungsmitteln [Bra]
Zwei Parteien, die unabhängig voneinander existieren können, treten in Konkurrenz und schädigen sich gegenseitig. [Kn/Ka]

$$y' = k(a-y)(b-y)$$

Chemische Reaktion, bei der sich Stoffe A und B zum Stoff C ($\widehat{=}\, y$) zusammensetzen. [Zac]

$$y_1' = -a y_1 y_2$$
$$y_2' = a y_1 y_2 - b y_2$$
$$y_3' = b y_2$$

Epidemie-Verlauf (y_1 anfällig, y_2 infiziert, y_3 isoliert, immun oder tot) [Def]

$$\begin{aligned} y_1'' &= y_1 + 2y_2' - \mu' \frac{y_1 + \mu}{[(y_1+\mu)^2 + y_2^2]^{\frac{2}{3}}} - \mu \frac{y_1 - \mu'}{[(y_1-\mu')^2 + y_2^2]^{\frac{2}{3}}} \\ y_2'' &= y_2 - 2y_1' - \mu' \frac{y_2}{[(y_1+\mu)^2 + y_2^2]^{\frac{2}{3}}} - \mu \frac{y_2}{[(y_1-\mu')^2 + y_2^2]^{\frac{2}{3}}} \end{aligned}$$

Bewegung eines Satelliten im Kraftfeld von Erde und Mond (unter vereinfachenden Annahmen) [Bu/St]

[1] bis zu einer gewissen Größe, dann Zellteilung

1.1 Erste Aspekte

Was ist eine Differentialgleichung?

Es seien $k \in \mathbb{N}$, $\mathfrak{D} \subset \mathbb{R} \times \mathbb{C}^{k+1}$ und $F\colon \mathfrak{D} \longrightarrow \mathbb{C}$. Dann heißt

$$F\left(x, y, y', \ldots, y^{(k)}\right) = 0 \qquad (*)$$

„gewöhnliche Differentialgleichung", kurz *„DGL"*. *Genauer* bedeutet dies:

Gesucht sind ein Intervall[2] $J \subset \mathbb{R}$ und eine k-mal differenzierbare Funktion $y\colon J \longrightarrow \mathbb{C}$ mit:

$$\left(x, y(x), y'(x), \ldots, y^{(k)}(x)\right) \in \mathfrak{D} \quad \text{und}$$
$$F\left(x, y(x), y'(x), \ldots, y^{(k)}(x)\right) = 0 \quad \text{für alle } x \in J.$$

y heißt dann *„Lösung"* von $(*)$ (in J), in älterer Literatur auch *„Integral"*. Man sagt auch *„y erfüllt die DGL"* oder *„y genügt der DGL"*.

Das Argument läßt man in der Notierung meistens — wie in $(*)$ — weg.

Hängt $F\left(t_1, \ldots, t_{k+2}\right)$ in $\mathfrak{D}$ ‚effektiv' vom $(k+2)$-ten Argument ab, so wird k als *„Ordnung"* der DGL $(*)$ bezeichnet.

Wir beschränken uns weitgehend auf den *„expliziten"* Fall, d. h. die DGL ist nach der höchsten Ableitung der gesuchten Funktion aufgelöst, hat also — mit einer geeigneten Funktion f — die Form:

$$y^{(k)} = f\left(x, y, \ldots, y^{(k-1)}\right)$$

Sonst sprechen wir von *„impliziten"* DGLen.

Bei einer *gewöhnlichen* Differentialgleichung ist eine Funktion *einer* Variablen gesucht; anders als bei *partiellen* Differentialgleichungen, bei denen die gesuchte Funktion von mehreren Variablen abhängt.

In den folgenden Vorüberlegungen beschränken wir uns auf den einfachen Fall einer *expliziten DGL 1. Ordnung*

$$y' = f(x, y) \qquad \left(\mathfrak{D} \subset \mathbb{R}^2, f\colon \mathfrak{D} \longrightarrow \mathbb{R}\right).$$

---

[2] Ein *„Intervall"* sei im folgenden immer ein *echtes* Intervall, d. h. eine nicht-leere, nicht-einpunktige zusammenhängende — möglicherweise unbeschränkte — Teilmenge von $\mathbb{R}$.

Welche Fragen stellen wir?

Es stellen sich sofort zumindest die folgenden *zentralen Fragen*:

1) Existiert (lokal) eine Lösung?

2) Falls ja: Wie gewinnt man eine Lösung?

3) Falls ja: Eindeutigkeit? (bei gegebenem „*Anfangswert*" $(a,b) \in \mathfrak{D}$)[3]

4) Maximale Lösung (Existenzintervalle): Fortsetzung (von Lösungen)

5) Abhängigkeit der Lösung(en) von ‚Parametern'

6) Charakterisierung der Lösung(en)

7) Qualitatives Verhalten

Erste Anmerkungen dazu:

Zu 1), 2):

Schon im einfachsten Fall $y'(x) = f(x)$, wo f nur von x abhängt und ‚lösen' das Aufsuchen einer Stammfunktion[4] bedeutet, sehen wir, daß die Gewinnung einer Lösung Probleme bereiten kann: Zwar können wir für *stetiges* f eine Lösung durch $y(x) = b + \int_a^x f(t)\,dt$ sofort angeben; aber diese ist nicht immer in ‚geschlossener Form' durch bekannte elementare Funktionen darstellbar. Dies ist aber wiederum auch nicht *so* schlimm; denn $\int_a^x f(t)\,dt$ läßt sich mit kontrollierbarer Genauigkeit berechnen. (Man vergleiche dazu etwa auch die approximative Berechnung von $\sin x$ durch Partialsummen der definierenden Potenzreihe.) Darüber hinaus hat LIOUVILLE (1841) gezeigt, daß im allgemeinen Fall viele Differentialgleichungen — z. B. die scheinbar harmlose Differentialgleichung $y' = x^2 - y^2$ — keine Lösungen haben, die in geschlossener Form durch Integration aus elementaren und in der Differentialgleichung selbst gegebenen Funktionen ausgedrückt werden können.

Zu 3):

$\boxed{y' = \sqrt{y} \quad (y \geq 0), \quad y(0) = 0}$ hat in $[0, \infty[$ die Lösungen

---

[3] *Gesucht* sind ein Intervall I mit $a \in I$ und eine differenzierbare Funktion $y\colon I \longrightarrow \mathbb{R}$ so, daß $(x, y(x)) \in \mathfrak{D}$ und $y'(x) = f(x, y(x))$ für alle $x \in I$ sowie $y(a) = b$ gelten. Man spricht von einem „*Anfangswertproblem*" oder einer „*Anfangswertaufgabe*" („*AWP*" oder „*AWA*").

[4] In diesem Spezialfall wird die frühere Bezeichnung „Integral" für eine Lösung besonders verständlich.

$$y(x) = 0\,,\; y(x) = \frac{x^2}{4} \quad \text{und}$$

$$y(x) \;=\; \begin{cases} 0\,, & 0 \le x \le \alpha \\ \dfrac{(x-\alpha)^2}{4}\,, & \alpha \le x < \infty \end{cases}$$

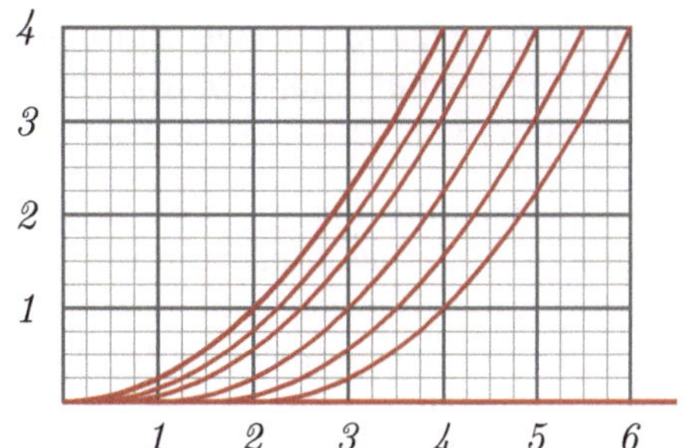

für $0 < \alpha < \infty$. Es gibt also *lokal* um 0 *unendlich viele Lösungen!*

In Abschnitt 2.1 werden wir sehen, daß durch die o. a. Funktionen *alle* Lösungen erfaßt sind.

Für diejenigen, die ein Faible für besonders Abartiges haben, sollten wir noch sagen: Es gibt eine Differentialgleichung, die *an jeder Stelle* des $\mathbb{R}^2$ *lokal nicht eindeutig* lösbar ist ([Har], LAVRENTIEFF (1925)).

Zu 4) — Existenzintervalle:

Die einfache AWA $\boxed{y' = y^2, \quad y(0) = c > 0}$ hat die Lösung

$y(x) = \dfrac{c}{1-cx}$ für $-\infty < x < \dfrac{1}{c}$.

Dies zeigt: Allgemeine Existenzsätze sind notwendig von *lokaler* Natur. Existenz ‚im Großen' kann nur unter zusätzlichen Bedingungen gesichert werden.

Mathematische Modellierung

Ehe wir zu 5) etwas sagen, wollen wir uns ansehen, wie im Groben die Beziehung zwischen Theorie und Anwendung ist — man spricht von *Modellierung* oder *Mathematisierung eines Problems.* Bei der mathematischen Beschreibung einer Fragestellung — etwa aus Naturwissenschaften, Technik, Medizin, Wirtschafts- und Sozialwissenschaften — ist jeweils eine Darstellung gesucht, die nur die als wichtig angesehenen Eigenschaften eines Vorbildes in einem überschaubaren und mathematisch beherrschbaren geeigneten *Modell* wiedergibt. Ein solches Modell kann ein leistungsfähiges Werkzeug zum Verständnis der ‚Welt' sein und zu Vorhersagen und zur Kontrolle dienen.

Es handelt sich also um eine vereinfachende, schematisierende und idealisierende Darstellung eines Objektes oder Objektbereiches, in der Beziehungen und Funktionen der Elemente der Objekte — unter speziell vorgegebenen Gesichtspunkten — deutlich herauskristallisiert und hinreichend gut beschrieben werden.

Beobachtung, Erfahrung, Experiment, ... führen durch *Idealisierung* und Isolierung zur mathematischen Formulierung des Problems.

Nach „*Übersetzung*“ in die Sprache der Differentialgleichungen (diese beschreibt meist nur approximativ das Problem) ist dann zunächst eine *Lösung* — im Sinne von 1) – 4) — gefragt.

Die Übertragung der aus der Modellierung gewonnenen Ergebnisse auf die Wirklichkeit (Rückinterpretation) erfordert stets sorgfältige und kritische Überprüfung (Begrenztheit des Gültigkeitsbereiches). Sie müssen *interpretiert,* diskutiert und ausgedeutet werden. Die theoretischen Folgerungen sind dann empirisch zu überprüfen. Sie bestätigen im günstigen Fall das Modell oder widerlegen es, was eine bessere Modellierung und damit einen Neuansatz erfordert.

Zu 5) — Abhängigkeit der Lösung(en) von ‚Parametern‘:

Die Abhängigkeit der Lösung von Eingabedaten ist daher von größter Wichtigkeit für Anwendungen: Die Anfangswerte a und b erhält man etwa durch Messen (Experiment), sie haben also nur beschränkte Genauigkeit! Auch f beschreibt oft nur angenähert das Problem. Die Änderungen von a, b und f beeinflussen die ‚Lösung‘. Wie beherrscht man dieses Änderungsverhalten? Bringen ‚kleine‘ Änderungen von a, b und f auch nur ‚kleine‘ Änderungen der Lösungen?

Beispiel: $y'' = -\frac{g}{h} \sin y \approx -\frac{g}{h} y$ (einfaches Pendel)
Die rechte Seite der DGL $-\frac{g}{h} \sin y$ wird — lokal um 0 — durch den einfacheren Ausdruck $-\frac{g}{h} y$ ersetzt.

Zu 6) — Charakterisierung der Lösung(en):

Das breite Spektrum der Aussagen hierzu sei exemplarisch durch drei völlig unterschiedliche mögliche Antworten angedeutet:

- Die Menge der Lösungen ist ein Vektorraum. (Dies ist z. B. bei der homogenen linearen DGL (Abschnitte 2.3 und 4.2) der Fall.)
- Alle Lösungen lassen sich durch Potenzreihen darstellen. (Hier ist dann ein *Potenzreihenansatz* gerechtfertigt.)
- Die Lösungen liegen zwischen einer minimalen und einer maximalen. (Man vergleiche dazu etwa (B2) aus Abschnitt 2.1.)

Zu 7) — Qualitatives Verhalten

Nicht zu allen Differentialgleichungen kann eine analytische Lösung gefunden werden. Selbst aber, wenn eine solche Lösung existiert, kann die zugehörige ‚Formel‘ oder Beschreibung zu kompliziert sein, um daraus wichtige Eigenschaften der Lösung zu entnehmen.

Die *qualitative Theorie der Differentialgleichungen* beschäftigt sich mit dem *geometrischen Charakter* von Lösungen, speziell damit, wie charakteristische Eigenschaften der Lösung erschlossen werden können, ohne die vorgegebene Differentialgleichung zu lösen.

So wird etwa in ‚Phasenbildern' die ‚Dynamik' spezieller Systeme visualisiert. Dabei untersucht man u. a. das *Langzeitverhalten* ($x \to \infty$), speziell Fragen der *Stabilität.* So interessieren etwa bei Planetenbewegungen nicht immer die genauen Bahnen, wohl aber die Stabilität des Planetensystems. Entsprechendes gilt z. B. auch in der Biologie (Räuber-Beute-Modelle) und in den Wirtschaftswissenschaften (Marktmodelle).

Wir gehen darauf allgemein kurz in Abschnitt 3.6 und speziell — für homogene lineare Differentialgleichungssysteme mit konstanten Koeffizienten — in Abschnitt 5.3 ein.

1.2 Richtungsfelder

Wir betrachten hier die explizite DGL 1. Ordnung

$$y' = f(x,y)\,.$$

f ordnet jedem Punkt (x,y) (aus dem Definitionsbereich von f) eine Steigung (Richtung) $f(x,y)$ zu. Repräsentiert man diese Richtungen in ihren Trägerpunkten durch kleine Geradenstücke von eben diesen Richtungen — sogenannte *„Linienelemente"* —, so erhält man ein *„Richtungsfeld"*. Lösungen der DGL entsprechen ‚Kurven', die ins Richtungsfeld hineinpassen, in jedem ihrer Punkte also das dort vorgegebene Linienelement als Tangente haben. Richtungsfelder — als geometrische Deutung von DGLen — dienen nicht nur zu deren besserem intuitiven Verständnis, sondern können den Charakter der Lösungsgesamtheit aufzeigen und liefern zudem eine einfache graphische Methode, um Näherungslösungen zu finden.

Sehen wir uns einige Beispiele an:

a) $y' = y - x^2$ b) $y' = \dfrac{1}{2}y$

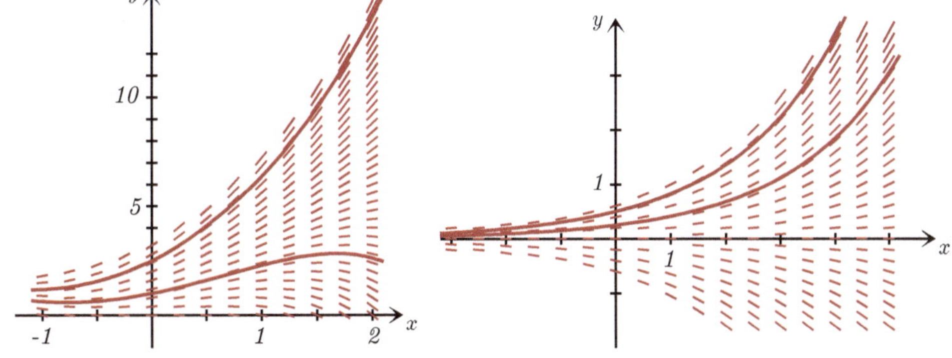

Die durchgezogenen Linien zeigen jeweils mögliche Lösungskurven.

In b) hängt f nur von y ab, was sich natürlich auch aus der Zeichnung entnehmen läßt.

Im folgenden Beispiel c) sind die Lösungen mit $y(a) = b > 0$ *Halb*kreise: $y(x) = \sqrt{r^2 - x^2}$ $(-r < x < r)$ mit $r := \sqrt{a^2 + b^2}$:

c) $y' = -\dfrac{x}{y}$ d) $y' = \dfrac{y}{x}$

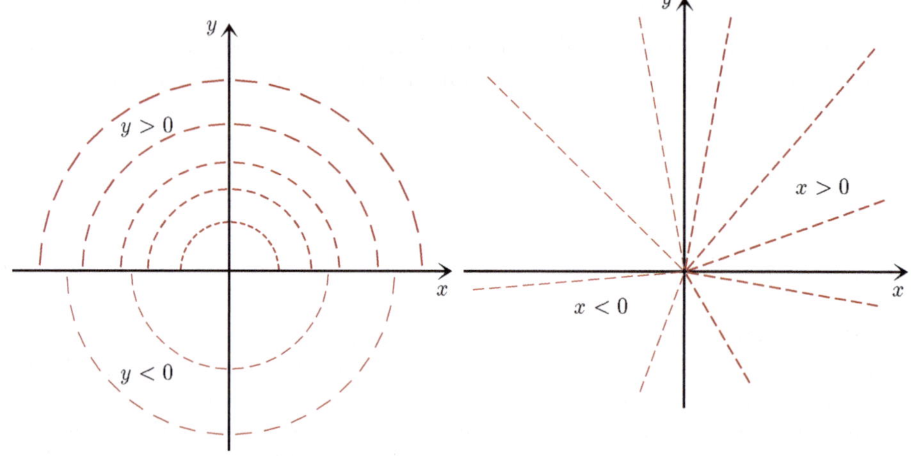

Bei d) ist die Lösung mit $y(a) = b \quad (a > 0)$ gegeben durch die *Halb*gerade: $y(x) := \dfrac{b}{a}\, x \quad (x > 0)$.

Euler-Polygonzugverfahren

Aus der geometrischen Beschreibung durch Richtungsfelder liest man eine sehr einfache Methode zur näherungsweisen Bestimmung einer Lösung direkt ab. Man startet ‚irgendwo', legt eine positive Schrittweite h fest und geht dann jeweils in der am schon erreichten Punkt vorgegebenen Richtung ein Stück — der Länge h in x-Richtung — geradlinig weiter:

Bei Vorgabe eines ‚Startwertes' (x_0, y_0) erhält man so den Polygonzug durch die Punkte (x_n, y_n), wobei

$$x_n := x_0 + n\,h, \quad y_{n+1} := y_n + f(x_n, y_n)\,h \qquad (n \in \mathbb{N}_0)\,.$$

Beispiel $y' = \frac{1}{4}x,\ y(0) = 0;\ x_0 := y_0 := 0,\ h := 1$

Dieses Beispiel ist bewußt einfach gehalten, damit die Steigungen und Funktionswerte noch durch Handrechnung leicht nachvollzogen werden können.

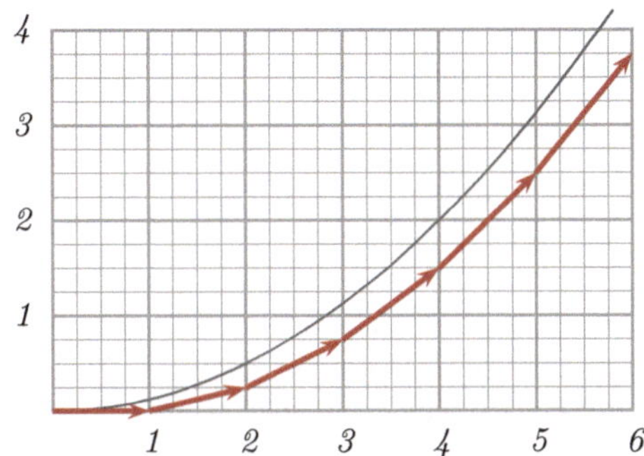

Das so erhaltene Verfahren wird *Euler-Polygonzugverfahren*, auch *Cauchy-Polygonzugverfahren*, *Euler-Cauchy-Polygonzugverfahren* oder nur *Euler-Verfahren* genannt. Es ist eines der ältesten und einfachsten ‚Einschrittverfahren' zur näherungsweisen Lösung einer AWA.

Auf numerische Gesichtspunkte dabei — etwa Einfluß der Schrittweise und Verhalten für große n — gehen wir an dieser Stelle nicht ein.

Historische Notizen

Leonhard EULER (1707–1783)

Mathematiker und Physiker, geb. 15.4.1707 in Basel, gest. 18.9.1783 in St. Petersburg. Er war wohl der bedeutendste Mathematiker des 18. Jahrhunderts. Neben der Mathematik hatte er stets ein weites Spektrum von Anwendungen im Blick. Trotz seiner Erblindung im Jahre 1766 war er bis zu seinem Tod wissenschaftlich tätig. Ausdruck seiner Vielseitigkeit und Kreativität sind die zahlreichen Begriffe, Methoden und Sätze, die mit seinem Namen verbunden sind.

Augustin Louis CAUCHY (1789–1857)

Französischer Mathematiker, geb. 21.8.1789 in Paris, gest. 22.5.1857 in Sceaux. Er hatte wesentlichen Anteil an der Entwicklung und Präzisierung der Analysis im 19. Jahrhundert. In seinem *„Cours d'Analyse de l'École Polytechnique"* wurden vorher nur intuitiv benutzte Begriffe von ihm exakt erfaßt, so der Grenzwertbegriff, Ableitung und Integral. Seine Interessen- und Arbeitsgebiete waren sehr breit angelegt. Sein Name wird heute vor allem mit den Gebieten Analysis, Funktionentheorie und Differentialgleichungen verbunden.

MWS zu Kapitel 1

Einführende Überlegungen

Wichtige MAPLE-Befehle dieses Kapitels:

PDEtools-Paket: declare
DEtools-Paket: DEplot, dfieldplot, phaseportrait
arrows (line, small, medium, ...), dirgrid, grid, stepsize
plots-Paket: animatecurve, coordplot, fieldplot, odeplot
dsolve (type=numeric, method=classical[foreuler])

1.2 Richtungsfelder

Graphische Veranschaulichung

Die Eingabe einer Differentialgleichung erfolgt in naheliegender Weise in Form einer Gleichung. Für das weitere Arbeiten mit Maple empfiehlt es sich, der Gleichung einen Namen zuzuweisen. Frühere Maple-Versionen gaben alle Ableitungen, die in einer DGL auftreten, als *partielle* Ableitungen aus. Ab Maple 8 wird die gewohnte Schreibweise $\frac{d}{dx}\, y(x)$ verwendet:

```
> restart:
  OFF: Dgl := diff(y(x),x) = f(x,y(x));
```

$$Dgl := \frac{d}{dx}\, y(x) = f(x,\, y(x))$$

Mit Hilfe des declare-Befehls aus dem PDEtools-Paket kann man Funktionen und Ableitungen in übersichtlicherer Form ausgeben. Variablen, nach denen abgeleitet wird, erscheinen als Indizes, und man kann *einer* Variablen — etwa durch die Option $prime = x$ — eine besondere Rolle geben. Ableitungen nach dieser Variablen werden dann durch Apostrophe gekennzeichnet.

Wir haben diese Anweisung (neben anderen) bereits in unsere private Initialisierungsdatei (.mapleinit bei UNIX/LINUX bzw. maple.ini bei WINDOWS) in der Form PDEtools[declare](prime=x,y(x),quiet): eingetragen. Dies hat den Vorteil, daß sie beim Hochfahren von Maple und nach jedem restart ausgeführt wird. Die zusätzliche Option quiet unterdrückt die Ausgabe von kommentierendem Text dazu. Mit Hilfe der Befehle OFF (siehe oben) und ON (siehe unten) kann man die Wirkung des *declare*-Befehls nach Belieben aus- bzw. wieder einschalten.

```
> ON: Dgl;
```

$$y' = f(x, y)$$

Die Veranschaulichung einer Differentialgleichung durch ein Richtungsfeld kann mit Maple auf unterschiedliche Weise realisiert werden. Wir beginnen mit dem Maple-Befehl DEplot aus dem DEtools-Paket, der aufgrund der Voreinstellung dirgrid=[20, 20] ein Gitter von 20×20 Linienelementen zeichnet. Durch eine Liste von Anfangswerten kann man einfach eine oder mehrere Lösungen in das Richtungsfeld einzeichnen:

Beispiel a)

```
> with(DEtools): with(plots): f := (x,y) -> y-x^2;
  AnfBed := [y(0) = 1], [y(0) = 3];
  # Alternativ:  AnfBed := [0,1], [0,3];
```

$$f := (x, y) \to y - x^2$$
$$AnfBed := [y(0) = 1], [y(0) = 3]$$

```
> DEplot(Dgl,y(x),x=-1..3.5,y=-12..30,[AnfBed],linecolor=red,
    color=black,arrows=line,axes=frame,xtickmarks=3);
```

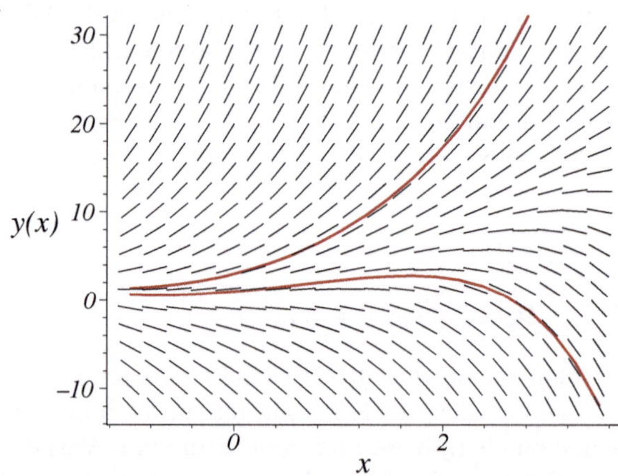

Die Option y=-12..30 kann hier mit der Liste [AnfBed] vertauscht werden:

```
> DEplot(Dgl,y(x),x=-1..3.5,[AnfBed],y=-12..30,linecolor=red,
    color=black,arrows=line,axes=frame,xtickmarks=3):
```

Mit phaseportrait erhält man dasselbe Bild. Hier kann die Reihenfolge der Optionen [AnfBed], y=-12..30 nicht vertauscht werden! Wir wissen nicht, ob die Maple-Entwickler sich dabei etwas gedacht haben.

```
> phaseportrait(Dgl,y(x),x=-1..3.5,[AnfBed],y=-12..30,linecolor=red,
    color=black,arrows=line,axes=frame,xtickmarks=3):
```

Soll der Verlauf der Lösungen im Richtungsfeld durch Pfeile (an Stelle von einfachen Linienelementen) betont werden, so ist die Option arrows=line wegzulassen oder z. B. durch arrows=medium zu ersetzen.

Benötigt man nur das Richtungsfeld, so kann es auch mit dem Befehl dfieldplot aus dem DEtools-Paket gezeichnet werden. Durch Überlagerung mit zwei Lösungen der Differentialgleichung erhalten wir folgende *Animation:*

```
> dsolve({Dgl,y(0)=b},y(x)): y1 := unapply(rhs(%),x,b):
  Feld   := dfieldplot(Dgl,y(x),x=-1..3.5,y=-12..30,color=gray,
    arrows=medium,thickness=1):
  Kurven := animatecurve({y1(x,1),y1(x,3)},x=-1..3.5,color=red,
    thickness=3,frames=50):
  display(Kurven,Feld,axes=frame,xtickmarks=3);
```

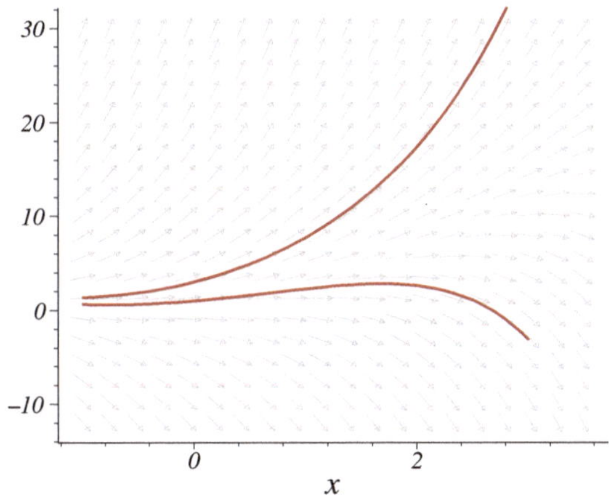

Für die Animation berechnet Maple entsprechend der Option frames=50 eine Folge von 50 Bildern. Durch Anklicken der Graphik erscheint eine Menüleiste. Ist Balloon-Help aktiviert, kann man leicht feststellen, welche Funktion die einzelnen Knöpfe haben, und damit das Ablaufen der Animation steuern. Dies stimmt mit den Tasten auf üblichen Abspielgeräten überein, ist daher ganz einfach.

Interessant ist auch folgende Animation, welche die Abhängigkeit der Lösung vom Anfangswert veranschaulicht. Wir verzichten hier auf die Ausgabe einer Momentaufnahme der Graphik.

```
> Kurven := animate(y1(x,b),x=-1..3.5,b=1..3,color=red,thickness=3,
    frames=50):
  display(Kurven,Feld,axes=frame,xtickmarks=3);
```

Hier noch — wieder ohne Ausgabe der Graphik — eine weitere Variante:

```
> NORM := sqrt(1+f(x,y)^2):
  Feld := fieldplot([1/NORM,f(x,y)/NORM],x=-1..3.5,y=-12..30,
            color=gray,arrows=medium,thickness=1):
  display(Kurven,Feld,axes=frame,xtickmarks=3,view=-12..30):
```

Soll bei der Erzeugung eines Richtungsfeldes mittels fieldplot das voreingestellte Gitter von 20×20 Linienelementen verändert werden, so ist an Stelle von dirgrid hier grid zu verwenden.

Beispiel b)

In diesem Falle hängt die Funktion f nur von y ab.

```
> f := (x,y) -> y/2;
  AnfBed := [y(0) = 1/4], [y(0) = 1/2];
```

$$f := (x,\, y) \to \frac{1}{2}\, y\,, \quad \mathit{AnfBed} := [y(0) = 1/4],\, [y(0) = 1/2]$$

```
> DEplot(Dgl,y(x),x=-3..5,y=-3/2..4,[AnfBed],linecolor=red,color
    =black,arrows=line,axes=frame,xtickmarks=3,scaling=constrained);
```

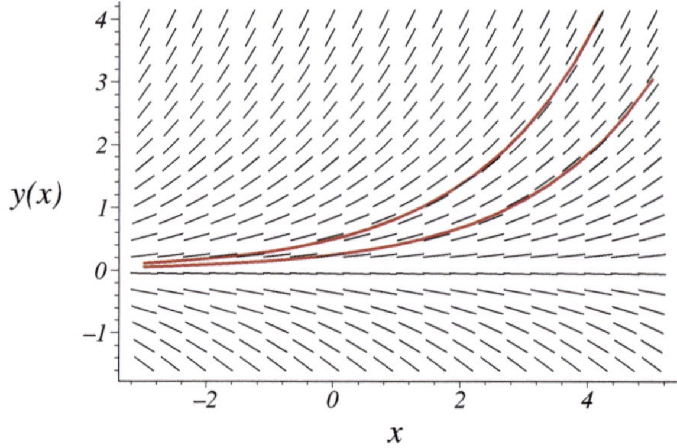

Beispiel c)

```
> f := (x,y) -> -x/y;
  AnfBed1 := seq([y(0) = k],k=1..5);
  AnfBed2 := [y(0) = -5/2],[y(0) = -9/2];
```

$$f := (x,\, y) \to -\frac{x}{y}$$
$$\mathit{AnfBed1} := [y(0) = 1],\, [y(0) = 2],\, [y(0) = 3],\, [y(0) = 4],\, [y(0) = 5]$$
$$\mathit{AnfBed2} := [y(0) = -5/2],\, [y(0) = -9/2]$$

Wegen der Singularität für $y = 0$ setzt sich die folgende Abbildung aus zwei Teilbildern zusammen. Ferner muß die Schrittweite mittels der Option stepsize hinreichend klein gewählt werden.

```
> DEplot(Dgl,y(x),x=-5..5,y=0.1..5,[AnfBed1],linecolor=red,
    color=gray,arrows=line,stepsize=0.02):
  DEplot(Dgl,y(x),x=-5..5,y=-5..-0.1,[AnfBed2],linecolor=black,
    color=gray,arrows=line,stepsize=0.02):
  display(%,%%,tickmarks=[[-5,-3,-1,1,3,5],0],scaling=constrained);
```

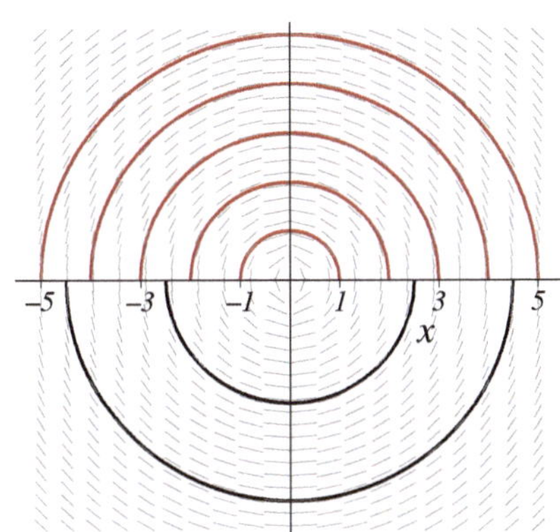

Beispiel d)

```
> f := (x,y) -> y/x;
  AnfBed1 := seq([y(1)=y0],y0=[-2,-1/4,1/2,4/3,4]);
  AnfBed2 := seq([y(-1)=y0],y0=[-3,-1/5,1,4]);
```

$$f := (x, y) \to \frac{y}{x}$$

$$AnfBed1 := [y(1) = -2], [y(1) = -1/4], [y(1) = 1/2], [y(1) = 4/3], [y(1) = 4]$$

$$AnfBed2 := [y(-1) = -3], [y(-1) = -1/5], [y(-1) = 1], [y(-1) = 4]$$

```
> DEplot(Dgl,y(x),x=0.1..7,y=-4..7,[AnfBed1],linecolor=red,
    color=gray,arrows=none):
  DEplot(Dgl,y(x),x=-7..-0.1,y=-4..7,[AnfBed2],linecolor=black,
    color=gray,arrows=none):
  display(%,%%,thickness=2,tickmarks=[3,3],scaling=constrained);
```

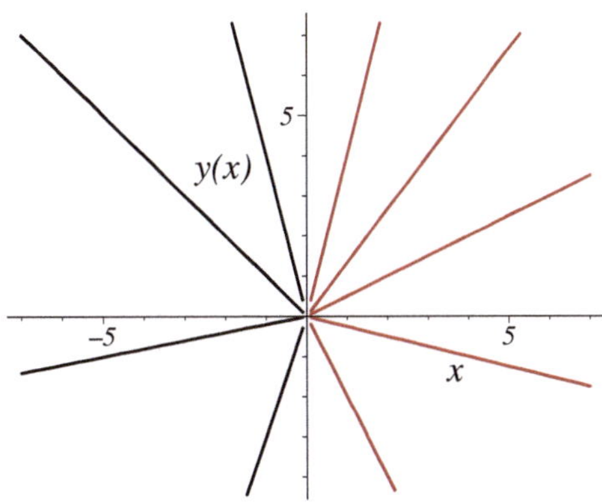

EULER-Polygonzugverfahren

Wir betrachten die folgende einfache Anfangswertaufgabe:

```
> restart: with(plots): f := (x,y) -> x/4:
  Dgl := diff(y(x),x) = f(x,y(x));
  AnfBed := y(0) = 0;
```

$$Dgl := y' = \frac{x}{4}, \quad AnfBed := y(0) = 0$$

Obwohl deren Lösung auf der Hand liegt (Stammfunktion zu f durch $(0,0)$), berechnen wir sie symbolisch mit Hilfe des vielseitigen Maple-Befehls dsolve:

```
> dsolve({Dgl,AnfBed},y(x));
```

$$y = \frac{x^2}{8}$$

Die anschauliche Deutung einer Differentialgleichung mittels eines Richtungsfeldes legt es nahe, die exakte Lösung dieser Anfangswertaufgabe durch eine stückweise lineare Funktion zu approximieren, die man in das Richtungsfeld einpaßt: Ausgehend von einem Näherungswert Y an der Stelle X erhält man so die Näherung $Y + h \cdot f(X, Y)$ an der Stelle $X + h$.

Wir berechnen die Näherungslösung mit Hilfe elementarer Maple-Befehle und unterlegen ihr in der Graphik zur Verdeutlichung ein Gitter:

```
> n := 6: Xend := 6: h := Xend/n:
  X := 0: Y := 0: S := X,Y:
  to n do
    Y := Y+h*f(X,Y);
    X := X+h;
    S := S,X,Y
  end do:
  printf("%13s %17s","x","Y(x,h)\n");
  printf(cat("%14.1f             %04.2f \n"$n+1),S);
```

x	$Y(x,h)$
0.0	0.00
1.0	0.00
2.0	0.25
3.0	0.75
4.0	1.50
5.0	2.50
6.0	3.75

```
> L := [[S[2*j-1],S[2*j]] $ j=1..n+1]:
  Loesung := plot(x^2/8,x=0..Xend,color=black,thickness=2):
  Punkte  := pointplot(L,symbol=circle,symbolsize=16,color=black):
  Polygon := listplot(L,color=red,thickness=2):
```

```
GitterOption := cartesian,[0..Xend,0..4],view=[0..Xend,0..4],
  linestyle=1:
Gitter := coordplot(GitterOption,grid=[7,5],color=[black $ 2]),
  coordplot(GitterOption,grid=[25,17],color=[gray $ 2]):
display(Loesung,Punkte,Polygon,Gitter,axes=frame,tickmarks=
  [[$ 0..Xend],[$ 0..4]],scaling=constrained);
```

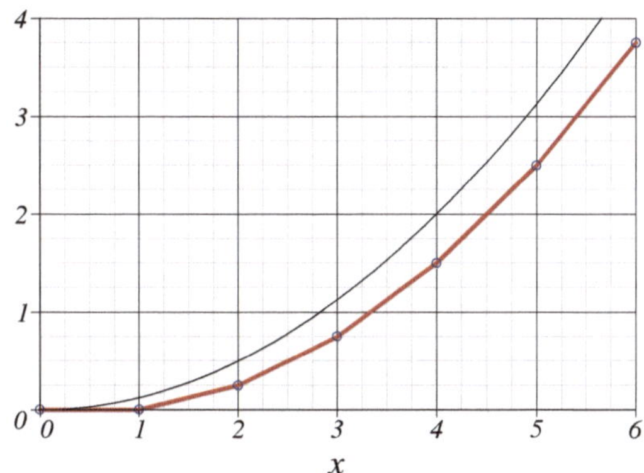

Durch die zweifache Anwendung des Kommandos coordplot wird ein grobes (schwarzes) bzw. ein feines (graues) Gitter mit Gitterbreite 1 bzw. 1/4 erzeugt. *GitterOption* enthält die drei wichtigsten Parameter: cartesian ist der Name des gewünschten Koordinatensystems. Es folgt eine Liste von zwei Bereichen, die in der kartesischen Parameterebene das Rechteck $[0,6] \times [0,4]$ beschreiben, und durch view wird im Bildbereich ein Fenster für das Gitter festgelegt. Die Zahl der Gitterlinien wird mit Hilfe der Option grid gesteuert.

Leser, die mit diesem Teil des Worksheets herumexperimentieren und dabei z. B. die Schrittweite h verkleinern wollen, indem sie die Zahl n der Integrationsschritte vergrößern, werden beobachten, daß die zugehörigen Euler-Polygonzüge sich — erwartungsgemäß — der Lösung der AWA nähern.

Alternativ kann man die Lösung mit dsolve unter Verwendung der Optionen type=numeric und method=classical[foreuler] näherungsweise berechnen. Mit Hilfe des Befehls odeplot aus dem plots-Paket kann man sie zeichnen:

```
> p := dsolve({Dgl,AnfBed},y(x),type=numeric,
        method=classical[foreuler],stepsize=h,
        output=array([k*h $ k=0..n])):
  eval(p);
```

$$[x,\ y]$$

$$\begin{bmatrix} 0 & 0.00 \\ 1 & 0.00 \\ 2 & 0.25 \\ 3 & 0.75 \\ 4 & 1.50 \\ 5 & 2.50 \\ 6 & 3.75 \end{bmatrix}$$

```
> Punkte  := odeplot(p,style=point,symbol=circle,color=black):
  Polygon := odeplot(p,color=red,thickness=2):
  display(Loesung,Punkte,Polygon,Gitter,axes=frame,
          tickmarks=[[$ 0..Xend],[$ 0..4]],scaling=constrained):
```

Da die Graphik nahezu identisch ist mit der vorangehenden Abbildung, verzichten wir hier auf eine Wiedergabe.

Kapitel 2

Elementare Integrationsmethoden

Von ‚elementaren Integrationsmethoden' sprechen wir, wenn die Lösung etwa durch Aufsuchen von Stammfunktionen, durch Auflösen von Gleichungen oder mit Hilfe geeigneter Transformationen gewonnen wird.

2.1 Differentialgleichungen mit ‚getrennten Variablen'

Wir betrachten in diesem Abschnitt Differentialgleichungen der Gestalt

$$y' = \frac{f(x)}{g(y)} \,. \tag{$*$}$$

Dazu machen wir die *Annahmen:*

Es seien I_1 und I_2 Intervalle, $f\colon I_1 \longrightarrow \mathbb{R}$ stetig und

$g\colon I_2 \longrightarrow \mathbb{R}$ stetig mit $g(s) \neq 0$ für $s \in I_2$.

Aufgabe: Zu den *„Anfangswerten"* $a \in I_1$ und $b \in I_2$ suchen wir ein Intervall $I \subset I_1$ mit $a \in I$ und eine auf I definierte Lösung y von $(*)$ mit $y(a) = b$.

Wir bezeichnen — wie schon erwähnt — diese Aufgabe (hier und analog im folgenden) als *„Anfangswertaufgabe"*, kurz *„AWA"*.

Vorweg bemerken wir:

1) Durch Variation von a und b werden *alle Lösungen* erfaßt.

W. Forst, D. Hoffmann, *Gewöhnliche Differentialgleichungen*, Springer-Lehrbuch,
DOI 10.1007/978-3-642-37883-6_2,

Kapitel 2

2) Eine Lösung von $(*)$ ist automatisch *stetig* differenzierbar.

Die *grobe Idee* ist recht einfach: Man formt um zu $y'(t)\,g(y(t)) = f(t)$ und integriert: $\int_a^x y'(t)\,g(y(t))\,dt = \int_a^x f(t)\,dt$. Nach Substitution $s := y(t)$ ist die linke Seite gerade $\int_{y(a)}^{y(x)} g(s)\,ds$. Anschließend löst man nach $y(x)$ auf.

Die *genaue Durchführung* folgt dem skizzierten Vorgehen, erfordert jedoch etwas mehr Aufwand:

Die Vorüberlegung führt zur Betrachtung der beiden Funktionen

$$F(x) := \int_a^x f(t)\,dt \quad (x \in I_1), \qquad G(y) := \int_b^y g(s)\,ds \quad (y \in I_2).$$

Da die Funktion g in I_2 keine Nullstellen und damit — als stetige Funktion — konstantes Vorzeichen hat, ist G *streng monoton* (streng wachsend oder streng fallend). Zudem ist G natürlich stetig differenzierbar. Für das Intervall $I_3 := G(I_2)$ gilt somit: $G\colon I_2 \longrightarrow I_3$ ist bijektiv. So ist die Umkehrfunktion $G^{-1}\colon I_3 \longrightarrow I_2$ stetig differenzierbar und (in gleichem Sinne) streng monoton.

Für eine auf einem Intervall $I \subset I_1$ mit $a \in I$ definierte differenzierbare Funktion $y\colon I \longrightarrow I_2$ ist die AWA offenbar äquivalent zu

$$G(y(x)) = F(x) \text{ bzw. } y(x) = G^{-1}\big(F(x)\big) = \big(G^{-1} \circ F\big)(x) \text{ für } x \in I.$$

Es sei I_0 das ‚maximale' Teilintervall von I_1 mit $a \in I_0$ und $F(x) \in I_3$ für $x \in I_0$[1], so gilt — falls I_0 ein *echtes* Intervall ist:

> $y_0 := G^{-1} \circ \big(F_{|I_0}\big)$ *ist eine Lösung der AWA.* y_0 *ist „maximale Lösung" in dem Sinne, daß jede andere Lösung der AWA hieraus durch Einschränkung entsteht.*

Wegen $a \in I$, $F(a) = 0$ und $b \in I_2$, $0 = G(b) \in I_3$ hat man stets $a \in I_0$. Jedoch kann I_0 einpunktig sein! (Man vergleiche hierzu (B1).)

Von den folgenden drei Beispielen ist das erste Routine (man vergleiche auch das unter c) in Abschnitt 1.2 skizzierte Richtungsfeld), die letzten beiden sind besonders wichtig:

(B1) $\boxed{y' = -\frac{x}{y} \qquad (y > 0)}$

Dieses Beispiel ordnet sich mit $I_1 := \mathbb{R}$, $f(x) := -x$, $I_2 :=]0, \infty[$, $g(y) := y$ und beliebigen $a \in I_1$, $b \in I_2$ in die allgemeinen Überlegungen ein. Daher wird $2F(x) = -x^2 + a^2$, $2G(y) = y^2 - b^2$ und somit $I_3 := G(I_2) =]-\frac{1}{2}b^2, \infty[$. Aus der Äquivalenz $F(x) \in I_3$ genau dann, wenn $x^2 < a^2 + b^2$, ergibt sich $I_0 =]-r, r[$ mit $r := \sqrt{a^2 + b^2}$. Die Forderung $G(y(x)) = F(x)$ liefert $y(x)^2 - b^2 = -x^2 + a^2$, also $y(x) = \sqrt{r^2 - x^2}$ für $x \in I_0$.

[1] Vornehmer ausgedrückt: I_0 ist diejenige Zusammenhangskomponente von $F^{-1}(I_3)$, die a enthält.

Wählt man für $a \geq 0$ die Intervalle $I_1 := [a, \infty[$ und $I_2 := [b, \infty[$, dann ist — wegen $I_3 = [0, \infty[$ — $I_0 = \{a\}$, also *einpunktig.*

(B2) $y' = \sqrt{|y|}$

Wir wählen zunächst $I_1 := \mathbb{R}, I_2 :=]0, \infty[$, $a \in I_1$ und $b \in I_2$ beliebig und setzen $f(t) := 1 \ (t \in I_1)$, $g(s) := s^{-\frac{1}{2}} \ (s \in I_2)$. Mit

$$F(x) := \int_a^x f(t)\,dt = x - a \quad (x \in I_1),$$

$$G(y) := \int_b^y s^{-\frac{1}{2}}\,ds = 2\big(\sqrt{y} - \sqrt{b}\big) \quad (y \in I_2)$$

ergibt sich

$I_3 := G(I_2) =]-2\sqrt{b}, \infty[$, $\quad F(x) \in I_3 \iff x > a - 2\sqrt{b} =: \beta$,

$I_0 =]\beta, \infty[$, $\quad y_0(x) := G^{-1}\big(F(x)\big) = 1/4\,\big(x - \beta\big)^2 \quad (x \in I_0)$.
Entsprechend erhält man für $I_1 := \mathbb{R}$, $I_2 :=]-\infty, 0[$ und $a \in I_1$, $b \in I_2$ mit $\alpha := a + 2\sqrt{|b|}$ auf $I_0 =]-\infty, \alpha[$ die Lösung
$y_0(x) = -1/4\,(x - \alpha)^2$.

Dies kann man — ohne erneute Rechnung — unmittelbar aus der ersten Überlegung erhalten; denn mit y ist offenbar die durch $v(x) := -y(-x)$ gegebene Funktion v ebenfalls Lösung. Auch aus der Symmetrie des Richtungsfeldes ist dies unmittelbar abzulesen.

Zudem liefert $y(x) = 0 \quad (x \in \mathbb{R})$ eine Lösung. (Hierzu können die obigen allgemeinen Überlegungen *nicht* herangezogen werden!)

Als *Gesamtlösung* der DGL erhält man so für $-\infty \leq \alpha \leq \beta \leq \infty$ (im nicht-trivialen Fall $\alpha \neq +\infty$ und $\beta \neq -\infty$):

$$y_{\alpha,\beta}(x) := \begin{cases} -\frac{1}{4}(x-\alpha)^2 & , \quad x < \alpha \\ 0 & , \quad \alpha \leq x \leq \beta \\ \frac{1}{4}(x-\beta)^2 & , \quad x > \beta \end{cases}$$

Hierzu sind nur noch die (einseitigen) Grenzübergänge von $y_{\alpha,\beta}$ und $y'_{\alpha,\beta}$ an den ‚Nahtstellen‘ zu betrachten.

Sämtliche Lösungen erhält man hieraus durch Einschränkung. Insbesondere existieren für $a \in \mathbb{R}$ und jedes Intervall I mit $a \in I$ *unendlich viele Lösungen durch* $(a, 0)$. Diese liegen zwischen den ‚extremalen‘ Lösungen:

$$y_{\max}(x) := \begin{cases} 0 & , x \leq a \\ \frac{1}{4}(x-a)^2 & , x \geq a \end{cases}, \quad \text{also} \quad y_{\max} = y_{-\infty,a},$$

und

$$y_{\min}(x) := \begin{cases} -\frac{1}{4}(x-a)^2 & , x \le a \\ 0 & , x \ge a \end{cases}, \qquad \text{also} \qquad y_{\min} = y_{a,\infty}$$

Man spricht in einem solchen Fall gelegentlich von einem ‚Trichter' von Lösungen. Lokal hat man also keine Eindeutigkeit, obwohl eine explizite DGL vorliegt, ihre rechte Seite stetig ist und diese nur von y abhängt.

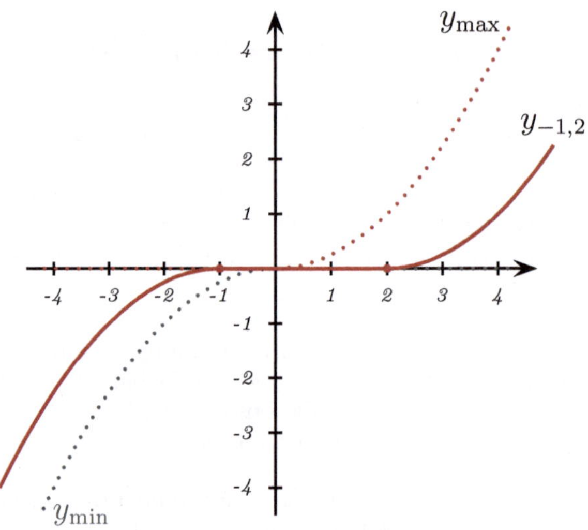

(B3) $\boxed{y' = 1 + y^2}$

Hier kann man $I_1 := I_2 := \mathbb{R}$, $f(x) = 1$ und $g(y) = \dfrac{1}{1+y^2}$ wählen. Zu beliebigen $a, b \in \mathbb{R}$ erhält man $F(x) = x-a$, $G(y) = \arctan y - \arctan b$. Daher ist $I_3 = \left]-\frac{\pi}{2} - \arctan b, \frac{\pi}{2} - \arctan b\right[$.
Wegen $F(x) \in I_3 \iff x \in \left]-\frac{\pi}{2} + c, \frac{\pi}{2} + c\right[= I_0$ mit $c := a - \arctan b$ ergibt sich

$$y_0(x) = \tan(x-c) \qquad (x \in I_0)\,.$$

Diese *Lösungen haben ‚private' (individuelle) beschränkte maximale Existenzintervalle*, die nicht direkt aus der DGL ablesbar sind, *obwohl die DGL mit sehr ‚regulären' Funktionen gebildet ist.*

Man vergleiche auch das Beispiel zu 4) auf Seite 5.

2.2 Differentialgleichungen vom Typ $y' = f\left(\frac{p_1x+q_1y+r_1}{p_2x+q_2y+r_2}\right)$

Hierbei seien $p_\kappa, q_\kappa, r_\kappa$ für $\kappa = 1, 2$ reelle Zahlen, J ein Intervall und $f\colon J \longrightarrow \mathbb{R}$ eine stetige Funktion.

Œ können wir ausgehen von $(q_1, q_2) \neq (0, 0)$ (sonst wäre ‚nur' eine Stammfunktion zu bestimmen) und $\operatorname{rg}\begin{pmatrix} p_1 & q_1 & r_1 \\ p_2 & q_2 & r_2 \end{pmatrix} = 2$ (denn sonst wären Zähler und Nenner proportional).

Als ersten *Spezialfall* behandeln wir

$$y' = f(\lambda x + y) \quad (\lambda \in \mathbb{R}) \tag{I}$$

und dazu naturgemäß den Streifen $\mathcal{S} := \{(x, y) \in \mathbb{R}^2 \colon \lambda x + y \in J\}$.

Z. B. für $J =]-1, 2[$ und $\lambda = 1$:

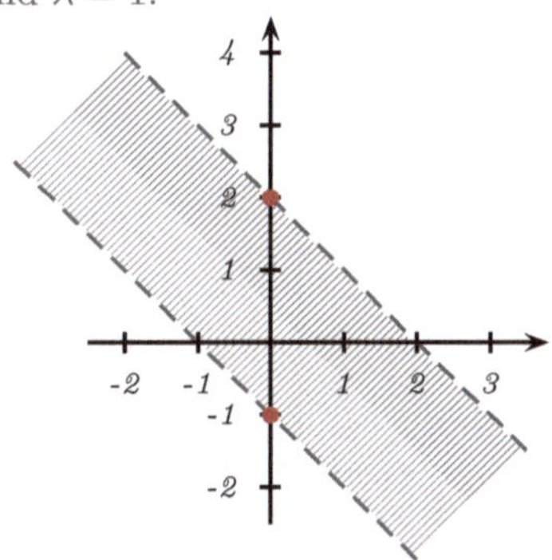

Für ein Intervall I betrachten wir die (bijektive) *Transformation*[2]

$$y \longmapsto u \quad \text{mit} \quad u(x) = \lambda x + y(x) \quad (x \in I)$$

und erhalten: y ist genau dann eine Lösung von (I) auf I $\big($speziell $(x, y(x)) \in \mathcal{S}$ für $x \in I\big)$, wenn $u\colon I \longrightarrow \mathbb{R}$ differenzierbar ist mit $u(x) \in J$ und $u'(x) = \lambda + f(u(x))$ für $x \in I$.

Damit ist dieser Spezialfall im wesentlichen auf Abschnitt 2.1 zurückgeführt. Es ist dabei noch zu beachten: Falls $\lambda + f(u_0) = 0$ für ein $u_0 \in J$ gilt, liefert $y(x) = u_0 - \lambda x$ eine Lösung.

Ein einfaches Beispiel soll die Überlegungen verdeutlichen. Wir greifen es dann — geringfügig modifiziert — noch einmal in dem zugehörigen Maple-Worksheet auf:

[2] Von einer *Transformation* sprechen wir, wenn jeder Funktion y einer gegebenen Klasse eindeutig eine Funktion u zugeordnet wird und umgekehrt.

(B4) $\boxed{y' = (x+y)^2 \quad y(0) = 0}$

Eine Lösung y dieser DGL auf einem Intervall I ergibt für $u(x) = x + y(x) \quad (x \in I)$ die DGL $u'(x) = 1 + u(x)^2$. Die Anfangsbedingung $y(0) = 0$ wird zu $u(0) = 0$. (B3) zeigt $u(x) = \tan x$ für $x \in J$ mit maximalem Intervall $J := \left]-\frac{\pi}{2}, \frac{\pi}{2}\right[$. Folglich gilt:

$$y(x) = \tan x - x \quad \text{für } x \in \left]-\frac{\pi}{2}, \frac{\pi}{2}\right[$$

Im zweiten *Spezialfall*

$$y' = f\left(\frac{y - y_0}{x - x_0}\right) \tag{II}$$

für feste $x_0, y_0 \in \mathbb{R}$ betrachten wir entsprechend den Winkelbereich

$$\mathcal{W} := \left\{(x, y) \in \mathbb{R}^2 \colon x \neq x_0 \wedge \frac{y - y_0}{x - x_0} \in J\right\}.$$

Z. B. für $x_0 = y_0 = 0$ und $J =]0.5, 1.5[$:

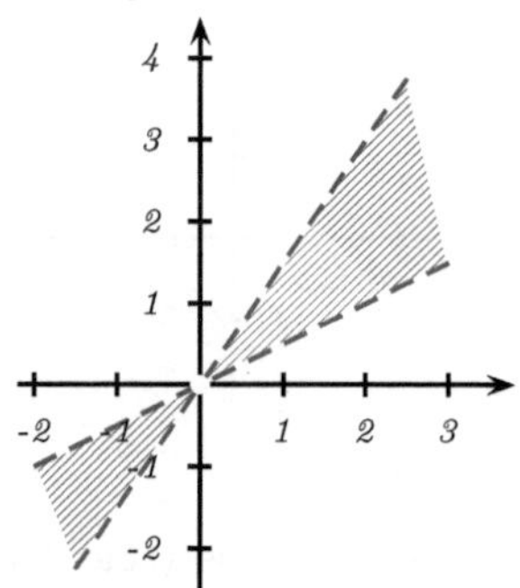

Für ein Intervall I, das x_0 nicht enthält, *transformieren* wir

$$y(x) - y_0 = u(x)(x - x_0) \quad \text{für } x \in I$$

und erhalten unter Beachtung von $y'(x) = u'(x)(x - x_0) + u(x)$:

y ist eine Lösung von (II) auf I $\big($speziell $(x, y(x)) \in \mathcal{W}$ für $x \in I\big)$ genau dann, wenn $u\colon I \longrightarrow \mathbb{R}$ differenzierbar ist mit $u(x) \in J$ und $u'(x) = \frac{f(u(x)) - u(x)}{x - x_0}$ für $x \in I$.

Damit ist auch dieser Spezialfall im wesentlichen zurückgeführt auf Abschnitt 2.1. Wir beachten noch: Wenn $f(\gamma) = \gamma$ für ein $\gamma \in J$ gilt, liefert dann $y(x) = \gamma(x - x_0) + y_0$ eine Lösung in $]-\infty, x_0[$ und in $]x_0, \infty[$.

Auch hierzu ein Beispiel, das dann in dem entsprechenden Maple-Worksheet — wieder leicht modifiziert — aufgegriffen und vertieft wird:

(B5) $\boxed{y' = \sin\left(\frac{y}{x}\right) + \frac{y}{x}, \quad y(1) = \frac{\pi}{2}}$

Für dieses Beispiel ist in den allgemeinen Überlegungen $J := \mathbb{R}$, $f(s) := \sin(s) + s$ für $s \in \mathbb{R}$ und $y_0 := x_0 := 0$ zu setzen. Der Winkelbereich ist somit $\mathcal{W} = \{(x,y) \in \mathbb{R}^2 \colon x \neq 0\}$, und die Transformation lautet speziell $y(x) = xu(x)$ für $x \in I$ auf einem Intervall I mit $1 \in I, 0 \notin I$. Eine dort definierte Funktion y löst genau dann die vorgegebene AWA, wenn

$$u' = \frac{f(u) - u}{x} = \frac{\sin u}{x} \quad \text{mit} \quad u(1) = \frac{\pi}{2}$$

gilt. In die Überlegungen von Abschnitt 2.1 ordnet sich dies ein mit:

$$h(x) := \frac{1}{x} \text{ für } x \in I_1 :=]0, \infty[, \quad g(u) := \frac{1}{\sin u} \text{ für } u \in I_2 :=]0, \pi[$$

Gewiß wird niemand darüber stolpern, daß wir hier für die erste Funktion eine andere Bezeichnung (h statt f) gewählt haben, da ja f oben schon verwendet wurde. Für $x \in]0, \infty[$ und $u \in]0, \pi[$ betrachten wir

$$F(x) := \int_1^x \frac{1}{t}\, dt = \log x \text{ und } G(u) := \int_{\frac{\pi}{2}}^u \frac{1}{\sin s}\, ds = \log(\tan(u/2)).$$

Offenbar ist $I_3 := G(I_2) = \mathbb{R}$. Die Bedingung $G(u(x)) = F(x)$ bedeutet $\tan(u(x)/2) = x$. Damit hat man $u(x) = 2\arctan x$ und so $y(x) = 2x\arctan x$.

Jetzt können wir die allgemeine Aufgabe durch *Reduktion auf (I) und (II)* lösen: Im Fall $\operatorname{rg}\begin{pmatrix} p_1 & q_1 \\ p_2 & q_2 \end{pmatrix} = 1$ existiert ein $\lambda \in \mathbb{R}$ mit $\begin{pmatrix} p_1 \\ p_2 \end{pmatrix} = \lambda \begin{pmatrix} q_1 \\ q_2 \end{pmatrix}$. So erhält man

$$f\left(\frac{p_1x + q_1y + r_1}{p_2x + q_2y + r_2}\right) = f\left(\frac{q_1(\lambda x + y) + r_1}{q_2(\lambda x + y) + r_2}\right) =: \widehat{f}(\lambda x + y),$$

also eine DGL vom Typ (I).

Im Fall $\operatorname{rg}\begin{pmatrix} p_1 & q_1 \\ p_2 & q_2 \end{pmatrix} = 2$ existiert eindeutig $(x_0, y_0) \in \mathbb{R}^2$ mit $p_1x_0 + q_1y_0 + r_1 = 0, p_2x_0 + q_2y_0 + r_2 = 0$. Hier erhält man über

$$f\left(\frac{p_1x + q_1y + r_1}{p_2x + q_2y + r_2}\right) = f\left(\frac{p_1(x - x_0) + q_1(y - y_0)}{p_2(x - x_0) + q_2(y - y_0)}\right) =: \widehat{f}\left(\frac{y - y_0}{x - x_0}\right)$$

eine DGL vom Typ (II).

Kapitel 2

2.3 Lineare Differentialgleichungen 1. Ordnung

Wir betrachten hier die äußerst wichtige *lineare DGL 1. Ordnung*

$$y' = f(x)\,y + g(x)\ ; \tag{I}$$

dabei seien J ein Intervall und $f,\, g\colon\ J \longrightarrow \mathbb{R}$ stetige Funktionen. Im Falle $g \neq 0$ bezeichnen wir die DGL als *inhomogen.*

Die Bedeutung dieser DGL kann nur schwerlich überschätzt werden. Selbst der ganz einfache Fall $y' = Cy$ (Änderung ist proportional zum Ist-Zustand) — also $g = 0$ und f konstant — erfaßt recht verschiedenartige Dinge, wie wir schon in der Auflistung auf Seite 1f angedeutet haben.

Für ein $a \in J$ wird durch

$$y_0(x) := \exp\Big(\int\limits_a^x f(t)\,dt\Big)$$

für $x \in J$ eine (stetig differenzierbare) Lösung y_0 der zugehörigen *„homogenen (linearen) Differentialgleichung"*

$$y' = f(x)\,y \tag{H}$$

auf J erklärt, die $y_0(x) > 0$ und $y_0(a) = 1$ erfüllt.

(Dies kann man auch mit der Methode aus Abschnitt 2.1 herleiten.)

Ist y eine Lösung von (I) in dem Existenzintervall $J_0 \subset J$ mit $a \in J_0$ und $y(a) = b \in \mathbb{R}$, dann läßt sich y stets in der Form

$$y(x) = c(x)\,y_0(x) \quad (x \in J_0) \qquad \text{„Variation der Konstanten"}$$

mit (stetig) differenzierbarem $c\colon\ J_0 \longrightarrow \mathbb{R}$ schreiben; denn die Funktion y_0 ist ja durchweg ungleich 0. Es gilt dann

$$\underset{\sim\sim}{fcy_0} + g = fy + g = y' = c'y_0 + cy_0' = c'y_0 + \underset{\sim\sim}{cfy_0}\,,$$

also $c'(x) = g(x)\,y_0(x)^{-1}$; damit ist notwendig:

$$y(x) = y_0(x)\Big(\int\limits_a^x g(t)y_0(t)^{-1}\,dt + b\Big) \tag{1}$$

Andererseits wird durch (1) eine Lösung von (I) mit $y(a) = b$ erklärt.

Wir fassen zusammen:

Satz 2.3.1

Für $a \in J$ und $b \in \mathbb{R}$ ist die — eindeutig bestimmte — Lösung y von (I) auf J mit $y(a) = b$ gegeben durch (1).

Sämtliche Lösungen von (I) erhält man durch Variation von a und b und Einschränkung auf Teilintervalle.

Das *maximale Existenzintervall* der Lösungen ist also hier jeweils J.

Folgerung 2.3.2

α) *Für die zugehörige homogene DGL (H) sind alle Lösungen auf J gegeben durch:*

$$y(x) = c\,y_0(x) \text{ für } x \in J \qquad (c \in \mathbb{R})$$

β) *Für eine Lösung y der homogenen DGL gilt:*

Ist y nicht konstant gleich Null, so ist y stets von Null verschieden.

γ) *Jede beliebige Lösung von (I) (auf J) entsteht aus einer speziellen („partikulären") Lösung durch Addition einer Lösung von (H).*

Beweis: Die erste Aussage liest man direkt aus (1) mit $g(t) := 0$ $(t \in J)$ ab. Aus α) erhält man unmittelbar β), da $y_0(x) \neq 0$ $(x \in J)$. Die dritte Aussage folgt aus der Linearität der Ableitung: Sind y und z Lösungen von (I), so gilt $(y-z)' = y' - z' = f\,y - f\,z = f\,(y-z)$; $(y-z)$ ist also eine Lösung von (H); so ergibt $y = z + (y-z)$ die gewünschte Darstellung. □

Für die (lineare) Abbildung

$$L\colon\; \begin{array}{ccc} C_1(J) & \longrightarrow & C_0(J) \\ \cup\!\!\!\!\;| & & \cup\!\!\!\!\;| \\ y & \longmapsto & y' - fy \end{array}$$

wissen wir also: L ist *surjektiv*, und der *Kern* von L ist *1-dimensional.*

Wir sehen uns auch zu diesem Typ von DGLen ein einfaches Beispiel an:

(B6) $\boxed{y' = -xy + 3x, \quad y(0) = 5}$

Zur Lösung dieser AWA sind in den allgemeinen Überlegungen $J := \mathbb{R}$, $a := 0$, $b := 5$, $f(x) := -x$ und $g(x) := 3x$ für $x \in \mathbb{R}$ zu setzen. Dann ergibt sich $y_0(x) := \exp\Big(\int\limits_0^x (-t)\,dt\Big) = \exp\left(-\frac{1}{2}x^2\right)$ und

$$y(x) := y_0(x)\bigg(\int\limits_0^x 3t\,\exp\left(\tfrac{1}{2}t^2\right)dt + 5\bigg) = y_0(x)\Big(3\,\exp\left(\tfrac{1}{2}x^2\right) + 2\Big),$$

wobei wir $\int\limits_0^x 3t\,\exp\left(\frac{1}{2}t^2\right)dt = 3\,\exp\left(\frac{1}{2}t^2\right)\Big|_0^x = 3\left(\exp(\frac{1}{2}x^2) - 1\right)$ benutzt haben. Daher ist $y(x) = 3 + 2\exp\left(-\frac{1}{2}x^2\right)$ die eindeutig bestimmte Lösung der AWA.

Wir rechnen die gleiche Aufgabe noch einmal mit *„Variation der Konstanten"* direkt (d. h. ohne die Formel (1)):

$y_0(x) = \exp\left(-\frac{1}{2}x^2\right)$ erfüllt $y_0' = -x\,y_0$ und $y_0(0) = 1$. Der ‚Ansatz' $y(x) = c(x)\,y_0(x)$ liefert hier $\underset{\sim\sim\sim}{-x\,(c\,y_0)} + 3x = -xy + 3x = y' =$

$c'y_0 + cy_0' = c'y_0 + \underset{\sim\sim\sim}{c(-xy_0)}$ und somit $c'y_0 = 3x$, also $c'(x) = 3x\exp\left(\frac{1}{2}x^2\right)$. Daraus folgt $c(x) = 3\exp\left(\frac{1}{2}x^2\right) + \alpha$. $c(0) = y(0) = 5$ gibt dann $\alpha = 2$, insgesamt also die obige Lösung.

Oft ist es aber noch einfacher, *eine* Lösung von (I) zu ‚erraten' und dann mit γ) (und α)) die allgemeine Lösung zu notieren:

Schreibt man die gegebene DGL in der Form $y' = x(-y+3)$, so erkennt man leicht die durch $y_p(x) := 3$ gegebene konstante Funktion y_p als *partikuläre Lösung*. Mit der oben schon bestimmten Lösung y_0 der zugehörigen homogenen DGL ist die *allgemeine Lösung* y — nach α) und γ) — gegeben durch:

$y(x) = cy_0(x) + y_p(x) = c\exp\left(-\frac{1}{2}x^2\right) + 3$ (mit beliebigem $c \in \mathbb{R}$).
Die Forderung $y(0) = 5$ zeigt dann abschließend $c = 2$.

2.4 Bernoulli-Differentialgleichung

Als solche wird die DGL

$$y' = f(x)\,y + g(x)\,y^\alpha \tag{1}$$

bezeichnet. Dabei seien wieder J ein Intervall, $f,\, g\colon J \longrightarrow \mathbb{R}$ stetige Funktionen und Œ $\alpha \in \mathbb{R}\setminus\{0,1\}$.

Für $\alpha = 1$ erhielte man eine homogene lineare DGL 1. Ordnung, für $\alpha = 0$ eine (inhomogene) lineare DGL 1. Ordnung.

Es werden — für *beliebiges* α — nur Lösungen $y\colon J_0 \longrightarrow \mathbb{R}$ für ein Teilintervall J_0 von J mit $y(x) > 0$ für $x \in J_0$ betrachtet.

Für *spezielle* α kann man auch $y(x) \le 0$ zulassen. Ist $0^\alpha = 0$ definiert, so ist natürlich auch $y = 0$ eine Lösung.

Die *Transformation* $u(x) = y(x)^{1-\alpha}$ $(x \in J_0)$ liefert, daß

y genau dann eine Lösung von (1) ist, wenn u auf J_0 die lineare DGL

$$u' = (1-\alpha)f(x)u + (1-\alpha)g(x) \tag{2}$$

löst und $u(x) > 0$ für $x \in J_0$ gilt.

Beweis: Ist y eine Lösung von (1), dann gilt für u:

$$\begin{aligned} u' &= (1-\alpha)y^{-\alpha}y' = (1-\alpha)y^{-\alpha}\big[f(x)y + g(x)y^\alpha\big] \\ &= (1-\alpha)f(x)u + (1-\alpha)g(x)\,. \end{aligned}$$

Geht man andererseits von einer Lösung u von (2) aus, so rechnet man für y:

$$\begin{aligned} y' &= \frac{1}{1-\alpha}\, u^{\frac{1}{1-\alpha}-1}\, u' = \frac{1}{1-\alpha}\, u^{\frac{\alpha}{1-\alpha}} \left[(1-\alpha)f(x)u + (1-\alpha)g(x)\right] \\ &= f(x)u^{\frac{1}{1-\alpha}} + g(x)u^{\frac{\alpha}{1-\alpha}} = f(x)y + g(x)y^{\alpha}\,. \end{aligned} \qquad \square$$

Insgesamt ist somit das Problem auf die Überlegungen aus Abschnitt 2.3 zurückgeführt.

Anmerkung: Eine Lösung u von (2) existiert auf ganz J; aber der oben aufgezeigte Zusammenhang $y \longleftrightarrow u$ besteht nur solange, wie $u(x) > 0$ (bzw. $y(x) > 0$) gilt.

Auch hier ein kleines Beispiel zum Einüben:

(B7) $\boxed{y' = xy - 3xy^2, \quad y(0) = \frac{1}{5}}$

Mit $\alpha = 2$ und somit $u(x) := y(x)^{-1}$ in einem Intervall $J_0 \subset \mathbb{R}$ mit $0 \in J_0$ und $y(x) > 0$ für $x \in J_0$ geht diese AWA nach den geschilderten Überlegungen über in $u' = -xu + 3x,\ u(0) = 5$. Nach Beispiel (B6) ist die allgemeine Lösung dieser DGL durch $u(x) = c\exp\left(-\frac{1}{2}x^2\right) + 3$ gegeben. Die Berücksichtigung der Anfangsbedingung liefert $c = 2$. Die Lösung y der ursprünglichen AWA ist demnach durch $y(x) = u(x)^{-1} = 1/\left(3 + 2\exp\left(-\frac{1}{2}x^2\right)\right)$ für $x \in \mathbb{R}$, also mit $J_0 = \mathbb{R}$, gegeben.

2.5 Riccati-Differentialgleichung

Eine DGL der Form

$$y' = f(x)y^2 + g(x)y + h(x) \tag{1}$$

heißt RICCATI-Differentialgleichung. Hierbei seien $f,\, g,\, h\colon J \longrightarrow \mathbb{R}$ stetige Funktionen auf einem Intervall J. Œ kann dabei von $f \neq 0$ ausgegangen werden; denn sonst hätte man eine lineare DGL.

Erste **Anmerkungen:**

1) Ohne Beweis (und ohne weitere Begriffserläuterung) vermerken wir: Im allgemeinen ist diese DGL *nicht* ‚elementar integrierbar'!
2) Falls *eine* Lösung bekannt ist, können andere Lösungen elementar gewonnen werden.

3) Gegenüber der linearen DGL hat man hier noch den Term $f(x)\,y^2$; dieser ändert das Lösungsverhalten beträchtlich: Das zeigt ja schon 1). Zudem sind ‚private' maximale Existenzintervalle möglich, die *echte* Teilintervalle des Ausgangsintervalls J sind! (Man vergleiche dazu die schon bekannten Beispiele auf den Seiten 5 $(y' = y^2)$ und 22 $(y' = 1 + y^2)$.)

Zusammenhang mit homogener linearer DGL 2. Ordnung

Hier machen wir die **zusätzliche Annahme:**

f sei stetig differenzierbar mit $f(x) \neq 0$ für alle $x \in J$ [3].

a) Durch die *Transformation* $\boxed{z(x) = -f(x)\,y(x)}$ gelingt die *Reduktion auf eine Normalform:*

Es sei $y\colon J_0 \longrightarrow \mathbb{R}$ eine differenzierbare Funktion auf einem Teilintervall J_0 von J; dann folgt:

y ist genau dann eine Lösung von (1), wenn für alle $x \in J_0$ gilt

$$\begin{aligned} & f(x)\,y' = f(x)^2 y^2 + f(x)\,g(x)\,y + f(x)\,h(x) \\ \Longleftrightarrow\ & (f\,y)'(x) = f'(x)\,y(x) + f(x)\,y'(x) \\ & \qquad = \big(f(x)\,y(x)\big)^2 + \big(f(x)\,g(x) + f'(x)\big)\,y(x) + f(x)\,h(x) \\ \Longleftrightarrow\ & \boxed{z' = -z^2 - \widetilde{g}(x)z - \widetilde{h}(x)} \end{aligned} \tag{2}$$

mit $\widetilde{g}(x) := -\dfrac{f(x)g(x) + f'(x)}{f(x)}, \ \widetilde{h}(x) := f(x)\,h(x) \quad (x \in J)$.

Die Funktionen $\widetilde{g}$ und $\widetilde{h}$ sind natürlich stetig.

b) Betrachtung von (2):

Ist z eine Lösung von (2) auf J_0, dann bilden wir für $a \in J_0$

$$u(x) := \exp\Big(\int_a^x z(t)\,dt\Big) \qquad (x \in J_0),$$

also die Lösung u von $u' = z\,u$ mit $u(a) = 1$. Die Funktion u ist somit zweimal stetig differenzierbar mit $u(x) \neq 0$ für $x \in J_0$ und genügt der DGL

$$u'' + \widetilde{g}(x)\,u' + \widetilde{h}(x)\,u = 0\,;$$

denn mit $u' = z\,u$ folgt

$$\begin{aligned} u'' &= z'u + z\,u' = (z' + z^2)\,u \\ &= (-\widetilde{g}(x)\,z - \widetilde{h}(x))\,u = -\widetilde{g}(x)\,u' - \widetilde{h}(x)\,u\,. \end{aligned}$$

[3] Oben wurde nur gefordert: Es existiert ein $x \in J$ mit $f(x) \neq 0$.

Ist andererseits u eine Lösung dieser DGL auf einem Intervall $J_0 \subset J$ und dort stets von Null verschieden, dann liefert $z(x) := \frac{u'(x)}{u(x)}$ für $x \in J_0$ offenbar eine Lösung z von (2) auf J_0.

(B8) Die (schon reduzierte) DGL $z' = -z^2 - 1$ wird in dem Intervall $J := \,]-\pi/2, \pi/2[$ gelöst durch z mit $z(x) := -\tan(x)$. Hier sind also in den obigen allgemeinen Überlegungen $\widetilde{g}(x) = 0$ und $\widetilde{h}(x) = 1$ zu setzen. Die zugehörige DGL zweiter Ordnung für u lautet somit $u'' + u = 0$. Diese wird u. a. durch die Funktion $u = \cos$ gelöst. Die Beziehung $z(x) = \frac{u'(x)}{u(x)}$ lautet hier $-\tan(x) = \frac{-\sin(x)}{\cos(x)}$.

Elementare Integration bei bekannter spezieller Lösung

Sind y und y_0 Lösungen von (1) auf einem Intervall $J_0 \subset J$, dann gilt für $z := y - y_0$ unter Beachtung von $y^2 - y_0^2 = (y + y_0)(y - y_0) = (z + 2y_0)z$:

$z' = f(y^2 - y_0^2) + gz = fz^2 + (2fy_0 + g)z$ (Bernoulli-DGL mit $\alpha = 2$)

Mit der in Abschnitt 2.4 beschriebenen Transformation gelingt die Reduktion auf eine lineare DGL 1. Ordnung:

Ist $z(x) \neq 0$ für x aus einem Teilintervall J_0 von J, so erhält man für $u(x) := z(x)^{-1}$, also $u'(x) = -z(x)^{-2}z'(x)$, $-u' = f + (2fy_0 + g)u$.

Mit diesen motivierenden Überlegungen haben wir bewiesen:

Satz 2.5.1

Hat man eine Lösung y_0 der Riccati*-DGL (1) auf einem Teilintervall J_0 von J, so gilt für zwei Funktionen $y, u\colon J_0 \longrightarrow \mathbb{R}$ mit*

$$u(x)\big(y(x) - y_0(x)\big) = 1 \quad (x \in J_0):$$

y löst genau dann die DGL (1) auf J_0, wenn u dort eine Lösung ist von:

$$u' = -\big(2f(x)y_0(x) + g(x)\big)u - f(x) \tag{3}$$

Für u hat man also eine *lineare Differentialgleichung 1. Ordnung.* Damit gewinnt man nun leicht die

Folgerung 2.5.2 (Eindeutigkeitssatz)

Sind die beiden Funktionen y und y_0 in einem gemeinsamen Intervall J_0 von J Lösungen der Riccati*-DGL (1), dann gilt*

$$y = y_0 \quad \textit{oder} \quad y(x) \neq y_0(x) \textit{ für alle } x \in J_0.$$

Beweis (indirekt): Sonst hätte man $y \neq y_0$ $(*)$, und es existierte ein $t \in J_0$ mit $y(t) = y_0(t)$. Da die Funktionen y und y_0 stetig sind, folgt aus $(*)$: Es existiert ein $\tau_1 \in \overset{\circ}{J_0}$ mit $y(\tau_1) \neq y_0(\tau_1)$. Œ sei $\tau_1 < t$. Wir betrachten

$$\tau_2 := \inf\left\{\tau \in J_0 \,\middle|\, \tau > \tau_1 \wedge y(\tau) = y_0(\tau)\right\}.$$

Die Stetigkeit von y und y_0 liefert $y(\tau_2) = y_0(\tau_2)$ $(**)$. Für x aus dem Intervall $J_1 := [\tau_1, \tau_2[$ gilt $y(x) \neq y_0(x)$. Die auf J_1 durch

$$u(x) := (y(x) - y_0(x))^{-1}$$

definierte Funktion u löst dort die lineare Differentialgleichung (3); da der Punkt τ_2 zum Intervall J_0 gehört, kann die Funktion u in τ_2 hinein stetig fortgesetzt werden, dies im *Widerspruch* zu $(**)$. □

Insgesamt erhalten wir einen *Überblick über die Lösungsgesamtheit von* (1) *in Teilintervallen* J_1 *des Definitionsbereiches* J_0 *einer speziellen Lösung* y_0:

Satz 2.5.3

Auf einem Teilintervall J_0 *von* J *seien* y_0 *eine Lösung von* (1), u_0 *eine Lösung der DGL (3) und* v_0 *eine nicht-triviale Lösung der zugehörigen homogenen Differentialgleichung.*

Für ein Intervall $J_1 \subset J_0$ *und eine darauf definierte Funktion* y *gilt:* y *löst genau dann* (1) *auf* J_1, *wenn* y *die Einschränkung von* y_0 *auf* J_1 *ist oder mit einem reellen* γ *gilt:*

$$u_0(x) + \gamma v_0(x) \neq 0 \quad (x \in J_1) \quad \text{und} \quad y = \left(y_0 + \frac{1}{u_0 + \gamma v_0}\right)\Big|_{J_1}$$

Der *Beweis* ist durch die bisherigen Überlegungen gegeben:

Ist y eine Lösung von (1) auf J_1 mit $y \neq y_0|_{J_1}$, so gilt $y(x) \neq y_0(x)$ für $x \in J_1$ nach Folgerung 2.5.2. $u(x) := (y(x) - y_0(x))^{-1}$ für $x \in J_1$ liefert nach Satz 2.5.1 eine Lösung u der linearen DGL (3) auf J_1. Somit existiert ein $\gamma \in \mathbb{R}$ mit $u = u_0 + \gamma v_0$. Dies liefert die behauptete Darstellung für y.

Ausgehend von einer solchen Darstellung von y löst $u := u_0 + \gamma v_0$ die lineare DGL (3), also y die DGL (1) auf J_1. □

Zum besseren Verständnis dieses Satzes kann die Abbildung zu Beispiel 7 auf Seite 60 helfen.

Auf weitere Überlegungen zur (wichtigen) Riccati-Differentialgleichung gehen wir nicht ein (man vergleiche hierzu die Literatur, z. B. [Sc/Sc]), da noch ein reichhaltiges Programm auf uns wartet.

2.6 Exakte Differentialgleichungen

In diesem Abschnitt seien $\mathfrak{G}$ ein Gebiet — d. h. eine offene und zusammenhängende Menge — im $\mathbb{R}^2$ und $f_1, f_2 \colon \mathfrak{G} \longrightarrow \mathbb{R}$ stetige Funktionen. Wir betrachten die Differentialgleichung:

$$f_1(x,y) + f_2(x,y)\,y' = 0 \tag{1}$$

Diese DGL heißt genau dann *„(in $\mathfrak{G}$) exakt"*[4], wenn eine Stammfunktion zu (f_1, f_2) in $\mathfrak{G}$ existiert, d. h. eine differenzierbare Funktion $F \colon \mathfrak{G} \longrightarrow \mathbb{R}$ mit $D_1F = f_1$ und $D_2F = f_2$ — in anderer Notierung $F_x = f_1$ und $F_y = f_2$.

Die *Bedeutung der ‚Exaktheit'* (mit einem solchen F) wird ersichtlich aus der folgenden einfachen

Bemerkung 2.6.1

Für ein Intervall J und eine differenzierbare Funktion $y \colon J \longrightarrow \mathbb{R}$ mit $(x, y(x)) \in \mathfrak{G}$ für $x \in J$ ist y genau dann eine Lösung von (1), wenn mit einem reellen γ gilt:

$$F\big(x,y(x)\big) = \gamma \quad (x \in J)\,.$$

Beweis: $\dfrac{d}{dx}F\big(x,y(x)\big) = f_1(x,y(x)) + f_2(x,y(x))\,y'(x)$ für $x \in J$ □

Sind die Funktionen f_1 und f_2 sogar *stetig differenzierbar*, dann ist für die Exaktheit von (1) *notwendig*

$$D_2 f_1 = D_1 f_2 \qquad \big((f_1)_y = (f_2)_x\big)\,.$$

Dies sind die aus der mehrdimensionalen Analysis vertrauten *Integrabilitätsbedingungen*, die bekannterweise unmittelbar aus dem Satz von Schwarz resultieren.

Unter den *stärkeren Voraussetzungen*, daß $\mathfrak{G}$ *einfach-zusammenhängend* ist und die Funktionen f_1 und f_2 *stetig differenzierbar* sind, hat man:

Die DGL (1) ist in $\mathfrak{G}$ genau dann *exakt*, wenn $D_2 f_1 = D_1 f_2$ gilt.

Ist dies gegeben, dann kann mit festem $(x_0, y_0) \in \mathfrak{G}$ für $(x, y) \in \mathfrak{G}$ mit einer (beliebigen) stückweise stetig differenzierbaren Kurve $\mathfrak{C}$, die innerhalb von $\mathfrak{G}$ von (x_0, y_0) nach (x, y) verläuft $\big(a(\mathfrak{C}) = (x_0, y_0), e(\mathfrak{C}) = (x, y)$ und $(\mathfrak{C}) \subset \mathfrak{G}\big)$

$$F(x,y) := \int_{\mathfrak{C}} \left\langle \begin{pmatrix} f_1 \\ f_2 \end{pmatrix} \,\middle|\, d\begin{pmatrix} u \\ v \end{pmatrix} \right\rangle$$

[4] gelegentlich auch *„total"*

Kapitel 2

(wegunabhängig!) gebildet werden. *Lokal* kann somit speziell

$$F(x,y) = \int_{x_0}^{x} f_1(\xi, y_0)\,d\xi + \int_{y_0}^{y} f_2(x,\eta)\,d\eta$$

berechnet werden, und so geht man praktisch meist vor.

$\binom{x}{y}$ $\binom{x_0}{y_0}$ $\binom{x}{y_0}$

Der Satz über implizite Funktionen liefert mit obiger Bemerkung 2.6.1 den

Satz 2.6.2

Ist die DGL (1) exakt in $\mathfrak{G}$ und $(a,b) \in \mathfrak{G}$ mit $f_2(a,b) \neq 0$, so existieren ein offenes Intervall J mit $a \in J$ und eine Lösung $y\colon J \longrightarrow \mathbb{R}$ von (1) mit $y(a) = b$ derart, daß für jedes Intervall J_0, das a enthält, und jede weitere Lösung $y_0\colon J_0 \longrightarrow \mathbb{R}$ der DGL (1) mit $y_0(a) = b$ gilt:

$$y(x) = y_0(x) \qquad (x \in J \cap J_0)$$

Beweis: Der Satz über implizite Funktionen — angewendet auf $\Phi(x,y) := F(x,y) - F(a,b)$ — liefert die Existenz einer eindeutigen lokalen Auflösung von $F(x,y) = F(a,b)$ um (a,b). □

In einer geeigneten Umgebung von (a,b) ist somit die DGL (1) äquivalent zu einer *expliziten* DGL.

Zum Verständnis dieses Satzes kann die Graphik mit den Höhenlinien auf Seite 62 des Worksheets zu Kapitel 2 helfen.

Anmerkung:

Die in Abschnitt 2.1 behandelten Differentialgleichungen mit getrennten Variablen können — unter den dort gemachten Voraussetzungen — als exakte Differentialgleichungen aufgefaßt werden:

$$y' = \frac{f(x)}{g(y)} \iff f(x) - g(y)y' = 0$$

Hier ist also $f_1(x,y) := f(x)$ und $f_2(x,y) := -g(y)$ zu setzen. Obiges F kann somit lokal durch

$$F(x,y) = \int_{x_0}^{x} f(\xi)\,d\xi - \int_{y_0}^{y} g(\eta)\,d\eta$$

berechnet werden.

Multiplikatoren

Ist die DGL (1) *nicht* exakt, so kann — nach einer auf Euler zurückgehenden Idee — versucht werden, eine stetige Abbildung $\mu\colon \mathfrak{G} \longrightarrow \mathbb{R}$ mit $\mu(x,y) \neq 0$ für alle $(x,y) \in \mathfrak{G}$ zu finden, für die die *äquivalente DGL*

$$\mu f_1 + \mu f_2 y' = 0$$

in $\mathfrak{G}$ exakt ist. Ein solches μ heißt *„Multiplikator (für* (1) *in* $\mathfrak{G}$*)“* oder auch *„integrierender Faktor“*.

Unter den *stärkeren Voraussetzungen*, daß $\mathfrak{G}$ *einfach-zusammenhängend* ist und die Funktionen $f_1, f_2, \mu\colon \mathfrak{G} \longrightarrow \mathbb{R}$ *stetig differenzierbar* sind mit $\mu(x,y) \neq 0$ für alle $(x,y) \in \mathfrak{G}$, gilt: μ ist genau dann Multiplikator, wenn

$$D_2(\mu f_1) = D_1(\mu f_2) \text{ bzw.}$$

$$f_2(x,y)\,\mu_x - f_1(x,y)\,\mu_y = \left((f_1)_y(x,y) - (f_2)_x(x,y)\right)\mu\,.$$

Dies sind gerade die Integrabilitätsbedingungen für die ‚neuen‘ Funktionen μf_1 und μf_2.

Hat man *einen* Multiplikator, so ist die DGL im wesentlichen gelöst; denn nach den obigen Überlegungen ist ja ‚nur‘ die Stammfunktion F (durch eindimensionale Integrationen) zu bestimmen. Das Auffinden eines Multiplikators kann aber im Einzelfall eine schwierige Aufgabe sein, da die obige Bestimmungsgleichung eine *partielle* Differentialgleichung für μ ist. Deshalb versucht man oft, einen *Multiplikator einfacher Struktur* zu bestimmen:

Als Beispiel für solche *speziellen Multiplikatoren* sehen wir uns *‚von y unabhängige‘ Multiplikatoren* an und machen dazu wieder die Voraussetzung, daß $\mathfrak{G}$ einfach-zusammenhängend ist und die Funktionen $f_1, f_2, \mu\colon \mathfrak{G} \longrightarrow \mathbb{R}$ stetig differenzierbar sind.

Bezeichnet

$$J := \left\{x \in \mathbb{R} : \text{Es existiert ein } y \in \mathbb{R} \text{ mit } (x,y) \in \mathfrak{G}\right\}$$

die ‚Projektion‘ von $\mathfrak{G}$ auf die x-Achse, so muß offenbar hier *eine stetige Funktion* $\varphi\colon J \longrightarrow \mathbb{R}$ *mit*

$$f_2(x,y)\,\varphi(x) = (f_1)_y(x,y) - (f_2)_x(x,y) \text{ für } (x,y) \in \mathfrak{G}$$

existieren. Denn aus der obigen Charakterisierung wird

$$f_2(x,y)\,\mu_x = \left((f_1)_y(x,y) - (f_2)_x(x,y)\right)\mu\,.$$

Dies ist aber auch *hinreichend*: Man bestimmt eine nicht-triviale stetig differenzierbare Lösung $\mu_0\colon J \longrightarrow \mathbb{R}$ von $\mu_0' = \varphi\,\mu_0$ und setzt $\mu(x,y) := \mu_0(x)$ für $(x,y) \in \mathfrak{G}$.

Analog behandelt man Multiplikatoren der Form $\mu_0(y)$ und ähnlich auch Multiplikatoren der Form $\mu_0(x+y)$ und $\mu_0(x \cdot y)$.

Zur *Erläuterung dieser Überlegungen* sehen wir uns — unter den Annahmen und mit den Bezeichnungen aus Abschnitt 2.3 für ein offenes Intervall J

und stetig differenzierbare Funktionen f und g — die inhomogene lineare Differentialgleichung 1. Ordnung $y' = f(x)y + g(x)$ noch einmal an. Wir schreiben diese in der Form

$$\underbrace{-f(x)y - g(x)}_{=:\, f_1(x,y)} + \underbrace{1}_{=:\, f_2(x,y)} \cdot y' = 0 \qquad \big((x,y) \in \mathfrak{G} := J \times \mathbb{R}\big)\,.$$

Wegen $(f_1)_y - (f_2)_x = -f(x)$ ist diese Differentialgleichung i. a. *nicht exakt.* Nach den obigen Überlegungen kann mit $\varphi := -f$

$$\mu(x,y) := \mu_0(x) := \exp\Big(-\int_a^x f(t)\,dt\Big)$$

für ein festes $a \in J$ als Multiplikator gewählt werden. Mit $x_0 := a$ und $y_0 := 0$ (auf Seite 33f) und

$$F(x,y) := -\int_a^x g(t)\,\mu_0(t)\,dt + \mu_0(x)\,y$$

liefert $F(x,y) = b$ die aus Abschnitt 2.3 schon bekannte Lösungsformel.

2.7 Clairaut-Differentialgleichung

Als ein Beispiel für eine *implizite* Differentialgleichung erster Ordnung behandeln wir nur die CLAIRAUT-DGL:

$$y = xy' - g(y') \tag{1}$$

Eine vollständige Theorie dieser Differentialgleichung ergibt sich unter den — noch abschwächbaren[5] — *Voraussetzungen:*

Es seien I ein kompaktes Intervall und $g\colon I \longrightarrow \mathbb{R}$ eine *zweimal stetig differenzierbare* Funktion mit $g''(t) \neq 0$ für alle $t \in I$. Damit hat g'' gemäß dem Zwischenwertsatz auf I konstantes Vorzeichen.

1. Für jedes $\gamma \in I$ liefert $y(x) := x\gamma - g(\gamma)$ für $x \in \mathbb{R}$ eine Lösung von (1); diese (oder auch Einschränkungen davon) bezeichnen wir als *„lineare Lösungen"*.

   Man vergleiche hierzu auch das Beispiel im zugehörigen Worksheet (Animation auf Seite 66).

[5] Man vergleiche dazu etwa [Sc/Sc].

2. Aus den Voraussetzungen folgt die *strenge Monotonie* der Funktion g'; wegen der Stetigkeit von g' ist $J := g'(I)$ ein kompaktes Intervall, und es existiert die Umkehrfunktion

$$\varphi := g'^{\,-1} \colon J \longrightarrow I \,.$$

Sie ist bijektiv, streng monoton und *stetig differenzierbar.*

Bemerkung 2.7.1

Die Funktion

$$h \colon J \ni x \longmapsto x\varphi(x) - g(\varphi(x)) \in \mathbb{R}$$

ist stetig differenzierbar mit $h' = \varphi$*, also eine Lösung der DGL* (1).

h wird als (nicht-lineare) „*singuläre Lösung*" bezeichnet; offenbar ist sie dann auch zweimal stetig differenzierbar mit $h''(x) = \varphi'(x) \neq 0$. Damit hat h'' konstantes Vorzeichen auf J. h ist daher streng konvex (falls $h''(x) > 0$ für $x \in J$) oder streng konkav (falls $h''(x) < 0$ für $x \in J$).

Beweis[6]*:* Für $x_1, x_2 \in J$ mit $x_1 \neq x_2$ gilt nach dem Mittelwertsatz und der Definition von φ:

$$\frac{g(\varphi(x_2)) - g(\varphi(x_1))}{\varphi(x_2) - \varphi(x_1)} = g'(\varphi(\xi)) = \xi \quad \text{mit einem } \xi \text{ zwischen } x_1 \text{ und } x_2 \,.$$

$$\begin{aligned}\frac{h(x_2) - h(x_1)}{x_2 - x_1} &= \frac{1}{x_2 - x_1}\Big[x_2\varphi(x_2) - x_1\varphi(x_1) - \big(g(\varphi(x_2)) - g(\varphi(x_1))\big)\Big] \\ &= \varphi(x_2) + \underbrace{\frac{x_1 - \xi}{x_2 - x_1}}_{\in\,]-1,0[}\big(\varphi(x_2) - \varphi(x_1)\big) \underset{\varphi \text{ stetig}}{\longrightarrow} \varphi(x_2) \quad (x_1 \to x_2)\end{aligned}$$

□

3. Im folgenden sei y eine Lösung der DGL (1) auf einem Intervall J_0. Insbesondere gelte $y'(x) \in I$ für alle $x \in J_0$.

   Wir wollen zeigen, daß z. B.  nicht auftreten kann. (Nur bei den *linearen* Lösungen wird die gleiche Steigung mehrfach angenommen.)

Hilfssatz 2.7.2

Es seien $x_1, x_2 \in J_0$ *mit* $x_1 < x_2$ *und* $y'(x_1) = y'(x_2) =: \gamma$*. Dann gilt* $y(x) = x\gamma - g(\gamma)$ *für alle* $x \in [x_1, x_2]$.

[6] Für *innere* Punkte ergibt sich $h'(x) = \varphi(x)$ einfach mit der Kettenregel.

Beweis: Mit der Differenzfunktion $d\colon [x_1, x_2] \ni x \longmapsto y(x) - x\gamma + g(\gamma) \in \mathbb{R}$ ist also $d = 0$ zu zeigen: Nach der Definition von γ hat man $d(x_1) = 0 = d(x_2)$, da y eine Lösung der DGL (1) ist. Annahme: Es existiert ein $\xi \in \left]x_1, x_2\right[$ mit $d(\xi) \neq 0$. $\left]\alpha, \beta\right[$ bezeichne das *maximale* offene Intervall um ξ, in dem $d(x) \neq 0$ gilt. Die Maximalität liefert $d(\alpha) = 0 = d(\beta)$. Nach dem Satz von ROLLE existiert somit ein $\tau \in \left]\alpha, \beta\right[$ mit $d'(\tau) = 0$, also $y'(\tau) = \gamma$. Mit der DGL hätte man $d(\tau) = 0$ im *Widerspruch* zur Definition von $\left]\alpha, \beta\right[$. □

Hilfssatz 2.7.3

y' ist monoton und stetig.

Beweis: Hier ist nur die Monotonie von y' zu zeigen; denn dann folgt die Stetigkeit aus dem Satz von DARBOUX. Wäre y' nicht monoton, so existierten — wieder mit dem Satz von DARBOUX — $x_\nu \in J_0$ mit $x_1 < x_3 < x_2$ und $y'(x_1) = y'(x_2) \neq y'(x_3)$. Nach dem vorangehenden Hilfssatz wäre dann aber $y_{|[x_1, x_2]}$ linear im *Widerspruch* zu $y'(x_2) \neq y'(x_3)$. □

Bemerkung 2.7.4

Für $x_0 \in J_0$ mit $x_0 - g'(y'(x_0)) \neq 0$ ist y in einer geeigneten Umgebung U von x_0 zweimal (stetig) differenzierbar. Mit einem geeigneten $\gamma \in \mathbb{R}$ gilt $y(x) = x\gamma - g(\gamma)$ für alle $x \in U$.

Anmerkung:

Aus $x_0 - g'(y'(x_0)) = 0$ folgt $y'(x_0) = \varphi(x_0)$ und so $h(x_0) = y(x_0)$.

Beweis: Ist $x_0 - g'(y'(x_0)) \neq 0$, so gilt auch für x aus einer geeigneten Umgebung U_1 von x_0: $x - g'(y'(x)) \neq 0$. Auf die stetig differenzierbare Abbildung $f(x, y, t) := xt - g(t) - y$ (für $(x, y, t) \in \mathbb{R} \times \mathbb{R} \times I$) kann wegen

$$f(x, y(x), y'(x)) = 0 \quad (x \in J_0) \tag{2}$$

— speziell also für $x = x_0$ — und $D_3 f(x_0, y(x_0), y'(x_0)) = x_0 - g'(y'(x_0)) \neq 0$ der Satz über implizite Funktionen angewendet werden; er liefert eine eindeutige (stetig differenzierbare) lokale Auflösung ψ mit $f(x, y, \psi(x, y)) = 0$. Der Vergleich mit (2) zeigt für x aus einer geeigneten Umgebung U_2 von x_0

$$y'(x) = \psi(x, y(x))\,.$$

Da y (nach Hilfssatz 2.7.3) stetig differenzierbar ist, ist nun auch die Ableitung y' dort stetig differenzierbar. Aus (1) folgt durch Differentiation

$$y' = y' + xy'' - g'(y')y''\,.$$

Dies zeigt $y''(x) = 0$ für $x \in U := U_1 \cap U_2$. Die angegebene Darstellung von $y_{|U}$ folgt nach Hilfssatz 2.7.2. □

Zusammen erhalten wir nun abschließend den

Satz 2.7.5

Für $a_1, a_2 \in J$ mit $a_1 \le a_2$ wird durch

$$y(x) := y_{a_1,a_2}(x) := \begin{cases} x\varphi(a_1) - g(\varphi(a_1)), & (-\infty < x \le a_1) \\ h(x) \quad (= x\varphi(x) - g(\varphi(x))), & (a_1 \le x \le a_2) \\ x\varphi(a_2) - g(\varphi(a_2)), & (a_2 \le x < \infty) \end{cases}$$

eine Lösung von (1) *auf ganz* $\mathbb{R}$ *definiert.*[7] *Aus diesen Lösungen erhält man* sämtliche *durch Einschränkung.*

Beweis: Daß diese Funktionen auf den angegebenen *Teil*intervallen Lösungen sind, ist bekannt. An den ‚Nahtstellen' stimmen die Funktionswerte und nach Bemerkung 2.7.1 die (einseitigen) Ableitungen überein. Daher sind diese Funktionen y_{a_1,a_2} Lösungen von (1).

y sei eine beliebige Lösung mit $y|_J \neq h$, d. h. $y(x_0) \neq h(x_0)$ für ein $x_0 \in J$. Dann gilt nach obiger Anmerkung $x_0 - g'(y'(x_0)) \neq 0$, und nach Bemerkung 2.7.4 gibt es ein $\gamma \in I$ mit $y(x) = x\gamma - g(\gamma)$ für alle x aus einer geeigneten Umgebung von x_0. Im nicht-trivialen Fall (y ist links von x_0 keine lineare Lösung) ergibt $\sup\{x < x_0 : x = g'(y'(x)\}$ den Punkt a_2. Entsprechend ergibt sich die andere ‚Nahtstelle' a_1. □

Der Satz besagt, daß sich alle Lösungen von (1) aus Einschränkungen der linearen Lösungen und der singulären Lösung zusammensetzen lassen. Die linearen Lösungen ergeben dabei gerade die Tangenten der singulären Lösung. Die singuläre Lösung ist *Einhüllende,* auch *Enveloppe* oder *Hüllkurve* genannt, der Schar der linearen Lösungen, da sie in jedem ihrer Punkte eine solche Lösung berührt.

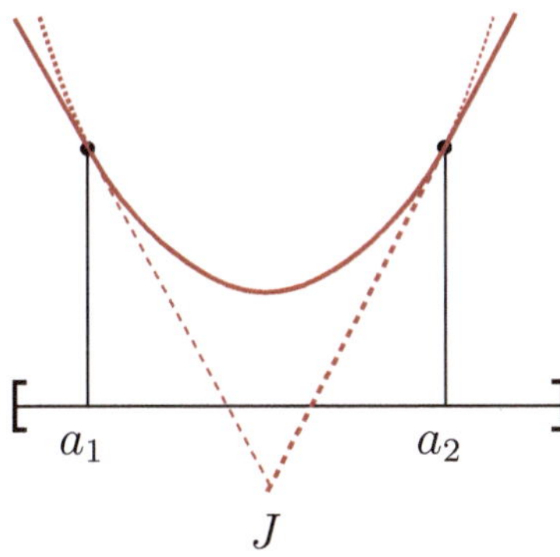

[7] Für $a_1 = a_2$ ergibt sich gerade eine *lineare Lösung.*

(B9) Mit $I := [0, 1]$ und $g(t) := -t^2$ für $t \in I$ betrachten wir die DGL:

$$y = xy' - g(y') = xy' + y'^2$$

Die in diesem Abschnitt gemachten Voraussetzungen sind offenbar erfüllt. Für $\gamma \in I$ liefert jeweils $y(x) := x\gamma + \gamma^2$ für $x \in \mathbb{R}$ eine lineare Lösung y.

Mit $g'(t) = -2t$ für $t \in I$ hat man $J := g'(I) = [-2, 0]$ und $\varphi := g'^{-1}\colon J \longrightarrow I$ durch $\varphi(x) = -1/2x$ für $x \in J$. Die durch $h(x) := x\varphi(x) - g(\varphi(x))$ $(x \in J)$ definierte singuläre Lösung h erfüllt also hier $h(x) = -1/2x^2 + 1/4x^2 = -1/4x^2$. Für $a_1, a_2 \in [-2, 0]$ mit $a_1 \leq a_2$ wird so durch

$$y(x) := \begin{cases} -1/2xa_1 + 1/4a_1^2, & (-\infty < x \leq a_1) \\ -1/4x^2, & (a_1 \leq x \leq a_2) \\ -1/2xa_2 + 1/4a_2^2, & (a_2 \leq x < \infty) \end{cases}$$

jeweils eine Lösung y auf ganz $\mathbb{R}$ definiert. (Aus diesen Lösungen erhält man *sämtliche* durch Einschränkung.)

Historische Notizen

Jakob Bernoulli (1654–1705)

Die Familie Bernoulli ist eine Schweizer Gelehrtenfamilie niederländischer Herkunft. Beispiellos in der Wissenschaftsgeschichte ist die große Anzahl bedeutender Mathematiker dieser ‚Dynastie'. Jakob Bernoulli — gelegentlich auch Jakob I genannt, da es einen weiteren Mathematiker mit Namen Jakob in der Familie gab — studierte Theologie in Basel, beschäftigte sich aber heimlich mit der Mathematik. Beginnend mit astronomischen Arbeiten, begann er ab 1684, die Überlegungen von Leibniz zur Infinitesimalrechnung zu studieren, und erzielte fundamentale Ergebnisse. Über die Lösung des *Brachystochronenproblems* kam er zur Begründung der *Variationsrechnung.* Seit etwa 1685 hat er sich zusätzlich mit der Wahrscheinlichkeitsrechnung beschäftigt und auch dazu fundamentale Resultate, z. B. das *Gesetz der großen Zahlen*, gewonnen.

Jacopo Francesco Riccati (1676–1754)

Zunächst studierte dieser venezianische Graf Jura, wechselte dann aber bald zur Mathematik. Im Zusammenhang mit Fragen der Hydraulik und des Wasserbaus, so etwa bei Deichkonstruktionen in Venedig, beschäftigte er sich mit der Lösung spezieller Typen gewöhnlicher Differentialgleichungen. Sein Ruhm beruhte weniger auf der nach ihm benannten Differentialgleichung und seinen Beiträgen zur Kurventheorie als darauf, daß er die Physik Newtons in Italien publik machte.

Alexis Claude Clairaut (1713–1765)

Französischer Mathematiker, Astronom, Physiker und Geodät. Clairaut wurde bereits im Alter von 18 Jahren Mitglied der Pariser Akademie der Wissenschaften. 1752 publizierte er mathematische Studien zur Mondbewegung, wobei er Methoden zur Lösung von Differentialgleichungen heranzog. Er bestimmte relativ genau den Zeitpunkt der Rückkehr des Halleyschen Kometen im Jahre 1759. Clairaut arbeitete über das Dreikörperproblem und schrieb Bücher zur Integralrechnung, Algebra und Geometrie.

MWS zu Kapitel 2

Elementare Integrationsmethoden

Wichtige MAPLE-Befehle dieses Kapitels:

DEtools-Paket: odeadvisor, odetest, Dchangevar, separablesol, genhomosol, linearsol, bernoullisol, riccatisol, exactsol, firint, intfactor, clairautsol
PDEtools-Paket: dchange
dsolve (implicit, [separable], [homogeneous], [dAlembert], [linear], [Bernoulli], [Riccati], [exact], [Clairaut])
VectorCalculus-Paket: SetCoordinates, VectorField, ScalarPotential
linalg-Paket: potential
infolevel

2.1 Differentialgleichungen mit ‚getrennten Variablen'

Wir betrachten in diesem Abschnitt Differentialgleichungen der speziellen Form $\frac{d}{dx}\, y(x) = \frac{f(x)}{g(y(x))}$ oder kurz $y' = \frac{f(x)}{g(y)}$.

```
> restart: with(DEtools):
  Dgl := diff(y(x),x) = f(x)/g(y(x));
  AnfBed := y(a) = b;
```

$$Dgl := y' = \frac{f(x)}{g(y)}, \quad AnfBed := y(a) = b$$

Für diese Anfangswertaufgabe werden nun mit Hilfe von Maple die im Textteil gemachten Überlegungen nachvollzogen:

```
> F := x -> int(f(t),t=a..x):
  G := y -> int(g(s),s=b..y):
  G(y(x)) = F(x);
```

$$\int_b^y g(s)\,ds = \int_a^x f(t)\,dt$$

Beispiel 1:

Speziell für die Differentialgleichung $y' = -\frac{x}{y}$ erhalten wir dann

```
> f := x -> -x: g := y -> y:
  Dgl; G(y(x)) = F(x); y(x) = solve(%,y(x));
```

$$y' = -\frac{x}{y},\ \frac{y^2}{2} - \frac{b^2}{2} = -\frac{x^2}{2} + \frac{a^2}{2},\ y = \left(\sqrt{b^2 - x^2 + a^2},\ -\sqrt{b^2 - x^2 + a^2}\right)$$

Wir lernen nun eine Reihe von speziellen Maple-Befehlen aus dem DEtools - Paket kennen, mit denen obige Differentialgleichung gelöst werden kann. Mit odeadvisor macht Maple Vorschläge zur Lösungsmethode:

```
> odeadvisor(Dgl);
```

$$[\_separable]$$

Für diesen speziellen Typ von DGLen stellt Maple den Befehl separablesol bereit. Dieser überprüft, ob eine DGL 1. Ordnung mit getrennten Variablen vorliegt und berechnet gegebenenfalls eine Lösung:

```
> Loesung := separablesol(Dgl,y(x));
```

$$Loesung := \left\{y = \sqrt{-x^2 - 2\_C1},\ y = -\sqrt{-x^2 - 2\_C1}\right\}$$

Maple liefert allgemeine Lösungen von *Dgl* in Form von Funktionsscharen, deren Scharparameter standardmäßig mit *_C1* bezeichnet wird. Die ‚Integrationskonstante' *_C1* tritt hier also — im Gegensatz zu dem Befehl int — explizit auf.
Wir machen die ‚Probe' mit Hilfe von odetest sowie auf mehr herkömmliche Art mittels subs (Substitution) beziehungsweise eval (Auswertung).

```
> odetest(Loesung,Dgl);
  subs(Loesung,Dgl): simplify(%);
  # alternativ: eval(Dgl,Loesung):
```

$$0,\quad -\frac{x}{\sqrt{-x^2 - 2\_C1}} = -\frac{x}{\sqrt{-x^2 - 2\_C1}}$$

Das Maple-Kommando odetest(*Loesung*, *Dgl*) überprüft, ob *Loesung* die Differentialgleichung *Dgl* erfüllt. Trifft dies zu, so erhält man 0 oder {0} als Ergebnis, je nachdem ob *Dgl* eine Gleichung oder eine Menge von Gleichungen ist.
Maple stellt noch weitere Lösungsmöglichkeiten bereit:

```
> dsolve(Dgl,y(x));
  dsolve(Dgl,y(x),[separable]):
```

MWS 2

$$y = \sqrt{-x^2 + \_C1}\,,\ y = -\sqrt{-x^2 + \_C1}$$

Die Lösung wird hier stets in expliziter Form geliefert. Auf Wunsch kann man diese auch in impliziter Form erhalten und mit odetest auf ihre Richtigkeit überprüfen.

```
> Loesung := dsolve(Dgl,y(x),implicit);
  odetest(Loesung,Dgl);
```

$$Loesung := y^2 + x^2 - \_C1 = 0\,,\quad 0$$

Man beachte, daß man mit separablesol keine Anfangswertaufgaben lösen kann! Dies gelingt vielmehr z. B. mittels dsolve unter Verwendung der Option [separable] . Hierdurch wird eine andere Lösungsmethode festgelegt. Wir überzeugen uns davon, indem wir dsolve beim Lösen ‚zuschauen':

```
> infolevel[dsolve] := 3: assume(b>0):
  dsolve({Dgl,AnfBed},y(x));
  dsolve({Dgl,AnfBed},y(x),[separable]):
  infolevel[dsolve] := 0:
```

```
-> Computing symmetries using: way = 3
Methods for first order ODEs:
--- Trying classification methods ---
trying a quadrature
trying 1st order linear
trying Bernoulli
<- Bernoulli successful
```

$$y = \sqrt{-x^2 + a^2 + b^2}$$

```
-> Computing symmetries using: way = 3
Classification methods on request
Methods to be used are: [separable]
----------------------------
* Tackling ODE using method: separable
--- Trying classification methods ---
trying separable
<- separable successful
```

Beispiel 2:

Wir wollen zuerst die im Textteil angestellten Überlegungen mit Maple nachvollziehen:

```
> restart: with(DEtools): with(plots):
  f := 1: g := s -> 1/sqrt(abs(s)):
  Dgl := diff(y(x),x) = f(x)/g(y(x));
  F := x -> int(f(t),t=a..x):
  G := y -> int(g(s),s=b..y):
```

$$Dgl := y' = \sqrt{|y|}$$

```
> assume(u(x)>0,b>0):
  G(u(x)) = F(x); isolate(%,u(x)); RHSu := rhs(%):
```

$$2\sqrt{u(x)} - 2\sqrt{b} = x - a\,, \quad u(x) = \left(\frac{x}{2} - \frac{a}{2} + \sqrt{b}\right)^2$$

Die weiter unten folgende Abbildung setzt sich aus drei Teilbildern zusammen. Wir beginnen mit der Lösung zu der Anfangsbedingung $y(2) = 1$:

```
> PlotOption := eval([RHSu,x=a-2*sqrt(b)..4],{a=2,b=1}):
  p1 := plot(op(PlotOption),y=-4..4,color=red,thickness=3):
```

Im Falle $b > 0$ erhält man $\left]a - 2\sqrt{b},\, \infty\right[$ als Existenzintervall für die Lösung, entsprechend für $b < 0$ das Existenzintervall $\left]-\infty,\, a + 2\sqrt{|b|}\right[$.

```
> assume(v(x)<0,b<0):
  G(v(x)) = F(x); isolate(%,v(x)); RHSv := rhs(%):
```

$$-2\sqrt{-v(x)} + 2\sqrt{-b} = x - a\,, \quad v(x) = -\left(-\frac{x}{2} + \frac{a}{2} + \sqrt{-b}\right)^2$$

Als nächstes zeichnen wir die Lösung zur Anfangsbedingung $y(-2) = -1$.

```
> PlotOption := eval([RHSv,x=-4..a+2*sqrt(-b)],{a=-2,b=-1}):
  p2 := plot(op(PlotOption),y=-4..4,color=black,thickness=3):
```

Etwas schwieriger sind die einzelnen Lösungen aus dem Ergebnis von dsolve bzw. separablesol abzulesen:

```
> dsolve(Dgl,y(x)); separablesol(Dgl,y(x)):
```

$$x - \left(\begin{cases} -2\sqrt{-y(x)} & y(x) \le 0 \\ 2\sqrt{y(x)} & 0 < y(x) \end{cases}\right) + \_C1 = 0$$

Schauen wir uns nun an, welche Lösung Maple für die Anfangsbedingung $y(a) = 0$ liefert:

```
> dsolve({Dgl,y(a)=0},y(x));
```

$$y(x) = 0$$

Nachfolgendes Bild veranschaulicht, daß die Lösung der Anfangswertaufgabe mit $y(a) = 0$ — hier speziell für $a = 0$ — nicht *eindeutig* ist.

```
> p3 := DEplot(Dgl,y(x),x=-4..4,y=-4..4,[[y(0)=0]],color=gray,
        linecolor=black,arrows=medium):
  display(p1,p2,p3,axes=frame,scaling=constrained,labels=[" "," "]);
```

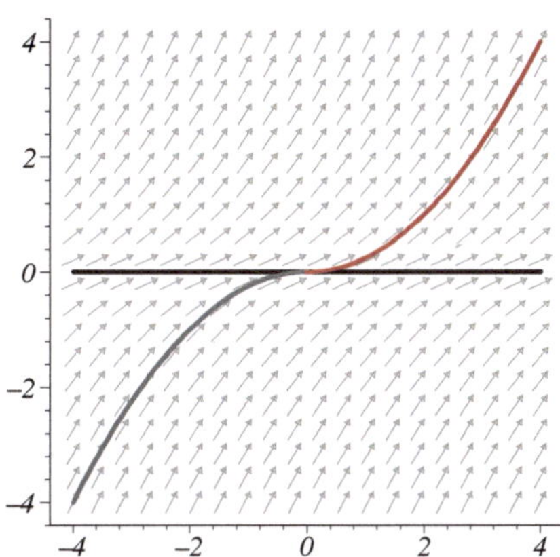

Die *Gesamtlösung* der DGL erhält man für $-\infty \leq \alpha \leq \beta \leq \infty$ durch folgende stückweise definierte stetig differenzierbare Funktion $y_{\alpha,\,\beta}$:

```
y := (alpha,beta) ->
     piecewise(x<=alpha,-((x-alpha)/2)^2,x>=beta,((x-beta)/2)^2,0):
```

Man bestätigt dies leicht durch (Einsetzen und) Differenzieren:

```
> diff(y(alpha,beta),x):
```

Abschließend zeigen wir noch für $a = 1/2$ in einer *Animation,* wie die Lösung $y_{\alpha,\,\beta}$ in dem durch $y_{\max}$ und $y_{\min}$ (maximale bzw. minimale Lösung) gebildeten ‚Trichter' verläuft:

```
> alpha := readstat("Geben Sie eine Zahl zwischen -4 und a=0.5 ein: "):
```

Geben Sie eine Zahl zwischen -4 und a=0.5 ein: -1;

```
> beta := readstat("Geben Sie eine Zahl zwischen a=0.5 und 4 ein: "):
```

Geben Sie eine Zahl zwischen a=0.5 und 4 ein: 1.5;

```
> a := 0.5: TICKS := tickmarks=[[alpha,beta,a],[-3,-2,-1,1,2,3]]:
  Trichter := plot([y(-infinity,a),y(a,infinity)],x=-4..4,color=black,
    linestyle=[3,2]),plot([y(-infinity,a),y(a,infinity)],x=-4..4,
    color=gray,filled=true):
  Text := textplot([[3.2,2.7,"y[max]"],[-2.3,-2.8,"y[min]"]]):
  Animation := animatecurve(y(alpha,beta),x=-4..4,color=red,frames=30):
  display(Animation,Trichter,Text,TICKS,thickness=2,scaling=constrained,
    axes=frame,labels=[" "," "],view=[-4..4,-3..3]);
```

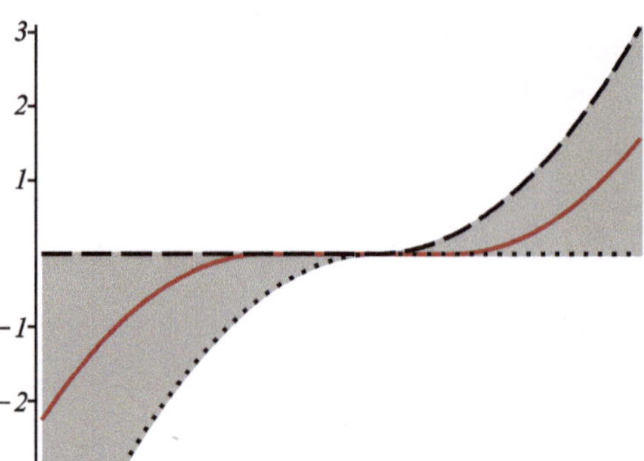

Beispiel 3:

```
> restart: with(DEtools):
  f := 1: g := s -> 1/(1+s^2):
  Dgl := diff(y(x),x) = f(x)/g(y(x));
  AnfBed := y(a) = b;
```

$$Dgl := y' = 1 + y^2, \quad AnfBed := y(a) = b$$

Wir verfahren wieder entsprechend dem Vorgehen im Textteil:

```
> F := x -> int(f(t),t=a..x):
  G := y -> int(g(s),s=b..y):
  eq := G(y(x)) = F(x);
```

$$eq := \arctan(y) - \arctan(b) = x - a$$

Mit $c := a - \arctan(b)$ erhalten wir dann die Lösung in folgender Gestalt:

```
> Subst := c = a-arctan(b): subs(isolate(Subst,a),eq):
  isolate(%,y(x));
```

$$y = \tan(x - c)$$

Auch mit Maple kann man die Lösungen der DGL sowohl in impliziter wie expliziter Form erhalten:

```
> dsolve(Dgl,y(x),implicit);
  dsolve(Dgl,y(x));
  separablesol(Dgl,y(x)):
```

$$x - \arctan(y) + \_C1 = 0, \quad y = \tan(x + \_C1)$$

2.2 DGLen vom Typ $y' = f\left(\frac{p_1 x + q_1 y + r_1}{p_2 x + q_2 y + r_2}\right)$

```
> restart: with(DEtools):
  Dgl := diff(y(x),x) = f((p1*x+q1*y(x)+r1)/(p2*x+q2*y(x)+r2));
```

$$Dgl := y' = f\left(\frac{p1\,x + q1\,y + r1}{p2\,x + q2\,y + r2}\right)$$

Spezialfall I:

```
> f := t -> t^2:
  p1,q1,r1 := 1,2,0: p2,q2,r2 := 0,0,1:
  Dgl; AnfBed := y(0) = 0;
```

$$y' = (x + 2y)^2, \quad AnfBed := y(0) = 0$$

Wir schauen uns an, wie dsolve diese Anfangswertaufgabe löst:

```
> infolevel[dsolve] := 3:
  dsolve({Dgl,AnfBed},y(x)): Loes := expand(%);
  infolevel[dsolve] := 0:
```

```
-> Computing symmetries using: way = 3
Methods for first order ODEs:
--- Trying classification methods ---
trying a quadrature
trying 1st order linear
trying Bernoulli
trying separable
trying inverse linear
trying homogeneous types:
trying homogeneous C
1st order, trying the canonical coordinates of the invariance group
-> Computing canonical coordinates for the symmetry [1, -1/2]
   -> Calling odsolve with the ODE diff(y(x) x) = -1/2 y(x)
      *** Sublevel 2 ***
      Methods for first order ODEs:
      --- Trying classification methods ---
      trying a quadrature
      trying 1st order linear
      <- 1st order linear successful
-> The canonical coordinates may not have unique inverse.
   Trying gauging the symmetry to the form [0, eta(x,y)]
-> Computing canonical coordinates for the symmetry
   [0,-4*y^2-4*x*y-1/2-x^2]
<- 1st order, canonical coordinates successful
<- homogeneous successful
```

$$Loes := y = -\frac{x}{2} + \frac{1}{4}\sqrt{2}\tan\left(\sqrt{2}x\right)$$

```
> odetest(Loes,Dgl), eval(Loes,x=0); # Probe
```

$$0\,,\; y(0) = 0$$

Die vorgegebene DGL wollen wir mit Hilfe der Substitution $u(x) = x{+}2y(x)$ in eine DGL mit getrennten Variablen überführen:

```
> Subst := u(x) = x+2*y(x):
  eq1 := isolate(Subst,y(x));
  Dchangevar(eq1,Dgl,x); # Kommando ist "obsolet".
```

$$eq1 := y = \frac{u}{2} - \frac{x}{2}\,, \quad \frac{u'}{2} - \frac{1}{2} = u^2$$

Der Maple-Befehl Dchangevar aus dem DEtools -Paket ist inzwischen durch das neue Kommando PDEtools[dchange] ersetzt worden. Im Hinblick auf die Kompatibilität mit früheren Maple-Versionen kann dieser Befehl immer noch benutzt werden. Es wird jedoch empfohlen, den neueren Befehl zu verwenden:

```
> PDEtools[dchange](eq1,Dgl,[u(x)]):
  DglTrans := isolate(%,diff(u(x),x));
  AnfBedTrans := subs(AnfBed,subs(x=0,Subst));
```

$$DglTrans := u' = 2u^2 + 1\,, \quad AnfBedTrans := u(0) = 0$$

Wir lösen die transformierte Anfangswertaufgabe:

```
> F := x -> int(1,t=0..x):
  G := u -> int(1/(2*s^2+1),s=0..u):
  G(u(x)) = F(x);
  eq2 := isolate(%,u(x));
```

$$\frac{1}{2}\sqrt{2}\arctan\left(u\sqrt{2}\right) = x\,, \quad eq2 := u = \frac{1}{2}\sqrt{2}\tan\left(\sqrt{2}x\right)$$

Rücktransformation ergibt die Lösung der ursprünglichen AWA:

```
> PDEtools[dchange](Subst,eq2,[y(x)]): eq3 := isolate(%,y(x));
```

$$eq3 := y = -\frac{x}{2} + \frac{1}{4}\sqrt{2}\tan\left(\sqrt{2}x\right)$$

```
> odetest(eq3,Dgl), eval(eq3,x=0);
```

$$0\,,\; y(0) = 0$$

Spezialfall II:

```
> f := t -> sin(t)+t:
  p1,q1,r1 := 0,1,0: p2,q2,r2 := 1,0,1:
  Dgl; AnfBed := y(1) = Pi/2;
```

$$y' = \sin\left(\frac{y}{x+1}\right) + \frac{y}{x+1}, \quad AnfBed := y(1) = \frac{\pi}{2}$$

```
> odeadvisor(Dgl);
```

$$[[\_homogeneous, \ class \ C], \ \_dAlembert]$$

```
> dsolve({Dgl,AnfBed},y(x));
  dsolve({Dgl,AnfBed},y(x),[homogeneous]);
  dsolve({Dgl,AnfBed},y(x),[dAlembert]);
```

Sofern Maple überhaupt eine Lösung der Anfangswertaufgabe findet (versionsabhängig!), hat diese keine sonderlich überschaubare Form. Wir verzichten daher auf deren Ausgabe und modifizieren die Fragestellung:

```
> dsolve(Dgl,y(x)); # alternativ: genhomosol(Dgl,y(x));
```

$$y = -\arctan\left(\frac{2\,(x+1)\,\_C1}{1+(x+1)^2\,\_C1^2}, -\frac{-1+(x+1)^2\,\_C1^2}{1+(x+1)^2\,\_C1^2}\right)(x+1)$$

dsolve liefert die allgemeine Lösung der DGL in einer Form, die ohne Vorkenntnisse nur schwer verständlich ist und der Erläuterung bedarf. Interessant ist ein Vergleich mit anderen Computeralgebrasystemen:

MuPAD tut sich mit dem vorliegenden Problem ebenfalls schwer. Hingegen liefert *Mathematica* die Lösung der AWA in der schlichten Form

$$y(x) = 2\,(1+x)\arctan\left((1+x)/2 \cdot \tan(\pi/8)\right)$$

und weist zudem darauf hin, daß es möglicherweise noch andere Lösungen gibt.

Da wir die Funktion $\arctan(u, v)$ nicht als bekannt voraussetzen wollen, wählen wir einen anderen Lösungsweg und überführen die vorgegebene DGL mit Hilfe der Substitution $u(x) = \frac{y(x) - y_0}{x - x_0}$ in eine DGL mit getrennten Variablen:

```
> x0:='x0': y0:='y0':
  solve({p1*x0+q1*y0+r1=0,p2*x0+q2*y0+r2=0},{x0,y0});
  assign(%):
```

$$\{x0 = -1, \ y0 = 0\}$$

```
> Subst := u(x) = (y(x)-y0)/(x-x0):
  eq4 := isolate(Subst,y(x));
```

$$eq4 := y = u\,(x+1)$$

```
> PDEtools[dchange](eq4,Dgl,[u(x)]):
  DglTrans := isolate(%,diff(u(x),x));
  AnfBedTrans := subs(AnfBed,subs(x=1,Subst));
```

$$DglTrans := u' = \frac{\sin(u)}{x+1}, \quad AnfBedTrans := u(1) = \frac{\pi}{4}$$

Wir bestimmen die Lösung der transformierten DGL in *impliziter* Form:

```
> dsolve(DglTrans,u(x),implicit): eq5 := simplify(%);
```

$$eq5 := \ln(x+1) - \ln\left(\frac{\sin(u)}{\cos(u)+1}\right) + \_C1 = 0$$

Mit Hilfe der Anfangswerte berechnen wir die Integrationskonstante *_C1:*

```
> subs(AnfBedTrans,subs(x=1,eq5)): radnormal(isolate(%,_C1));
  eq6 := eval(eq5,%);
```

$$\_C1 = -\ln(2) + \ln\left(\sqrt{2}-1\right)$$

$$eq6 := \ln(x+1) - \ln\left(\frac{\sin(u)}{\cos(u)+1}\right) - \ln(2) + \ln\left(\sqrt{2}-1\right) = 0$$

Mit etwas Geschick erhält man daraus folgende Lösung:

```
> convert(eq6,tan): normal(%): isolate(%,u(x)): factor(%);
```

$$u = 2 \arctan\left(\frac{1}{2}\,(\sqrt{2}-1)\,(x+1)\right)$$

Es ist verwunderlich, daß Maple nicht die doch naheliegende Substitution $v(x) = \tan(\frac{u(x)}{2})$ verwendet:

```
> Subst2 := v(x) = tan(u(x)/2):
  isolate(Subst2,u(x));
  PDEtools[dchange](%,DglTrans,[v(x)]): isolate(%,diff(v(x),x)):
  DglTrans2 := normal(expand(convert(%,tan)));
  AnfBedTrans2 := subs(AnfBedTrans,subs(x=1,Subst2));
```

$$u = 2\arctan(v)\,, \quad DglTrans2 := v' = \frac{v}{x+1}$$
$$AnfBedTrans2 := v(1) = \tan\left(\frac{\pi}{8}\right)$$

Hierfür erhalten wir

```
> dsolve({DglTrans2,AnfBedTrans2},v(x)); eq7 := %:
```

$$v = \frac{1}{2}\tan\left(\frac{\pi}{8}\right)(x+1)$$

Rücktransformation ergibt die Lösung der ursprünglichen AWA:

```
> PDEtools[dchange](Subst2,eq7,[u(x)]):
  PDEtools[dchange](Subst,%,[y(x)]):
  Loes := isolate(%,y(x)): factor(%);
```

$$y = 2\arctan\left(\frac{1}{2}\tan\left(\frac{\pi}{8}\right)(x+1)\right)(x+1)$$

Für den Vergleich mit der vorangehenden Lösung weisen wir darauf hin, daß $\tan(\pi/8) = \sqrt{2}-1$ gilt.

```
> odetest(y(x),Dgl), eval(Loes,x=1);
```

$$0,\, y(1) = \frac{\pi}{2}$$

Mit viel Mühe unsererseits liefert Maple damit endlich die Lösung der Anfangswertaufgabe in einer einfachen Form.

2.3 Lineare Differentialgleichungen 1. Ordnung

```
> restart: with(DEtools):
  Dgl := diff(y(x),x) = f(x)*y(x)+g(x);
  AnfBed := y(a) = b;
```

$$Dgl := y' = f(x)\,y + g(x)\,, \quad AnfBed := y(a) = b$$

Zu Beginn untersuchen wir die DGL mit Hilfe des Befehls odeadvisor .

```
> odeadvisor(Dgl,[separable]), odeadvisor(Dgl);
```

[*NONE*], [_*linear*]

Offensichtlich ist sie nicht vom Typ ‚getrennte Variable‘, sondern eine lineare Differentialgleichung.

Entsprechend dem Vorgehen im Textteil lösen wir die homogene (lineare) DGL und bestimmen dann mittels *Variation der Konstanten* eine partikuläre Lösung:

```
> y0 := unapply(exp(int(f(t),t=a..x)),x);
  DglHom := subs(g(x)=0,Dgl); # zugehörige homogene DGL
  odetest(y(x)=y0(x),DglHom); # Probe
```

$$y0 := \exp@\Big(x \to \int_a^x f(t)\,dt\Big), \quad DglHom := y' = f(x)\,y, \quad 0$$

```
> c := unapply(int(g(t)/y0(t),t=a..x),x):
  yP := unapply(c(x)*y0(x),x):
  'yP(x)' = int(g(t)/'y0(t)',t=a..x)*'y0(x)';
  odetest(y(x)=yP(x),Dgl); # Probe
```

$$yP(x) = \int_a^x \frac{g(t)}{y0(t)}\,dt\, y0(x), \quad 0$$

Die allgemeine Lösung der inhomogenen DGL erhalten wir dann durch $y_P(x) + C\,y_0(x)$ mit beliebigem reellem C.

```
> odetest(y(x)=yP(x)+C*y0(x),Dgl);
```

$$0$$

Die Lösung der Anfangswertaufgabe ist gleich $y_P(x) + b\,y_0(x)$:

```
> eval(y(x)=yP(x)+b*y0(x),x=a);
```

$$y(a) = b$$

Wir sehen uns nun folgendes einfache Beispiel an:

Beispiel 4:

```
> f := x -> -x: g := x -> 3*x: Dgl;
  a := 0: b := 5:
```

$$y' = -x\,y + 3\,x$$

```
> 'y0(x)' = y0(x), odetest(y(x)=y0(x),DglHom);
```

$$y0(x) = e^{\left(-\frac{x^2}{2}\right)}, 0$$

```
> 'yP(x)' = simplify(yP(x)), odetest(y(x)=yP(x),Dgl);
```

$$yP(x) = 3 - 3\,e^{\left(-\frac{x^2}{2}\right)}, 0$$

```
> y(x) = yP(x)+C*y0(x): simplify(%);
  odetest(%,Dgl);
```

$$y = 3 - 3\,e^{\left(-\frac{x^2}{2}\right)} + C\,e^{\left(-\frac{x^2}{2}\right)}, \quad 0$$

Lösung der Anfangswertaufgabe:

```
> y(x) = yP(x)+b*y0(x): simplify(%);
```

$$y = 3 + 2\,e^{\left(-\frac{x^2}{2}\right)}$$

Jetzt führen wir die vorangehenden Überlegungen nochmals durch, diesmal durch *direkte* Anwendung geeigneter Maple-Befehle:

Lösung der homogenen DGL $y' = -x\,y$:

```
> dsolve({DglHom,y(a)=1},y(x));
  y0 := unapply(eval(y(x),%),x):
```

$$y = e^{\left(-\frac{x^2}{2}\right)}$$

Bestimmung einer partikulären Lösung der inhomogenen DGL mittels Variation der Konstanten:

```
> eq := varparam([y0(x)],g(x),x);
```

$$eq := \_C_1\,e^{\left(-\frac{x^2}{2}\right)} + 3$$

```
> solve(eval(eq,x=a),{_C[1]});
  eval(eq,%):
  yP := unapply(%,x);
```

$$\{\_C_1 = -3\}, \quad yP := x \to -3\,e^{\left(-\frac{x^2}{2}\right)} + 3$$

Allgemeine Lösung der linearen DGL:

```
> y(x) = yP(x)+C*y0(x);
```

$$y = -3\,e^{\left(-\frac{x^2}{2}\right)} + 3 + C\,e^{\left(-\frac{x^2}{2}\right)}$$

Alternativ:

```
> linearsol(Dgl,y(x));
```

$$\{y = 3 + \_C1\,e^{\left(-\frac{x^2}{2}\right)}\}$$

linearsol testet, ob die DGL eine lineare DGL 1. Ordnung ist, und liefert gegebenenfalls die allgemeine Lösung. Universell verwendbar ist der Maple-Befehl dsolve :

MWS 2

```
> dsolve(Dgl,y(x));
  dsolve(Dgl,y(x),[linear]):
```

$$y = 3 + \_C1\, e^{\left(-\frac{x^2}{2}\right)}$$

Lösung der Anfangswertaufgabe:

```
> solve(yP(a)+C*y0(a)=b,{C});
  y(x) = eval(yP(x)+C*y0(x),%);
```

$$\{C = 5\}, \quad y = 3 + 2\, e^{\left(-\frac{x^2}{2}\right)}$$

Die Anfangswertaufgabe kann mit dsolve auch so gelöst werden:

```
> dsolve({Dgl,AnfBed},y(x));
  dsolve({Dgl,AnfBed},y(x),[linear]):
```

$$y = 3 + 2\, e^{\left(-\frac{x^2}{2}\right)}$$

2.4 Bernoulli-Differentialgleichung

```
> restart: with(DEtools):
  Dgl := diff(y(x),x) = f(x)*y(x)+g(x)*y(x)^alpha;
  odeadvisor(Dgl);
```

$$Dgl := y' = f(x)\, y + g(x)\, y^{\alpha}, \quad [\_Bernoulli]$$

Diese DGL wollen wir mit Hilfe der Substitution $u(x) = y(x)^{1-\alpha}$ in eine lineare DGL 1. Ordnung überführen:

```
> Subst := u(x) = y(x)^(1-alpha);
  isolate(Subst,y(x));
  PDEtools[dchange](%,Dgl,[u(x)]):
  isolate(%,diff(u(x),x)):
  DglTrans := simplify(%,symbolic);
```

$$Subst := u = y^{(-\alpha+1)}, \quad y = u^{\left(\frac{1}{-\alpha+1}\right)},$$
$$DglTrans := u' = -(-1+\alpha)\,(f(x)\, u + g(x))$$

Beispiel 5:

```
> f := x -> x: g := x -> -3*x: alpha := 2:
  Dgl, DglTrans;
  AnfBed := y(0) = 1/4;
  AnfBedTrans := subs(AnfBed,subs(x=0,Subst));
```

$$y' = x\,y - 3\,x\,y^2\,, \quad u' = -x\,u + 3\,x\,,$$
$$AnfBed := y(0) = \frac{1}{4}, \quad AnfBedTrans := u(0) = 4$$

Die transformierte Anfangswertaufgabe lösen wir jetzt direkt mit dsolve :

```
> dsolve({DglTrans,AnfBedTrans},u(x));
```

$$u = 3 + e^{\left(-\frac{x^2}{2}\right)}$$

Rücktransformation ergibt die Lösung der ursprünglichen AWA:

```
> PDEtools[dchange](Subst,%,[y(x)]):
  isolate(%,y(x));
  odetest(%,Dgl), eval(%,x=0);
```

$$y = \frac{1}{3 + e^{\left(-\frac{x^2}{2}\right)}}, \quad 0, \; y(0) = \frac{1}{4}$$

Direkte Lösung der Anfangswertaufgabe mit dsolve :

```
> dsolve({Dgl,AnfBed},y(x)):
  dsolve({Dgl,AnfBed},y(x),[Bernoulli]):
```

Zum Schluß erwähnen wir noch der Vollständigkeit halber drei (nahezu gleichwertige) Maple-Befehle, mit deren Hilfe die allgemeine Lösung der BERNOULLI-DGL berechnet werden kann:

```
> bernoullisol(Dgl,y(x));
  dsolve(Dgl,y(x),[Bernoulli]):
  dsolve(Dgl,y(x)):
```

$$\left\{ y = \frac{1}{3 + e^{\left(-\frac{x^2}{2}\right)}\,\_C1} \right\}$$

2.5 Riccati-Differentialgleichung

```
> restart: with(DEtools):
  Dgl := diff(y(x),x) = f(x)*y(x)^2+g(x)*y(x)+h(x);
  odeadvisor(Dgl);
```

$$Dgl := y' = f(x)\,y^2 + g(x)\,y + h(x), \quad [\_Riccati]$$

Zusammenhang mit homogener linearer DGL 2. Ordnung

Mit der folgenden Substitution reduzieren wir die DGL auf eine RICCATI-DGL in Normalform:

MWS 2

```
> Subst1 := z(x) = -f(x)*y(x): eq1 := isolate(Subst1,y(x));
```

$$eq1 := y = -\frac{z}{f(x)}$$

```
> PDEtools[dchange](eq1,Dgl,[z(x)]):
  isolate(%,diff(z(x),x)):
  expand(%): DglTrans1 := collect(%,z(x));
```

$$DglTrans1 := z' = -z^2 + \left(g(x) + \frac{f'}{f(x)}\right) z - f(x)\,h(x)$$

Im nächsten Schritt transformieren wir diese Normalform auf eine lineare homogene DGL 2. Ordnung:

```
> Subst2 := u(x) = exp(int(z(x),x));
  diff(Subst2,x);
  subs(exp(int(z(x),x))=u(x),%): Subst3 := isolate(%,z(x));
```

$$Subst2 := u = e^{\int z\,dx}, \quad u' = z\,e^{\int z\,dx}, \quad Subst3 := z = \frac{u'}{u}$$

```
> PDEtools[dchange](Subst3,DglTrans1,[u(x)]):
  isolate(%,diff(u(x),x$2)):
  expand(%): DglTrans2 := collect(%,diff(u(x),x));
```

$$DglTrans2 := u'' = \left(g(x) + \frac{f'}{f(x)}\right) u' - u\,f(x)\,h(x)$$

Beispiel 6:

```
> f := -2: g := 0: h := -1:
  Dgl; DglTrans1; DglTrans2;
```

$$y' = -2\,y^2 - 1, \quad z' = -z^2 - 2, \quad u'' = -2\,u$$

```
> dsolve(DglTrans2,u(x));
  subs(%,Subst3): simplify(%);
  subs(Subst1,%): isolate(%,y(x));
```

$$u = \_C1\,\sin(\sqrt{2}\,x) + \_C2\,\cos(\sqrt{2}\,x),$$

$$z = \frac{\sqrt{2}\,(\_C1\,\cos(\sqrt{2}\,x) - \_C2\,\sin(\sqrt{2}\,x))}{\_C1\,\sin(\sqrt{2}\,x) + \_C2\,\cos(\sqrt{2}\,x)},$$

$$y = \frac{1}{2}\,\frac{\sqrt{2}\,(\_C1\,\cos(\sqrt{2}\,x) - \_C2\,\sin(\sqrt{2}\,x))}{\_C1\,\sin(\sqrt{2}\,x) + \_C2\,\cos(\sqrt{2}\,x)}$$

Auf folgende Weisen kann man die allgemeine Lösung der DGL *direkt* erhalten:

```
> riccatisol(Dgl,y(x)), dsolve(Dgl,y(x));
  dsolve(Dgl,y(x),[Riccati]):
```

$$\left\{y=\frac{1}{4}\tan\left(-\frac{x\sqrt{8}}{2}+\frac{\_C1\sqrt{8}}{2}\right)\sqrt{8}\right\},\quad y=-\frac{1}{2}\sqrt{2}\tan\left(\sqrt{2}x+\sqrt{2}\,\_C1\right)$$

Elementare Integration bei bekannter spezieller Lösung

```
> unassign('f','g','h'):
  Subst1 := z(x) = y(x)-y0(x):
  isolate(Subst1,y(x));
  eq2 := PDEtools[dchange](%,Dgl,[z(x)]):
```

$$y = z + y0(x)$$

```
> eq2-subs(y(x)=y0(x),Dgl): isolate(%,diff(z(x),x)):
  DglTrans1 := collect(expand(%),z(x));
  odeadvisor(%);
```

$$DglTrans1 := z' = f(x)\,z^2 + \left(2\,f(x)\,y0(x) + g(x)\right)z\,,\quad [\_Bernoulli]$$

```
> Subst2 := u(x) = 1/z(x): isolate(Subst2,z(x)):
  PDEtools[dchange](%,DglTrans1,[u(x)]): isolate(%,diff(u(x),x)):
  DglTrans2 := collect(expand(%),u(x));
  odeadvisor(DglTrans2);
```

$$DglTrans2 := u' = \left(-2\,f(x)\,y0(x) - g(x)\right)u - f(x)\,,\quad [\_linear]$$

Beispiel 7:

```
> f := -1: g := x -> 2*x: h := x -> -x^2+5: Dgl;
```

$$y' = -y^2 + 2\,x\,y - x^2 + 5$$

Wir veranschaulichen diese Riccati-DGL anhand eines Richtungsfeldes und einiger Lösungen:

```
> DEplot(Dgl,y(x),x=-4..4,y=-6..6,[seq([0,k],k=[0,4,-4,2,-2])],
    color=gray,linecolor=[black$3,red$2],dirgrid=[30,30],stepsize=0.1,
    arrows=medium);
```

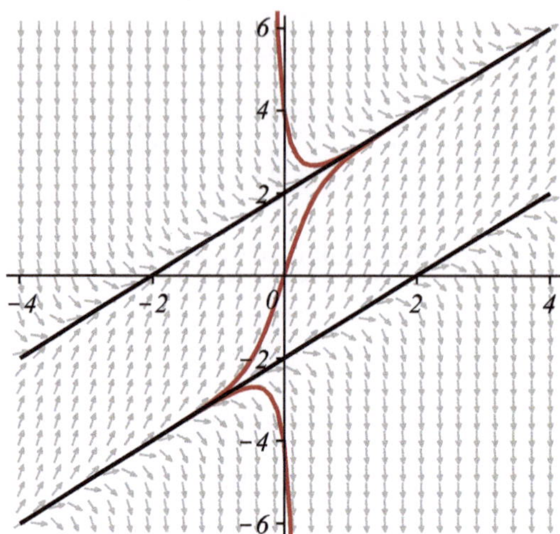

Sie besitzt folgende spezielle Lösung:

```
> y0 := x -> x-2;
  odetest(y(x)=y0(x),Dgl);
```

$$y0 := x \to x - 2, \quad 0$$

Wir lösen die transformierte DGL:

```
> DglTrans2;
  eq3 := dsolve(DglTrans2,u(x));
```

$$u' = -4\,u + 1, \quad eq3 := u = \frac{1}{4} + e^{-4\,x}\,\_C1$$

```
> subs(Subst2,eq3);
  eq4 := subs(Subst1,%);
```

$$\frac{1}{z} = \frac{1}{4} + e^{-4\,x}\,\_C1, \quad eq4 := \frac{1}{y - x + 2} = \frac{1}{4} + e^{-4\,x}\,\_C1$$

```
> isolate(eq4,y(x));
  odetest(%,Dgl);
```

$$y = \frac{1}{\frac{1}{4} + e^{-4\,x}\,\_C1} + x - 2, \quad 0$$

Anhand dieser Schar von Lösungen läßt sich Satz 2.5.3 (vgl. Seite 32) verifizieren, der einen Überblick über die Lösungsgesamtheit der RICCATI-DGL gab.

2.6 Exakte Differentialgleichungen

```
> restart: with(DEtools):
  Dgl := f1(x,y(x))+f2(x,y(x))*diff(y(x),x) = 0;
```

$$Dgl := f1(x, y) + f2(x, y)\, y' = 0$$

Beispiel 8:

```
> f1 := (x,y) -> exp(y): f2 := (x,y) -> x*exp(y)+cos(y): Dgl;
```

$$e^y + (x\, e^y + \cos(y))\, y' = 0$$

Wir überprüfen, ob diese DGL exakt ist:

```
> diff(f2(x,y),x)-diff(f1(x,y),y);
```

$$0$$

Bei diesem Beispiel handelt es sich offensichtlich um eine exakte DGL. Die Berechnung der Stammfunktion ist auf drei verschiedene Arten möglich. Der Weg über ein ‚Hakenintegral' ist vorne im Textteil (S. 34) beschrieben und soll hier nicht aufgegriffen werden. Zwei weitere Möglichkeiten bestehen darin, die Stammfunktion mit Hilfe der Maple-Befehle VectorCalculus[ScalarPotential] oder linalg[potential] zu berechnen:

```
> with(VectorCalculus): SetCoordinates('cartesian'[x,y]):
  v := VectorField(<f1(x,y),f2(x,y)>):
  F := ScalarPotential(v);
```

$$F := x\, e^y + \sin(y)$$

```
> linalg[potential]([f1(x,y),f2(x,y)],[x,y],'F'); F;
```

$$true, \quad x\, e^y + \sin(y)$$

Es gilt $F(1,0) = 1$. Wir zeichnen die Höhenlinien mit den Niveaus $0.0, 0.2, 0.4, 0.6, 0.8, 1.0, 1.2, 1.4, 1.6, 1.8, 2.0$:

```
> with(plots):
  contourplot(F,x=-5..5,y=-0.5..2,color=red,grid=[50,50],
    contours=[1+k/5 $ k=-5..5]):
  plot([[1,0]],style=point,symbol=circle,symbolsize=16,color=red):
  display(%,%%,axes=frame);
```

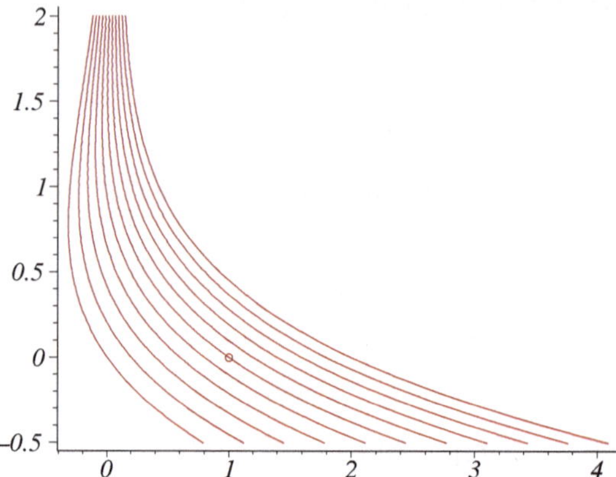

Setzen wir F gleich einer Konstanten C, so erhalten wir eine Lösung der obigen DGL:

```
> subs(y=y(x),F) = C; odetest(%,Dgl);
```

$$x\,e^y + \sin(y) = C\,,\quad 0$$

Die Exaktheit der vorgegebenen DGL läßt sich natürlich auch folgendermaßen überprüfen:

```
> odeadvisor(Dgl);
```

$$[[\_1st\_order,\ \_with\_exponential\_symmetries],\ \_exact]$$

Die Befehle exactsol , firint (‚first integral') bzw. dsolve mit der Option [exact] ergeben ebenfalls die Lösung in obiger Form:

```
> exactsol(Dgl,y(x)): firint(Dgl);
  dsolve(Dgl,y(x),[exact]):
```

$$x\,e^y + \sin(y) + \_C1 = 0$$

Wenn wir den Befehl dsolve ohne Option anwenden, stellt Maple das Ergebnis etwas anders dar:

```
> dsolve(Dgl,y(x));
```

$$x + e^{-y}\sin(y) - e^{-y}\,\_C1 = 0$$

Multiplikatoren

Beispiel 9:

```
> restart: with(DEtools):
  f1 := (x,y) -> x*y-2: f2 := (x,y) -> x^2-x*y:
  Dgl := f1(x,y(x))+f2(x,y(x))*diff(y(x),x) = 0;
```

$$Dgl := x\,y - 2 + (x^2 - x\,y)\,y' = 0$$

```
> odeadvisor(Dgl,[exact]);
```

$$[NONE]$$

Wir multiplizieren die DGL mit einem Faktor $\mu(x,\, y)$, um eine exakte DGL zu erzeugen. Für diese Funktion erhalten wir dann folgende Bedingung:

```
> Dgl2 := collect(mu(x,y)*Dgl,diff(y(x),x));
```

$$Dgl2 := \mu(x,\, y)\,(x^2 - x\,y)\,y' + \mu(x,\, y)\,(x\,y - 2) = 0$$

```
> eq1 := diff(mu(x,y)*f2(x,y),x) = diff(mu(x,y)*f1(x,y),y);
```

$$eq1 := \mu_x\,(x^2 - x\,y) + \mu(x,\, y)\,(2\,x - y) = \mu_y\,(x\,y - 2) + \mu(x,\, y)\,x$$

Es ergibt sich also eine *partielle* Differentialgleichung für die Funktion μ. Diese vereinfacht sich zu einer DGL, wenn wir zum Beispiel annehmen, daß sich eine nur von x abhängige Funktion finden läßt:

```
> eq2 := eval(eq1,mu(x,y)=mu(x));
```

$$eq2 := \mu'\,(x^2 - x\,y) + \mu(x)\,(2\,x - y) = \mu(x)\,x$$

```
> eq3 := isolate(eq2,diff(mu(x),x)): normal(%);
```

$$\mu' = -\frac{\mu(x)}{x}$$

```
> dsolve(eq3,mu(x));
```

$$\mu(x) = \frac{\_C1}{x}$$

Schneller und leichter geht es natürlich so:

```
> mu := intfactor(Dgl);
```

$$\mu := \frac{1}{x}$$

```
> expand(mu*Dgl):
  Dgl2 := collect(%,diff(y(x),x));
```

$$Dgl2 := (x - y)\,y' + y - \frac{2}{x} = 0$$

```
> odeadvisor(Dgl2,[exact]);
```

$$[\_exact]$$

```
> exactsol(Dgl2,y(x)); dsolve(Dgl2,y(x),[exact]):
  dsolve(Dgl2,y(x));
```

$$\{y = x - \sqrt{x^2 - 4\ln(x) + 2\_C1},\ y = x + \sqrt{x^2 - 4\ln(x) + 2\_C1}\}$$
$$y = x - \sqrt{x^2 - 4\ln(x) + 2\_C1},\ y = x + \sqrt{x^2 - 4\ln(x) + 2\_C1}$$

Zur Vertiefung der vorangehenden Überlegungen greifen wir die lineare DGL 1. Ordnung aus Abschnitt 2.3 auf und bringen sie auf folgende Gestalt:

```
> restart: with(DEtools):
  f1 := (x,y) -> -f(x)*y-g(x): f2 := 1:
  Dgl := f1(x,y(x))+f2(x,y(x))*diff(y(x),x) = 0;
```

$$Dgl := -f(x)\,y - g(x) + y' = 0$$

Offensichtlich ist sie keine exakte DGL:

```
> odeadvisor(Dgl,[exact]);
  diff(f2(x,y),x)-diff(f1(x,y),y);
```

$$[NONE],\quad f(x)$$

Mit Hilfe des Maple-Befehls intfactor suchen wir deshalb nach einem integrierenden Faktor:

```
> intfactor(Dgl); alias(mu=%):
  Dgl2 := collect(mu*Dgl,diff(y(x),x));
```

$$e^{\int -f(x)\,dx},\quad Dgl2 := \mu\,y' + \mu\,(-f(x)\,y - g(x)) = 0$$

Wir überzeugen uns, daß die DGL nun exakt ist:

```
> diff(mu*f2(x,y),x)-diff(mu*f1(x,y),y);
  odeadvisor(Dgl2,[exact,linear]);
```

$$0,\quad [\_exact,\ \_linear]$$

Mithin ist

```
> linalg[potential]([mu*f1(x,y),mu*f2(x,y)],[x,y],'F'):
  'F' = F;
```

$$F = \int \mu\,(-f(x)\,y - g(x))\,dx$$

eine zugehörige Stammfunktion, und wegen

```
> F1 := int(mu*(-f(x))*y,x)-int(mu*g(x),x);
  diff(F-F1,x): expand(%), diff(F-F1,y);
```

$$F1 := \mu\,y - \int \mu\,g(x)\,dx,\quad 0,\ 0$$

ist $F1$ ebenfalls eine Stammfunktion. Auflösen der Gleichung $F1 = C$ liefert dann die allgemeine Lösung:

```
> y(x) = solve(F1=C,y);
  odetest(%,Dgl);
```

$$y = \frac{\int \mu\, g(x)\, dx + C}{\mu}, \quad 0$$

2.7 Clairaut-Differentialgleichung

Im Gegensatz zu den bisher behandelten DGLen tritt in der CLAIRAUT-DGL y' meist nicht-linear auf, und es werden hierbei keine Voraussetzungen über die (eventuell nur lokal mögliche) Auflösbarkeit nach y' gemacht.

```
> restart: with(DEtools): with(plots):
  Dgl := y(x) = x*diff(y(x),x)-g(diff(y(x),x));
```

$$Dgl := y = x\, y' - g(y')$$

```
> odeadvisor(Dgl);
```

$$[\_Clairaut]$$

```
> g := cosh: Dgl;
```

$$y = x\, y' - \cosh(y')$$

```
> clairautsol(Dgl,y(x)); dsolve(Dgl,y(x));
```

$$\{y = x\,\_C1 - \cosh(\_C1),\ y = \operatorname{arcsinh}(x)\, x - \sqrt{x^2+1}\},$$
$$y = \operatorname{arcsinh}(x)\, x - \sqrt{x^2+1},\ y = x\,\_C1 - \cosh(\_C1)$$

Maple verwendet für die inverse Funktion zu sinh die eigenartige Bezeichnung arcsinh! Normalerweise heißt sie arsinh *(Area Sinus Hyperbolicus).*

```
> dsolve({Dgl,y(2)=-1/2},y(x),[Clairaut]); # klappt nicht!
```

Wir veranschaulichen die Lösungsgesamtheit dieser DGL, d. h. die singuläre Lösung $y(x) = \operatorname{arcsinh}(x)\, x - \sqrt{x^2+1}$ nebst zugehöriger Tangentenschar $y(t) + \mathrm{D}(y)(t)\,(x - t)$, mittels einer Animation. Der Scharparameter t läuft dabei von -3 bis 3.

```
> xrange := -3.5..3.5:
  y := x -> arcsinh(x)*x-sqrt(x^2+1):
  Kurve := plot(y(x),x=xrange,color=red):
  Animation := animate(y(t)+D(y)(t)*(x-t),x=xrange,t=-3..3,color=black,
                       frames=31):
  display(Animation,Kurve,thickness=3,view=[xrange,-1.1..3]);
```

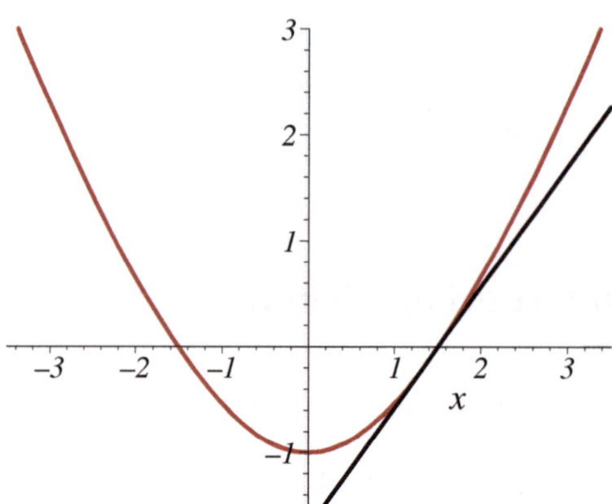

Zum Schluß veranschaulichen wir noch die Gesamtheit aller stetig differenzierbaren Lösungen dieser DGL, die sich stückweise aus der singulären Lösung sowie ihren Tangenten zusammensetzt:

```
> Tangente := a -> y(a)+D(y)(a)*(x-a):
  z := (alpha,beta) -> piecewise(x<=alpha,Tangente(alpha),
                                 x<=beta,y(x),Tangente(beta));
```

$$z := (\alpha, \beta) \to \text{piecewise}(x \le \alpha, \text{Tangente}(\alpha), x \le \beta, y(x), \text{Tangente}(\beta))$$

```
> a := -2: b := 2.5:
  c := solve(Tangente(a)=Tangente(b),x):
  display(plot(z(a,b),x=xrange,color=red,thickness=2),
    pointplot([[a,y(a)],[b,y(b)]],symbol=circle,symbolsize=18),
    plot([[a,y(a)],[c,eval(Tangente(a),x=c)],[b,y(b)]],style=line,
      color=black));
```

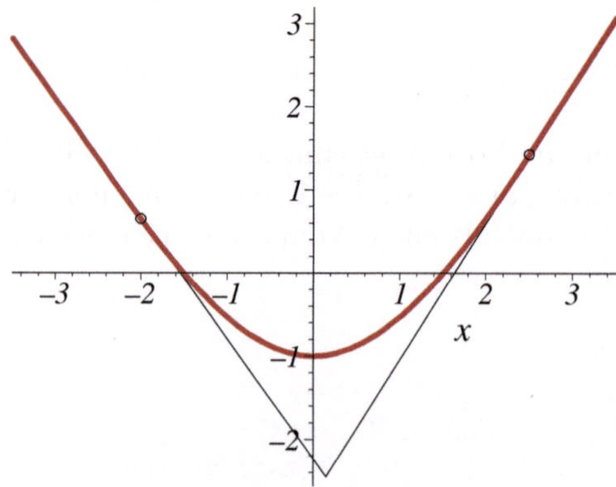

Kapitel 3

Existenz- und Eindeutigkeitssatz

3.1 Einleitung

Im zweiten Kapitel haben wir exemplarisch spezielle Differentialgleichungen erster Ordnung (für reellwertige Funktionen) mit jeweils eigenen Lösungsmethoden untersucht.

Jetzt soll — losgelöst von solchen speziellen Überlegungen — ein allgemeiner *Existenz- und Eindeutigkeitssatz* für *explizite Differentialgleichungen* oder *Differentialgleichungssysteme*, kurz *DGL-Systeme*, bereitgestellt werden. Die Betrachtung *vektorwertiger* Funktionen bringt dabei eine wesentliche Bezeichnungsvereinfachung; sie erlaubt es zudem, explizite *Systeme* von Differentialgleichungen als *eine Differentialgleichung 1. Ordnung* zu schreiben. (Man vergleiche dazu die Seiten 78–80.) Auch *Differentialgleichungssysteme* sind daher durch den Begriff *Differentialgleichung* erfaßt!

Die *wesentliche Idee* ist: Die Lösung einer Anfangswertaufgabe wird als Fixpunkt einer geeigneten Abbildung aufgefaßt, und dann wird dafür der Fixpunktsatz von BANACH herangezogen.

Dabei werden wir den speziellen Fixpunktsatz (für Kontraktionen) auf verallgemeinerte Kontraktionen verbessern.[1]

[1] Eine andere Methode wäre, die betrachtete Norm geeignet zu einer ‚gewichteten Maximumsnorm' abzuändern.

W. Forst, D. Hoffmann, *Gewöhnliche Differentialgleichungen*, Springer-Lehrbuch,
DOI 10.1007/978-3-642-37883-6_3,

Die Überlegungen lassen sich durchgehend ganz einfach auf BANACH-Raum-wertige Funktionen ausdehnen. Weil wir aber nicht davon ausgehen, daß alle Leser entsprechende Vorkenntnisse haben, verzichten wir darauf.

Zur Idee: Für $\mathfrak{D} \subset \mathbb{R}^2$, stetiges $f\colon \mathfrak{D} \longrightarrow \mathbb{R}$ und $(a,b) \in \mathfrak{D}$ kann die AWA

$$\boxed{\begin{array}{l} y' = f(x,y) \\ y(a) = b \end{array}}$$

wie folgt auf eine Fixpunktaufgabe zurückgeführt werden: Für $b \in \mathbb{R}$, ein Intervall J mit $a \in J$ und stetiges $y\colon J \longrightarrow \mathbb{R}$ gilt offenbar[2]:

$$\left.\begin{array}{l} y \text{ ist (stetig) differenzierbar mit:} \\ y'(x) = f(x,y(x)) \quad (x \in J) \\ y(a) = b \end{array}\right\} \iff y(x) = b + \int_a^x f(t,y(t))\,dt \quad (x \in J)$$

Für stetiges $z\colon J \longrightarrow \mathbb{R}$ mit $(t,z(t)) \in \mathfrak{D}$ für $t \in J$ betrachten wir die Abbildung $Tz\colon J \longrightarrow \mathbb{R}$, definiert durch:

$$\boxed{(Tz)(x) := b + \int_a^x f(t,z(t))\,dt \quad (x \in J)}$$

I. a. wird Tz verschieden von z sein. Nach der vorangehenden Überlegung gilt: z ist genau dann *Lösung der Anfangswertaufgabe*, wenn $Tz = z$ gilt, wenn also z ein *Fixpunkt von* T ist.

Der — weiter unten beschriebene — Fixpunktsatz gibt dann ein Iterationsverfahren zur Bestimmung der Lösung, das meist als „PICARD-*Verfahren*" oder „PICARD-LINDELÖF-*Verfahren*" bezeichnet wird.

(B1) Die folgende Aussage über die trigonometrischen Funktionen Sinus und Cosinus ist natürlich allen längst vertraut. Wir betrachten sie hier unter einem neuen Blickwinkel: Es existieren eindeutig stetig differenzierbare Funktionen s, $c\colon \mathbb{R} \longrightarrow \mathbb{R}$ mit

$$\boxed{\begin{array}{ll} s' = c, & s(0) = 0 \\ c' = -s, & c(0) = 1 \end{array}}. \tag{1}$$

Zum *Beweis* genügt es offenbar zu zeigen: Für jedes $A \in \,]0,\infty[$ und $J := [-A,A]$ existieren eindeutig stetig differenzierbare Funktionen s, $c\colon J \longrightarrow \mathbb{R}$ mit $s' = c, s(0) = 0$ und $c' = -s, c(0) = 1$.

[2] Beim Schluß von links nach rechts wird integriert, von rechts nach links differenziert.

Kapitel 3

$$(1) \iff \left\{\begin{array}{l} s(x) = \int\limits_0^x c(t)\,dt \\ c(x) = 1 - \int\limits_0^x s(t)\,dt \end{array}\right\} \iff \begin{pmatrix} s \\ c \end{pmatrix}(x) = \begin{pmatrix} 0 \\ 1 \end{pmatrix} + \int\limits_0^x \begin{pmatrix} 0 & 1 \\ -1 & 0 \end{pmatrix} \begin{pmatrix} s \\ c \end{pmatrix}(t)\,dt$$

Zum Nachweis der *Existenz* gehen wir *konstruktiv* so vor, wie es das aus dem Fixpunktsatz resultierende Iterationsverfahren vorgibt:

$$\begin{pmatrix} s_0 \\ c_0 \end{pmatrix} := \begin{pmatrix} 0 \\ 1 \end{pmatrix}, \quad \begin{pmatrix} s_{n+1} \\ c_{n+1} \end{pmatrix}(x) := \begin{pmatrix} 0 \\ 1 \end{pmatrix} + \int\limits_0^x \begin{pmatrix} 0 & 1 \\ -1 & 0 \end{pmatrix} \begin{pmatrix} s_n \\ c_n \end{pmatrix}(t)\,dt$$

Das liefert Partialsummen der trigonometrischen Funktionen:

$$\begin{array}{llll} s_1(x) = x, & s_2(x) = x, & s_3(x) = x - \dfrac{x^3}{3!}, & s_4(x) = x - \dfrac{x^3}{3!}, \quad \ldots \\ c_1(x) = 1, & c_2(x) = 1 - \dfrac{x^2}{2!}, & c_3(x) = 1 - \dfrac{x^2}{2!}, & c_4(x) = 1 - \dfrac{x^2}{2!} + \dfrac{x^4}{4!}, \quad \ldots \end{array}$$

Die Folge $(s_n, c_n)^T$ konvergiert gleichmäßig auf J gegen eine Grenzfunktion $(s, c)^T$, die dann — aufgrund der Rekursionsformel und der hier möglichen Vertauschung von Integration und Grenzwertbildung —

$$\begin{pmatrix} s \\ c \end{pmatrix}(x) = \begin{pmatrix} 0 \\ 1 \end{pmatrix} + \int\limits_0^x \begin{pmatrix} 0 & 1 \\ -1 & 0 \end{pmatrix} \begin{pmatrix} s \\ c \end{pmatrix}(t)\,dt$$

erfüllt, also die AWA (1) löst.

Zur *Eindeutigkeit:* Ist auch $(\widetilde{s}, \widetilde{c})^T$ eine Lösung dieser AWA, dann betrachten wir die Differenzfunktion:

$$d := \begin{pmatrix} s - \widetilde{s} \\ c - \widetilde{c} \end{pmatrix}$$

Man hat

$$d(x) = \int\limits_0^x \begin{pmatrix} 0 & 1 \\ -1 & 0 \end{pmatrix} d(t)\,dt\,.$$

Mit $M := \max\limits_{t \in J} |d(t)|$ (hier sei (im $\mathbb{R}^2$) etwa die Maximumsnorm gewählt) erhält man für $x \in J$ induktiv:

$$\begin{array}{l} |d(x)| \le M, \quad |d(x)| \le M|x|, \ldots \\ \qquad\qquad |d(x)| \le M\dfrac{|x|^n}{n!} \le M\dfrac{A^n}{n!}, \end{array}$$

also $M \le M\dfrac{A^n}{n!}$ und folglich $M = 0$, d. h. $d = 0$, also $s = \widetilde{s}$ und $c = \widetilde{c}$. $\square$

Kapitel 3

Für $k \in \mathbb{N}$, ein Intervall J und stetiges $f := \begin{pmatrix} f_1 \\ \vdots \\ f_k \end{pmatrix} : J \longrightarrow \mathbb{R}^k$ sei definiert:

$$\int_\alpha^\beta f(t)\,dt := \left(\int_\alpha^\beta f_1(t)\,dt, \ldots, \int_\alpha^\beta f_k(t)\,dt \right)^T \qquad (\alpha, \beta \in J)$$

Das so eingeführte *Integral* für $\mathbb{R}^k$-wertige Funktionen ist wieder *linear in f* und *additiv bezüglich der Grenzen*[3]. Mit einer beliebigen Norm $|\ |$ auf dem $\mathbb{R}^k$ gilt:

$$\left| \int_\alpha^\beta f(t)\,dt \right| \leq \int_\alpha^\beta |f(t)|\,dt \leq \max_{t \in [\alpha,\beta]} |f(t)|\,(\beta - \alpha) \qquad (\alpha \leq \beta)$$

Wir betrachten oft den *Vektorraum*

$$C_0(J) := C_0(J, \mathbb{R}^k) := \left\{ h \mid h\colon J \longrightarrow \mathbb{R}^k \text{ stetig} \right\}$$

und darin den *Unterraum*

$$C_1(J) := C_1(J, \mathbb{R}^k) := \left\{ h \mid h\colon J \longrightarrow \mathbb{R}^k \text{ stetig differenzierbar} \right\}.$$

Ist das Intervall J *kompakt*, dann liefert

$$|f|_s := \max_{x \in J} |f(x)|$$

eine Norm $|\ |_s$ auf $C_0(J)$. (Bei allgemeinerem Definitionsbereich ist ‚Maximum' durch ‚Supremum' — mit möglichem Wert ∞ — zu ersetzen. Das erklärt den Index „s".) Die Norm $|\ |_s$ beschreibt gerade die *gleichmäßige Konvergenz* (auf J).

Aus der Analysis dürfte dazu vertraut sein:

Satz von Weierstraß

$(C_0(J), |\ |_s)$ *ist vollständig.*

3.2 Fixpunktsatz für verallgemeinerte Kontraktionen

Es sei M eine nicht-leere Menge. Wir sprechen von einer Abbildung T *aus*[4] M in M, wenn mit einer Teilmenge $D := D_T$ von M gilt:

$$T\colon D \longrightarrow M$$

[3] Beide Eigenschaften übertragen sich direkt von den Komponentenfunktionen.

[4] Bei einer Abbildung ‚von' M (in eine beliebige Menge) ist der Definitionsbereich ganz M.

Hierbei ist die leere Menge für D ausdrücklich zugelassen, da dies bei den Iterierten einer Abbildung naturgemäß auftreten kann.

Ein $x \in D_T$ heißt genau dann *Fixpunkt* von T, wenn $Tx = x$ gilt.

Für zwei Abbildungen S und T aus M in M ist ST, definiert durch

$$ST(x) := (S \circ T)(x) := S(T(x))$$

für $x \in D_{ST} := \{x \in D_T \,|\, T(x) \in D_S\}$, eine Abbildung aus M in M.

Mit $T^0 := \mathrm{id}_M$ seien — wie üblich — die iterierten Abbildungen T^n rekursiv durch

$$T^{n+1} := T\,T^n \quad \text{für } n \in \mathbb{N}_0$$

gebildet. Wir notieren — auch für eine beliebige Abbildung T aus M in M — oft Tx statt $T(x)$.

Im folgenden seien (M, δ) ein metrischer Raum und T eine Abbildung aus M in M. Wir betrachten — und lesen dabei $\inf \emptyset := \infty$:

$$\|T\| := \inf \{\alpha \in [0, \infty[: \forall x, y \in D_T \;\; \delta(Tx, Ty) \leq \alpha\,\delta(x, y)\}$$

$\|\ \|$ heißt *„Abbildungsnorm"*. Offenbar gilt für den Wertebereich W_T:

$\|T\| = 0$ gilt genau dann, wenn W_T höchstens einpunktig ist. (1)

T heißt genau dann *„beschränkt"*, wenn $\|T\|$ endlich ist.
In diesem Fall gilt

$$\|T\| = \min \{\alpha \in [0, \infty[: \forall x, y \in D_T \;\; \delta(Tx, Ty) \leq \alpha\,\delta(x, y)\} \,;$$

denn für $x, y \in D_T$ hat man

$$\delta(Tx, Ty) \leq \big(\|T\| + \tfrac{1}{n}\big)\,\delta(x, y)\,,$$

also mit dem Grenzübergang $n \longrightarrow \infty$

$$\delta(Tx, Ty) \leq \|T\|\,\delta(x, y)\,.$$

Eine beschränkte Abbildung T ist trivialerweise gleichmäßig stetig.
T heißt dann und nur dann *„kontrahierend"*, wenn $\|T\| < 1$ ist.

T heißt genau dann *„schwach kontrahierend"*, wenn $\delta(Tx, Ty) < \delta(x, y)$ für alle $x, y \in D_T$ mit $x \neq y$ gilt.
Offenbar ist jede kontrahierende Abbildung schwach kontrahierend. Die Umkehrung gilt natürlich nicht.

Unmittelbar aus der Definition liest man ab:

Kapitel 3

Bemerkung 3.2.0

Eine (schwach) kontrahierende Abbildung T hat höchstens einen Fixpunkt.

Bemerkung 3.2.1

Mit $0 \cdot \infty := \infty \cdot 0 := 0$ *und* $a \cdot \infty := \infty \cdot a := \infty$ *für* $a \in]0, \infty[$ gilt *für zwei Abbildungen S und T aus M in M:*

$$\|ST\| \le \|S\| \, \|T\|$$

Beweis: $\|S\| = 0$ oder $\|T\| = 0$ impliziert $\|ST\| = 0$ nach (1). So kann Œ von $0 < \|T\|, \|S\| < \infty$ ausgegangen werden. Für $x, y \in D_{ST}$ gilt dann:

$$\delta(STx, STy) \le \|S\| \, \delta(Tx, Ty) \le \|S\| \, \|T\| \, \delta(x, y) \qquad \square$$

Bemerkung 3.2.2

Für ein $m \in \mathbb{N}$ sei $\|T^m\| < 1$.[5]

a) Für $x \in D_{T^m}$ gilt: x Fixpunkt von $T \iff x$ Fixpunkt von T^m

b) T hat höchstens einen Fixpunkt.

Beweis: Nach Bemerkung 3.2.0 genügt es, *a*) zu zeigen.
Die Implikation von links nach rechts ist trivial. Umgekehrt folgt aus $T^m x = x$ die Beziehung $T^m(Tx) = T(T^m x) = Tx$; mithin ist auch Tx ein Fixpunkt von T^m und somit (wegen der Eindeutigkeit) $x = Tx$. $\square$

$\|T\| < 1$ impliziert $\|T^m\| < 1$ für jedes $m \in \mathbb{N}$, da $\|T^m\| \le \|T\|^m$ gilt. Umgekehrt folgt aus $\|T^m\| < 1$ für ein $m \in \mathbb{N}$ natürlich *nicht* $\|T\| < 1$.

Bemerkung 3.2.3

$$\sum_{n=0}^{\infty} \|T^n\| < \infty \iff \|T\| < \infty \wedge \exists m \in \mathbb{N} \quad \|T^m\| < 1$$

Beweis: $\Longrightarrow$: trivial
$\Longleftarrow$: Jedes $n \in \mathbb{N}_0$ kann in der Form $n = mk + r$ mit geeigneten $k \in \mathbb{N}_0$ und $r \in \{0, \ldots, m-1\}$ geschrieben werden. Damit gilt:

$$\|T^n\| \le \|T^m\|^k \, \|T^r\|$$

Für beliebiges $N \in \mathbb{N}$ hat man so:

$$\sum_{n=0}^{N} \|T^n\| \le \left(\sum_{k=0}^{\infty} \|T^m\|^k \right) \left(\max_{r=0}^{m-1} \|T^r\| \right) < \infty \qquad \square$$

[5] Hier genügt die schwächere Voraussetzung: T^m ist schwach kontrahierend.

Nach diesen vorbereitenden Überlegungen kommen wir zu dem zentralen Hilfsmittel:

Fixpunktsatz für verallgemeinerte Kontraktionen 3.2.4

Es seien (M,δ) ein vollständiger metrischer Raum und T eine Abbildung aus M in M mit

$$\Delta_T := \bigcap_{n=0}^{\infty} D_{T^n} \quad \textit{abgeschlossen und nicht-leer} \tag{2}$$

$$\textit{und} \qquad \sum_{n=0}^{\infty} \|T^n\| < \infty\,.$$

a) Dann existiert genau ein Fixpunkt $\hat{x}$ von T.

b) Für jedes $x_0 \in \Delta_T$ gilt $T^n x_0 \longrightarrow \hat{x} \quad (n \longrightarrow \infty)$.

Δ_T enthält gerade die Elemente, auf die T beliebig oft angewendet werden kann.

Vielen Lesern wird der *spezielle* Fixpunktsatz für Kontraktionen vertraut sein, etwa aus der mehrdimensionalen Analysis zur Gewinnung der Sätze über lokale Umkehrung und über implizite Funktionen. Für solche Leser kann der Beweis des verallgemeinerten Satzes ganz einfach geführt werden, indem man — unter Beachtung von (3.2.3) und (3.2.2) — den speziellen Satz anwendet auf Δ_T (mit der eingeschränkten Metrik) und T^m (für ein $m \in \mathbb{N}$ mit $\|T^m\| < 1$).

Der Vollständigkeit halber geben wir jedoch einen eigenständigen und ausführlichen *Beweis für den verallgemeinerten Satz:*

Die *Eindeutigkeit* ist mit (3.2.3) und (3.2.2.b) gegeben.

Für den *Existenznachweis* betrachtet man zu einem beliebigen $x_0 \in \Delta_T$ die durch

$$x_n := T^n x_0 \quad (n \in \mathbb{N})$$

definierte Folge (x_n) in Δ_T. Für $n, m \in \mathbb{N}$ mit $n \leq m$ schätzt man

$$\begin{aligned}\delta(x_n, x_{m+1}) &\leq \delta(x_n, x_{n+1}) + \delta(x_{n+1}, x_{n+2}) + \cdots + \delta(x_m, x_{m+1}) \\ &= \sum_{\nu=n}^{m} \delta(T^\nu x_0, T^\nu x_1) \leq \sum_{\nu=n}^{m} \|T^\nu\|\, \delta(x_0, x_1)\end{aligned}$$

ab und hat so (x_n) als CAUCHY-Folge erkannt, die — nach Voraussetzung über (M,δ) und Δ_T — gegen ein $\hat{x}$ aus Δ_T konvergiert.

Die Folge $(x_{n+1}) = (T x_n)$ konvergiert als Teilfolge ebenso gegen $\hat{x}$ und — aufgrund der Stetigkeit von T — gegen $T\hat{x}$. Somit gilt $T\hat{x} = \hat{x}$. □

Wir sehen uns die *Voraussetzung (2)* etwas genauer an:

α) *Ist D_T abgeschlossen und T stetig, so ist Δ_T abgeschlossen.*

β) *Jede Teilmenge S von D_T, die unter T in sich selbst abgebildet wird ($T(S) \subset S$), liegt in Δ_T.*

γ) *Gilt für ein $x_0 \in M$ mit einem $0 < r < \infty$*

$$K := \{x \in M : \delta(x_0, x) \le r\} \subset D_T \quad \text{und} \quad \delta(x_0, Tx_0) \sum_{n=0}^{\infty} \|T^n\| \le r,$$

dann gehört x_0 zu Δ_T.

γ′) *Die letzte Voraussetzung in γ) ist gegeben, falls $\delta(x_0, Tx_0) \le r\,(1-q)$ für ein T mit $\|T\| \le q < 1$, also eine Kontraktion, gilt.*

Beweis: Für α) genügt es zu zeigen, daß D_{T^n} für $n \in \mathbb{N}$ abgeschlossen ist: Dies liest man induktiv aus

$$D_{T^{n+1}} = D_{T^n \circ T} = \{x \in D_T \,|\, Tx \in D_{T^n}\} = T^{-1}(D_{T^n})$$

ab. β) ist klar. Für γ) zeigt man $x_0 \in D_{T^n}$ für $n \in \mathbb{N}$ induktiv: Für $n = 1$ ist das Voraussetzung. Für den Schluß von n auf $n+1$ schätzt man ab

$$\delta(x_0, T^n x_0) \le \delta(x_0, Tx_0) + \cdots + \delta(T^{n-1}x_0, T^n x_0) \le \delta(x_0, Tx_0) \sum_{\nu=0}^{n-1} \|T^\nu\| \le r,$$

hat also $T^n x_0 \in K$, somit $x_0 \in D_{T^{n+1}}$. Für γ′) ist nur zu beachten:

$$\sum_{n=0}^{\infty} \|T^n\| \le \sum_{n=0}^{\infty} \|T\|^n \le \sum_{n=0}^{\infty} q^n = \frac{1}{1-q}$$

□

Die Voraussetzungen und Bezeichnungen des nachfolgenden Hauptsatzes kann man sich leichter einprägen, wenn man sie für $k = 1$ und endliches B etwa wie folgt veranschaulicht:

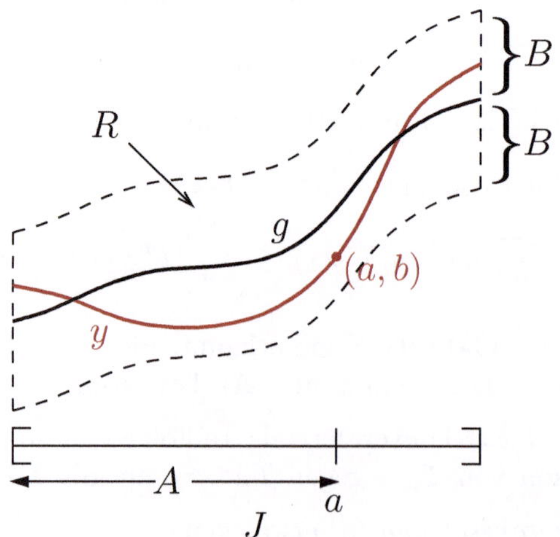

3.3 Existenz- und Eindeutigkeitssatz

Hauptsatz 3.3.1

Unter den Voraussetzungen und mit den Bezeichnungen

① $k \in \mathbb{N}$; J *kompaktes Intervall in* $\mathbb{R}$; $a \in J$;

$A := \max_{x \in J} |x - a| \; (> 0)$; $b \in \mathbb{R}^k$; $g \in C_0(J, \mathbb{R}^k)$; $0 < B \leq \infty$;

$R := \{(x, y) \in J \times \mathbb{R}^k : |y - g(x)| \leq B\}$

② $f \colon R \longrightarrow \mathbb{R}^k$ *stetig;* $M := \sup_{(x,y) \in R} |f(x, y)|$ [6]

③ *Es existiert ein* $0 \leq L < \infty$ *mit:*

$\bigl|f(x, y_1) - f(x, y_2)\bigr| \leq L\,|y_1 - y_2|$ *für alle* $(x, y_1), (x, y_2) \in R$

④ *a)* $AM + \max_{x \in J} |g(x) - b| \leq B$ *oder*

b) $\max_{x \in J} \left|g(x) - b - \int_a^x f(t, g(t))\,dt\right| \exp(LA) \leq B$

existiert genau ein $y \in C_1(J, \mathbb{R}^k)$ *mit*

$y(a) = b$ *und* $(x, y(x)) \in R$, $y'(x) = f(x, y(x))$ *für alle* $x \in J$.

Einige Anmerkungen und Erläuterungen sind hier angebracht:

Im $\mathbb{R}^k$ sei eine beliebige Norm $|\;|$ fest gewählt.

A gibt gerade den maximalen Abstand in J zum Anfangswert a.

Der Definitionsbereich R von f ist ein ‚Schlauch' um den Graphen von g, speziell für konstantes g und endliches B also ein ‚Rechteck'.

③ heißt „LIPSCHITZ-*Bedingung*" (bezüglich y) und L „LIPSCHITZ-*Konstante*".[7]

Beweis: Wir betrachten $\mathfrak{M} := C_0(J, \mathbb{R}^k)$ mit der aus der Maximumsnorm $|\;|_s$ resultierenden Metrik δ. Dann ist $(\mathfrak{M}, \delta)$ ein vollständiger metrischer Raum (nach dem Satz von Weierstraß).

Wir wählen

$$D_T := \{y \in \mathfrak{M} : \delta(y, g) \leq B\}.$$

Für ein $y \in \mathfrak{M}$ bedeutet $y \in D_T$ gerade

$$(x, y(x)) \in R \text{ für alle } x \in J.$$

[6] Der Wert ∞ für M ist hier zugelassen.

[7] Der deutsche Mathematiker RUDOLF OTTO SIGISMUND LIPSCHITZ (1832–1903) arbeitete auf vielen Gebieten der Mathematik und Physik, etwa zu Differentialformen und zur Mechanik, speziell der HAMILTON-JACOBI-Methode.

D_T ist offenbar nicht-leer und *abgeschlossen.* (1)

Für $z \in D_T$ sei

$$(Tz)(x) := b + \int_a^x f(t, z(t))\, dt \qquad (x \in J)\,.$$

Es gelten

$$Tz \in C_1(J, \mathbb{R}^k) \subset C_0(J, \mathbb{R}^k) = \mathfrak{M}$$

und: *z ist genau dann Lösung der AWA, wenn es Fixpunkt von T ist.*

‚Sicherheitshalber' erinnern wir noch einmal an die schon in Abschnitt 3.1 ausgeführte Schlußweise: Hat man eine Lösung z der Anfangswertaufgabe, so gewinnt man

$$z(x) = b + \int_a^x f(t, z(t))\, dt \qquad (x \in J)$$

durch Integration. Umgekehrt zeigt Differentiation dieser Beziehung, daß z die Anfangswertaufgabe löst.

Wir zeigen (induktiv) für alle $n \in \mathbb{N}_0$, $x \in J$ und $z_1, z_2 \in D_{T^n}$:

$$\big|(T^n z_1)(x) - (T^n z_2)(x)\big| \le \delta(z_1, z_2)\, \frac{(L|x-a|)^n}{n!} \tag{2}$$

Für $n = 0$ ist dies klar. Für den Schluß von n auf $n+1$ hat man für $x \in J$ und $z_1, z_2 \in D_{T^{n+1}}$:

$$\begin{aligned}
&\big|(T^{n+1} z_1)(x) - (T^{n+1} z_2)(x)\big| = \big|T(T^n z_1)(x) - T(T^n z_2)(x)\big| \\
= \; & \left| \int_a^x \Big[f\big(t, (T^n z_1)(t)\big) - f\big(t, (T^n z_2)(t)\big)\Big]\, dt \right| \le \left| \int_a^x |[\ldots]|\, dt \right| \\
\overset{③}{\le} \; & L \left| \int_a^x \big|(T^n z_1)(t) - (T^n z_2)(t)\big|\, dt \right| \overset{(2)}{\le} L \left| \int_a^x \frac{\big(L|t-a|\big)^n}{n!}\, dt \right| \delta(z_1, z_2) \\
\le \; & \frac{(L|x-a|)^{n+1}}{(n+1)!}\, \delta(z_1, z_2)
\end{aligned}$$

Aus (2) folgt $\delta(T^n z_1, T^n z_2) \le \dfrac{(LA)^n}{n!}\, \delta(z_1, z_2)$, also $\|T^n\| \le \dfrac{(LA)^n}{n!}$ und somit

$$\sum_{n=0}^{\infty} \|T^n\| \le \exp(LA) \quad (< \infty)\,.$$

Aus ④, a) folgt $T(D_T) \subset D_T$; denn für $z \in D_T$ und $x \in J$ hat man

$$\Big| g(x) - \underbrace{\Big(b + \int_a^x f(t, z(t))\, dt \Big)}_{=(Tz)(x)} \Big| \overset{\checkmark}{\leq} |g(x) - b| + AM \overset{④, a)}{\leq} B\,, \text{ also } Tz \in D_T\,.$$

So folgt mit (1) — nach α), β) (mit $S = D_T$) von Seite 74 — die Voraussetzung (2) des Fixpunktsatzes.

Aus ④, b) folgt (hier ziehen wir im nicht-trivialen Fall $B < \infty$ — neben α) — die Überlegung γ) von Seite 74 mit $r := B$ und $x_0 := g$ zur Bestätigung von (2) des Fixpunktsatzes heran):

$$\delta(g, Tg) \sum_{n=0}^{\infty} \|T^n\| \overset{\text{s. o.}}{\leq} \delta(g, Tg) \exp(LA) \overset{④, b)}{\leq} B \qquad \square$$

Das aus dem Fixpunktsatz (mit diesem Beweis) resultierende Iterationsverfahren wird — wie bereits auf Seite 68 im Spezialfall erwähnt — meist als „PICARD-*Verfahren*“[8] oder „PICARD-*Iteration*“ zitiert. Einfache Spezialfälle des Existenz- und Eindeutigkeitssatzes sind oft nach ‚PICARD-LINDELÖF‘[9] benannt, obwohl hier sicher auch CAUCHY an vorderster Front zu nennen wäre (man vergleiche dazu die historischen Notizen zu Kapitel 1).

Ein paar ergänzende **Anmerkungen** — jeweils unter Angabe der zusätzlichen Voraussetzungen — sollen diesen zentralen Satz weiter ausloten:

(a) *Für $B = \infty$ sind ④, a) und ④, b) immer erfüllt.*

(b) *Die Voraussetzung (und Behauptung) bleiben bei Verkleinerung von J zu einem kompakten Intervall J_0 mit $a \in J_0$ gültig.* Dabei verkleinern sich (neben R) gegebenenfalls A, M und L.

(b') *Bei Einschränkung von J zu einem kompakten Intervall J_0 mit $a \in J_0$ gibt es somit keine andere Lösung.* Man hat also *„lokale Eindeutigkeit“*.

(c) *Ist B endlich, dann ist R kompakt und somit*
$$M = \max_{(x,y) \in R} |f(x, y)| < \infty\,.$$

(d) *Im Falle $g(x) = b$ $(x \in J)$ ist ④, a) äquivalent zu $AM \leq B$.* Dies ist durch Verkleinern von J immer erreichbar; denn im nicht-trivialen Fall $B < \infty$ ist nach (c) auch M endlich. Man hat also in diesem Falle stets *lokale Existenz und Eindeutigkeit.*

Kapitel 3

---

[8] Der französische Mathematiker CHARLES ÉMILE PICARD (1856–1941) hat neben seinen Beiträgen zur Theorie der gewöhnlichen Differentialgleichungen u. a. bedeutende Ergebnisse zur Funktionentheorie (Werteverteilung) und zu algebraischen Flächen erzielt.

[9] Der finnische Mathematiker ERNST LEONHARD LINDELÖF (1870–1946) gründete die finnische Schule der Analysis und Funktionentheorie. Daneben beschäftigte er sich auch mit Fragen der ‚Überdeckung‘ von Mengen.

(e) *Die Voraussetzungen bleiben erhalten (mit eventuell reduzierten Größen R, M und L), falls die linke Seite in ④, a) bzw. ④, b) als neues B gewählt wird.*

(f) Zur LIPSCHITZ-**Bedingung:**

Ist die Funktion f (in R) partiell nach y differenzierbar und gilt (mit einer zur vorgegebenen Norm auf dem $\mathbb{R}^k$,passenden' Matrixnorm[10] $|\ |$*) für ein $0 \le L < \infty$*

$$\big|\underbrace{f_y(x,y)}_{k\times k\text{-}Matrix}\big| \le L \qquad \text{für } (x,y) \in R,$$

dann gilt die Voraussetzung ③ aus dem Hauptsatz mit diesem L.

Hier zieht man die übliche ,Fehlerabschätzung' heran, die für *vektorwertige* Funktionen den schon im zweidimensionalen Fall nicht mehr gültigen Mittelwertsatz ,ersetzt' (man vergleiche dazu etwa [Heu2], 167.4). Die Beschränktheit der Matrix f_y bedeutet gerade die Beschränktheit aller partiellen Ableitungen (erster Ordnung). Ist $B < \infty$, also R kompakt, dann ist die Existenz eines solchen L gesichert, falls f_y stetig ist.

Kapitel 3

Wegen der besonderen Wichtigkeit wollen wir den Hauptsatz — für den Fall $g(x) = b$ $(x \in J)$ unter Beschränkung auf die Bedingung ④, *a)* — noch einmal ausführlich für ein reelles **Differentialgleichungssystem 1. Ordnung** notieren. Mit einem $k \in \mathbb{N}$ und zu gegebenen Funktionen $f_1, \ldots, f_k$ sind hier differenzierbare Funktionenen $y_1, \ldots, y_k$ auf einem Intervall J gesucht mit $y'_\kappa(x) = f_\kappa\big(x, y_1(x), \ldots, y_k(x)\big)$ für $x \in J$ und $\kappa = 1, \ldots, k$. Im $\mathbb{R}^k$ wählen wir dazu beispielhaft die Maximumsnorm.

Satz 3.3.2

Unter den Voraussetzungen und mit den Bezeichnungen

① $k \in \mathbb{N}$; *J kompaktes Intervall in $\mathbb{R}$*; $a \in J$;

$A := \max\limits_{x\in J} |x-a|\ (>0)$; $b = (b_\kappa) \in \mathbb{R}^k$; $0 < B \le \infty$;

$R := \big\{z = (z_0, \ldots, z_k) \in \mathbb{R}^{k+1} \colon z_0 \in J \ \wedge\ \max\limits_{\kappa=1}^{k} |z_\kappa - b_\kappa| \le B\big\}$

② $f_\kappa \colon R \longrightarrow \mathbb{R}$ *stetig,* $M_\kappa := \sup\limits_{z\in R} |f_\kappa(z)|$ $(\kappa = 1, \ldots, k)$

③ *Für* $\kappa = 1, \ldots, k$ *existiert jeweils* $0 \le L_\kappa < \infty$ *so, daß für alle* $(x, y_1, \ldots, y_k), (x, z_1, \ldots, z_k) \in R$

$\big|f_\kappa(x, y_1, \ldots, y_k) - f_\kappa(x, z_1, \ldots, z_k)\big| \le L_\kappa \max\limits_{\nu=1}^{k} |y_\nu - z_\nu|$ *gilt.*

④ $AM_\kappa \le B$ $(\kappa = 1, \ldots, k)$

[10] Sie erlaubt die Abschätzung $|Ax| \le |A|\,|x|$ für alle $x \in \mathbb{R}^k$. Die Abbildungsnorm ist gerade die kleinste passende Matrixnorm.

existieren eindeutig differenzierbare Funktionen $y_\kappa\colon J \longrightarrow \mathbb{R}$ *mit*

$$\boxed{\begin{array}{ll} y_\kappa(a) = b_\kappa, \quad |y_\kappa(x) - b_\kappa| \le B & \textit{und} \\ y'_\kappa(x) = f_\kappa\big(x, y_1(x), \ldots, y_k(x)\big) & (x \in J;\, \kappa = 1, \ldots, k) \end{array}}$$

Beweis: Mit $L := \max\limits_{\kappa=1}^{k} L_\kappa$, $M := \max\limits_{\kappa=1}^{k} M_\kappa$ und $f := (f_1, \ldots, f_k)^T$ kann dies unmittelbar aus dem Hauptsatz abgelesen werden. □

Auch **Explizite Differentialgleichungen k-ter Ordnung** lassen sich *als (explizite) Differentialgleichungen 1. Ordnung auffassen*:

$$\eta^{(k)}(x) = \varphi\big(x, \eta(x), \ldots, \eta^{(k-1)}(x)\big) \qquad \big(\mathfrak{D} \subset \mathbb{R}^{k+1},\ \varphi\colon \mathfrak{D} \longrightarrow \mathbb{R}\big) \tag{3}$$

Ist η eine Lösung von (3) auf einem Intervall J (insbesondere ist η dann k-mal differenzierbar), so kann mit

$$y_1 := \eta,\ y_2 := \eta',\ \ldots,\ y_k := \eta^{(k-1)}$$

umgeschrieben werden zu

$$\begin{pmatrix} y_1 \\ y_2 \\ \vdots \\ y_k \end{pmatrix}' = \begin{pmatrix} y_2 \\ \vdots \\ y_k \\ \varphi(x, y_1, \ldots, y_k) \end{pmatrix}.$$

Setzt man für $(x, y_1, \ldots, y_k) \in \mathfrak{D}$

$$\begin{pmatrix} f_1(x, y_1, \ldots, y_k) \\ f_2(x, y_1, \ldots, y_k) \\ \vdots \\ f_k(x, y_1, \ldots, y_k) \end{pmatrix} := f(x, y_1, \ldots, y_k) := \begin{pmatrix} y_2 \\ \vdots \\ y_k \\ \varphi(x, y_1, \ldots, y_k) \end{pmatrix},$$

so kann mit

$$y := \begin{pmatrix} y_1 \\ \vdots \\ y_k \end{pmatrix} \quad \text{einfach notiert werden:} \quad y' = f(x, y) \tag{4}$$

Ist umgekehrt $y =: \begin{pmatrix} y_1 \\ \vdots \\ y_k \end{pmatrix}$ eine Lösung von (4) auf einem Intervall J, dann ist $\eta := y_1$ eine Lösung von (3) auf J. Zunächst ist y_k differenzierbar, dann

Kapitel 3

zeigt $y'_{k-1} = y_k$, daß y_{k-1} zweimal differenzierbar ist. Schließlich ist $y_1 = \eta$ k-fach differenzierbar.

Zur Anwendung des obigen Satzes bemerken wir nur:

a) *Die Funktion φ ist genau dann stetig, wenn f stetig ist.*

b) *Für $\kappa = 1, \ldots, k-1$ sind hier $L_\kappa = 1$ und $M_\kappa = |b_{\kappa+1}| + B$ wählbar.*

c) *Die Anfangsbedingung* $y(a) = b = \begin{pmatrix} b_1 \\ \vdots \\ b_k \end{pmatrix}$ *bedeutet hier*

$$\eta(a) = b_1, \ldots, \eta^{(k-1)}(a) = b_k \,.$$

Explizite **Differentialgleichungssysteme höherer Ordnung** werden analog behandelt. Wir erläutern dies nur an folgendem Beispiel:

$$\begin{aligned} u'' &= \varphi(x, u, u', v, v', v'') \\ v''' &= \psi(x, u, u', v, v', v'') : \end{aligned}$$

$y_1 = u, \quad y_2 = u', \quad y_3 = v, \quad y_4 = v', \quad y_5 = v''$

$$\begin{aligned} y_1' &= y_2 \\ y_2' &= \varphi(x, y_1, \ldots, y_5) \\ y_3' &= y_4 \\ y_4' &= y_5 \\ y_5' &= \psi(x, y_1, \ldots, y_5) \end{aligned}$$

Die *Anfangsbedingung* bedeutet hier die Vorgabe von Werten für

$$u(a), u'(a), v(a), v'(a), v''(a) \,.$$

3.4 Fehlerabschätzungen und Abhängigkeitsüberlegungen

Im folgenden seien die Voraussetzungen ①, ②, ③ und ④, b) des Hauptsatzes gegeben.

Wir erinnern an die Anmerkungen auf Seite 77 f:

(b) *Die Voraussetzung (und Behauptung) bleiben bei Verkleinerung von J zu einem kompakten Intervall J_0 mit $a \in J_0$ gültig.* Dabei verkleinern sich (neben R) gegebenenfalls A, M und L.

(e) *Die Voraussetzungen bleiben erhalten (mit eventuell reduzierten Größen R, M und L), falls die linke Seite in ④, b) als neues B gewählt wird.*

Für $x \in J$ betrachten wir das kleinste a und x enthaltende kompakte Intervall[11] $[a, x]$ bzw. $[x, a]$. Dann ist $A = |x - a|$. Verkleinert man B zur

[11] Im folgenden wird dieses Intervall ‚immer' als $[a, x]$ notiert.

linken Seite von ④, b), so gilt für die Lösung y der Anfangswertaufgabe

$$\left|y(x) - g(x)\right| \leq \max_{t\in[a,x]} \left| g(t) - b - \int_a^t f(\tau, g(\tau))\, d\tau \right| \exp\left(L\,|x-a|\right). \quad (1)$$

Hier ist ein kleineres L für das Teilintervall $[a,x]$ möglich.

Falls die vorgegebene Funktion g die zur AWA äquivalente Integralgleichung näherungsweise erfüllt, gibt dies eine erste **Fehlerabschätzung**. Dies wird noch etwas deutlicher unter der zusätzlichen *Annahme*

$$g \in C_1(J, \mathbb{R}^k):$$

Mit den beiden ‚Defekten'

$$d_1(x) := g'(x) - f(x, g(x)) \quad (x \in J) \quad ^{12}$$
$$d_2 := g(a) - b$$

wird über

$$g(t) = g(a) + \int_a^t g'(\tau)\,d\tau = b + d_2 + \int_a^t f(\tau, g(\tau))\,d\tau + \int_a^t d_1(\tau)\,d\tau$$

die obige Abschätzung zur **Defektabschätzung:**

$$\left|y(x) - g(x)\right| \leq \max_{t\in[a,x]} \left| d_2 + \int_a^t d_1(\tau)\,d\tau \right| \exp\left(L\,|x-a|\right) \quad (2)$$

Wir fassen nun die Funktion g als *Lösung einer ‚benachbarten' AWA* auf.

Dazu betrachten wir

$$G := \{(x, g(x)) \colon x \in J\}.$$

Dies ist offenbar eine kompakte Teilmenge von R.

Mit den zusätzlichen **Annahmen**

$$f_1 \colon G \longrightarrow \mathbb{R}^k \text{ stetig}, \; a_1 \in J, \; b_1 \in \mathbb{R}^k,$$

$$\boxed{g'(x) = f_1(x, g(x)) \;\; (x \in J), \; g(a_1) = b_1}$$

und den **Bezeichnungen**

$$P := \max_{z\in G} |f(z)| \quad ^{13}$$
$$P_1 := \max_{z\in G} |f_1(z)|$$
$$Q := \max_{z\in G} |f(z) - f_1(z)|$$

gelten dann:

[12] Die Funktion d_1 ist natürlich stetig.

[13] Trivialerweise gilt $P \leq M$.

Kapitel 3

$$d_1(x) = f_1(x,g(x)) - f(x,g(x)) : \quad \max_{t\in[a,x]} \left| \int_a^t d_1(\tau)\,d\tau \right| \le Q\,|x-a|$$

$$d_2 = (b_1 - b) + (g(a) - g(a_1)) : \quad |d_2| \le |b_1 - b| + P_1|a - a_1|\,,$$

also:

$$\big|y(x) - g(x)\big| \;\le\; \Big[|b - b_1| \;+\; P_1\,|a - a_1| \;+\; Q\,|x-a|\Big]\exp\big(L\,|x-a|\big) \qquad (3)$$

Der Term $|b-b_1| + P_1\,|a-a_1|$ resultiert aus der Abweichung der Anfangswerte, der Ausdruck $Q\,|x-a|$ aus der Änderung der Differentialgleichung. Natürlich wird insbesondere bei der Abschätzung des Integrals über die Funktion d_1 durch $Q\,|x-a|$ möglicherweise viel ‚verschenkt'. Es ist im Einzelfall abzuwägen, ob mit eventuell hohem Aufwand durch (2) gut abgeschätzt werden soll oder die grobe — aber meist wesentlich leichter zu gewinnende — Abschätzung (3) genügt.

Offenbar gilt $P_1 \le P + Q \le M + Q$. Für Anwendungen genügt oft die gröbere Abschätzung mit $P+Q$ oder $M+Q$ statt mit P_1.

Zudem gilt $M \le P + LB$; denn für $(x,y) \in R$ kann

$$|f(x,y)| \le |f(x,g(x))| + |f(x,y) - f(x,g(x))| \le P + L\,|y - g(x)| \le P + LB$$

abgeschätzt werden.

3.5 Lösungen ‚im Großen'

Das Ziel dieses Abschnittes ist die Gewinnung und Untersuchung *maximaler Existenzintervalle.* Wir machen dazu die **Annahmen:**

Es seien $k \in \mathbb{N}$, $\mathfrak{G}$ ein Gebiet im $\mathbb{R}^{k+1}$ und $f\colon \mathfrak{G} \longrightarrow \mathbb{R}^k$ stetig;

$|\ |$ bezeichne eine beliebige (feste) Norm auf dem $\mathbb{R}^k$;

f ‚erfülle in $\mathfrak{G}$ eine *lokale* LIPSCHITZ-*Bedingung*', d. h.:

Zu $a \in \mathbb{R}$, $b \in \mathbb{R}^k$ mit $(a,b) \in \mathfrak{G}$ existieren jeweils $0 < A < \infty$, $0 < B < \infty$ und $0 \le L < \infty$ so, daß

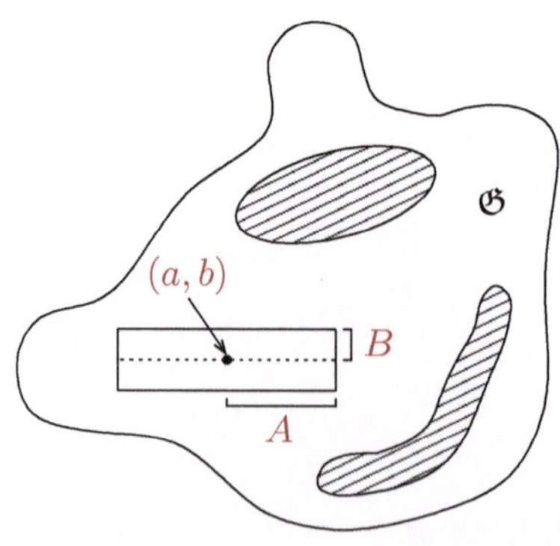

$R := R(a,b) := \{x \in \mathbb{R}\colon |x-a| \le A\} \times \{y \in \mathbb{R}^k\colon |y-b| \le B\}$ in $\mathfrak{G}$ liegt und $|f(x,y_1) - f(x,y_2)| \le L\,|y_1 - y_2|$ für alle $(x,y_1),(x,y_2) \in R$ gilt.

Lokal sind jeweils die Voraussetzungen des Hauptsatzes — mit $g(x) = b$ — erfüllt. Daher existiert *lokal eine eindeutige Lösung ‚der‘ AWA:*

Die einzelnen ‚Rechtecke‘ sind kompakt und f somit dort beschränkt. Die Forderung $AM \le B$ ist also durch Verkleinern von A lokal immer erreichbar.

Jetzt wollen wir aus dieser lokalen LIPSCHITZ-Bedingung eine *globale* gewinnen:

Bemerkung 3.5.1

Es seien J ein kompaktes Intervall und $g\colon J \longrightarrow \mathbb{R}^k$ eine stetige Abbildung mit $\{(x,g(x))\colon x \in J\} \subset \mathfrak{G}$. Dann existieren $0 < B < \infty$ und $0 \le L < \infty$ so, daß

$$R := \{(x,y) \in J \times \mathbb{R}^k\colon |y - g(x)| \le B\} \subset \mathfrak{G}$$

und für $(x,y_1),(x,y_2) \in R$

$$\big|f(x,y_1) - f(x,y_2)\big| \le L\,|y_1 - y_2| \qquad \textit{gelten.}$$

Der *Beweis* gelingt mit einem naheliegenden Kompaktheitsschluß:
Für $x \in J$ existieren jeweils A_x, B_x, L_x zum Punkt $(x,g(x))$ gemäß der lokalen Lipschitz-Bedingung mit

$$\big|g(t) - g(x)\big| \le \frac{1}{2}B_x \quad \text{für alle} \quad t \in [x - A_x, x + A_x] \cap J$$

(dazu A_x ‚notfalls‘ verkleinern). Da das Intervall J kompakt ist, existieren $n \in \mathbb{N}$ und $x_1,\ldots,x_n \in J$ so, daß

$$J \subset \bigcup_{\nu=1}^{n} \,]x_\nu - A_{x_\nu}, x_\nu + A_{x_\nu}[\ .$$

$B := \dfrac{1}{2}\min\limits_{\nu=1}^{n} B_{x_\nu}$, $L := \max\limits_{\nu=1}^{n} L_{x_\nu}$ leisten dann das Verlangte; denn zu jedem $x \in J$ existiert ein $\nu \in \{1,\ldots,n\}$ mit $x \in \,]x_\nu - A_{x_\nu}, x_\nu + A_{x_\nu}[$, also $\big|g(x) - g(x_\nu)\big| \le B_{x_\nu}/2$. Aus $|y - g(x)| \le B \le B_{x_\nu}/2$ für ein $y \in \mathbb{R}^k$ folgt $|y - g(x_\nu)| \le B_{x_\nu}$, somit $(x,y) \in \mathfrak{G}$. Für $(x,y_1),(x,y_2) \in R$ gilt $|y_1 - g(x)|, |y_2 - g(x)| \le B\ (< B_{x_\nu})$. Daher hat man:

$$\big|f(x,y_1) - f(x,y_2)\big| \le L_{x_\nu}|y_1 - y_2| \le L\,|y_1 - y_2| \qquad \square$$

Im folgenden Satz betrachten wir die Beziehung zwischen zwei Lösungen g und y *einer* Differentialgleichung zu *unterschiedlichen Anfangsbedingungen* $g(a_1) = b_1$ und $y(a) = b$.

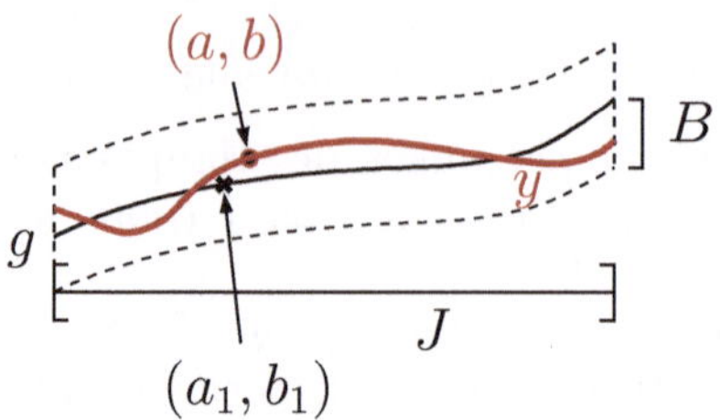

Satz 3.5.2 (über globale Abhängigkeit von Anfangswerten)

Es seien J ein kompaktes Intervall, $a_1 \in J$, $b_1 \in \mathbb{R}^k$ und $g\colon J \longrightarrow \mathbb{R}^k$ (stetig) differenzierbar mit $g'(x) = f(x, g(x))$ für $x \in J$ und $g(a_1) = b_1$.[14] *Dazu seien B, L gemäß obiger Bemerkung gewählt und $P := \max_{x \in J} \bigl|f(x, g(x))\bigr|$ gebildet. Für $a \in J$ und $b \in \mathbb{R}^k$ mit*

$$\bigl(|b - b_1| + P|a - a_1|\bigr) \exp\bigl(L \max_{x \in J} |x - a|\bigr) \leq B$$

existiert dann genau ein (stetig) differenzierbares $y\colon J \longrightarrow \mathbb{R}^k$ mit

$$y'(x) = f(x, y(x)) \text{ für } x \in J \text{ und } y(a) = b\,.$$

Für diese Lösung gilt genauer

$$|y(x) - g(x)| \leq \bigl(|b - b_1| + P|a - a_1|\bigr) \exp(L\,|x - a|) \text{ für } x \in J\,.$$

Zum *Beweis* der ersten Aussage ist nur noch ④, b) des Hauptsatzes nachzuweisen:

$$\begin{aligned} \Bigl|\, g(x) - b - \int_a^x f(t, g(t))\, dt \,\Bigr| &= \Bigl|\, b_1 + \int_{a_1}^x f(t, g(t))\, dt - b - \int_a^x f(t, g(t))\, dt \,\Bigr| \\ &\leq |b - b_1| + \Bigl|\, \int_{a_1}^a f(t, g(t))\, dt \,\Bigr| \\ &\leq |b - b_1| + P|a - a_1| \end{aligned}$$

Die zweite Aussage ist Spezialfall der Überlegungen in Abschnitt 3.4 (vgl. Seite 81 f) (mit $f = f_1$, also $Q = 0$). □

Maximale Existenzintervalle

Mit den bereitgestellten Hilfsmitteln können wir nun die Lösung mit maximalem Existenzintervall gewinnen. Dazu betrachten wir für feste $a \in \mathbb{R}$ und

[14] Speziell gilt also $(x, g(x)) \in \mathfrak{G}$ für $x \in J$. Dies werden wir künftig bei entsprechenden Gegebenheiten nicht mehr ausdrücklich erwähnen.

$b \in \mathbb{R}^k$ mit $(a,b) \in \mathfrak{G}$ die Menge $\mathfrak{L}$ aller a enthaltenden offenen Intervalle J, auf denen eine Lösung y der Anfangswertaufgabe

$$y'(x) = f(x, y(x)) \text{ für } x \in J \text{ mit } y(a) = b$$

existiert. Nach den vorangehenden Überlegungen (siehe Seite 83, oben) ist $\mathfrak{L}$ nicht-leer.

Sind $J_1, J_2 \in \mathfrak{L}$ mit zugehörigen Lösungen y_1, y_2, dann gilt

$$y_1(x) = y_2(x) \text{ für } x \in J_1 \cap J_2 . \tag{1}$$

(Speziell hat man so die Eindeutigkeit der Lösung auf jedem $J \in \mathfrak{L}$.)

Sonst wäre die Menge $\{x \in J_1 \cap J_2 : y_1(x) = y_2(x)\}$ nicht-leer (da sie den Punkt a enthält) und eine *echte* in $J_1 \cap J_2$ abgeschlossene Teilmenge von $J_1 \cap J_2$. Auf einen dann existierenden Randpunkt in $J_1 \cap J_2$ könnte die lokale Eindeutigkeitsaussage angewendet werden, was einen Widerspruch lieferte. Wir zeigen nun, daß die Menge

$$J_0 := \bigcup_{J \in \mathfrak{L}} J$$

zu $\mathfrak{L}$ gehört: Als Vereinigung offener Mengen ist J_0 offen. J_0 ist a enthaltendes Intervall; denn für jedes $x \in J_0$ existiert ein $J \in \mathfrak{L}$ mit $x \in J$. Da auch a in J liegt, gilt: $[a, x] \subset J \subset J_0$. Auf J_0 kann — unter Beachtung von (1) — eine Lösung y_0 eindeutig definiert werden durch $y_0(x) := y(x)$ für ein $J \in \mathfrak{L}$ mit $x \in J$ und zugehörigem y.

Wir fassen zusammen:

Satz 3.5.3

Es existieren eindeutig ein a enthaltendes offenes Intervall J_0 und eine (stetig) differenzierbare Funktion $y_0 \colon J_0 \longrightarrow \mathbb{R}^k$ mit

$$y_0(a) = b \text{ und } y_0'(x) = f(x, y_0(x)) \text{ für } x \in J_0$$

derart, daß für jedes a enthaltende offene Intervall J und jedes (stetig) differenzierbare $y \colon J \longrightarrow \mathbb{R}^k$ mit

$$y(a) = b \text{ und } y'(x) = f(x, y(x)) \text{ für } x \in J$$

gilt: $J \subset J_0$ und $y = y_0|_J$.

Abschließend soll für diese Lösung y_0 mit dem maximalen Existenzintervall J_0 noch etwas über das *Randverhalten* gesagt werden:

Kapitel 3

Zusatz:

Es sei $J_0 =]\alpha, \beta[$. *Ist dann* $\beta < \infty$ $\bigl($*bzw.* $\alpha > -\infty\bigr)$, *und hat man* $x_n \in J_0$ *mit* $x_n \longrightarrow \beta$ (*bzw.* $x_n \longrightarrow \alpha$) *sowie* $y_0(x_n) \longrightarrow c$ *für ein* $c \in \mathbb{R}^k$, *dann ist* (β, c) $\bigl($*bzw.* $(\alpha, c)\bigr)$ *ein Randpunkt von* $\mathfrak{G}$.

Man benutzt für diesen Sachverhalt auch die *Sprechweise: ‚Die maximale Lösung läuft in* $\mathfrak{G}$ *von Rand zu Rand'.*

Beweis: $\bigl(x_n, y_0(x_n)\bigr) \in \mathfrak{G} \implies (\beta, c) \in \overline{\mathfrak{G}}$, also *zu zeigen:* $(\beta, c) \notin \mathfrak{G}$:
Sonst existierte ein kompaktes Intervall J_1 mit β als innerem Punkt und eine Lösung y_1 auf J_1 mit $y_1(\beta) = c$; dazu könnten B, L und R gemäß der Bemerkung (3.5.1) (mit $g := y_1$) gebildet werden. Für hinreichend großes n — mit zu y_1 passendem P — hätte man

$$\bigl(|y_0(x_n) - c| + P|x_n - \beta|\bigr) \exp\bigl(L \max_{x \in J_1} |x - x_n|\bigr) \leq B\,,$$

und so existierte nach Satz 3.5.2 durch $(x_n, y_0(x_n))$ eine Lösung in ganz J_1. Das maximale Existenzintervall bezüglich $(x_n, y_0(x_n))$ ist J_0. Damit hätte man mit $(\beta \in)$ $\overset{\circ}{J_1} \subset J_0$ einen Widerspruch! □

3.6 Qualitative Beschreibung autonomer Systeme

Wir gehen nun auf die in Abschnitt 1.1 (zu Punkt 7)) vorab angesprochene Thematik ein: Für viele Differentialgleichungen gibt es keine geeigneten oder genügend einfachen analytischen Lösungsverfahren. Man ist dann auf *Näherungslösungen* durch numerische Methoden angewiesen. Diese betrachten wir aber in diesem Buch nur ganz am Rande. Oft ist man jedoch nicht unbedingt an einer genauen Lösung interessiert, sondern möchte wichtige charakteristische Eigenschaften geometrischer Art erhalten und das Lösungsverhalten nur *qualitativ* beschreiben können. Dabei untersucht man u. a. das *Langzeitverhalten* $(x \longrightarrow \infty)$, speziell Fragen der *Stabilität.*

Diese Betrachtungsweise — *Qualitative Theorie der Differentialgleichungen* — geht im Ursprung auf den herausragenden französischen Mathematiker und Physiker Henri Poincaré (1854–1912) zurück. Er ist geistiger Vater der heute meist unter dem Namen *Dynamische Systeme* — oft allerdings wesentlich abstrakter und mit Schwerpunktverschiebungen — bearbeiteten Themen.

Es sei wieder k eine natürliche Zahl, $\mathfrak{G}$ ein Gebiet im $\mathbb{R}^{k+1}$ und $h\colon \mathfrak{G} \longrightarrow \mathbb{R}^k$ eine stetige Abbildung. h erfülle in $\mathfrak{G}$ eine *lokale* Lipschitz*-Bedingung.*

Zu festen $a \in \mathbb{R}$ und $b \in \mathbb{R}^k$ mit $(a, b) \in \mathfrak{G}$ existiert dann nach Satz 3.5.3 genau eine maximale Lösung y der Anfangswertaufgabe

$$y' = h(x,y) \text{ mit } y(a) = b\,,$$

also ein maximales Intervall J mit $a \in J$ und eine differenzierbare Abbildung $y\colon J \longrightarrow \mathbb{R}^k$ mit

$$y'(x) = h(x,y(x)) \quad \text{für } x \in J \text{ und } y(a) = b\,.$$

Wir betrachten im folgenden nur den *autonomen Fall*, d. h.

$$h(x,y) = f(y) \quad \text{für } (x,y) \in \mathfrak{G}$$

mit einer geeigneten Abbildung f. Die rechte Seite der Differentialgleichung

$$y' = f(y) \tag{1}$$

hängt also nicht explizit von der Variablen x ab. Es sei dabei

$$f\colon \mathfrak{D} \longrightarrow \mathbb{R}^k$$

mit einem Gebiet $\mathfrak{D}$ im $\mathbb{R}^k$.

Das hat zur Folge, daß mit einer Lösung y auf einem Intervall $]\alpha,\beta[$ für jedes $\omega \in \mathbb{R}$ auch die durch $\widetilde{y}(x) := y(x+\omega)$ für $x \in\,]\alpha-\omega, \beta-\omega[$ definierte Funktion $\widetilde{y}$ die Differentialgleichung löst. Jede Lösung erzeugt also eine ganze Schar von Lösungen. Für viele Überlegungen können wir uns so auf $a = 0$ beschränken.

Die durch eine maximale Lösung y von (1) gegebene *Kurve* im $\mathbb{R}^k$ heißt eine *Phasenkurve, Bahnkurve* oder *Trajektorie.* Der natürliche Durchlaufungssinn auf J liefert für jede Phasenkurve eine *Orientierung.* Den Wertebereich von y, anders ausgedrückt den *Träger* der Phasenkurve, bezeichnet man als *Bahn.*

Wir merken noch an, daß die angegebenen Bezeichnungen in der Literatur nicht immer einheitlich verwendet werden. Oft wird insbesondere nicht sorgfältig zwischen Lösung, zugehöriger Kurve und Bahn unterschieden.

Meist wird (x,t) statt (y,x) notiert und der Kurvenparameter t dann als Zeit interpretiert. Dies machen wir nur bei einzelnen Beispielen zu konkreten Anwendungen.

Die Gesamtheit der Trajektorien heißt *Phasenportrait* oder *Phasenbild* zur gegebenen Differentialgleichung $y' = f(y)$. Natürlich wird man sich bei einer graphischen Darstellung mit einigen typischen Trajektorien begnügen.

Für solche autonomen Differentialgleichungen wird der Definitionsbereich $\mathfrak{D}$ von f auch als *Phasenraum,* speziell *Phasenebene*[15], bezeichnet; in diesem verlaufen alle Trajektorien.

[15] Der Begriff kommt aus der Physik, wo etwa eine Bewegung in Abhängigkeit von Position und Geschwindikeit dargestellt wird.

Aufgrund der gemachten Annahmen können zwei verschiedene Trajektorien nicht durch den gleichen Punkt laufen (sonst hätte man einen Widerspruch zur hier gegebenen eindeutigen Lösung der Anfangswertaufgabe), sie sind also disjunkt.

Ein $p \in \mathfrak{D}$ mit $f(p) = 0$ heißt *Gleichgewichtspunkt*, *Ruhepunkt* oder *stationärer Punkt*. Die zugehörige konstante Funktion, definiert durch $y(x) := p$ für $x \in \mathbb{R}$, ist offenbar eine (maximale) Lösung; sie wird als *Gleichgewichtslösung* oder *stationäre Lösung* bezeichnet.

Bei *graphischen Darstellungen* wird man sich naturgemäß auf die Fälle $k = 1, 2, 3$ beschränken. Für größere k kann man die Trajektorien nur noch verbal beschreiben. Im wichtigen Falle $k = 2$ wird eine Lösung $y = (y_1, y_2)^T$ auf recht verschiedene Weisen dargestellt: Man kann die Graphen der beiden Komponentenfunktionen wie üblich (getrennt oder in einem gemeinsamen Schaubild) zeichnen, die Situation dreidimensional darstellen oder aber als Kurve in der (y_1, y_2)-Ebene. Dies sei an einem einfachen Beispiel verdeutlicht:

(B1) Für jedes $a \in \mathbb{R}$ ist die Lösung der Anfangswertaufgabe $y' = \begin{pmatrix} 0 & 1 \\ -1 & 0 \end{pmatrix} y$ mit $y(a) = (0, 1)^T$ gegeben durch $y_1(x) := \sin(x - a)$, $y_2(x) := \cos(x - a)$ für $x \in \mathbb{R}$. Hieran wird deutlich, daß *verschiedene Lösungen* durchaus als Parameterdarstellungen der *gleichen Kurve* auftreten können. Das erste Bild zeigt die Graphen von y_1 und y_2 (für den Fall $a = 0$ und eingeschränkt auf das Intervall $[0, 2\pi]$) zusammen. Das zweite stellt die Abbildung $[0, 4\pi] \ni x \longmapsto (\sin(x), \cos(x))^T$ dreidimensional dar *(Schraubenlinie, Helix)*. Schließlich ist die entsprechende Kurve in der (y_1, y_2)-Ebene ein (im Uhrzeigersinn durchlaufener) Kreis.

Graphen von y_1 und y_2

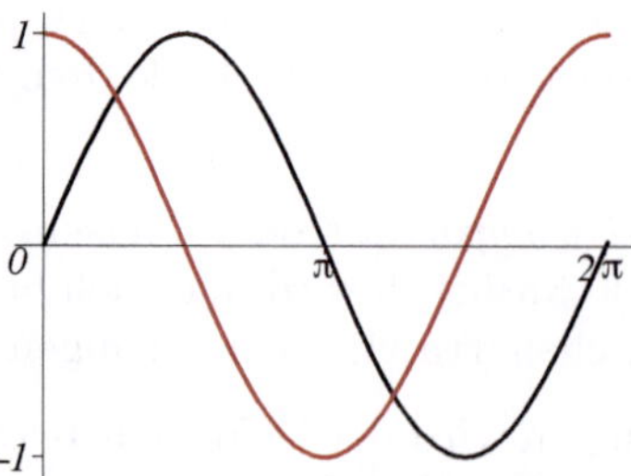

Helix

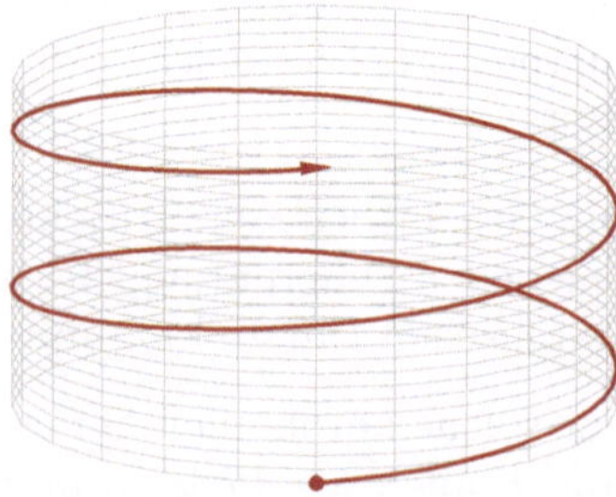

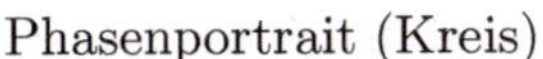

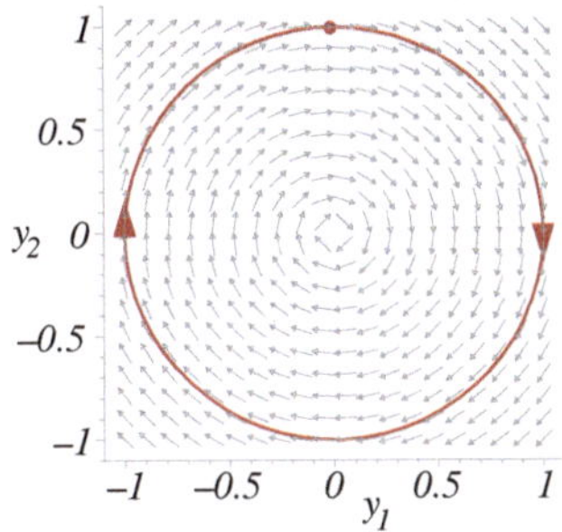

Wir sehen, daß die Kurve in der (y_1, y_2)-Ebene weniger Information enthält als die dreidimensionale Abbildung. Sie ist lediglich die Projektion auf die (y_1, y_2)-Ebene. Aber oft ist gerade eine Reduktion auf die wesentlichen Dinge hilfreich.

Ändert man die Anfangswertaufgabe ab zu

$$y' = y_1 \begin{pmatrix} 0 & 1 \\ -1 & 0 \end{pmatrix} y \quad \text{mit} \quad y(0) = \begin{pmatrix} 0 \\ 1 \end{pmatrix},$$

so sind nun offenbar genau alle Punkte auf der y_2-Achse stationäre Punkte. Der Durchlaufungssinn der Trajektorien, die wieder auf Kreisen verlaufen, ist jedoch anders als oben, je nach Vorzeichen von y_1.

Phasenportrait (der abgeänderten AWA)

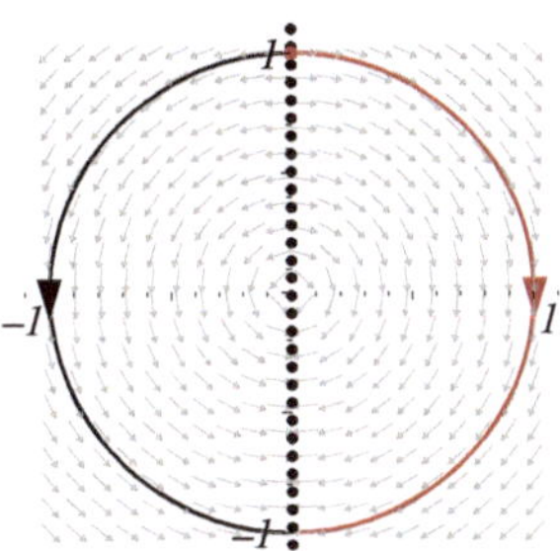

Ein stationärer Punkt p_0 oder auch die entsprechende stationäre Lösung y_0 heißen genau dann *„stabil"*, wenn es zu jedem $\varepsilon > 0$ ein $\delta > 0$ derart gibt, daß für jede maximale Lösung y aus $|y(0) - p_0| < \delta$ stets $|y(x) - p_0)| < \varepsilon$ für alle $x > 0$ folgt, insbesondere somit die Lösung für alle $x > 0$ existiert, sonst *„instabil"*. (Lösungen, die ‚nahe' genug beim Gleichgewichtspunkt ‚starten', bleiben auch ‚nahe' bei der zugehörigen konstanten Lösung.) Ein stationärer Punkt p_0 oder auch die entsprechende stationäre Lösung y_0 heißen genau dann *„asymptotisch stabil"*, wenn sie stabil sind und zudem gilt: Es existiert ein $\delta > 0$ derart, daß jede maximale Lösung y mit $|y(0) - p_0| < \delta$

$$y(x) \longrightarrow p_0 \quad \text{für } x \longrightarrow \infty$$

erfüllt. (Lösungen, die genügend ‚nahe' beim Gleichgewichtspunkt ‚starten', streben gegen diesen für $x \longrightarrow \infty$.)

Ein asymptotisch stabiler Gleichgewichtspunkt wird auch als *Attraktor* bezeichnet. Ein Beispiel für eine stabile Lösung, die nicht asymptotisch stabil ist, gibt Fall 3 a) aus Abschnitt 5.3. Die speziellen Überlegungen in Abschnitt 5.3 zeigen zudem, daß stationäre Punkte höchst unterschiedlicher Natur sein können. Ein (nicht-triviales) Beispiel dafür, daß dabei auf die Forderung der Stabilität bei der Definition von *asymptotisch stabil* nicht verzichtet werden kann, findet man etwa in [Ces] oder [Bi/Ro], Seite 122.

Ohne Beweis vermerken wir (man vergleiche dazu etwa [Lu_al]): Nur *drei Arten von Trajektorien* kommen bei einem autonomen System vor:

1. *Geschlossene Trajektorie als homöomorphes*[16] *Bild eines Kreises.*
2. *Offene Trajektorie als stetiges Bild eines offenen Intervalls.*
3. *Zu einem Punkt entartete Trajektorie.*

Wichtig ist, daß man in manchen Fällen Aussagen über die Trajektorien machen kann, ohne die Lösungen im einzelnen zu kennen.

Die beiden Standardbeispiele, die man für eine qualitative Beschreibung in sehr vielen Büchern über Differentialgleichungen dargestellt findet, sind das mathematische *Pendel* und das *Räuber-Beute-Modell.* Daß man sie ‚fast überall' findet, soll natürlich nicht bedeuten, daß wir hier deshalb darauf verzichten. Man muß diese beiden Beispiele einfach kennen:

(B2) Schwingungen eines ebenen ungedämpften Pendels

Eine punktförmige Masse m sei an einem masselos gedachten Stab (oder Faden) der Länge ℓ aufgehängt. Luftwiderstand und Reibung im Aufhängepunkt S werden bei den nachfolgenden Überlegungen vernachlässigt. (Da dies nur näherungsweise realisierbar ist, spricht man auch von einem *mathematischen Pendel.)* Der Stab sei so gelagert, daß die Masse eine Kreisbahn in der vertikalen Ebene frei beschreiben kann. Der Winkel zwischen der Senkrechten (Ruhelage) und dem Ausschlag zur Zeit t sei $\vartheta(t)$, die Ruhelage $\vartheta = 0$.

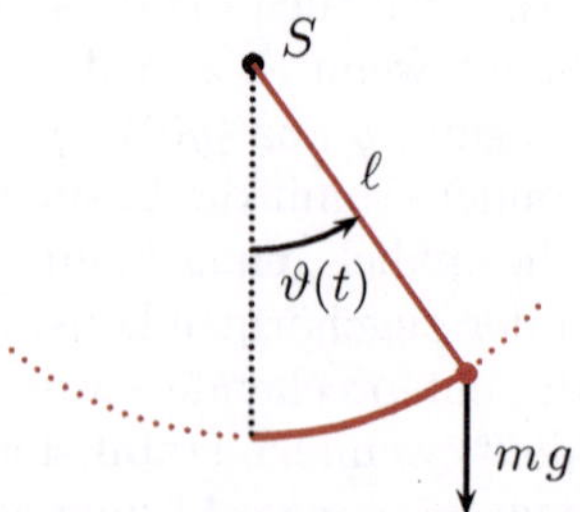

[16] Eine *homöomorphe Abbildung* ist eine stetige bijektive Abbildung, deren Inverse auch stetig ist.

Die Bewegungsgleichung des Massenpunkts lautet nach den NEWTON-Gesetzen (vgl. etwa [Me])

$$\vartheta'' + \frac{g}{\ell} \sin \vartheta = 0$$

mit der Gravitationskonstanten g; denn auf die Masse wirkt als tangentiale Komponente der Schwerkraft $-mg \sin \vartheta$. Zur Vereinfachung gehen wir — nach geeigneter Normierung — von $g/\ell = 1$ aus, betrachten also die Differentialgleichung

$$\vartheta'' + \sin \vartheta = 0 . \tag{2}$$

Diese ist nicht geschlossen lösbar. Für kleine Auslenkungen geht sie in die einfache Schwingungsgleichung

$$\vartheta'' + \vartheta = 0$$

über, deren Lösung ϑ etwa für $\vartheta(0) = 0$, $\vartheta'(0) = 1$ wir mit $\vartheta(t) = \sin t$ sofort angeben können. Wir kommen zu der ursprünglichen — ungleich schwierigeren — nicht-linearen Aufgabe zweiter Ordnung zurück. Wir schreiben sie zunächst als System in der Form $y' = f(y)$ durch:

$$y_1 := \vartheta,\; y_2 := \vartheta',\; y := \begin{pmatrix} y_1 \\ y_2 \end{pmatrix},\; f(y) := \begin{pmatrix} y_2 \\ -\sin y_1 \end{pmatrix}$$

f genügt einer globalen LIPSCHITZ-Bedingung. So ist die zugehörige Anfangswertaufgabe bei beliebigem Anfangswert eindeutig lösbar. Die *stationären Punkte* sind

$$\begin{pmatrix} n\pi \\ 0 \end{pmatrix} \quad \text{für} \quad n \in \mathbb{Z} .$$

In dem einen Fall befindet sich die Masse genau unter dem Aufhängepunkt (vertikal nach unten hängend, $\vartheta = 0$), im anderen oberhalb (vertikal nach oben stehend, $\vartheta = \pi$). Wir erwarten natürlich, daß die erste Lage stabil, die zweite instabil ist.

Für eine Lösung y gilt

$$y_2 y_2' = -y_1' \sin y_1$$

und so

$$y_2^2 = 2 \cos y_1 + C \quad \text{mit einem konstanten } C.$$

Man kann hier also die Trajektorien bestimmen, ohne die Lösungen zu kennen: Die Größe

$$E := \frac{1}{2} (y_2(t))^2 + \big(1 - \cos y_1(t)\big)$$

ist somit unabhängig von t. Sie beschreibt die Gesamtenergie (Summe aus kinetischer $\left(1/2\,(y_2(t))^2\right)$ und potentieller Energie $\left(1-\cos y_1(t)\right)$. Diese Konstanz drückt physikalisch gerade die *Energieerhaltung* aus.

Man nennt allgemein eine Funktion E ein *erstes Integral* des Systems $y' = f(y)$, wenn E auf den Trajektorien konstant ist. In unserem Beispiel ist also die Energie ein erstes Integral.

Die durch

$$V(y_1, y_2) := \frac{1}{2} y_2^2 + \left(1 - \cos y_1\right)$$

gegebene Abbildung V ist 2π-periodisch bezüglich y_1 und gerade bezüglich y_2. Für $0 \le E \le 2$ gilt $y_2 = 0$, falls $\cos y_1 = 1 - E$. Da $1 - E$ zu $[-1, 1]$ gehört, existiert eindeutig ein $\alpha \in [0, \pi]$ mit $\cos\alpha = 1 - E$. Für $n \in \mathbb{N}_0$ gibt $y_1 = \alpha + 2n\pi$ demnach $y_2 = 0$. Für $E = 0$ erhält man die stationären Punkte $(2n\pi, 0)^T$ für $n \in \mathbb{Z}$. $0 < E < 2$ liefert geschlossene Trajektorien, speziell $E = 1$

$$y_2^2 = 2\cos y_1\,.$$

Ihnen entsprechen Schwingungen mit einem Ausschlag kleiner als π. Für $E > 2$ ist $E - (1 - \cos y_1) > 0$. Somit existiert kein Punkt y_1, für den $y_2 = 0$ ist. Die Trajektorien verlaufen also stets oberhalb oder stets unterhalb der y_1-Achse. Es ergeben sich unbeschränkte Wellenlinien. Diese verlaufen von links nach rechts ($y_1(t) \to \infty$ für $t \to \infty$), falls $y_1'(t) = y_2(t) > 0$, und von rechts nach links, falls $y_1'(t) = y_2(t) < 0$. Die zugehörigen Lösungen beschreiben ständige Drehungen um den Aufhängepunkt. $E = 2$ liefert den Grenzfall. Die entsprechende Höhenlinie der Energiefunktion trennt die beiden Bereiche völlig unterschiedlichen Verhaltens und wird daher oft *Separatrix* genannt.

Potentielle Energie $(1 - \cos y_1)$ und Phasenportrait

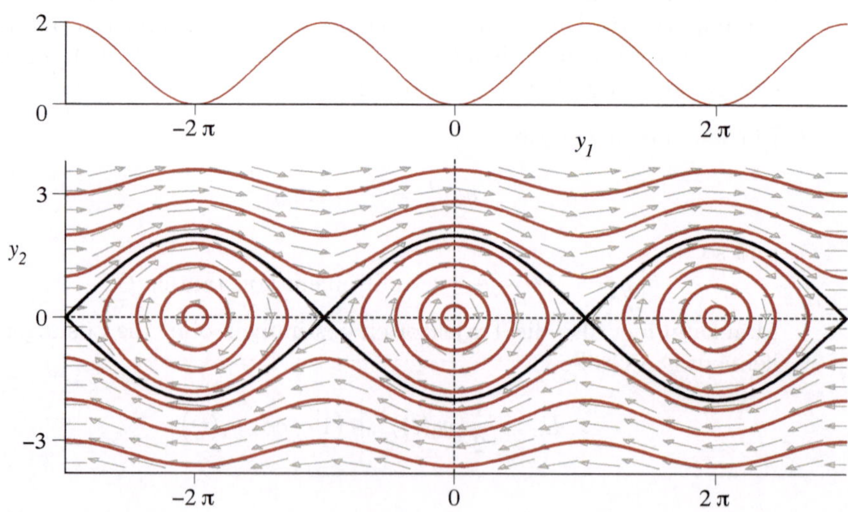

Die Berechnung der Schwingungsdauer führt auf ein *elliptisches Integral*. Wir führen das nicht mehr aus. Will man die Schwingungsdauer konstant haben, muß man ein *Zykloidenpendel* nehmen.

Wenn zwei isolierte Populationen (etwa auf einer Insel oder einem Kontinent) verschiedener Arten gegenseitig die zahlenmäßige Entwicklung beeinflussen, dann kann die Wirkung einer Art auf die andere positiv oder negativ sein. Den neutralen Einfluß lassen wir einmal außer Betracht. Wenn beide Arten aufeinander negativ wirken, spricht man von *Konkurrenz,* bei wechselseitig positivem Einfluß von *Kooperation* oder *Symbiose.* Ist eine Beziehung positiv für die eine und negativ für die andere Population, liegt eine *Räuber-Beute-Beziehung* oder *Parasitismus* vor. Wir betrachten im folgenden nur die *Räuber-Beute-Beziehung:*

Kapitel 3

(B3) Räuber-Beute-Modell

Es soll das Wachstum von zwei biologischen oder ökonomischen Populationen y_1 und y_2 betrachtet werden. Zum Beispiel ist an so unterschiedliche Gegebenheiten wie Hasen und Füchse, ‚kleine' Fische und Haie oder Blattläuse und Maikäfer zu denken. Natürlich kann man auch entsprechende ökonomische Situationen oder gar zwischenmenschliche Beziehungen betrachten. Wir sprechen im folgenden beispielhaft nur von Hasen und Füchsen. y_1 bezeichne die Anzahl der Beutetiere (Hasen), y_2 die Anzahl von Räubern (Füchsen). Die unabhängige Variable t beschreibe die Zeit (etwa in Jahren).[17] Obwohl der Ansatz recht einfach ist, wird doch eine große Klasse von Problemen zumindest ungefähr erfaßt.

Es werden die folgenden recht einfachen Annahmen gemacht: Bei Abwesenheit von Füchsen vermehren sich die Hasen proportional zum Istzustand:

$$y_1' = \alpha y_1, \text{ falls } y_2 = 0$$

Bei Abwesenheit von Hasen nehmen die Füchse proportional zum Istzustand ab:

$$y_2' = -\delta y_2, \text{ falls } y_1 = 0$$

Angenommen wird zudem, daß die Geburtenrate der Füchse proportional zum Bestand der Hasen ist. Auf der anderen Seite ist die Sterberate der Hasen von der Anzahl der Füchse abhängig. (Bekannterweise sind

[17] Für realistische Fragestellungen wäre ein *diskretes Modell* ($t \in \mathbb{N}_0$) gewiß passender, als $t \in [0, \infty[$ zu betrachten. Doch wir wollen hier ja ein Beispiel für Differentialgleichungen und nicht eins für *Differenzengleichungen* betrachten. Dazu müßten wir genauer eigentlich (differenzierbare) Funktionen heranziehen, die die diskreten Funktionen (mit nicht-negativen ganzen Zahlen als Werten) ‚interpolieren'.

viele Füchse der Hasen Tod.) Die Anzahl der Begegnungen ist proportional zum Produkt der beiden Istzustände $y_1 y_2$. Die Füchse gewinnen dabei jeweils, die Hasen verlieren. Das führt zu Termen $\gamma y_1 y_2$ und $-\beta y_1 y_2$ für die jeweiligen Änderungsraten. Insgesamt kommt man so zu den bekannten LOTKA-VOLTERRA-*Gleichungen*[18] oder *Räuber-Beute-Differentialgleichungen:*

$$\begin{aligned} y_1' &= y_1(\alpha - \beta y_2) \\ y_2' &= y_2(\gamma y_1 - \delta) \end{aligned}$$

mit positiven Konstanten $\alpha, \beta, \gamma, \delta$. Wir diskutieren hier nicht die vielfältigen Grenzen dieses einfachen Modells, wie etwa Nichtbeachtung von Sättigungseffekten („immer nur Hasen, nie Rebhühnchen"), Abhängigkeiten von Altersklassen, Umwelteinflüssen, Rückzugsgebieten, Epidemien.

Der Term $y_1\alpha$ beschreibt das Wachstum der Anzahl der Hasen bei Abwesenheit von Füchsen. (Realistisch ist das höchstens in einem gewissen Zeitintervall, da es — allein betrachtet — zu exponentiellem Wachstum führte.) Das negative Vorzeichen in der zweiten Gleichung beschreibt, daß die Fuchspopulation auf sich gestellt zum Aussterben verurteilt ist, während das positive Vorzeichen in der ersten Gleichung Ausdruck der Tatsache ist, daß für die Hasen stets genügend Ressourcen (etwa Kohl) vorhanden sind. Eine typische Frage ist die nach der Existenz periodischer Lösungen, die man aufgrund biologischer Überlegungen erwarten würde: Eine Vermehrung der Füchse bewirkt die Verringerung der Zahl der Hasen und damit die Minderung der Existenzgrundlage der Füchse. Eine Abnahme der Anzahl der Füchse ergibt weniger Feinde für die Hasen und damit deren Vermehrung, was langfristig wieder eine Zunahme der Füchse bewirkt.

Wir betrachten nun die LOTKA-VOLTERRA-Gleichungen allein vom mathematischen Standpunkt aus. Es handelt sich um ein nicht-lineares Differentialgleichungssystem. Bei gegebenen Anfangswerten $y_1(t_0)$ und $y_2(t_0)$ ist die Anfangswertaufgabe stets eindeutig lösbar, da eine LIPSCHITZ-Bedingung erfüllt ist. Im allgemeinen kann man sie aber nicht geschlossen lösen. Jedoch ergeben sich auch hier typische Fragen qualitativer Natur, zum Beispiel, ob es Gleichgewichtszustände gibt, in denen die Zahl der Füchse und der Hasen konstant bleibt. In diesem Fall müßte

$$y_1(\alpha - \beta y_2) = 0 \quad \text{und} \quad y_2(\gamma y_1 - \delta) = 0$$

[18] ALFRED JAMES LOTKA (1880–1949) hat wichtige Resultate in der Biomathematik erzielt. Bei den obigen Gleichungen betrachtete er Haie und Sardinen im Mittelmeer. Der italienische Mathematiker VITO VOLTERRA (1860–1940) ist auch durch seine Beiträge zur Funktionalanalysis, speziell zu Integralgleichungen, bekannt.

gelten. Die nicht-triviale Lösung dieses Gleichungssystems (Die Lösung $y_1 = y_2 = 0$ ist natürlich bei dieser Fragestellung nicht interessant; wir schließen sie im folgenden aus.) ist

$$y_{1,0} := \frac{\delta}{\gamma}\,, \quad y_{2,0} := \frac{\alpha}{\beta}\,.$$

Gilt $y_1'(t_0) = y_2'(t_0) = 0$ für eine Lösung $(y_1, y_2)^T$ zu einer festen Zeit $t_0 \in [0, \infty[$, so ist $y_1(t) = y_1(t_0) = y_{1,0}$, $y_2(t) = y_2(t_0) = y_{2,0}$ für alle $t \in [0, \infty[$. $(y_1, y_2)^T$ ist also die stationäre Lösung. Im anderen Fall ist somit für jedes $t_0 \in [0, \infty[$ mindestens einer der beiden Werte $y_1'(t_0)$ und $y_2'(t_0)$ von Null verschieden. Ist Œ $y_1'(t_0) \neq 0$, so gilt $y_1'(t) \neq 0$ in einer geeigneten Umgebung von t_0. So kann y_2 lokal in Abhängigkeit von y_1 dargestellt werden: Nach der Kettenregel ergibt sich für die Ableitung von y_2 nach y_1

$$y_2'(y_1) = \frac{\gamma y_1 - \delta}{y_1} \cdot \frac{y_2}{\alpha - \beta y_2}\,.$$

Etwa als Differentialgleichung mit getrennten Variablen aufgefaßt, führt die Methode aus Abschnitt 2.1 zu

$$\alpha \ln y_2 - \beta y_2 = \gamma y_1 - \delta \ln y_1 + C \tag{3}$$

mit einer geeigneten Konstanten C, die natürlich von der gegebenen Lösung abhängt. Anwendung der Exponentialfunktion liefert

$$\frac{y_2^{\alpha}}{e^{\beta y_2}} \frac{y_1^{\delta}}{e^{\gamma y_1}} = \exp(C) =: K\,. \tag{4}$$

Da es sich um Anzahlen handelt, ist hier für ein Phasenportrait nur der erste Quadrant $Q := [0, \infty[^2$ interessant:

Phasenportrait und Graphen von y_1 (rot) und y_2 (schwarz)

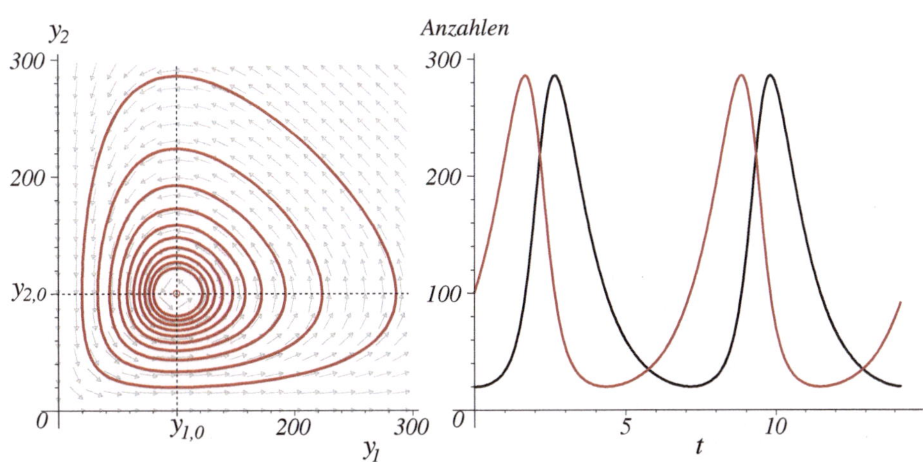

Grob kann man den Verlauf wie folgt beschreiben: Ausgehend von relativ kleinen Zahlen y_1 und y_2, wächst zunächst die Anzahl y_1 der Hasen stärker, da wenige Füchse vorhanden sind. Später wächst dann deren Anzahl, da sie reiche Beute haben. Durch die so gegebenen häufigeren Begegnungen verringert sich die Anzahl der Hasen. Zeitversetzt verringert sich dann auch die Anzahl der Füchse, da der Beutevorrat reduziert ist. Das System kehrt wieder zum Ausgangszustand zurück.

Zur Präzisierung dieser Plausibilitätsüberlegung betrachten wir nach (4) zweckmäßig die durch

$$\varphi(y_1) := \frac{y_1^\delta}{e^{\gamma y_1}} \quad \text{und} \quad \psi(y_2) := \frac{y_2^\alpha}{e^{\beta y_2}} \quad \text{für } y_1, y_2 > 0$$

gegebenen Funktionen φ und ψ.

Natürlich kann man entsprechend auch von (3) ausgehen und die Summe der durch $-\gamma y_1 + \delta \ln y_1$ und $-\beta y_2 + \alpha \ln y_2$ gegebenen Funktionen betrachten. Dies findet man etwa in [Wal] ausgeführt. Wir haben das hier beschriebene Vorgehen gewählt, weil es schon von VOLTERRA selbst 1931 (vgl. [Volt]) so gemacht wurde.

Differentiation zeigt: φ ist streng isoton in $]0, y_{1,0}]$ und streng antiton in $[y_{1,0}, \infty[$. Zudem gilt $\varphi(y_1) \to 0$ jeweils für $y_1 \to \infty$ und für $y_1 \to 0$. Das Maximum von φ wird somit allein an der Stelle $y_{1,0}$ angenommen; sein Wert sei M. Ensprechend ist ψ streng isoton in $]0, y_{2,0}]$ und streng antiton in $[y_{2,0}, \infty[$ mit $\psi(y_2) \to 0$ jeweils für $y_2 \to \infty$ und für $y_2 \to 0$. Das Maximum von ψ wird allein an der Stelle $y_{2,0}$ mit Wert N angenommen. Für jeden von $(y_{1,0}, y_{2,0})^T$ verschiedenen Punkt $(y_1, y_2)^T$ aus Q gilt somit

$$\varphi(y_1) \cdot \psi(y_2) < \varphi(y_{1,0}) \cdot \psi(y_{2,0}) = MN .$$

Für ein $K > MN$ existiert also nach (4) *keine* Lösung. Für $K = MN$ ist nur die *stationäre Lösung* möglich. Im Falle $K < MN$ existiert ein $\lambda \in]0, M[$ mit $K = \lambda N$. Der oben beschriebene Verlauf von φ zeigt die Existenz von genau zwei Werten $y_{1,\ell}$ und $y_{1,r}$ mit

$$0 < y_{1,\ell} < y_{1,0} < y_{1,r} < \infty \quad \text{und} \quad \varphi(y_{1,\ell}) = \lambda = \varphi(y_{1,r}).$$

Für Argumente y_1 zwischen $y_{1,\ell}$ und $y_{1,r}$ sind die Werte $\varphi(y_1)$ größer als λ, links von $y_{1,\ell}$ und rechts von $y_{1,r}$ jeweils kleiner. Die Beziehung (4) $\varphi(y_1)\psi(y_2) = K = \lambda N$ impliziert $\varphi(y_1) \geq \lambda$, was genau im Intervall $[y_{1,\ell}, y_{1,r}]$ gilt. Für $\lambda = \varphi(y_1)$ ($y_1 = y_{1,\ell}$ oder $y_1 = y_{1,r}$) ist (4) genau für $y_2 = y_{2,0}$ erfüllt. Für $\lambda < \varphi(y_1)$ ($y_{1,\ell} < y_1 < y_{1,r}$) gibt es zwei passende Werte $y_{2,u} = y_{2,u}(y_1)$ und $y_{2,o} = y_{2,o}(y_1)$ mit $y_{2,u} < y_{2,0} < y_{2,o}$. Die so auf $[y_{1,\ell}, y_{1,r}]$ definierten Funktionen $y_{2,u}$ und $y_{2,o}$ erfüllen $y_{2,u}(y_1) \to y_{2,0}$ und $y_{2,o}(y_1) \to y_{2,0}$ für $y_1 \to y_{1,\ell}$ und für $y_1 \to y_{1,r}$. Damit wissen wir nun insgesamt, daß jede nicht-triviale Trajektorie eine geschlossene Kurve in Q ist, die den stationären Punkt $(y_{1,0}, y_{2,0})^T$ (im mathematisch positiven Sinne) umläuft. Die Lösungen sind somit periodisch.

Wir zeigen ergänzend noch, daß die *zeitlichen Mittelwerte über eine Periodenlänge* T der Anzahlen von Hasen und Füchsen gerade durch $y_{1,0}$ und $y_{2,0}$ gegeben sind.

Beweis: $$\int_0^T (\alpha - \beta y_2(t))\,dt = \int_0^T \frac{y_1'(t)}{y_1(t)}\,dt = \ln y_1(T) - \ln y_1(T) = 0$$

zeigt $$\frac{1}{T}\int_0^T y_2(t)\,dt = \frac{\alpha}{\beta} = y_{2,0}\,.$$

In gleicher Weise argumentiert man für dem Mittelwert von y_1. □

Fluß zu einer gegebenen Differentialgleichung

Wir bezeichnen für $p \in \mathfrak{D}$ mit $J(p)$ das Existenzintervall der maximalen Lösung $y =: y_p$ von (1), die $y(0) = p$ erfüllt. Für $x \in J(p)$ notieren wir damit auch

$$\Phi(x,p) := y_p(x)\,.$$

Die Schar der Abbildungen Φ_x, definiert durch

$$\Phi_x(p) := \Phi(x,p)\,,$$

heißt *Fluß der Differentialgleichung (1)* oder *von (1) erzeugter Fluß*. Manchmal spricht man auch von dem *Fluß des Vektorfeldes* f.

Für festes $p \in \mathfrak{D}$ liefert also

$$\Phi(\cdot,p)\colon J(p) \longrightarrow \mathfrak{D}$$

gerade die (maximale) Lösung von (1) ‚durch‘ p, d. h. $y(0) = p$.

Betrachtet man hingegen den Punkt p als variabel in einer Teilmenge T von $\mathfrak{D}$, so kann der Fluß der Differentialgleichung (1) $\Phi_x\colon T \longrightarrow \mathfrak{D}$ dazu dienen, die ‚Bewegung‘ aller Punkte aus T zu beschreiben. Man benutzt dann — von physikalischen Beispielen, speziell aus der klassischen Mechanik, herkommend — Sprechweisen wie: Befindet sich das System zur Zeit 0 im Zustand p, so liefert die Lösung der AWA $y' = f(y)$ mit $y(0) = p$ durch $y(x)$ den Zustand, in dem es sich nach einer Zeit x befindet. (Meistens wird dann bei dieser Interpretation, wie schon erwähnt, t statt x geschrieben.)

Es gelten für $p \in \mathfrak{D}$ und $u, v \in \mathbb{R}$ die **Eigenschaften:**

α) $\Phi_0(p) = p$

β) $\Phi_u(\Phi_v(p)) = \Phi_{u+v}(p)$

Natürlich muß β) genauer wie folgt gelesen werden: Für $v \in J(p)$ mit $u \in J(\Phi_v(p))$ liegt $u+v$ in $J(p)$ mit $\Phi_u(\Phi_v(p)) = \Phi_{u+v}(p)$.

Beweis: α) ist unmittelbar aus der Definition von Φ abzulesen. β) ‚sieht' man oder rechnet wie folgt: Für y_p gilt $y_p(u+v) = \Phi(u+v,p) = \Phi_{u+v}(p)$. Für $q := \Phi_v(p)$ hat man entsprechend $y_q(u) = \Phi_u(q) = \Phi_u(\Phi_v(p))$ mit $y_q(0) = q = \Phi_v(p) = y_p(v)$. Die durch $z(x) := y_p(x+v)$ definierte Lösung z erfüllt somit $z(0) = y_p(v) = y_q(0)$, stimmt also insgesamt mit y_q überein. Daher gilt $\Phi_u(\Phi_v(p)) = y_q(u) = z(u) = y_p(u+v) = \Phi_{u+v}(p)$. □

Die Abstraktion dieser Eigenschaften führt zum Begriff eines *Dynamischen Systems*, auf den wir aber nicht losgelöst von Differentialgleichungen eingehen. Es sei dazu etwa auf die umfassende Darstellung in [Per] hingewiesen.

3.7 Modifikation des Hauptsatzes für Funktionen mit Werten im $\mathbb{C}^k$

Es seien k, J, a, A und B wie bisher. Statt $\mathbb{R}^k$ betrachten wir nun jeweils den $\mathbb{C}^k$, also:

$$\begin{aligned} &g \in C_0(J, \mathbb{C}^k), \\ &R \subset \mathbb{R} \times \mathbb{C}^k,\ b \in \mathbb{C}^k, \\ &f\colon R \longrightarrow \mathbb{C}^k, \\ &|\ |\ \text{eine beliebige Norm auf dem } \mathbb{C}^k. \end{aligned}$$

Alles kann für diese Gegebenheiten analog bewiesen werden. Das wird man natürlich nicht gesondert ausführen, sondern vorne die Dinge dann gleichzeitig für $\mathbb{K} \in \{\mathbb{R}, \mathbb{C}\}$ im $\mathbb{K}^k$ machen oder aber mit $\mathbb{C}^k \simeq \mathbb{R}^{2k}$ in die gemachten Überlegungen einordnen. Die Ausdehnung auf $\mathbb{C}^k$-wertige Funktionen ist also völlig unproblematisch.

Wir hatten zudem ja schon in Abschnitt 3.1 darauf hingewiesen, daß diese Überlegungen durchgehend ganz einfach auch auf BANACH-Raum-wertige Funktionen ausgedehnt werden können.

Historische Notizen

Stefan BANACH (1892–1945)

Polnischer Mathematiker, geb. 30.3.1892 in Krakau, gest. 31.8.1945 in Lwów, war weitgehend Autodidakt. Er wurde 1916 von STEINHAUS entdeckt, war als Lehrer sehr erfolgreich und gründete die polnische Mathematikerschule, die die Entwicklung der Funktionalanalysis und auch der mengentheoretischen Topologie entscheidend geprägt hat. Seine Hauptleistung war der Aufbau einer Theorie der linearen Operatoren in vollständigen normierten Vektorräumen, die später nach ihm benannt wurden. Sein Fixpunktsatz für Kontraktionen ist ein besonderer Glücksfall: Einfach zu beweisen mit breitem Anwendungsspektrum, liefert er Existenz und Eindeutigkeit und ein konstruktives Verfahren zur Gewinnung der Lösung mit brauchbarer Fehlerabschätzung!

MWS zu Kapitel 3

Existenz- und Eindeutigkeitssatz

Wichtige MAPLE-Befehle dieses Kapitels:

DEtools-Paket: convertsys, DEplot3d, Option „scene“ zu DEplot und DEplot3d
LinearAlgebra-Paket: Vector, Norm
VectorCalculus[Jacobian], linalg[jacobian]

3.1 Einleitung

Beispiel 1: PICARD-*Iteration bei einer skalaren DGL*

```
> restart: with(plots):
  f := (x,y) -> 2*x*(1+y):
  Dgl := diff(y(x),x) = f(x,y(x));
  a, b := 0, 0:
  AnfBed := y(a) = b;
```

$$Dgl := y' = 2\,x\,(1+y)\,, \quad AnfBed := y(0) = 0$$

```
> dsolve({Dgl,AnfBed},y(x));
```

$$y = -1 + e^{x^2}$$

Die vorgegebene AWA hat also die (eindeutige) Lösung $y(x) = -1 + e^{x^2}$. Diese wollen wir nun mittels PICARD-Iteration approximieren:

$$y_0 := 0\,,\ y_{n+1}(x) := \int_0^x 2\,t\,(1 + y_n(t))\,dt$$

```
> T := y -> unapply(b+int(f(t,y(t)),t=a..x),x):
  y := proc(n)
    global f,a,b;
    option remember;
    if n=0 then b else T(y(n-1)) end if
  end proc:
```

Wir berechnen die vier ersten Folgenglieder:

```
> seq(y(n)(x),n=1..4);
```

$$x^2,\ \frac{1}{2}x^4+x^2,\ \frac{1}{6}x^6+\frac{1}{2}x^4+x^2,\ \frac{1}{24}x^8+\frac{1}{6}x^6+\frac{1}{2}x^4+x^2$$

Mittels vollständiger Induktion läßt sich leicht zeigen:

$$y_n(x) = \sum_{k=1}^{n} \frac{x^{2k}}{k!}$$

Eindrucksvoller ist die Veranschaulichung der PICARD-Iteration mittels einer Animation:

```
> Animation := seq(plot([-1+exp(x^2),y(n)(x)],x=0..2,
    color=[black,red],linestyle=[3,1],view=[0..2,0..8],
    title=cat(n,". Picard-Iteration")),n=1..6):
  display(Animation,tickmarks=[5,5],insequence=true);
```

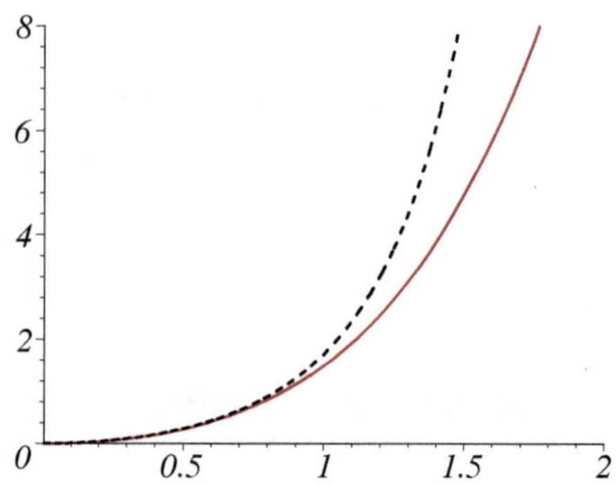

Wir erinnern hier noch einmal daran, daß die Schnelligkeit des Ablaufes bei einer Animation gesteuert werden kann und auch Einzelschritte möglich sind.

Beispiel 2: PICARD-*Iteration für Systeme 1. Ordnung*

Wir begegnen hier den wohlbekannten trigonometrischen Funktionen cos und sin, allerdings unter einem neuen Blickwinkel:

```
> restart: with(LinearAlgebra): with(plots): with(DEtools):
  f := (x,s,c) -> Vector([c,-s]):
  a, b := 0, Vector([0,1]):
  Sys := diff(y[1](x),x) = f(x,y[1](x),y[2](x))[1],
         diff(y[2](x),x) = f(x,y[1](x),y[2](x))[2];
  AnfBed := y[1](a) = b[1], y[2](a) = b[2];
```

$$Sys := y_1' = y_2,\ y_2' = -y_1\,, \quad AnfBed = y_1(0) = 0,\ y_2(0) = 1$$

Hierbei entsprechen y_1 dem Sinus und y_2 dem Cosinus.

Ähnlich wie in Kapitel 2 soll das vorliegende DGL-System mit Hilfe des Befehls odeadvisor klassifiziert werden, um daraus Rückschlüsse auf die Lösungsstrategie ziehen zu können:

```
> odeadvisor(Sys);
```

Error, (in ODEtools/info) found wrong extra argument: diff(y[2](x),x) = -y[1](x)

Wir lernen daraus, daß dieser Befehl auf DGL-Systeme *nicht* anwendbar ist. Der universelle Befehl dsolve hingegen kann auch für Systeme verwendet werden:

```
> dsolve({Sys,AnfBed},{y[1](x),y[2](x)});
  odetest(%,{Sys}), eval(%,x=0);
```

$$\{y_1 = \sin(x),\ y_2 = \cos(x)\}\,, \quad \{0\},\ \{y_1(0) = 0,\ y_2(0) = 1\}$$

Maple findet also direkt die erwartete Lösung. Wir wollen auch diese mittels PICARD-Iteration approximieren:

```
> T := y -> unapply(b+map(int,f(t,y(t)[1],y(t)[2]),t=a..x),x):
  y0 := unapply(b,x):
  y := proc(n)
    global f,a,b;
    option remember;
    if n=0 then y0 else T(y(n-1)) end if
  end proc:
  seq(y(n)(x),n=1..5);
```

$$\begin{bmatrix} x \\ 1 \end{bmatrix}, \begin{bmatrix} x \\ 1 - \frac{x^2}{2} \end{bmatrix}, \begin{bmatrix} x - \frac{1}{6}x^3 \\ 1 - \frac{x^2}{2} \end{bmatrix}, \begin{bmatrix} x - \frac{1}{6}x^3 \\ 1 - \frac{1}{2}x^2 + \frac{1}{24}x^4 \end{bmatrix}, \begin{bmatrix} x - \frac{1}{6}x^3 + \frac{1}{120}x^5 \\ 1 - \frac{1}{2}x^2 + \frac{1}{24}x^4 \end{bmatrix}$$

Eine Animation veranschaulicht wieder die Konvergenz der PICARD-Iteration:

```
> Animation := seq(display(
    plot(y(n)(x),x=0..Pi,color=[red,black],thickness=3),
    plot([cos(x),sin(x)],x=0..Pi,color=[black,red],linestyle=3),
    view=[0..Pi,-1..1],title=cat(n,". Picard-Iteration")),n=1..10):
  display(Animation,tickmarks=[spacing(Pi/2),[-1,0,1]],
    insequence=true);
  unassign(y):
```

4. PICARD-Iteration

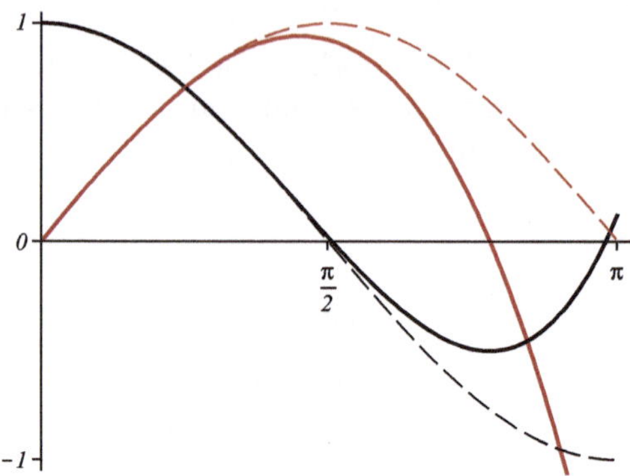

Graphische Lösung von Beispiel 2:

Bei Beispiel 2 handelt es sich um ein *autonomes System*, d. h. die unabhängige Variable x tritt darin nicht explizit auf. DGL-Systeme dieser Art lassen sich durch ihr Richtungsfeld veranschaulichen. Bei Vorgabe von Anfangsbedingungen kann man in dieses Richtungsfeld Lösungskurven einzeichnen. Die so entstehende Graphik, deren Realisierung wir mit dem Maple-Befehl DEplot demonstrieren, wird auch als *Phasenportrait* bezeichnet:

```
> DEplot({Sys},[y[1](x),y[2](x)],x=0..2*Pi,[[AnfBed]],
    y[1]=-1..1,y[2]=-1..1,arrows=medium,color=black,
    linecolor=red,stepsize=0.1,axes=frame,
    scaling=constrained,title="Phasenportrait");
```

Phasenportrait

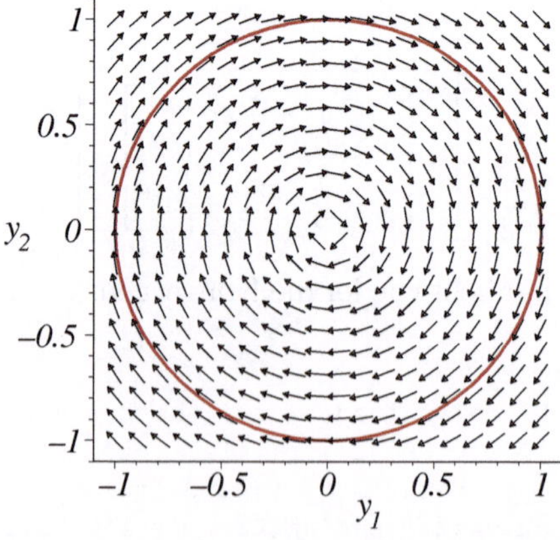

Durch leichte Modifikation kann man auch die Komponentenfunktionen einzeln oder gemeinsam darstellen. Hierzu muß man mit der Option scene spezifizieren, wie die Graphik zu zeichnen ist. Voreingestellt ist (für das Phasenportrait) scene = [y[1],y[2]] , d. h. es wird y_1 (horizontal) gegen y_2 (vertikal) gezeichnet, wobei x implizit ist. scene = [x,y[1]] zeichnet x (horizontal) explizit gegen y_1 (vertikal). Analoges gilt im Falle scene = [x,y[2]] .

```
> DEplot({Sys},[y[1](x),y[2](x)],x=0..2*Pi,[[AnfBed]],
    y[1]=-1..1,y[2]=-1..1,arrows=medium,color=black,
    linecolor=red,stepsize=0.1,scene=[x,y[1]]):
  DEplot({Sys},[y[1](x),y[2](x)],x=0..2*Pi,[[AnfBed]],
    y[1]=-1..1,y[2]=-1..1,arrows=medium,color=black,
    linecolor=black,stepsize=0.1,scene=[x,y[2]]):
  display(%,%%,tickmarks=[spacing(Pi),[-1,0,1]],
    labels=[" "," "],title="Komponentenfunktionen");
```

Komponentenfunktionen

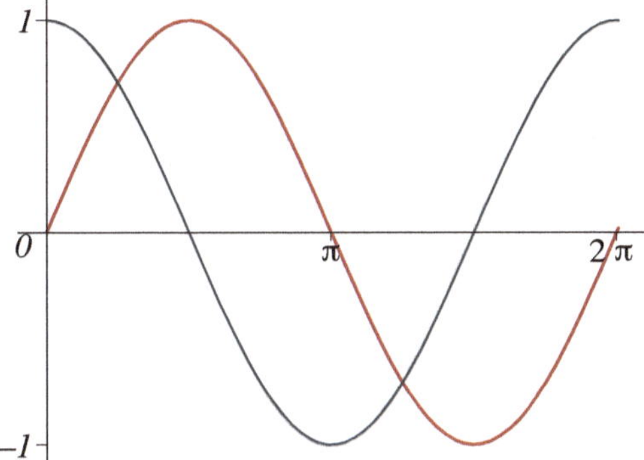

Für größere DGL-Systeme steht der zu DEplot analoge Befehl DEplot3d zur Verfügung.

3.2 Fixpunktsatz für verallgemeinerte Kontraktionen

Das Iterationsverfahren kann im eindimensionalen Fall leicht veranschaulicht werden. Hier sei $T\colon \mathbb{R} \longrightarrow \mathbb{R}$ durch $T(x) := x^2$ definiert. Diese Abbildung hat offensichtlich die Fixpunkte 0 und 1.

```
> restart: with(plots):
  T := x -> x^2;
```

$$T := x \longrightarrow x^2$$

```
> Fixpunkte = {solve(T(z)=z)};
```

$$Fixpunkte = \{0, 1\}$$

Man erkennt an der folgenden Graphik, daß die Fixpunktiteration zu einem Startwert $x_0 \in [0, 1[$ eine gegen den *anziehenden Fixpunkt* 0 konvergente Folge liefert. Für $x_0 > 1$ divergiert die Folge. 1 ist ein *abstoßender Fixpunkt.*

```
pfeil := proc(Arg,delta,Farbe)
  local d,s,u,v,alpha;
  d := Arg[2]-Arg[1];
  s := [d[2],-d[1]];
  alpha := delta/linalg[norm](d,2);
  u := Arg[1]+(1-alpha)*d+alpha*s;
  v := Arg[1]+(1-alpha)*d-alpha*s;
  plottools[polygon]([Arg[2],u,v],color=Farbe,style=patchnogrid)
end proc:
makeLines := proc(f,x,Farbe)
  display(plot([[x,x],[x,f(x)],[f(x),f(x)]],color=Farbe),
    plot([[x,0],[x,min(x,f(x))]],linestyle=3,color=Farbe),
    pfeil([[x,f(x)],[f(x),f(x)]],0.06,Farbe))
end proc:
x01 := 0.9: L1 := [seq((T@@k)(x01),k=0..5)]:
x02 := 1.1: L2 := [seq((T@@k)(x02),k=0..3)]:
TICKS := tickmarks=[[0,1],[$0..5]]:
display(seq(makeLines(T,x,red),x=L1),seq(makeLines(T,x,black),x=L2),
  plot([T(x),x],x=0..2.2,color=[black,gray],thickness=3),
  view=[0..2.2,0..5],TICKS);
```

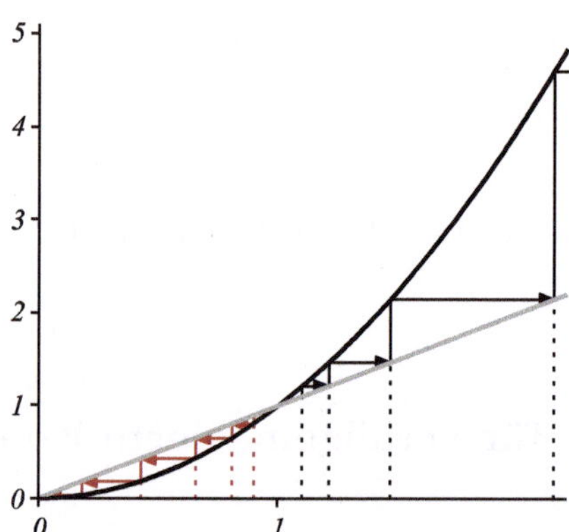

3.3 Existenz- und Eindeutigkeitssatz

Beispiel 3 a:

Wir bestimmen zu der Abbildung $f\colon (x, y) \longmapsto x^2 + y^2$ für $(x, y) \in \mathbb{R}^2$ und $a := 0$, $b := 0$ Konstanten A, B und L so, daß hiermit sowie mit dem Intervall $J := [-A, A]$ und $g(x) := b$ die Voraussetzungen des Hauptsatzes erfüllt sind. Dabei wollen wir A, also das Existenzintervall J der Lösung, möglichst groß wählen.

```
> restart: f := (x,y) -> x^2+y^2:
  a := 0: b := 0: g := x -> b:
  Dgl := diff(y(x),x) = f(x,y(x));
  AnfBed := y(a) = b;
```

$$Dgl := y' = x^2 + y^2 \,, \quad AnfBed := y(0) = 0$$

Es handelt sich offensichtlich um eine RICCATI-DGL; sie ist nicht elementar integrierbar.


```
> dsolve({Dgl,AnfBed},y(x)): Loesung := rhs(%) assuming x>0;
```

$$Loesung := -\frac{x\left(\mathrm{BesselJ}\left(-\frac{3}{4}, \frac{x^2}{2}\right) - \mathrm{BesselY}\left(-\frac{3}{4}, \frac{x^2}{2}\right)\right)}{\mathrm{BesselJ}\left(\frac{1}{4}, \frac{x^2}{2}\right) - \mathrm{BesselY}\left(\frac{1}{4}, \frac{x^2}{2}\right)}$$

Maple „kennt" natürlich die BESSEL-Funktionen, die aber in einer einführenden Darstellung dieser Art nicht als bekannt vorausgesetzt werden können. Wir gehen erst später (Abschnitt 6.2) darauf ein. Es reicht uns hier aus, durch folgende Abbildung eine qualitative Vorstellung vom Lösungsverlauf zu vermitteln:

```
> plot(Loesung,x=-2..2,-8..8,color=red,tickmarks=[5,5],thickness=2);
```

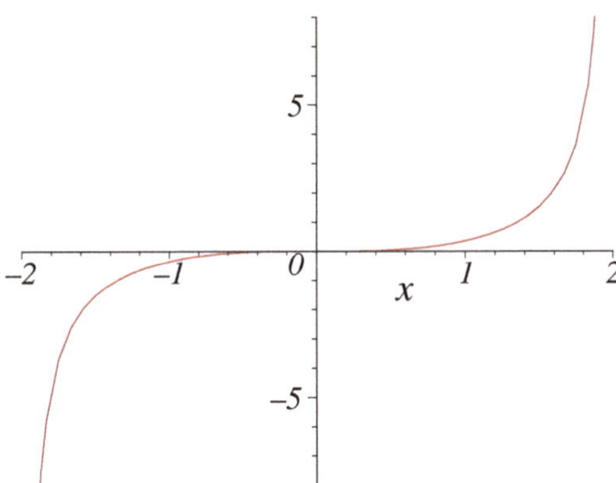

Wir bestimmen das maximale Existenzintervall. Da die Lösung y der Anfangswertaufgabe eine ungerade Funktion[1] ist, genügt es, die kleinste positive Nullstelle der Nennerfunktion zu berechnen:

[1] Dies entnimmt man der obigen Darstellung, auch ohne die BESSEL-Funktionen zu kennen, da x im Argument jeweils nur als Quadrat eingeht.

```
> Nenner := denom(Loesung): fsolve(Nenner,x,x=0..3);
```

$$2.003147359$$

Mithin ist $]-\alpha,\, \alpha[$ mit $\alpha := 2.003147359$ maximales Existenzintervall. Vor diesem Hintergrund machen wir uns nun an die Untersuchung der oben formulierten Problemstellung:

Für $|x| \leq A$ und $|y| \leq B$ gilt $|f(x,y)| \leq A^2 + B^2$. $M := A^2 + B^2$ ist gerade das Maximum dieser Werte. Die Bedingung ④, *a)* bedeutet hier $AM \leq B$, also $A^3 + AB^2 \leq B$. Nach Multiplikation mit A und quadratischer Ergänzung können wir dann alles direkt ablesen. Wir führen diese Schritte mit Maple durch:


```
> M := A^2+B^2:
  ungl1 := expand(A*M) <= B;
```

$$ungl1 := A^3 + A\,B^2 \leq B$$

```
> ungl2 := expand(A*(lhs(ungl1)-rhs(ungl1))<=0);
```

$$ungl2 := A^4 + A^2\,B^2 - A\,B \leq 0$$

```
> with(Student[Precalculus]): ungl2a := CompleteSquare(ungl2,B);
```

$$ungl2a := A^2\left(B - \frac{1}{2\,A}\right)^2 + A^4 \leq \frac{1}{4}$$

A ist offensichtlich genau dann maximal, wenn $A^4 = 1/4$ und $A\,B = 1/2$, also $A = 1/\sqrt{2}$ gilt. Somit sind $B = 1/\sqrt{2}$ und $M = 1$. Die optimale LIPSCHITZ-Konstante $L = 2B = \sqrt{2}$ ergibt sich dann aus

$$|f(x,y_1) - f(x,y_2)| = |y_1^2 - y_2^2| = |y_1 + y_2|\,|y_1 - y_2| \leq 2\,B\,|y_1 - y_2|\,.$$

Betrachtet man statt ④, *a)* die Bedingung ④, *b)*, so erhält man — mit obigem L — wegen

```
> L := 2*B:
  g(x)-(b+int(f(t,g(t)),t=a..x));
```

$$-\frac{x^3}{3}$$

die Bedingung

```
> ungl3 := A^3/3*exp(L*A) <= B;
```

$$ungl3 := \frac{1}{3}\,A^3\,e^{2\,A\,B} \leq B$$

```
> ungl3a := 3*A/exp(L*A)*lhs(ungl3) <= 3*A/exp(L*A)*rhs(ungl3);
```

$$ungl3a := A^4 \leq \frac{3\,A\,B}{e^{2\,A\,B}}$$

Man überlegt sich elementar, etwa nach Substitution von AB durch x, daß die rechte Seite dieser Ungleichung maximal wird für $AB = \frac{1}{2}$. Folglich ist A genau dann maximal, wenn $A^4 = 3/(2e)$ gilt. Dies liefert für A, B, L und M folgende optimalen Werte:

```
> fsolve(A^4=3/2/exp(1),A=0..1): A := %;
  B := solve(A*B=1/2,B);
  'L' = L;
  'M' = M;
```

$$A := 0.8618847457,\ B := 0.5801239696,\ L = 1.160247939,\ M = 1.079389135$$

MWS 3

Beispiel 3 b:

Wir verfahren wie in Beispiel 3 a mit der Abbildung

$$f\colon (x, y_1, y_2) \longrightarrow \left[x y_1^2 + y_2,\ y_1 + x y_2^2\right] \quad \text{für} \quad (x, y_1, y_2) \in \mathbb{R}^3$$

und $a = 0$, $b = [1,\ 1]$. Dabei wählen wir im $\mathbb{R}^2$ die Maximumsnorm.

```
> restart: with(LinearAlgebra):
  f := (x,y1,y2) -> Vector([x*y1^2+y2,y1+x*y2^2]);
  a := 0: b := Vector([1,1]): g := x -> b;
```

$$f := (x, y1, y2) \longrightarrow \text{Vector}\left(\left[x\,y1^2 + y2, y1 + x\,y2^2\right]\right), \quad g := x \longrightarrow b$$

```
> Sys := diff(y[1](x),x) = f(x,y[1](x),y[2](x))[1],
         diff(y[2](x),x) = f(x,y[1](x),y[2](x))[2];
  AnfBed := y[1](a) = b[1], y[2](a) = b[2];
```

$$Sys := y_1' = x y_1^2 + y_2,\ y_2' = y_1 + x y_2^2, \quad AnfBed := y_1(0) = 1,\ y_2(0) = 1$$

```
> sol := dsolve({Sys,AnfBed},{y[1](x),y[2](x)});
```

$$sol :=$$

Maple findet offensichtlich keine Lösung. Dies verwundert, da diese Anfangswertaufgabe durch ‚Aufbohren'[2] aus folgender einfachen skalaren Anfangswertaufgabe hervorgegangen ist:

```
> Dgl := diff(y(x),x) = f(x,y(x),y(x))[1];
  AnfBed := y(0) = 1;
```

[2] *Eine* Lösung von *Sys* ist mit $y_1 := y_2 := y$ über eine Lösung y von *Dgl* gegeben.

$$Dgl := y' = x\,y^2 + y\,, \quad AnfBed := y(0) = 1$$

Es handelt sich um eine BERNOULLI-DGL mit folgender Lösung:

```
> DEtools[odeadvisor](Dgl), dsolve({Dgl,AnfBed},y(x));
```

$$[\_Bernoulli],\ y = -\frac{1}{x-1}$$

Die Lösung der Anfangswertaufgabe hat mithin das maximale Existenzintervall $]-\infty, 1[$.


```
> f(x,y[1],y[2]);
```

$$\begin{bmatrix} x\,y_1^2 + y_2 \\ y_1 + x\,y_2^2 \end{bmatrix}$$

Für $|x| \le A, |y_1 - 1| \le B, |y_2 - 1| \le B$ gilt $|f(x,y)| \le A(1+B)^2 + (1+B)$. Offenbar ist $M := A\,(1+B)^2 + (1+B)$ das Maximum dieser Werte.

Bei der Suche nach dem maximalen A könnte man analog zu Beispiel 3 a argumentieren. Wir gehen jedoch diesmal bewußt anders vor, auch um die Vielfalt der Möglichkeiten etwas zu verdeutlichen. Wir interpretieren Bedingung ④, *a)* des Hauptsatzes als restringiertes Extremwertproblem: A soll maximiert werden unter der Nebenbedingung

$$AM = A(A(1+B)^2 + (1+B)) \le B\,.$$

Da offensichtlich nur Randextrema möglich sind, betrachten wir die Nebenbedingung in Gleichungsform. Mit der LAGRANGE-Multiplikatorenregel erhalten wir dann:

```
> M := A*(1+B)^2+(1+B): Nebenbed4a := A*M-B;
  LagrangeFunktion := A-lambda*Nebenbed4a;
```

$$Nebenbed4a := A(A(1+B)^2 + 1 + B) - B$$
$$LagrangeFunktion := A - \lambda(A(A(1+B)^2 + 1 + B) - B)$$

```
> LA := diff(LagrangeFunktion,A);
  LB := diff(LagrangeFunktion,B);
```

$$LA := 1 - \lambda(2A(1+B)^2 + 1 + B)\,, \quad LB := -\lambda(A(2A(1+B)+1) - 1)$$

```
> sol := solve({LA,LB,Nebenbed4a,A>0,B>0},{A,B,lambda});
```

$$sol := \left\{A = \frac{1}{3},\ B = 2,\ \lambda = \frac{1}{9}\right\}$$

```
> 'M' = eval(M,sol);
```

$$M = 6$$

```
> J := VectorCalculus[Jacobian](f(x,y[1],y[2]), [y[1],y[2]]);
```

$$J := \begin{bmatrix} 2xy_1 & 1 \\ 1 & 2xy_2 \end{bmatrix}$$

```
> Norm(J,infinity);
```

$$\max\left(1 + 2\,|xy_1|\,,\, 1 + 2\,|xy_2|\right)$$

```
> J0 := subs({x=A,y[1]=1+B,y[2]=1+B},J);
```

$$J0 := \begin{bmatrix} 2A(1+B) & 1 \\ 1 & 2A(1+B) \end{bmatrix}$$

Hieraus erhält man als LIPSCHITZ-Konstante:

```
> L := simplify(Norm(J0),assume=positive); # Lipschitz-Konstante
  'L' = eval(L,sol);
```

$$L := 2A + 2AB + 1, \quad L = 3$$

Für Bedingung ④, *b)* des Hauptsatzes folgt:

```
> g(x)-(b+map(int,f(t,g(t)[1],g(t)[2]),t=a..x));
```

$$\begin{bmatrix} -\frac{1}{2}x^2 - x \\ -\frac{1}{2}x^2 - x \end{bmatrix}$$

```
> Nebenbed4b := (A^2/2+A)*exp(L*A)-B;
  LagrangeFunktion := A-lambda*Nebenbed4b;
```

$$Nebenbed4b := \left(\frac{1}{2}A^2 + A\right) e^{(2A+2AB+1)A} - B$$
$$LagrangeFunktion := A - \lambda\left(\left(\frac{1}{2}A^2 + A\right) e^{(2A+2AB+1)A} - B\right)$$

```
> LA := diff(LagrangeFunktion,A);
  LB := diff(LagrangeFunktion,B);
```

$$LA := 1 - \lambda\Big((A+1)\,e^{(2A+2AB+1)A} + \left(\tfrac{1}{2}A^2 + A\right)\left((2+2B)A + 2A + 2AB + 1\right) e^{(2A+2AB+1)A}\Big)$$
$$LB := -\lambda\Big(2\left(\tfrac{1}{2}A^2 + A\right) A^2\, e^{(2A+2AB+1)A} - 1\Big)$$

MWS 3

```
> sol := solve({LA,LB,Nebenbed4b,A>0,B>0},{A,B,lambda}); # klappt nicht
```

$$sol :=$$

```
> sol := fsolve({LA,LB,Nebenbed4b},{A,B,lambda});
```

$$sol := \{A = 0.4147361410,\ B = 2.906874215,\ \lambda = 0.03337790274\}$$

```
> 'M' = eval(M,sol);
  'L' = eval(L,sol);
```

$$M = 10.23726820, \quad L = 4.240643870$$

Umwandlung von DGLen in Systeme 1. Ordnung

Mit dem Befehl convertsys aus dem DEtools -Paket kann man DGLen bzw. DGL-Systeme höherer Ordnung auf Systeme 1. Ordnung zurückführen. Anfangsbedingungen müssen stets als Menge oder Liste angegeben werden, bei Nichtvorhandensein z. B. als leere Menge { }. In unseren drei Beispielen verwenden wir für die letzten beiden Parameter die Namen y und Dy und bezeichnen damit die im DGL-System auftretende Vektorfunktion bzw. deren Ableitungen.

```
> restart: with(DEtools):
```

Beispiel 4 a:

```
> Dgl := diff(y(x),x$2)+b*diff(y(x),x)+c*y(x) = f(x);
  AnfBed := y(a) = b1, D(y)(a) = b2;
```

$$Dgl := y'' + by' + cy = f(x), \quad AnfBed := y(a) = b1,\ \mathrm{D}(y)(a) = b2$$

```
> convertsys(Dgl,{},y(x),x,y,Dy);
```

$$[[Dy_1 = y_2,\ Dy_2 = f(x) - by_2 - cy_1],\ [y_1 = y,\ y_2 = y'],\ undefined,\ [\ ]]$$

```
> convertsys(Dgl,{AnfBed},y(x),x,y,Dy);
```

$$[[Dy_1 = y_2,\ Dy_2 = f(x) - by_2 - cy_1],\ [y_1 = y,\ y_2 = y'],\ a,\ [b1,\ b2]]$$

Beispiel 4 b:

```
> Dgl := diff(y(x),x$3) = f(x,y(x),D(y)(x));
  AnfBed := y(a) = b1, D(y)(a) = b2, (D@@2)(y)(a) = b3;
```

$$Dgl := y''' = f(x, y, \mathrm{D}(y)(x))$$
$$AnfBed := y(a) = b1,\ \mathrm{D}(y)(a) = b2,\ \mathrm{D}^{(2)}(y)(a) = b3$$

```
> convertsys(Dgl,{},y(x),x,y,Dy);
```

$$[[Dy_1 = y_2,\ Dy_2 = y_3,\ Dy_3 = f(x,\ y_1, y_2)],$$
$$[y_1 = y,\ y_2 = y',\ y_3 = y''],\ undefined,\ [\ ]]$$

```
> convertsys(Dgl,{AnfBed},y(x),x,y,Dy);
```

$$[[Dy_1 = y_2,\ Dy_2 = y_3,\ Dy_3 = f(x,\ y_1,\ y_2)],$$
$$[y_1 = y,\ y_2 = y',\ y_3 = y''],\ a,\ [b1,\ b2,\ b3]]$$

Beispiel 4 c:

```
> Sys := diff(u(x),x$2) =
    phi(x,u(x),diff(u(x),x),v(x),diff(v(x),x),diff(v(x),x$2)),
        diff(v(x),x$3) =
    psi(x,u(x),diff(u(x),x),v(x),diff(v(x),x),diff(v(x),x$2));
  AnfBed := u(a) = b1, D(u)(a) = b2, v(a) = b3, D(v)(a) = b4,
    (D@@2)(v)(a) = b5;
```

$$Sys := u'' = \varphi(x,\ u,\ u',\ v,\ v',\ v''),\ v''' = \psi(x,\ u,\ u',\ v,\ v',\ v'')$$
$$AnfBed := u(a) = b1,\ \mathrm{D}(u)(a) = b2,\ v(a) = b3,\ \mathrm{D}(v)(a) = b4,\ \mathrm{D}^{(2)}(v)(a) = b5$$

```
> convertsys([Sys],{},[u(x),v(x)],x,y,Dy);
```

$$\Big[[Dy_1 = y_2,\ Dy_2 = \varphi(x,\ y_1,\ y_2,\ y_3,\ y_4,\ y_5),\ Dy_3 = y_4,\ Dy_4 = y_5,$$
$$Dy_5 = \psi(x,\ y_1,\ y_2,\ y_3,\ y_4,\ y_5)],$$
$$[y_1 = u,\ y_2 = u',\ y_3 = v,\ y_4 = v',\ y_5 = v''],\ undefined,\ [\ ]\Big]$$

```
> convertsys([Sys],{AnfBed},[u(x),v(x)],x,y,Dy);
```

$$\Big[[Dy_1 = y_2,\ Dy_2 = \varphi(x,\ y_1,\ y_2,\ y_3,\ y_4,\ y_5),\ Dy_3 = y_4,\ Dy_4 = y_5,$$
$$Dy_5 = \psi(x,\ y_1,\ y_2,\ y_3,\ y_4,\ y_5)],$$
$$[y_1 = u,\ y_2 = u',\ y_3 = v,\ y_4 = v',\ y_5 = v''],\ a,\ [b1,\ b2,\ b3,\ b4,\ b5]\Big]$$

3.4 Fehlerabschätzungen und Abhängigkeitsüberlegungen

Mit Hilfe der Überlegungen aus Abschnitt 3.4 des Textes geben wir eine Abschätzung für die Differenz der Lösungen der beiden ‚benachbarten' Anfangswertaufgaben

$$y' = \sin(x\,y),\; y(0) = 1$$

und

$$y' = x\,y,\; y(1/10) = 201/200$$

im Intervall $[0\,,\,2/3]$. Hier sind also die Anfangswerte $(0,1)$ zu $(1/10, 201/200)$ und die rechte Seite der Differentialgleichung von $\sin(x\,y)$ zu $x\,y$ verändert.

```
> restart:
  f := (x,y) -> sin(x*y);
  a := 0; b := 1;
  Dgl := diff(y(x),x) = f(x,y(x));
  AnfBed := y(a) = b;
```

$$f := (x, y) \longrightarrow \sin(x\,y)\,, \quad a := 0\,, \quad b := 1\,,$$
$$Dgl := y' = \sin(x\,y)\,, \quad AnfBed := y(0) = 1$$

```
> DEtools[odeadvisor](Dgl);
  Loesung := dsolve(Dgl,y(x));
```

$$[y = \_G(x, y')]\,, \quad Loesung :=$$

Maple kann für diese DGL keine Lösung finden. Die ‚benachbarte' hingegen sollte für Maple lösbar sein; denn das rechnen die meisten unserer Leser inzwischen wohl im Kopf:

```
> f1 := (x,y) -> x*y;
  a1 := 1/10; b1 := 201/200;
  Dgl1 := diff(y(x),x) = f1(x,y(x));
  AnfBed1 := y(a1) = b1;
```

$$f1 := (x, y) \longrightarrow x\,y\,, \quad a1 := \frac{1}{10}\,, \quad b1 := \frac{201}{200}\,,$$
$$Dgl1 := y' = x\,y\,, \quad AnfBed1 := y\left(\frac{1}{10}\right) = \frac{201}{200}$$

```
> dsolve({Dgl1,AnfBed1},y(x)):
  g := unapply(combine(rhs(%)),x);
```

$$g := x \longrightarrow \frac{201}{200}\, e^{\left(\frac{x^2}{2} - \frac{1}{200}\right)}$$

Mit Hilfe von odeplot verschaffen wir uns vorweg einen Eindruck von der Differenz der Lösungen dieser beiden Anfangswertaufgaben:

```
> with(plots): A := 2/3:
  p := dsolve({Dgl,AnfBed},y(x),type=numeric):
  odeplot(p,[x,g(x)-y(x)],a..A,color=red,thickness=3,
    axes=frame,title="Differenz g(x)-y(x)");
```

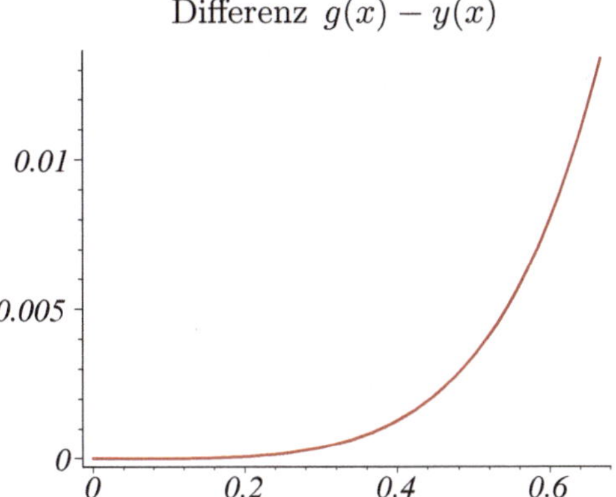

Wir beginnen mit der Überprüfung der Voraussetzungen des Hauptsatzes und wählen dazu $B := \infty$ und $J := [0, A]$ mit $A := 2/3$. Als Funktion g verwenden wir die obige Lösung der benachbarten AWA. Es gilt $R = J \times \mathbb{R}$. Hieraus ergibt sich $M = 1$, und als LIPSCHITZ-Konstante kann man $L = A$ wählen. Die Voraussetzungen ④, *a)* und ④, *b)* sind trivialerweise erfüllt, da $B = \infty$ ist. Für die Fehlerabschätzung müssen wir noch die Betragsmaxima Q von $f(x, g(x)) - f_1(x, g(x))$ und P_1 von $f_1(x, g(x))$ für $x \in J$ bestimmen bzw. abschätzen. Man sieht leicht, daß $f_1(x, g(x))$ streng isoton ist. Mithin gilt:

```
> L := A: # Lipschitz-Konstante
  P1 := f1(A,g(A)): evalf(%);
```

$$0.8325555400$$

Die Tatsache, daß die TAYLOR-Reihe der Sinusfunktion alternierend ist, ergibt dann $|f(x, g(x)) - f_1(x, g(x))| \leq (x\,g(x))^3/3!$, d. h.:

```
> Q := P1^3/3!: evalf(%);
```

$$0.09618080218$$

Wir erhalten damit die Fehlerabschätzung

$$\big|y(x) - g(x)\big| \leq \big[|b - b_1| + P_1\,|a - a_1| + Q\,|x - a|\big]\, e^{L\,|x-a|},$$

deren rechte Seite folgenden Verlauf hat:

```
> plot((abs(b-b1)+P1*abs(a-a1)+Q*abs(x-a))*exp(L*abs(x-a)),
    x=a..A,0.05..0.25,color=red,thickness=2);
```

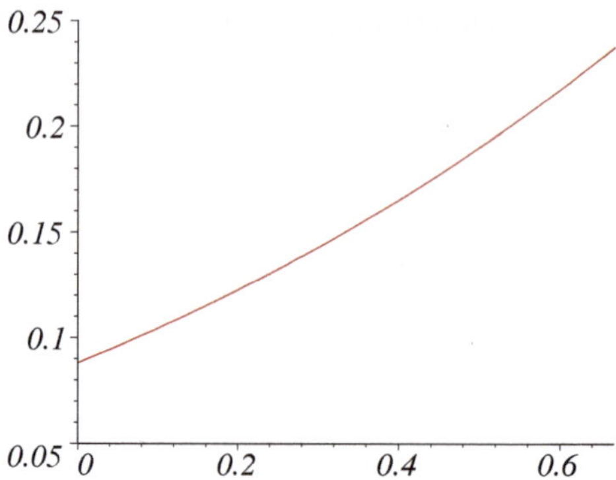

Auf dem betrachteten Intervall hat man also nach dieser — erwartungsgemäß recht groben Abschätzung — eine maximale Abweichung von etwa 1/4.

Eine bessere Abschätzung ergibt sich, wenn man die obige Funktion g als Lösung der folgenden ‚benachbarten' AWA

$$y' = xy,\ y(0) = \frac{201\, e^{\left(-\frac{1}{200}\right)}}{200} \qquad (= g(0))$$

auffaßt. Hier wird also die gleiche Funktion als Lösung der DGL nicht durch ihren Anfangswert an der Stelle 0.1, sondern bei 0 ‚festgelegt'.

```
> a2 := 0: b2 := g(0):
  AnfBed2 := y(a2) = b2:
  AWA := {Dgl1,AnfBed2};
```

$$AWA := \left\{ y' = xy,\ y(0) = \frac{201}{200}\, e^{\left(\frac{-1}{200}\right)} \right\}$$

```
> dsolve(AWA,y(x)): combine(%);
```

$$y = \frac{201}{200}\, e^{\left(\frac{x^2}{2} - \frac{1}{200}\right)}$$

Jetzt lautet die entsprechende Fehlerabschätzung

$$\left|y(x) - g(x)\right| \le \left[|b - b_2| + Q\,|x - a|\right] e^{L\,|x-a|}\,,$$

deren rechte Seite folgenden Verlauf nimmt:

```
> plot((abs(b-b2)+Q*abs(x-a))*exp(L*abs(x-a)),x=a..A,color=red,
    thickness=2);
```

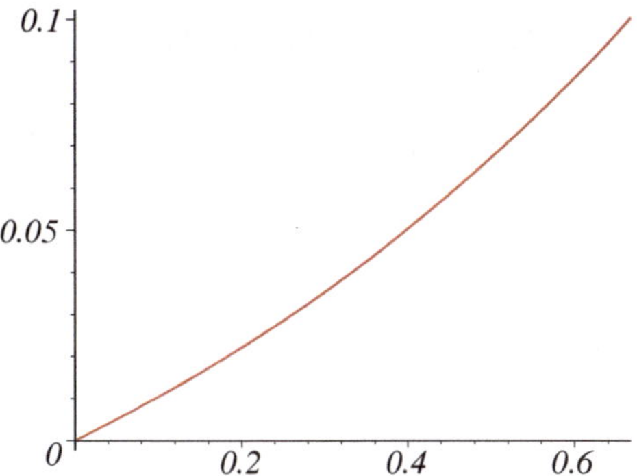

Der maximale Fehler ist allerdings immer noch etwa siebenmal so groß wie die oben beobachtete Maximalabweichung.

Eine wesentlich bessere Abschätzung ergibt sich, wenn man die Fehlerabschätzung (2) des Textes statt — wie hier ausgeführt — (3) heranzieht und dabei das auftretende Integral ‚scharf' abschätzt. Darauf gehen wir aber nicht mehr ein.

Analog zum vorangehenden Beispiel untersuchen wir die folgenden beiden benachbarten Anfangswertaufgaben:

```
> restart: with(plots):
  f  := (x,y) -> y^2+y+1+x^2:
  f1 := (x,y) -> y+1:
  a := 0: b :=0: AnfBed := y(a) = b:
  Dgl  := diff(y(x),x) = f(x,y(x)): Dgl, AnfBed;
  Dgl1 := diff(y(x),x) = f1(x,y(x)): Dgl1, AnfBed;
```

$$y' = y^2 + y + 1 + x^2,\ y(0) = 0, \quad y' = y + 1,\ y(0) = 0$$

Hier wird also nur die rechte Seite der DGL von f zu der einfacheren Funktion f_1 verändert, während die Anfangswerte beibehalten werden. Wegen des Differenzterms $y^2 + x^2$ können nur für Bereiche nahe dem Nullpunkt, also kleine $|x|$ und $|y|$, kleine Änderungen der Lösung erwartet werden. Für die Anfangswertaufgabe mit f_1 erhalten wir mit Maple folgende Lösung, die man natürlich auch wieder ohne Hilfsmittel ‚sieht':

```
> dsolve({Dgl1,AnfBed},y(x)):
  g := unapply(rhs(%),x);
```

$$g := x \longrightarrow -1 + e^x$$

Die Differenz der Lösungen dieser beiden Anfangswertaufgaben hat folgenden Verlauf:

```
> sol := dsolve({Dgl,AnfBed},y(x),numeric):
  odeplot(sol,[x,y(x)-g(x)],-0.4..0.4,color=red,thickness=3);
```

Differenz der Lösungen

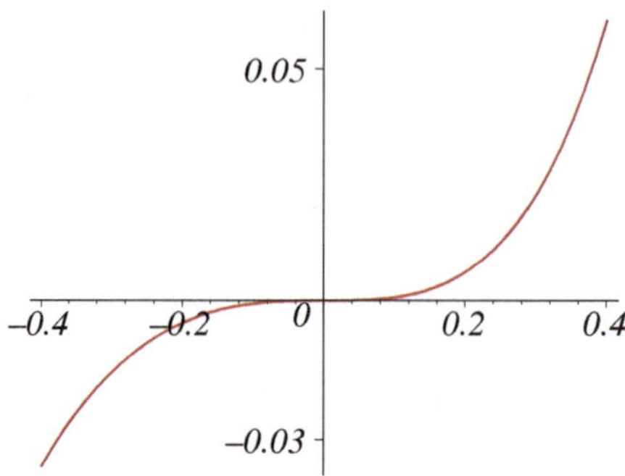

Wir wählen $B := 1/4$ und bestimmen das maximale $A \in [0,\, 1/2]$ derart, daß für die kompakte Menge

$$R := \{(x,y) : |x| \le A,\ |y - g(x)| \le B\}$$

mit $J := [-A,\, A]$ neben ① und ② die Voraussetzungen ③ und ④, *b)* des Hauptsatzes erfüllt sind. Wegen $\frac{\partial}{\partial y} f(x,\, y) = 2y + 1$ und

$$|2y+1| \le 2(|y-g(x)| + |g(x)|) + 1 \le 2(B + e^A - 1) + 1 \le 2.8$$

für $(x,y) \in R$ erhält man mit $L := 2.8$ eine passende Lipschitz-Konstante.

Wir kommen zur Bedingung ④, *b)* und berücksichtigen dabei die Beziehung $g(x) = \int_0^x f_1(t, g(t))\, dt$:

```
> B := 1/4: L := 2.8:
  Delta := x -> int(f(t,g(t))-f1(t,g(t)),t=a..x);
```

$$\Delta := x \longrightarrow \int_a^x (f(t,\, g(t)) - f1(t,\, g(t)))\, dt$$

Wegen

```
> Delta(x)+Delta(-x): series(%,x=0,10);
```

$$\frac{1}{2}x^4 + \frac{1}{12}x^6 + \frac{1}{160}x^8 + O(x^{10})$$

gilt $-\Delta(-x) \le \Delta(x)$ für $x \ge 0$. Das unter diesen Bedingungen maximale Existenzintervall läßt sich folgendermaßen ermitteln:

```
> A := fsolve(Delta(A)*exp(L*A)-B,A=0..1);
```

$$A := 0.4463360016$$

Damit ist Bedingung ④, *b)* des Hauptsatzes erfüllt. Ferner erhalten wir mittels der Überlegungen in Abschnitt 3.4 des Textes für x mit $|x-a| = |x| \leq A$ die *Defektabschätzung*

$$|y(x) - g(x)| \leq |\Delta(x)|\, e^{L\,|x-a|}\,.$$

Mithin verläuft die Lösung der Anfangswertaufgabe in folgendem Schlauch um den Graphen der Funktion g:

```
> oben := x -> g(x)+abs(Delta(x))*exp(L*abs(x-a)):
  unten:= x -> g(x)-abs(Delta(x))*exp(L*abs(x-a)):
  FilledPlot := proc(f,g,r::range)
    plot([min(max(f(x),g(x)),0),max(min(f(x),g(x)),0),f(x),g(x)],
      x=r,filled=true,color=[white$2,gray$2]):
  end proc:
  display(odeplot(sol,[x,y(x)],-A..A,color=black),
    plot(g(x),x=-A..A,color=red),
    FilledPlot(oben,unten,-A..A),tickmarks=[5,5],
    thickness=2,title="Schlauch um g");
```

Schlauch um g

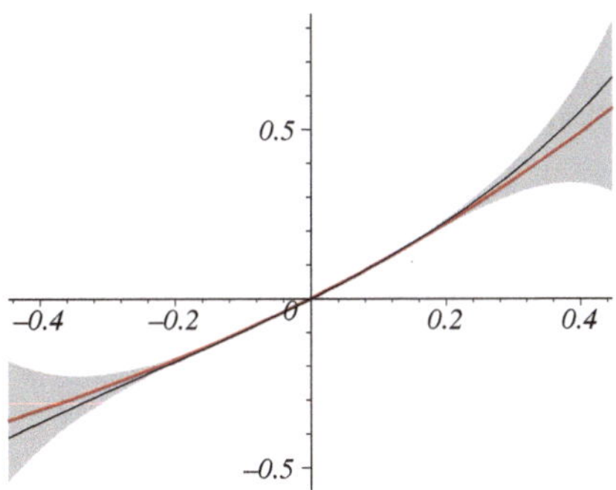

Speziell für $x = 1/10$ gilt

```
> abs(y(0.1)-'g'(0.1))<=Delta(0.1)*exp(L*0.1);
```

$$|y(0.1) - g(0.1)| \leq 0.000916765\,,$$

was recht gut mit der numerisch berechneten Abweichung übereinstimmt:

```
> eval(y(x),sol(0.1))-g(0.1); # wahre Abweichung an der Stelle x=1/10
```

$$0.000713453$$

3.6 Qualitative Beschreibung autonomer Systeme

Mathematisches Pendel

Wir greifen die Überlegungen zum (ungedämpften) mathematischen Pendel (siehe S. 90ff im Textteil) auf. In diesem Falle verlaufen die Trajektorien auf den Höhenlinien der Energiefunktion $V(y_1, y_2) = \frac{1}{2}y_2^2 + \big(1 - \cos(y_1)\big)$. Mithin handelt es sich um ein *konservatives System.* Wir führen nun einen linearen Dämpfungsterm ein und interessieren uns für dessen Auswirkung auf das System. Die Bewegungsgleichung nimmt dann die Gestalt $\vartheta'' + r\,\vartheta' + \sin(\vartheta) = 0$ mit $r > 0$ an. Wie üblich schreiben wir sie als DGL-System: $y_1' = y_2$, $y_2' = -\sin(y_1) - r\,y_2$. Hierfür gilt

$$\frac{d}{dt}\left(\frac{y_2(t)^2}{2} - \cos\big(y_1(t)\big)\right) = -r\,y_2(t)^2 \leq 0\,.$$

Mithin handelt es sich jetzt um ein nicht-konservatives dynamisches System; denn offensichtlich ist die Energie auf den Trajektorien — abgesehen von den Gleichgewichtslagen — streng antiton (streng monoton fallend). Das Phasenportrait erhalten wir in diesem Falle mittels des Maple-Befehls DEplot durch näherungsweise Lösung einer Schar von Anfangswertaufgaben. Die Zentren der geschlossenen Trajektorien der Abbildung auf Seite 92 gehen dabei über in asymptotisch stabile Gleichgewichtspunkte, und jede Trajektorie — mit Ausnahme der (schwarz gezeichneten) Separatrizen — windet sich für $t \longrightarrow \infty$ spiralförmig um eine dieser Gleichgewichtslagen. Diese Separatrizen laufen für $t \longrightarrow \infty$ in die ‚Sattelpunkte' genannten (instabilen) Gleichgewichtslagen $(n\pi, 0)$ mit ungeradem $n \in \mathbb{Z}$ und teilen die Phasenebene in disjunkte Gebiete. Jedes dieser Gebiete enthält genau einen asymptotisch stabilen ‚Spiralpunkt'. Man beachte, daß die Berechnung der Separatrizen mittels ‚Rückwärtsintegration' gelingt. In nachfolgender Animation veranschaulichen wir das Verhalten des Systems. Anwachsen des Dämpfungsparameters r führt dazu, daß das Pendel nach kürzerem Hin- und Herschwingen in die Ruhelage gelangt.

```
> restart: with(DEtools): with(plots):
  Sys1 := {diff(y[1](x),x)=y[2](x),
           diff(y[2](x),x)=-sin(y[1](x))-r*y[2](x)}:
  Sys2 := subs(r=-r,Sys1):
  {seq([-3*Pi,k],k=[2,3,4,5])}: % union map(z->-z,%):
  Punkte := convert(%,list):
  AnfBed := seq([y[1](0)=z[1],y[2](0)=z[2]],z=Punkte):
  AnfBed2 := seq(seq([y[1](0)=a*Pi,y[2](0)=b],a=[-3,-1,1,3]),
                 b=[-0.01,0.01]):
  T := plottools[transform]((x,y)->[-x,y]):
  bilder := NULL:
```

```
for r in [1/16,1/8,1/4,3/8,1/2,1,2] do
  p1 := DEplot(Sys1,[y[1](x),y[2](x)],x=0..20,
    [AnfBed,AnfBed2],y[1]=-3*Pi..3*Pi,y[2]=-5..5,
    arrows=medium,stepsize=0.05,color=gray,linecolor=red):
  p2 := DEplot(Sys2,[y[1](x),y[2](x)],x=0..20,[AnfBed2],
    y[1]=-3*Pi..3*Pi,y[2]=-5..5,arrows=none,stepsize=0.05,
    color=gray,linecolor=black):
  p3 := seq(plottools[disk]([k*Pi,0],0.1,color=black),k=[-3,-1,1,3]):
  bilder := bilder,display(p1,T(p2),p3,axes=frame,scaling=constrained,
    tickmarks=[spacing(2*Pi),[-4,0,4]],view=[-9.5..9.5,-5..5],
    title=cat("r = ",convert(r,string)));
end do:
display(bilder,insequence=true);
```

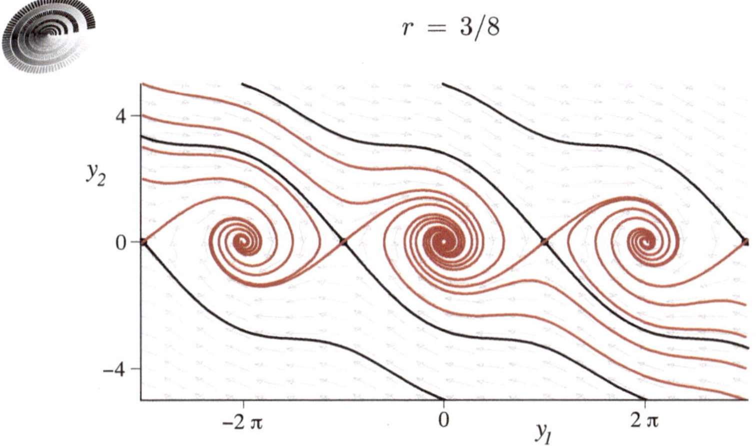

Eine ‚saubere' Untersuchung des Stabilitätsverhaltens ist beispielsweise mit der LJAPUNOW-Methode möglich. Auf diese gehen wir jedoch im Rahmen dieser einführenden Darstellung nicht ein.

Kapitel 4

Lineare Differentialgleichungen und DGL-Systeme I

In diesem ersten Kapitel über lineare Differentialgleichungen und Differentialgleichungssysteme werden Überlegungen zusammengestellt, die für *beliebige stetige Koeffizientenfunktionen* gemacht werden können. Kapitel 5 bringt dann Ergänzungen für wichtige Spezialfälle — *konstante Koeffizienten* und *periodische Koeffizientenfunktionen* — und spezielle Methoden.

4.1 Existenz- und Eindeutigkeitssatz

Annahmen: Auf einem beliebigen Intervall J seien zu einer natürlichen Zahl k stetige Funktionen $f_{\kappa\lambda}, g_\kappa \colon J \longrightarrow \mathbb{C}$ für $\kappa, \lambda \in \{1, \ldots, k\}$ gegeben.

Gesucht sind differenzierbare[1] Funktionen $y_\kappa \colon J \longrightarrow \mathbb{C}$ mit

$$\begin{array}{ccccccc} y_1'(x) & = & f_{11}(x)y_1(x) & + \cdots + & f_{1k}(x)y_k(x) & + & g_1(x) \\ \vdots & & \vdots & & \vdots & & \vdots \\ y_k'(x) & = & f_{k1}(x)y_1(x) & + \cdots + & f_{kk}(x)y_k(x) & + & g_k(x) \end{array}$$

für alle $x \in J$.

[1] Natürlich sind solche Funktionen dann auch *stetig* differenzierbar.

W. Forst, D. Hoffmann, *Gewöhnliche Differentialgleichungen*, Springer-Lehrbuch,
DOI 10.1007/978-3-642-37883-6_4,

Mit $F(x) := \begin{pmatrix} f_{11}(x) \dots f_{1k}(x) \\ \vdots \quad\quad \vdots \\ f_{k1}(x) \dots f_{kk}(x) \end{pmatrix}$ und $g(x) := \begin{pmatrix} g_1(x) \\ \vdots \\ g_k(x) \end{pmatrix}$ für $x \in J$

bedeutet dies gerade:

Gesucht ist $(y_1, \dots, y_k)^T = y \colon J \longrightarrow \mathbb{C}^k$ (stetig) differenzierbar mit

$$y' = F(x)y + g(x) \;, \tag{I}$$

$$\text{d. h.} \quad y'(x) = F(x)y(x) + g(x) \text{ für alle } x \in J \,.$$

Mit der Menge $\mathbb{M}_k$ der $\mathbb{C}$-wertigen $k \times k$-Matrizen, die — wie üblich — mit der *Abbildungsnorm* (zu einer beliebigen Norm auf dem $\mathbb{C}^k$) versehen wird, sind die beiden Abbildungen

$$F \colon J \longrightarrow \mathbb{M}_k \text{ und } g \colon J \longrightarrow \mathbb{C}^k$$

stetig. Umgekehrt liefert die Vorgabe solcher Abbildungen F und g (durch die Komponentenfunktionen) $\mathbb{C}$-wertige stetige Funktionen $f_{\kappa\lambda}$ und g_κ auf dem Intervall J für $\kappa, \lambda \in \{1, \dots, k\}$.

Kapitel 4

Satz 4.1.1

Mit einer natürlichen Zahl k und einem beliebigen Intervall J seien ein Punkt $a \in J$, ein Vektor $b \in \mathbb{C}^k$ und stetige Funktionen $F \colon J \longrightarrow \mathbb{M}_k$ und $g \colon J \longrightarrow \mathbb{C}^k$ gegeben. Dazu existiert eindeutig eine stetig differenzierbare Funktion $y \colon J \longrightarrow \mathbb{C}^k$ mit

$$y'(x) = F(x)y(x) + g(x) \quad \textit{für alle } x \in J \textit{ und } y(a) = b \,.$$

Beweis: Für ein *kompaktes* Intervall J liest man dies direkt aus dem Hauptsatz aus Abschnitt 3.3 ab: Man setzt dazu $f(x,y) := F(x)y + g(x)$ für $x \in J$ und $y \in \mathbb{C}^k$, $B := \infty$ und $L := \max_{x \in J} |F(x)|$, wobei hier $|\ |$ natürlich die Abbildungsnorm bezeichnet.

Ein *beliebiges* Intervall J kann als Vereinigung den Punkt a enthaltender kompakter Teilintervalle geschrieben werden (,ausschöpfen'). Die Existenz und Eindeutigkeit auf diesen Teilintervallen liefert unmittelbar die Behauptung für das gegebene Intervall J. □

4.2 Linear-algebraische Folgerungen

Unter den Voraussetzungen aus dem vorangehenden Abschnitt 4.1 betrachten wir den *Vektorraum*

$$C_0(J,\mathbb{C}^k) := C_0 := \{h \mid h\colon J \longrightarrow \mathbb{C}^k \text{ stetig}\}$$

und darin den *Unterraum*

$$C_1(J,\mathbb{C}^k) := C_1 := \{h \mid h\colon J \longrightarrow \mathbb{C}^k \text{ stetig differenzierbar}\}\,.$$

1. Durch $(Hy)(x) := y'(x) - F(x)y(x)$ für $y \in C_1$ und $x \in J$ ist

   $$H\colon C_1 \longrightarrow C_0 \quad \mathbb{C}\text{-}linear$$

   gegeben. Kern H *ist gerade die Menge der Lösungen des zugehörigen homogenen Differentialgleichungssystems*

   $$y' = F(x)y \tag{H}$$

   und Unterraum von C_1.

2. Für festes $a \in J$ ist durch $T_a(y) := Ty := \big(y(a), Hy\big)$ für $y \in C_1$ eine bijektive, $\mathbb{C}$-lineare Abbildung

   $$T\colon C_1 \longrightarrow \mathbb{C}^k \times C_0\,, \quad \text{also ein } \textit{Isomorphismus}\text{, definiert.}$$

Beweis: 1. ist trivial. Für 2. liest man die Linearität der Abbildung T aus der der beiden Komponentenabbildungen (Auswertung an der Stelle a und H) ab. T ist injektiv und surjektiv nach dem Existenz- und Eindeutigkeitssatz; denn für $y \in C_1$ gilt

$$Ty = (b,g) \iff y' = F(x)y + g \wedge y(a) = b\,. \qquad \square$$

‚Ebenso' erhält man mit $g = 0$:

3. Für festes $a \in J$ ist durch Kern $H \ni y \longmapsto y(a) \in \mathbb{C}^k$ ein *Isomorphismus* gegeben. Damit ist die Dimension von Kern H gleich k.

4.3 Homogene lineare Differentialgleichungssysteme

Unter den *Annahmen* von Abschnitt 4.1 und mit den *Bezeichnungen* der vorangehenden beiden Abschnitte betrachten wir, wie bei linearen Problemen üblich, zunächst das *homogene* lineare Differentialgleichungssystem (H), also den Fall $g = 0$:

Satz 4.3.1

Es seien $a \in J$, $\ell \in \mathbb{N}$ *und* $y_1, \ldots, y_\ell$ $\big(\colon J \longrightarrow \mathbb{C}^k\big)$ *Lösungen des homogenen Differentialgleichungssystems.*

Kapitel 4

α) *Für beliebige* $\alpha_1, \ldots, \alpha_\ell \in \mathbb{C}$ *ist dann* $\sum_{\lambda=1}^{\ell} \alpha_\lambda y_\lambda$ *eine Lösung des homogenen Differentialgleichungssystems.*

β) *Die* C_1*-Funktionen* $y_1, \ldots, y_\ell$ *sind genau dann linear unabhängig, wenn die Vektoren* $y_1(a), \ldots, y_\ell(a)$ $\left(\text{in } \mathbb{C}^k\right)$ *dies sind.*

Beweis: Beide Aussagen liest man unmittelbar aus den Überlegungen von Abschnitt 4.2 ab: α) aus 1., β) aus 3. □

Bezeichnung: Je k linear unabhängige Lösungen des homogenen Differentialgleichungssystems heißen ein *„Fundamentalsystem"*, kurz *„FS"*. Ein Fundamentalsystem ist also gerade eine *Basis von* Kern H.

Folgerung 4.3.2

Unter den Voraussetzungen des vorangehenden Satzes gilt speziell für $k = \ell$:

Die Funktionen $y_1, \ldots, y_k$ *bilden genau dann ein Fundamentalsystem, wenn die Vektoren* $y_1(a), \ldots, y_k(a)$ *eine Basis von* $\mathbb{C}^k$ *sind.*

Ein erstes kleines *Beispiel* dazu:

(B1) Wir betrachten mit $k = 2$ das homogene lineare Differentialgleichungssystem erster Ordnung $y' = \begin{pmatrix} 0 & -1 \\ 1 & 0 \end{pmatrix} y$ auf dem Intervall $J := \mathbb{R}$ mit $a := 0$.

Zu $b_1 := \binom{1}{0}$ ist $\binom{\cos}{\sin} =: y_1$ eine Lösung der zugehörigen AWA; zu $b_2 = \binom{0}{1}$ ist $\binom{-\sin}{\cos} =: y_2$ eine Lösung der zugehörigen AWA. Da die Vektoren b_1, b_2 linear unabhängig sind, bilden die Funktionen y_1, y_2 ein *Fundamentalsystem.*

Offenbar wird für $u \in \mathbb{R}$ auch durch $\begin{pmatrix} \cos(x+u) \\ \sin(x+u) \end{pmatrix}$ eine Lösung des Differentialgleichungssystems definiert. Die Darstellung als Linearkombination von y_1, y_2 ist gerade durch die *Additionstheoreme* gegeben.

Zu vektorwertigen Funktionen $z_\kappa \colon J \longrightarrow \mathbb{C}^k$ (für $\kappa = 1, \ldots, k$) betrachten wir die matrixwertige Funktion

$$Z \colon J \ni x \longmapsto \left(z_1(x), \ldots, z_k(x)\right) \in \mathbb{M}_k \,.$$

Aus der mehrdimensionalen Analysis ist wohl vertraut:

Z ist genau dann stetig (differenzierbar, stetig differenzierbar,...), wenn z_κ stetig (differenzierbar, stetig differenzierbar,...) für alle $\kappa \in \{1, \ldots, k\}$ ist. Ist Z differenzierbar, so gilt

$$Z'(x) = \big(z_1'(x), \ldots, z_k'(x)\big) \text{ für } x \in J.$$

Ist Z differenzierbar, so hat man für $x \in J$:

$$Z'(x) = F(x)\,Z(x) \iff \forall\,\kappa \in \{1, \ldots, k\} \quad z_\kappa'(x) = F(x)\,z_\kappa(x) \qquad (1)$$

Links werden die beiden Matrizen $F(x)$ und $Z(x)$ multipliziert, rechts wird die Matrix $F(x)$ auf den Vektor $z_\kappa(x)$ angewandt.

Beweis von (1): Für $\kappa = 1, \ldots, k$ ist die κ-te Spalte einer Matrix $A \in \mathbb{M}_k$ gerade durch Ae_κ mit dem κ-ten Einheitsvektor e_κ im $\mathbb{C}^k$ gegeben. Daraus liest man alles ab. □

Deshalb betrachten wir neben dem ursprünglichen (homogenen) Differentialgleichungssystem (H)

$$y' = F(x)\,y$$

für *Vektorfunktionen* $y\colon J \longrightarrow \mathbb{C}^k$ nun auch die DGL

$$Y' = F(x)\,Y \qquad \text{(M)}$$

für *matrixwertige Funktionen* $Y\colon J \longrightarrow \mathbb{M}_k$.

Bemerkung 4.3.3

Ist Z eine Lösung von (M), so bilden die Spaltenfunktionen $z_1, \ldots, z_k$ genau dann ein Fundamentalsystem, wenn $Z(a)$ für ein $a \in J$ invertierbar ist. In diesem Fall ist $Z(a)$ für jedes $a \in J$ invertierbar.

Eine solche Lösung Z heißt „Fundamentalmatrix", kurz „FM".

Der *Beweis* ist unmittelbar durch die Folgerung 4.3.2 gegeben, da die Matrix $Z(a)$ genau dann invertierbar ist, wenn ihre Spalten $z_1(a), \ldots, z_k(a)$ linear unabhängig sind. □

Bemerkung 4.3.4

Es seien Z eine Fundamentalmatrix und $z\colon J \longrightarrow \mathbb{C}^k$ eine differenzierbare Funktion. Dann löst z genau dann das homogene Differentialgleichungssystem (H), *wenn mit einem $c \in \mathbb{C}^k$ die Darstellung $z(x) = Z(x)c$ für alle $x \in J$ gilt.*

Beweis: z ist genau dann eine Lösung von (H), wenn z eine Linearkombination der $z_1, \ldots, z_k$ ist, wenn also mit einem $c = (c_1, \ldots, c_k)^T \in \mathbb{C}^k$ für $x \in J$ gilt:

$$z(x) = \sum_{\kappa=1}^{k} c_\kappa\, z_\kappa(x) = \sum_{\kappa=1}^{k} c_\kappa\, Z(x)\,e_\kappa = Z(x) \sum_{\kappa=1}^{k} c_\kappa\, e_\kappa = Z(x)\,c. \qquad □$$

Mit einer Fundamentalmatrix kennt man also *alle Lösungen* von (H).

Bemerkung 4.3.5

Ist Y eine Fundamentalmatrix, dann ist eine weitere Abbildung $Z\colon J \longrightarrow \mathbb{M}_k$ genau dann eine Lösung von (M)*, wenn*

$$Z(x) = Y(x)C \quad \text{für alle } x \in J$$

mit $C = Y(a)^{-1}Z(a)$ für ein beliebiges $a \in J$ gilt.
Dabei hat man: Z ist genau dann eine Fundamentalmatrix, wenn die Matrix C invertierbar ist.

Beweis: Hat Z die angegebene Gestalt, so löst mit Y auch Z offenbar die Matrix-DGL (M). Für die nicht-triviale Richtung sei $U(x) := Y(x)C$ für $x \in J$. Dadurch wird eine Lösung U von (M) mit $U(a) = Z(a)$ definiert; nach dem Existenz- und Eindeutigkeitssatz aus Abschnitt 4.1 gilt somit $U = Z$. Dabei ist Z genau dann eine FM, wenn $Z(a)$ invertierbar ist, und dies ist äquivalent zur Invertierbarkeit von C. □

Kapitel 4

Mit *einer* Fundamentalmatrix kennt man also *alle* Fundamentalmatrizen.

Für ein differenzierbares Z mit $Z' = F(x)Z$, also einer Lösung von (M), bezeichnet man $Z(x)$ auch als „WRONSKI-*Matrix*“[2] und $w(x) := \det Z(x)$ $\left(= \det\big(z_1(x), \ldots, z_k(x)\big)\right)$ als zugehörige „WRONSKI-*Determinante*“.

Wir zeigen damit die **Formel von** LIOUVILLE:
w ist differenzierbar mit

$$w'(x) = \big(\operatorname{spur} F(x)\big)\, w(x) \quad \text{für alle } x \in J\,. \tag{2}$$

Beweis: Œ $w \neq 0$: Nach der Bemerkung 4.3.3 ist dann $Z(x)$ für alle $x \in J$ *invertierbar*. Mit der Ähnlichkeitstransformation

$$\big(b_{\lambda\kappa}(x)\big) = B(x) := Z(x)^{-1}F(x)\,Z(x)$$

hat man $Z'(x) = F(x)\,Z(x) = Z(x)\,B(x)$, also für $\kappa = 1, \ldots, k$

$z'_\kappa(x) = \big(z_1(x), \ldots, z_k(x)\big)\begin{pmatrix} b_{1\kappa}(x) \\ \vdots \\ b_{k\kappa}(x)\end{pmatrix} = \sum_{\lambda=1}^{k} b_{\lambda\kappa}(x)\, z_\lambda(x)$ und damit nach der Regel zur Differentiation von Determinanten (man vgl. hierzu etwa [Ba/Fl], Seite 114)

[2] Der aus Polen stammende Offizier und Graf Josef-Maria HOËNÉ-WRONSKI (24.8.1778 – 9.8.1853) beschäftigte sich als Privatgelehrter — neben philosophischen Problemen der Mathematik — mit Analysis und Differentialgleichungen.

$$\begin{aligned}
w'(x) &= \sum_{\kappa=1}^{k} \det\big(z_1(x),\ldots,\underbrace{z'_\kappa(x)}_{\kappa\text{-te Spalte}},\ldots,z_k(x)\big) \\
&= \sum_{\kappa=1}^{k}\sum_{\lambda=1}^{k} b_{\lambda\kappa}(x)\det\big(z_1(x),\ldots,\underbrace{z_\lambda(x)}_{\kappa\text{-te Spalte}},\ldots,z_k(x)\big) \\
&= \sum_{\kappa=1}^{k} b_{\kappa\kappa}(x)w(x) = \big(\operatorname{spur} B(x)\big)w(x) \stackrel{\checkmark}{=} \big(\operatorname{spur} F(x)\big)w(x)\,. \qquad \square
\end{aligned}$$

4.4 Homogene lineare DGLen höherer Ordnung

Es seien $k \in \mathbb{N}$ und $f_\kappa\colon J \longrightarrow \mathbb{C}$ für $\kappa = 1,\ldots,k$ stetige Funktionen. Wir betrachten damit die homogene lineare Differentialgleichung k-ter Ordnung:

$$\eta^{(k)} + f_1(x)\eta^{(k-1)} + \cdots + f_k(x)\eta = 0 \tag{1}$$

Kapitel 4

Die Transformation (siehe Seite 79)

$$y = \begin{pmatrix} \eta \\ \vdots \\ \eta^{(k-1)} \end{pmatrix}$$

liefert hier die äquivalente Differentialgleichung $y' = F(x)y$ mit

$$F(x) := \begin{pmatrix} 0 & 1 & 0 & \ldots & 0 \\ 0 & 0 & 1 & & 0 \\ \vdots & & \ddots & \ddots & \vdots \\ 0 & & \ldots & 0 & 1 \\ -f_k(x) & & \ldots & & -f_1(x) \end{pmatrix} \qquad \text{für } x \in J\,.$$

Sind die Funktionen $\eta_1,\ldots,\eta_k$ Lösungen von (1), dann heißt

$$Y := (y_1,\ldots,y_k) := \begin{pmatrix} \eta_1 & \ldots & \eta_k \\ \vdots & & \vdots \\ \eta_1^{(k-1)} & \ldots & \eta_k^{(k-1)} \end{pmatrix}$$

zugehörige „Wronski-Matrix“.

Mit $w(x) := \det Y(x)$ lautet hier die *Formel von* Liouville:

$$w'(x) = -f_1(x)w(x) \tag{2}$$

Die Folgerung 4.3.2 oder auch die Bemerkung 4.3.3 liefern hier:

$$\begin{aligned}
& \eta_1,\ldots,\eta_k \ \textit{linear unabhängig} \ \big(\textit{in } C_0(J,\mathbb{C})\big) \\
\Longleftrightarrow: \ & \eta_1,\ldots,\eta_k \ \textit{„Fundamentalsystem"} \ \big(\textit{„FS"}\big) \\
\overset{\checkmark}{\Longleftrightarrow} \ & y_1,\ldots,y_k \ \textit{linear unabhängig} \ \big(\textit{in } C_0(J,\mathbb{C}^k)\big) \\
\Longleftrightarrow \ & \exists\, a \in J \quad y_1(a),\ldots,y_k(a) \ \textit{linear unabhängig} \ \big(\textit{in } \mathbb{C}^k\big) \\
\Longleftrightarrow \ & \forall\, a \in J \quad y_1(a),\ldots,y_k(a) \ \textit{linear unabhängig} \ \big(\textit{in } \mathbb{C}^k\big) \\
\Longleftrightarrow \ & w \neq 0 \Longleftrightarrow Y \ \textit{Fundamentalmatrix}
\end{aligned}$$

(B2) Im Falle $k = 2$ gelingt mit (2) eine *Reduktion* auf den Fall $k = 1$, falls schon eine Lösung η_1 von (1) mit $\eta_1(x) \neq 0$ für alle $x \in J$ bekannt ist:

Hier ist $w(x) = \exp\Big(-\int\limits_a^x f_1(t)\,dt\Big)$ eine Lösung von (2) mit $w(a) = 1$.

Für eine weitere Lösung η_2 von (1) muß gelten:

$$w(x) = \eta_1\eta_2' - \eta_2\eta_1'$$

Damit verbleibt für η_2 eine lineare Differentialgleichung 1. Ordnung.

Kapitel 4

4.5 Transformation von Differentialgleichungssystemen

Das *Ziel* der folgenden einfachen Überlegungen ist die Gewinnung einer Lösung der inhomogenen Differentialgleichung, falls ‚alle' Lösungen der homogenen Differentialgleichung bekannt sind, und eine *Reduktion der Ordnung* der Differentialgleichung, falls schon einzelne Lösungen bestimmt wurden. Die erste dieser Anwendungen führen wir in Abschnitt 4.6 aus, die zweite dann in Abschnitt 4.7.

Wir betrachten wieder (unter den Voraussetzungen aus Abschnitt 4.1) die *inhomogene* lineare Differentialgleichung 1. Ordnung

$$y' = F(x)y + g(x)\,. \tag{I}$$

Es sei $T\colon J \longrightarrow \mathbb{M}_k$ stetig differenzierbar und $T(x)$ invertierbar für jedes $x \in J$. Dann ist auch die Abbildung $J \ni x \longmapsto T(x)^{-1} \in \mathbb{M}_k$ stetig differenzierbar, wie man etwa aus der CRAMER-Regel abliest oder — eleganter — mit der Kettenregel und der NEUMANN-Reihe begründet (man vgl. hierzu etwa [Dieu], Seite 154 f).

Damit betrachten wir die *Transformation*

$$\boxed{y(x) = T(x)\,z(x)} \qquad \text{für } x \in J$$

und erhalten die

Bemerkung 4.5.1

y ist genau dann eine Lösung von (I), wenn z die Differentialgleichung

$$z' = \widetilde{F}(x)z + \widetilde{g}(x)$$

mit den Funktionen $\widetilde{F}(x) := T(x)^{-1}\big(F(x)T(x) - T'(x)\big)$ und $\widetilde{g}(x) := T(x)^{-1}g(x)$ für $x \in J$ löst.

Beweis: Ausgehend von einer Lösung y von (I) rechnet man
$FTz + g = Fy + g = y' = T'z + Tz'$, also
$z' = T^{-1}(FT - T')z + T^{-1}g$, und entsprechend zurück. □

4.6 Inhomogene lineare Differentialgleichungen

Unter den Voraussetzungen aus Abschnitt 4.1 sei Y eine *Fundamentalmatrix des zu (I) gehörigen homogenen Differentialgleichungssystems* $y' = F(x)y$. Wir betrachten also die *homogene* Differentialgleichung als gelöst. (Man vergleiche dazu auch die Überlegungen aus Abschnitt 4.7.) Wir können dann die Bemerkung 4.5.1 speziell mit $T := Y$ anwenden. Wegen $Y' = FY$ ist hier $\widetilde{F} = 0$. Man hat also mit

$$y(x) = Y(x)\,z(x)$$

die folgende *„Variation der Konstanten"*:

y ist genau dann eine Lösung von (I), wenn $z'(x) = Y(x)^{-1}g(x)$ für $x \in J$ gilt. Dies ist äquivalent zur Existenz eines $c \in \mathbb{C}^k$ mit $z(x) = \int_a^x Y(t)^{-1}g(t)\,dt + c$, also

$$y(x) = Y(x)\Big(\int_a^x Y(t)^{-1}g(t)\,dt + c\Big) \quad \textit{für } x \in J\,. \tag{1}$$

Dabei gilt: $y(a) = b \iff c = Y(a)^{-1}b$

Mit dieser Formel für y hat man eine explizite Darstellung von T^{-1} für den Isomorphismus $T = T_a$ aus Abschnitt 4.2.

Für eine natürliche Zahl k wird die **inhomogene lineare Differentialgleichung k-ter Ordnung**

$$\eta^{(k)} + f_1(x)\eta^{(k-1)} + \cdots + f_k(x)\eta = \gamma(x) \quad \text{für alle } x \in J \tag{2}$$

mit stetigen Funktionen $\gamma, f_\kappa \colon J \longrightarrow \mathbb{C}$ für $\kappa = 1, \ldots, k$ durch

$$y = \begin{pmatrix} \eta \\ \vdots \\ \eta^{(k-1)} \end{pmatrix}, \quad F(x) := \begin{pmatrix} 0 & 1 & 0 & \ldots & 0 \\ 0 & 0 & 1 & & 0 \\ \vdots & & \ddots & \ddots & \vdots \\ 0 & & \ldots & 0 & 1 \\ -f_k(x) & \ldots & & & -f_1(x) \end{pmatrix}, \quad g(x) := \begin{pmatrix} 0 \\ \vdots \\ 0 \\ \gamma(x) \end{pmatrix}$$

für $x \in J$ umgeschrieben zu (I)

$$y' = F(x)y + g(x)$$

und damit in die obigen Überlegungen einbezogen.

Bilden dann $\eta_1, \ldots, \eta_k$ ein Fundamentalsystem der zugehörigen homogenen Differentialgleichung (1) aus Abschnitt 4.4

$$\eta^{(k)} + f_1(x)\eta^{(k-1)} + \cdots + f_k(x)\eta = 0 \qquad (x \in J)$$

und folglich

$$Y = \begin{pmatrix} \eta_1 & \ldots & \eta_k \\ \vdots & & \vdots \\ \eta_1^{(k-1)} & \ldots & \eta_k^{(k-1)} \end{pmatrix}$$

eine Fundamentalmatrix zu (H)

$$y' = F(x)y\,,$$

dann ergibt sich mit der zugehörigen WRONSKI-Determinante $w(x)$ aus der obigen Lösungsformel (1) (Variation der Konstanten) für die Lösung η mit $\eta(a) = \cdots = \eta^{(k-1)}(a) = 0$ über die CRAMER-Regel:

$$\eta(x) = \sum_{\kappa=1}^{k} \eta_\kappa(x) \int_a^x \frac{w_\kappa(t)}{w(t)}\, \gamma(t)\, dt\,, \tag{3}$$

wobei $w_\kappa(t)$ das *algebraische Komplement*[3] von $\eta_\kappa^{(k-1)}(t)$ in $Y(t)$ bezeichnet; denn für

[3] Zur Erinnerung: In $Y(t)$ werden die Zeile und die Spalte gestrichen, in der $\eta_\kappa^{(k-1)}(t)$ steht. Die Determinante dieser ‚Restmatrix' wird noch mit $(-1)^{\kappa+k}$ multipliziert.

$$v(t) := Y(t)^{-1}\, g(t) = Y(t)^{-1} \begin{pmatrix} 0 \\ \vdots \\ 0 \\ \gamma(t) \end{pmatrix}$$

gilt nach der CRAMER-Regel für $\kappa = 1, \ldots, k$

$$v_\kappa(t) = \frac{1}{w(t)} \begin{vmatrix} \eta_1(t) & \ldots & 0 & \ldots & \eta_k(t) \\ \vdots & & \vdots & & \vdots \\ \eta_1^{(k-1)}(t) & \ldots & \gamma(t) & \ldots & \eta_k^{(k-1)}(t) \end{vmatrix} = \frac{w_\kappa(t)}{w(t)}\gamma(t)\,.$$

(Die κ-te Spalte von $Y(t)$ ist hier durch $g(t)$ ersetzt.)

Wegen $\eta(a) = \cdots = \eta^{(k-1)}(a) = 0$ ist in der obigen Lösungsformel (1) der Vektor c gleich Null zu setzen, also

$$y(x) = Y(x)\int_a^x v(t)\,dt = \begin{pmatrix} \eta_1(x) & \ldots & \eta_k(x) \\ \vdots & & \vdots \\ \eta_1^{(k-1)}(x) & \ldots & \eta_k^{(k-1)}(x) \end{pmatrix} \begin{pmatrix} \int_a^x v_1(t)\,dt \\ \vdots \\ \int_a^x v_k(t)\,dt \end{pmatrix}.$$

Die erste Komponente von $y(x)$ liefert für η die notierte Formel (3). □

Eine alternative Darstellung der Lösungsformel (3) ergibt sich mit

$$G(x,t) := \frac{1}{w(t)} \begin{vmatrix} \eta_1(t) & \ldots & \eta_k(t) \\ \vdots & & \vdots \\ \eta_1^{(k-2)}(t) & \ldots & \eta_k^{(k-2)}(t) \\ \eta_1(x) & \ldots & \eta_k(x) \end{vmatrix} \qquad \text{für } x, t \in J$$

durch

$$\eta(x) = \int_a^x G(x,t)\gamma(t)\,dt\,. \tag{4}$$

Beweis: Die Entwicklung der Determinante nach der letzten Zeile ergibt:

$$\int_a^x G(x,t)\gamma(t)\,dt = \int_a^x \frac{\gamma(t)}{w(t)} \sum_{\kappa=1}^{k} \eta_\kappa(x)\cdot w_\kappa(t)\,dt \underset{(3)}{=} \eta(x)$$ □

4.7 Reduktion der Ordnung

Unter den Voraussetzungen aus Abschnitt 4.1 betrachten wir die zugehörige homogene lineare Differentialgleichung (H)

Kapitel 4

$$y' = F(x)y$$

mit dem *Ziel*, $r\,(< k)$ *linear unabhängige Lösungen* $y_1, \ldots, y_r$ ‚einfach' zu einem Fundamentalsystem zu ergänzen.

Dazu *transformieren* wir mit

$$T = \big(y_1, \ldots, y_r, t_{r+1}, \ldots, t_k\big),$$

wobei für $\sigma = r+1, \ldots, k$ stetig differenzierbare Funktionen $t_\sigma \colon J \longrightarrow \mathbb{C}^k$ so gewählt seien, daß $T(x)$ für alle $x \in J$ invertierbar ist:

$$y(x) = T(x)\,z(x) \quad (x \in J)$$

Eventuell wird man dies zunächst nur lokal machen.

Mit $\widetilde{F}(x) := T(x)^{-1}\big(F(x)T(x) - T'(x)\big)$ zeigten die Überlegungen aus Abschnitt 4.5: y ist genau dann Lösung von (H), wenn z die DGL

$$z' = \widetilde{F}(x)\,z \tag{1}$$

löst. Für $\varrho = 1, \ldots, r$ ist $\big(F(x)T(x) - T'(x)\big)e_\varrho = F(x)y_\varrho(x) - y_\varrho'(x) = 0$. $\widetilde{F}(x)$ hat daher die folgende Blockstruktur:

$$\widetilde{F}(x) = \underbrace{\left(\begin{array}{c|c} \mathbb{O} & \widetilde{F}_{12}(x) \\ \hline \mathbb{O} & \widetilde{F}_{22}(x) \end{array}\right)}_{r \quad\quad k-r} \begin{array}{l} \}\, r \\ \}\, k-r \end{array}$$

Eine Funktion $z \colon J \longrightarrow \mathbb{C}^k$ werde entsprechend der Struktur von $\widetilde{F}(x)$ für $x \in J$ dargestellt in der Form

$$z(x) = \left(\begin{array}{c} z_1(x) \\ \hline z_2(x) \end{array}\right) \begin{array}{l} \}\, r \\ \}\, k-r \end{array}.$$

Das reduzierte DGL-System (1) ist dann äquivalent zu:

$$z_1' = \widetilde{F}_{12}(x)\,z_2 \tag{2}$$

$$z_2' = \widetilde{F}_{22}(x)\,z_2 \tag{3}$$

Ist nun Z_{22} eine Fundamentalmatrix zu (3), dann ergibt sich aus (2) durch Integration (komponentenweise!)

$$Z_{12}(x) := \int_a^x \widetilde{F}_{12}(t)\,Z_{22}(t)\,dt + C$$

mit einer konstanten $r \times (k-r)$-Matrix C die Matrixfunktion Z_{12}. Setzt man

$$Z(x) := \left(\begin{array}{c|c} \mathbb{1}_r & Z_{12}(x) \\ \hline \mathbb{0} & Z_{22}(x) \end{array}\right),$$

so erhält man durch $Y(x) := T(x)\,Z(x)$ eine Fundamentalmatrix zu (H).

Speziell für die *homogene lineare Differentialgleichung k-ter Ordnung*

$$\boxed{\eta^{(k)} + f_1(x)\,\eta^{(k-1)} + \cdots + f_k(x)\,\eta = 0} \qquad (4)$$

sei *eine Lösung* η_1 *mit* $\eta_1(x) \neq 0$ für $x \in J$ bekannt. Hier transformiert man

$$\eta(x) = \eta_1(x)\,\zeta(x) \quad \text{für } x \in J$$

und erhält über die Produktregel von LEIBNIZ und Sortieren nach Ableitungen von ζ

$$\zeta^{(k)} + \widetilde{f}_1(x)\,\zeta^{(k-1)} + \cdots + \widetilde{f}_{k-1}(x)\,\zeta' = 0\,,$$

also eine homogene lineare Differentialgleichung $(k-1)$-ter Ordnung für ζ'.

Zu einem FS $v_2, \ldots, v_k$ der DGL $v^{(k-1)} + \widetilde{f}_1(x)\,v^{(k-2)} + \cdots + \widetilde{f}_{k-1}(x)\,v = 0$ bestimmt man $\zeta_2, \ldots, \zeta_k$ mit $\zeta_\kappa' = v_\kappa$ $(\kappa = 2, \ldots, k)$ und erhält durch $\eta_1, \eta_1\,\zeta_2, \ldots, \eta_1\,\zeta_k$ ein FS zu (4).

Die einfache Einordnung in die obigen allgemeinen Überlegungen (mit $r = 1$) führen wir nicht mehr aus.

Für *Beispiele* verweisen wir auf die ausführliche Behandlung dieser Themen in MWS 4.

Die Methode der Reduktion der Ordnung geht auf D'ALEMBERT zurück. Dieser hat jedoch wesentlich bedeutendere Dinge geleistet. Deshalb würdigen wir ihn mit separaten historischen Notizen:

Kapitel 4

Historische Notizen

Jean Baptiste le Rond D'ALEMBERT (1717–1783)

erhielt einen Teil seines Namens nach der kleinen Kapelle Saint-Jean-le-Rond nahe bei Notre-Dame, wo er von seiner Mutter als illegitimer Sohn eines Chevaliers ausgesetzt wurde. Sein leiblicher Vater ermöglichte ihm jedoch ein Studium in Paris. Er wurde schon 1741 Mitglied der Académie Royale des Sciences und 1754 der Académie Française. Er gab mit DIDEROT die ersten sieben Bände der Encyclopédie, eine der einflußreichsten Schriften der Wissenschaftsgeschichte, heraus. Neben physikalischen und mathematischen Arbeiten hat er philosophische, literarische, musikalische und historische Abhandlungen verfaßt und wurde einer der einflußreichsten Gelehrten Frankreichs seiner Zeit. Als Mathematiker stellte er neben seinen Beiträgen zu gewöhnlichen Differentialgleichungen 1743 das nach ihm benannte Prinzip der Mechanik auf, löste 1747 die partielle Differentialgleichung der schwingenden Saite und beschäftigte sich, von physikalischen Fragestellungen ausgehend, mit analytischen Funktionen komplexer Veränderlicher.

MWS zu Kapitel 4

Lineare Differentialgleichungen und DGL-Systeme I

Wichtige MAPLE-Befehle dieses Kapitels:

DEtools-Paket: polysols, ratsols, expsols, varparam, reduceOrder,
reduceOrder(..., basis)
linalg[wronskian], VectorCalculus[Wronskian]
convert(..., set), dsolve(..., output=basis)
map, zip

4.3 Homogene lineare Differentialgleichungssysteme

Beispiel 1

Wir greifen Beispiel (B1) aus Abschnitt 4.3 des Textteils auf:

$$\begin{pmatrix} y_1' \\ y_2' \end{pmatrix} = \begin{pmatrix} 0 & -1 \\ 1 & 0 \end{pmatrix} \begin{pmatrix} y_1 \\ y_2 \end{pmatrix}$$

Für die Behandlung des DGL-Systems mit Maple ist es zweckmäßig, dieses in ‚homogener Matrixform' zu notieren, um aus dieser mühelos in die ‚Mengenschreibweise' gelangen zu können, welche von dsolve erwartet wird:

```
> restart: with(LinearAlgebra):
  vy := Vector([y[1](x),y[2](x)]): # Vektorfunktion y
  F := Matrix([[0,-1],[1,0]]):
  Sys := map(diff,vy,x)-F.vy:
  'Sys' = Sys, 'Sys' = convert(Sys,set);
```

$$Sys = \begin{bmatrix} y_1' + y_2 \\ y_2' - y_1 \end{bmatrix},\ Sys = \{y_1' + y_2,\ y_2' - y_1\}$$

Entsprechendes geschieht mit den beiden Anfangsbedingungen, die hier betrachtet werden:

```
> a, b1, b2 := 0, Vector([1,0]), Vector([0,1]):
  AnfBed1 := eval(vy,x=a)-b1: AnfBed2 := eval(vy,x=a)-b2:
  'AnfBed1' = AnfBed1, 'AnfBed2' = AnfBed2;
```

$$AnfBed1 = \begin{bmatrix} y_1(0)-1 \\ y_2(0) \end{bmatrix}, \; AnfBed2 = \begin{bmatrix} y_1(0) \\ y_2(0)-1 \end{bmatrix}$$

Wir benutzen den Maple-Befehl dsolve als ‚Black-Box', um diese beiden AWAn zu lösen:

```
> sol1 := dsolve(convert(Sys,set) union convert(AnfBed1,set));
  sol2 := dsolve(convert(Sys,set) union convert(AnfBed2,set));
```

$$sol1 := \{y_1 = \cos(x),\, y_2 = \sin(x)\}, \quad sol2 := \{y_1 = -\sin(x),\, y_2 = \cos(x)\}$$

Auf folgende Weise gelangen wir von der Mengen- zur Vektorschreibweise zurück:

```
> y1 := eval(vy,sol1): y2 := eval(vy,sol2):
  'y1' = y1, 'y2' = y2;
```

$$y1 = \begin{bmatrix} \cos(x) \\ \sin(x) \end{bmatrix}, \; y2 = \begin{bmatrix} -\sin(x) \\ \cos(x) \end{bmatrix}$$

Aufgrund der speziellen Wahl der Anfangsbedingungen — die beiden Vektoren $b1$ und $b2$ sind ja linear unabhängig gewählt — können wir mit den beiden Vektorfunktionen $y1$ und $y2$ eine Fundamentalmatrix bilden:

```
> Y := unapply(Matrix([y1,y2]),x): 'Y(x)' = Y(x);
```

$$Y(x) = \begin{bmatrix} \cos(x) & -\sin(x) \\ \sin(x) & \cos(x) \end{bmatrix}$$

Wir machen die Probe:

```
> map(diff,Y(x),x)-F.Y(x), simplify(Determinant(Y(x)));
```

$$\begin{bmatrix} 0 & 0 \\ 0 & 0 \end{bmatrix}, \; 1$$

Die Determinante hätten wir natürlich nicht berechnen brauchen, da sie für $x = 0$ und damit überall ungleich Null ist. Zur allgemeinen Lösung kann man z. B. auf folgende beiden Arten gelangen:

```
> Vector([y[1],y[2]]) = Y(x).Vector([c[1],c[2]]),
  dsolve(convert(Sys,set));
```

$$\begin{bmatrix} y_1 \\ y_2 \end{bmatrix} = \begin{bmatrix} \cos(x)\, c_1 - \sin(x)\, c_2 \\ \sin(x)\, c_1 + \cos(x)\, c_2 \end{bmatrix},$$

$$\{y_1 = \_C1 \sin(x) + \_C2 \cos(x),\; y_2 = -\_C1 \cos(x) + \_C2 \sin(x)\}$$

Beispiel 2

Weniger elementar ist das DGL-System

$$\begin{bmatrix} y_1' \\ y_2' \end{bmatrix} = \frac{1}{1-x^2} \begin{bmatrix} -x & 1 \\ 1 & -x \end{bmatrix} \begin{bmatrix} y_1 \\ y_2 \end{bmatrix}$$

```
> restart: with(LinearAlgebra):
  vy := Vector([y[1](x),y[2](x)]): # Vektorfunktion
  F  := x -> Multiply(1/(1-x^2),Matrix([[-x,1],[1,-x]])):
  Sys := map(diff,vy,x)-(F(x).vy);
```

$$Sys := \begin{bmatrix} y_1' + \dfrac{x\,y_1}{1-x^2} - \dfrac{y_2}{1-x^2} \\ y_2' - \dfrac{y_1}{1-x^2} + \dfrac{x\,y_2}{1-x^2} \end{bmatrix}$$

Uns interessiert dessen allgemeine Lösung. Wir schauen zu, wie sie von dsolve berechnet wird:


```
> infolevel[dsolve] := 3:
  sol := dsolve(convert(Sys,set));
  infolevel[dsolve] := 0:
```

```
-> Solving each unknown as a function of the next ones using the
   order: [y[2](x), y[1](x)]
-> Calling odsolve with the ODE diff(diff(y(x) x) x) = 0 y(x)
   singsol = none
Methods for second order ODEs:
--- Trying classification methods ---
trying a quadrature
<- quadrature successful
```

$$sol := \{y_1 = \_C1\,x + \_C2,\ y_2 = \_C1 + x\,\_C2\}$$

Offensichtlich macht Maple einen Umweg über eine lineare DGL 2. Ordnung. Einfacher geht es mit Addition bzw. Subtraktion der beiden DGLen. Die Substitutionen $u := y_1 + y_2$ bzw. $v := y_1 - y_2$ führen über die allgemeinen Lösungen dieser beiden dann entstehenden einfachen DGLen in u und v zu y_1 und y_2 zurück. Die Probe mit odetest bestätigt die Korrektheit des Maple-Ergebnisses:

```
> odetest(sol,convert(Sys,set)); # Probe
```

$$\{0\}$$

Mittels geeigneter Spezialisierung erhalten wir ein Fundamentalsystem

```
> eval(sol,{_C1=1,_C2=0}): y1 := eval(vy,%):
  eval(sol,{_C1=0,_C2=1}): y2 := eval(vy,%):
  'y1(x)' = y1, 'y2(x)' = y2;
```

$$y1(x) = \begin{bmatrix} x \\ 1 \end{bmatrix}, \; y2(x) = \begin{bmatrix} 1 \\ x \end{bmatrix}$$

und hiermit eine Fundamentalmatrix:

```
> Y := unapply(Matrix([y1,y2]),x): # Fundamentalmatrix
  'Y(x)' = Y(x), 'Det(Y(x))' = Determinant(Y(x));
```

$$Y(x) = \begin{bmatrix} x & 1 \\ 1 & x \end{bmatrix}, \; \mathrm{Det}(Y(x)) = -1 + x^2$$

Zum Schluß verifizieren wir noch die Formel von LIOUVILLE:

```
> w(x) = Determinant(Y(x));           # Wronski-Determinante
  diff(w(x),x) = Trace(F(x))*w(x); # Formel von Liouville
  odetest(%%,%);
```

$$w(x) = -1 + x^2, \quad w' = -\frac{2\,x\,w(x)}{1 - x^2}, \quad 0$$

4.4 Homogene lineare DGLen höherer Ordnung

Lineare DGLen k-ter Ordnung lassen sich bekanntlich äquivalent umformen in ein DGL-System von k DGLen 1. Ordnung. Statt des Umweges über Systeme ist es für das praktische Vorgehen häufig vorteilhafter, DGLen höherer Ordnung *direkt* zu lösen. Maple stellt für diesen wichtigen Fall eine Reihe spezieller Tools und Optionen zur Verfügung, die es für Systeme nicht gibt.

Beispiel 3

An diesem Beispiel zeigen wir, wie man mit Maple spezielle Typen von (linear unabhängigen) Lösungen oder sogar ein Fundamentalsystem erhalten kann:

```
> restart: with(LinearAlgebra):
  f1 := x -> -(x+5)/x: f2 := x -> 3/x:
  Dgl := diff(y(x),x$2)+f1(x)*diff(y(x),x)+f2(x)*y(x) = 0;
```

$$Dgl := y'' - \frac{(x+5)\,y'}{x} + \frac{3y}{x} = 0$$

Das DEtools-Paket stellt die Befehle polysols, ratsols und expsols bereit, mit deren Hilfe untersucht werden kann, ob eine vorliegende DGL polynomiale oder rationale Funktionen bzw. Exponentialpolynome als Lösungen besitzt. Gegebenenfalls werden diese in einer Liste ausgegeben:

```
> with(DEtools):
  Pol := polysols(Dgl,y(x)); # liefert polynomiale Lösungen
  Rat := ratsols(Dgl,y(x));  # liefert rationale Lösungen
  Exp := expsols(Dgl,y(x));  # liefert Exponential-Lösungen
```

$$Pol := [60 + 36x + 9x^2 + x^3], \quad Rat := [60 + 36x + 9x^2 + x^3],$$
$$Exp := [e^x (20 - 8x + x^2), 60 + 36x + 9x^2 + x^3]$$

Die Kenntnis spezieller Lösungen kann man dazu verwenden, die Ordnung der DGL zu reduzieren (vgl. Abschnitt 4.7). Im Falle $k = 2$ gelingt mit der Formel von LIOUVILLE eine Reduktion auf den Fall $k = 1$:

```
> Y := VectorCalculus[Wronskian]([Pol[1],y[2](x)],x);
  # alternativ: linalg[wronskian]([Pol[1],y[2](x)],x):
  F1 := simplify(exp(-int(f1(x),x)),exp): w := Determinant(Y):
  Dgl2 := collect(w,[diff(y[2](x),x),y[2](x)]) = F1;
```

$$Y := \begin{bmatrix} 60 + 36x + 9x^2 + x^3 & y_2 \\ 36 + 18x + 3x^2 & y_2' \end{bmatrix},$$
$$Dgl2 := (60 + 36x + 9x^2 + x^3)\, y_2' + (-36 - 18x - 3x^2)\, y_2 = e^x x^5$$

Die Lösungen dieser DGL ergänzen die polynomiale Lösung $y_1(x) = 60 + 36x + 9x^2 + x^3$ zu einem Fundamentalsystem der oben vorgelegten DGL:

```
> dsolve(Dgl2,y[2](x));
```

$$y_2 = (60 + 36x + 9x^2 + x^3)\,\_C1 + e^x (20 - 8x + x^2)$$

Fundamentalsysteme homogener linearer DGLen lassen sich aber auch mit *dsolve* unter Verwendung der Option output=basis berechnen:

```
> dsolve(Dgl,y(x),output=basis);
```

$$[60 + 36x + 9x^2 + x^3,\ e^x (20 - 8x + x^2)]$$

4.6 Inhomogene lineare Differentialgleichungen

Beispiel 4

Wir greifen Beispiel 2 auf und erweitern es um eine Inhomogenität. Gesucht ist eine Lösung folgender AWA:

```
> restart: with(LinearAlgebra):
  vy := Vector([y[1](x),y[2](x)]):        # Vektorfunktion y
  Sys := map(diff,vy,x)-(F(x).vy+g(x)): # inhomogenes System
```

MWS 4

```
F  := x -> Multiply(1/(1-x^2),Matrix([[-x,1],[1,-x]])):
g  := x -> Vector([x^2,x^3]):             # Inhomogenität
a, b  := 0, Vector([2,1]): AnfBed := eval(vy,x=a)-b:
'Sys' = Sys, 'AnfBed' = AnfBed;
```

$$Sys = \begin{bmatrix} \frac{x\,y_1}{1-x^2} - \frac{y_2}{1-x^2} - x^2 + y_1' \\ -\frac{y_1}{1-x^2} + \frac{x\,y_2}{1-x^2} - x^3 + y_2' \end{bmatrix},\quad AnfBed = \begin{bmatrix} y_1(0) - 2 \\ y_2(0) - 1 \end{bmatrix}$$

Für das zugehörige homogene DGL-System ist folgende Fundamentalmatrix bekannt (vgl. Beispiel 2):

```
> Y := x -> Matrix([[1,x],[x,1]]):
  'Y(x)' = Y(x);
```

$$Y(x) = \begin{bmatrix} 1 & x \\ x & 1 \end{bmatrix}$$

Mittels *Variation der Konstanten* berechnen wir eine *partikuläre Lösung* des inhomogenen DGL-Systems:

```
> Y(x)^(-1).g(x): map(int,%,x):
  c := unapply(%,x):
  y_P := x -> eval(Y(x).c(x)): # partikuläre Lösung
  'c(x)' = c(x), 'y_P(x)' = y_P(x);
```

$$c(x) = \begin{bmatrix} \frac{1}{3}x^3 \\ 0 \end{bmatrix},\quad y\_P(x) = \begin{bmatrix} \frac{1}{3}x^3 \\ \frac{1}{3}x^4 \end{bmatrix}$$

Wir machen die Probe entweder mit Hilfe des Maple-Befehls odetest

```
> {seq(y[k](x)=y_P(x)[k],k=1..2)}:
  odetest(%,convert(Sys,set));
```

$$\{0\}$$

oder alternativ so:

```
> map(diff,y_P(x),x)-(F(x).y_P(x)+g(x)): map(simplify,%);
```

$$\begin{bmatrix} 0 \\ 0 \end{bmatrix}$$

Damit kennen wir die Lösungsgesamtheit des inhomogenen DGL-Systems in der Form $y(x) = y\_P(x) + Y(x)c$. Die Lösung der Anfangswertaufgabe reduziert sich somit auf ein lineares Gleichungssystem für den unbekannten Vektor c:

```
> LinearSolve(Y(a),b-y_P(a)):
  'c' = %, 'y(x)' = y_P(x)+Y(x).%;
```

$$c = \begin{bmatrix} 2 \\ 1 \end{bmatrix}, \; y = \begin{bmatrix} \frac{1}{3}x^3 + x + 2 \\ \frac{1}{3}x^4 + 2x + 1 \end{bmatrix}$$

Im ‚Normalfall' werden wir die AWA natürlich mit dsolve lösen:

```
> dsolve(convert(Sys,set) union convert(AnfBed,set));
```

$$\{y_1 = \frac{1}{3}x^3 + x + 2, \; y_2 = \frac{1}{3}x^4 + 2x + 1\}$$

Beispiel 5

Wir demonstrieren an folgender AWA einige der verschiedenen Lösungsmöglichkeiten, die Maple bietet:

```
> restart: with(LinearAlgebra):
  Dgl := diff(y(x),x$2)-3*diff(y(x),x)+2*y(x) = sin(x);
  AnfBed := y(0) = 0, D(y)(0) = 1;
```

$$Dgl := y'' - 3y' + 2y = \sin(x), \quad AnfBed := y(0) = 0, \; \mathrm{D}(y)(0) = 1$$

Am einfachsten geht es mit dsolve:

```
> dsolve({Dgl,AnfBed},y(x));
```

$$y = \frac{3}{10}\cos(x) + \frac{1}{10}\sin(x) + \frac{6}{5}e^{2x} - \frac{3}{2}e^x$$

Will man jedoch etwas hinter die Kulissen schauen, so bestimmt man die gesuchte Lösung am besten schrittweise, indem man den Überlegungen im Textteil folgt.

Der Maple-Befehl dsolve mit der Option output=basis liefert ein Fundamentalsystem der zugehörigen homogenen DGL sowie eine partikuläre Lösung der inhomogenen DGL:

```
> sols := dsolve(Dgl,y(x),output=basis);
```

$$sols := \left[\left[e^x, e^{2x}\right], \frac{3}{10}\cos(x) + \frac{1}{10}\sin(x)\right]$$

Die Probe bestätigt dies:

```
> Dgl_hom := subs(sin(x)=0,Dgl):
  seq(odetest(y(x)=z,Dgl_hom),z=sols[1]), odetest(y(x)=sols[2],Dgl);
```

$$0, 0, 0$$

Ausgehend von einem Fundamentalsystem der homogenen DGL kann man mit Variation der Konstanten eine partikuläre Lösung berechnen. Maple stellt hierzu den Befehl varparam zur Verfügung:

```
> DEtools[varparam](sols[1],sin(x),x);
```

$$\_C_1 e^x + \_C_2 e^{2x} + \frac{3}{10}\cos(x) + \frac{1}{10}\sin(x)$$

Zieht man die Lösungsformel (4) aus Abschnitt 4.6 des Textteils heran, so geht dies mit Hilfe der WRONSKI-Matrix in Einzelschritten so:

```
> Y := VectorCalculus[Wronskian](sols[1],x): # Wronski-Matrix
  'Y(x)' = Y;
```

$$Y(x) = \begin{bmatrix} e^x & e^{2x} \\ e^x & 2e^{2x} \end{bmatrix}$$

```
> simplify(Determinant(Y),exp):
  w := unapply(%,x): # Wronski-Determinante
  'w(x)' = w(x);
```

$$w(x) = e^{3x}$$


```
> Y_mod := subs(x=t,Y): # modifizierte Wronski-Matrix
  Y_mod[2..2,1..2] := Y[1..1,1..2]: 'Y_mod' = Y_mod;
```

$$Y\_mod = \begin{bmatrix} e^t & e^{2t} \\ e^x & e^{2x} \end{bmatrix}$$

```
> Int(Determinant(Y_mod)/w(t)*sin(t),t=0..x):
  'y_P(x)' = %; y_P := (combine@value)(%%):
  'y_P(x)' = y_P; # partikuläre Lösung
```

$$y\_P(x) = \int_0^x \frac{(e^t e^{2x} - e^{2t} e^x)\sin(t)}{e^{3t}}\,dt = \frac{3}{10}\cos(x) + \frac{1}{10}\sin(x) + \frac{1}{5}e^{2x} - \frac{1}{2}e^x$$

Damit kennen wir die allgemeine Lösung der inhomogenen DGL:

```
> y := unapply(y_P+c[1]*sols[1,1]+c[2]*sols[1,2],x):
  'y(x)' = y(x);
```

$$y = \frac{3}{10}\cos(x) + \frac{1}{10}\sin(x) + \frac{1}{5}e^{2x} - \frac{1}{2}e^x + c_1 e^x + c_2 e^{2x}$$

Es bleiben noch die freien Parameter c_1, c_2 mittels der Anfangsbedingungen zu bestimmen:

```
> AnfBed; solve({AnfBed}); assign(%):
  'y(x)' = y(x);
```

$$c_1 + c_2 = 0,\ c_1 + 2c_2 = 1,\quad \{c_1 = -1,\ c_2 = 1\},$$
$$y = \frac{3}{10}\cos(x) + \frac{1}{10}\sin(x) + \frac{6}{5}e^{2x} - \frac{3}{2}e^x$$

4.7 Reduktion der Ordnung

Beispiel 6

Vorgegeben sei das homogene DGL-System

$$\begin{bmatrix} y_1' \\ y_2' \end{bmatrix} = \begin{bmatrix} \cos(2x)\,y_1 + (\sin(2x) - 1)\,y_2 \\ (\sin(2x) + 1)\,y_1 - \cos(2x)\,y_2 \end{bmatrix} .$$

Es ist erstaunlich, daß dieses doch relativ einfache DGL-System Maple Probleme bereitet, wovon man sich mit den weiter unten definierten Größen *Sys* und *vy* durch

```
> dsolve(convert(Sys,set),convert(vy,set)):
```

sofort überzeugt. Wenn Maple überhaupt eine Lösung liefert (versionsabhängig!), so ist diese sehr unübersichtlich. Deshalb gehen wir den Weg über Reduktion der Ordnung: Wir versuchen, die schon als bekannt angesehene Lösung $y1(x) = \begin{bmatrix} e^x \cos(x) \\ e^x \sin(x) \end{bmatrix}$ zu einem Fundamentalsystem zu ergänzen.


```
> restart: with(LinearAlgebra):
  vy := Vector([y[1](x),y[2](x)]): # Vektorfunktion
  F  := x -> Matrix([[cos(2*x),sin(2*x)-1],[sin(2*x)+1,-cos(2*x)]]):
  Sys := map(diff,vy,x)-(F(x).vy);
```

$$Sys := \begin{bmatrix} y_1' - \cos(2x)\,y_1 - (\sin(2x) - 1)\,y_2 \\ y_2' - (\sin(2x) + 1)\,y_1 + \cos(2x)\,y_2 \end{bmatrix}$$

Vorsichtshalber überprüfen wir, daß $y1$ tatsächlich eine Lösung ist:

```
> y1 := x -> Vector([exp(x)*cos(x),exp(x)*sin(x)]): # spezielle Lösung
  map(diff,y1(x),x)-F(x).y1(x): # Probe
  'y1(x)' = y1(x), map(simplify@expand,%);
```

$$y1(x) = \begin{bmatrix} e^x \cos(x) \\ e^x \sin(x) \end{bmatrix}, \begin{bmatrix} 0 \\ 0 \end{bmatrix}$$

In naheliegender Weise erhält man folgende invertierbare Transformationsmatrix:

```
> T := x -> Matrix([y1(x),<0,1>]):
  'T(x)' = T(x), 'Det(T(x))' = Determinant(T(x));
```

$$T(x) = \begin{bmatrix} e^x \cos(x) & 0 \\ e^x \sin(x) & 1 \end{bmatrix}, \ \mathrm{Det}(T(x)) = e^x \cos(x)$$

Hiermit ergibt sich die neue Koeffizientenmatrix

```
> F1 := x->map(simplify@expand,T(x)^(-1).(F(x).T(x)-map(diff,T(x),x))):
  'F1(x)' = F1(x);
```

$$F1(x) = \begin{bmatrix} 0 & \frac{(2\sin(x)\cos(x)-1)\,e^{-x}}{\cos(x)} \\ 0 & -\frac{\cos(x)-\sin(x)}{\cos(x)} \end{bmatrix}$$

sowie das reduzierte DGL-System:

```
> vz := Vector([z[1](x),z[2](x)]):
  Sys1 := map(diff,vz,x)-F1(x).vz;
```

$$Sys1 := \begin{bmatrix} z_1' - \frac{(2\sin(x)\cos(x)-1)\,e^{-x}\,z_2}{\cos(x)} \\ z_2' + \frac{(\cos(x)-\sin(x))\,z_2}{\cos(x)} \end{bmatrix}$$

Die zweite Gleichung ist eine einfach zu lösende DGL 1. Ordnung; die Lösung der ersten Gleichung ergibt sich dann nach Einsetzen von z_2 durch Berechnen der Stammfunktion. Da Maple bei dem int-Befehl die Integrationskonstante ‚vergißt', berechnen wir die Stammfunktion ebenfalls mit dsolve.

```
> sol1 := dsolve({Sys1[2]});
```

$$sol1 := \left\{ z_2 = \frac{\_C1\, e^{-x}}{\cos(x)} \right\}$$

```
> subs(sol1,{Sys1[1]}); dsolve(%):
  sol2 := collect(%,{_C1,_C2});
```

$$\left\{ z_1' - \frac{(2\sin(x)\cos(x)-1)\,(e^{-x})^2\,\_C1}{\cos(x)^2} \right\}$$

$$sol2 := \left\{ z_1 = \frac{2\,e^{-2x}\tan\left(\frac{x}{2}\right)\_C1}{-1+\tan\left(\frac{x}{2}\right)^2} + \_C2 \right\}$$

```
> sol := sol1 union sol2:
```

Wir kommen zur Rücktransformation

```
> zip((u,v)->u=v,vy,T(x).vz): eval(%,sol):
  map(simplify,%): map(collect,%,{_C1,_C2}):
  map(simplify,%,exp);
```

$$\begin{bmatrix} y_1 = -\_C1\, e^{-x} \sin(x) + e^x \cos(x)\,\_C2 \\ y_2 = \_C1\, e^{-x} \cos(x) + e^x \sin(x)\,\_C2 \end{bmatrix}$$

und kontrollieren dieses Resultat:

```
> subs(convert(%,set),convert(Sys,set)): map(combine,%);
```

$$\{0\}$$

Als *Übungsaufgabe* überlassen wir dem interessierten Leser die Lösung des homogenen DGL-Systems

$$\begin{bmatrix} y_1' \\ y_2' \\ y_3' \end{bmatrix} = \begin{bmatrix} (1 + \frac{1}{x} - x\,e^x)\,y_1 - e^x\,y_2 + x\,e^x\,y_3 \\ -y_1 + (x - \frac{1}{x})\,y_2 + (1 - e^{-x})\,y_3 \\ -x\,e^x\,y_1 + (x + x^2)\,e^x\,y_2 + x\,(e^x - 1)\,y_3 \end{bmatrix}$$

auf zwei Arten mit dsolve, und zwar einerseits durch *direkte* Anwendung auf das vorgegebene System, andererseits mittels *Reduktion* unter Verwendung der speziellen Lösung

$$y1(x) = \begin{bmatrix} e^x \\ \frac{1}{x} \\ e^x \end{bmatrix}.$$

MWS 4

Beispiel 7

Wir kommen auf Beispiel 3 zurück

```
> restart: with(DEtools):
  Dgl := diff(y(x),x$2)-(x+5)/x*diff(y(x),x)+3/x*y(x);
```

$$Dgl := y'' - \frac{(x+5)\,y'}{x} + \frac{3\,y}{x}$$

und erinnern uns daran, daß die DGL eine Polynomlösung hatte:

```
> polysols(Dgl,y(x)): y1 := op(%); # spezielle Lösung
```

$$y1 := 60 + 36x + 9x^2 + x^3$$

Schrittweises Lösen mittels Reduktion der Ordnung soll uns zeigen, was im einzelnen passiert:

```
> subs(y(x)=y1*z(x),Dgl): expand(%):
  Dgl1 := collect(%,{diff(z(x),x),diff(z(x),x$2)});
```

$$Dgl1 := \left(-168 - 45x - 8x^2 - x^3 - \frac{300}{x} \right) z' + (60 + 36x + 9x^2 + x^3)\, z''$$

```
> Dgl_red := subs({diff(z(x),x)=u(x),diff(z(x),x$2)=diff(u(x),x)},Dgl1);
```

$$Dgl\_red := \left(-168 - 45x - 8x^2 - x^3 - \frac{300}{x}\right)u + (60 + 36x + 9x^2 + x^3)u'$$

```
> dsolve(Dgl_red,u(x),output=basis): diff(z(x),x) = op(%);
  z(x) = int(rhs(%),x);
  y(x) = simplify(y1*rhs(%));
```

$$z' = \frac{e^x x^5}{(60 + 36x + 9x^2 + x^3)^2}, \quad z = \frac{(20 - 8x + x^2)e^x}{60 + 36x + 9x^2 + x^3},$$
$$y = (20 - 8x + x^2)e^x$$

Jetzt setzen wir den Maple-Befehl reduceOrder (aus dem DEtools-Paket) ein. Offensichtlich erhalten wir dieselbe spezielle Lösung:

```
> reduceOrder(Dgl,y(x),y1): (simplify@value)(%):
  %%, %;
```

$$(60 + 36x + 9x^2 + x^3)\int \frac{e^{\int (1+\frac{5}{x})\,dx}}{(60 + 36x + 9x^2 + x^3)^2}\,dx,\ (20 - 8x + x^2)e^x$$

Mittels der Option basis erhält man ein Fundamentalsystem in Form einer Liste:

```
> reduceOrder(Dgl,y(x),y1,basis): L := map(simplify,%);
```

$$L := \left[60 + 36x + 9x^2 + x^3,\ (20 - 8x + x^2)e^x\right]$$

Die Probe bestätigt dies:

```
> seq(odetest(y(x)=z,Dgl),z=L); # Probe
  VectorCalculus[Wronskian](L,x):
  WronskiDet = LinearAlgebra[Determinant](%);
```

$$0,\ 0,\quad WronskiDet = e^x x^5$$

Beispiel 8 (vgl. [Ka], Seite 179)

Anhand einer DGL 3. Ordnung lernen wir weitere Facetten von reduceOrder kennen:

```
> restart: with(DEtools):
  Dgl:=x^3*diff(y(x),x$3)+3*x^2*diff(y(x),x$2)-2*x*diff(y(x),x)+2*y(x);
  dsolve(Dgl);
```

$$Dgl := x^3 y''' + 3x^2 y'' - 2xy' + 2y, \quad y = \frac{\_C1}{x^2} + \_C2\,x + \_C3\,x\ln(x)$$

Mittels ratsols kann man also zwei linear unabhängige Lösungen der homogenen DGL bestimmen:

MWS 4

```
> sols := ratsols(Dgl,y(x));
```

$$sols := \left[\frac{1}{x^2},\ x\right]$$

```
> y1 := sols[1]: y2 := sols[2]:
```

Im Gegensatz zu Beispiel 7 liefert reduceOrder jetzt zunächst eine reduzierte DGL 2. Ordnung:

```
> Dgl_red := reduceOrder(Dgl,y(x),y1);
```

$$Dgl\_red := x^2 y'' - 3xy' + 4y$$

Die Berechnung eines Fundamentalsystem der ursprünglichen DGL bereitet Maple so keine Schwierigkeiten:

```
> reduceOrder(Dgl,y(x),y1,basis);
```

$$\left[\frac{1}{x^2},\ \frac{1}{3}x,\ \frac{\frac{1}{3}x^3\ln(x) - \frac{1}{9}x^3}{x^2}\right]$$

Kennt man — wie in diesem Fall — mehrere linear unabhängige Lösungen der homogenen DGL, so kann reduceOrder die Reduktionsschritte simultan durchführen. Die Ordnung reduziert sich dann um die Anzahl der speziellen Lösungen, hier also um 2.

```
> reduceOrder(Dgl,y(x),[y1,y2]): value(%);
  odetest(y(x)=%,Dgl_red);
```

$$\frac{1}{3}x^2\ln(x),\quad 0$$

Die Ordnung der reduzierten DGL ist gleich 1; man erhält hier leicht eine Lösung von *Dgl_red*.

Die Berechnung eines Fundamentalsystems gelingt auch auf diesem Wege problemlos:

```
> reduceOrder(Dgl,y(x),[y1,y2],basis): map(normal,%);
  map(z->y(x)=z,%): map(odetest,%,Dgl);
```

$$\left[\frac{1}{x^2},\ x,\ \frac{1}{27}x\left(3\ln(x) - 1\right)\right],\quad [0, 0, 0]$$

MWS 4

Kapitel 5

Lineare Differentialgleichungen und DGL-Systeme II

Wie schon im vorangehenden Kapitel vermerkt, bringt dieses Kapitel nun für wichtige Spezialfälle — konstante Koeffizienten und periodische Koeffizientenfunktionen — Ergänzungen zu den allgemeinen Überlegungen sowie spezielle Gesichtspunkte und Methoden. Ein entscheidendes Hilfsmittel dazu ist die Exponentialfunktion von Matrizen. Für die durchsichtige Herleitung einiger Ergebnisse setzen wir die JORDAN-*Normalform* ein. Eine leistungsfähige Alternative dazu — insbesondere auch für Leser, denen diese linear-algebraischen Dinge nicht vertraut sind — bringt der Anhang über Matrixfunktionen.

Wir erläutern vorbereitend einige der folgenden Überlegungen am einfachen *Spezialfall* $k = 2$: Mit einer $(2,2)$-Matrix A sei das DGL-System

$$y' = Ay \qquad (*)$$

betrachtet. Ist A *diagonalisierbar,* d. h.

$$D := S^{-1}AS = \begin{pmatrix} \mu & 0 \\ 0 & \nu \end{pmatrix} \quad \text{mit} \quad \mu, \nu \in \mathbb{C}$$

für eine geeignete invertierbare $(2,2)$-Matrix S, dann führt die Transformation $z := S^{-1}y$ auf das *‚entkoppelte‘ DGL-System* $z' = Dz$. Dieses zerfällt für die beiden Komponentenfunktionen z_1 und z_2 in die skalaren DGLen $z_1' = \mu z_1$ und $z_2' = \nu z_2$, wovon nicht-triviale Lösungen sofort durch

W. Forst, D. Hoffmann, *Gewöhnliche Differentialgleichungen*, Springer-Lehrbuch,
DOI 10.1007/978-3-642-37883-6_5,

$z_1(x) = \exp(\mu x)$ und $z_2(x) = \exp(\nu x)$ gegeben sind. Die Rücktransformation $y = Sz$ liefert die Komponentenfunktionen y_1 und y_2 als Linearkombinationen von z_1 und z_2.

Die erste Spalte s_1 von S ist ein *Eigenvektor* zum *Eigenwert* μ von A:

$$As_1 = ASe_1 = SDe_1 = S\mu e_1 = \mu s_1 .$$

Entsprechend ist die zweite Spalte s_2 von S ein Eigenvektor zum Eigenwert ν von A.

Ist A *nicht diagonalisierbar,* dann existiert nach dem Satz über die JORDAN-Normalform eine invertierbare $(2, 2)$-Matrix S so, daß

$$J := S^{-1}AS = \begin{pmatrix} \mu & 1 \\ 0 & \mu \end{pmatrix} \quad \text{mit einem } \mu \in \mathbb{C} .$$

Die erste Spalte s_1 von S ist wieder ein *Eigenvektor* zum *Eigenwert* μ von A. Die zweite Spalte s_2 ist ein zugehöriger *Hauptvektor der Stufe 2:*

$$(A - \mu E)s_2 = ASe_2 - \mu s_2 = SJe_2 - \mu s_2 = S(e_1 + \mu e_2) - \mu s_2 = s_1 .$$

Die Transformation $z := S^{-1}y$ führt hier auf das DGL-System $z' = Jz$ und mit den beiden Komponentenfunktionen z_1 und z_2 zu den einfachen skalaren DGLen $z_2' = \mu z_2$ und $z_1' = \mu z_1 + z_2$. Mit komplexen Zahlen c und d ist die Lösung z_2 der ersten DGL durch $z_2(x) = d\exp(\mu x)$ und dann die der zweiten durch $z_1(x) = (c + dx)\exp(\mu x)$ gegeben. Damit führt

$$y(x) = \begin{pmatrix} y_1(x) \\ y_2(x) \end{pmatrix} = S\,z(x) = S \begin{pmatrix} z_1(x) \\ z_2(x) \end{pmatrix}$$

zur Lösung von $(*)$.

Man sieht schon hier, daß für den allgemeinen Fall *Normalformen* eine Rolle spielen werden und für die Transformation dorthin *Eigenwerte, Eigenvektoren* und gegebenenfalls *Hauptvektoren.*

5.1 Exponentialfunktion von Matrizen

Zu $k \in \mathbb{N}$ betrachten wir $\mathbb{C}^k$ mit einer beliebigen Norm $|\ |$
und $\mathbb{M}_k$ mit der zugehörigen Abbildungsnorm $|\ |$.

Bemerkung 5.1.1 $|\ |$ *ist eine Norm auf dem Vektorraum* $\mathbb{M}_k$ *mit*

$$|AB| \leq |A||B| \quad \text{für } A, B \in \mathbb{M}_k \quad \text{und} \quad |E| = 1 \quad \text{für } E := \mathbb{I}_k .$$

Kapitel 5

$\mathbb{M}_k$ kann als normierter Vektorraum mit dem $\mathbb{C}^{k^2}$ identifiziert werden. Die Konvergenz in $\mathbb{M}_k$ bedeutet daher gerade die komponentenweise Konvergenz.

Wir erinnern kurz an einige aus der mehrdimensionalen Analysis vertrauten Dinge. Für $M, M_\nu \in \mathbb{M}_k \quad (\nu \in \mathbb{N}_0)$ gilt:

$$\sum_{\nu=0}^{\infty} M_\nu \begin{cases} \textit{konvergent} \\ = M \end{cases} \quad :\Longleftrightarrow \quad \begin{cases} \left(\sum\limits_{\nu=0}^{n} M_\nu\right) \text{ konvergent} \\ \sum\limits_{\nu=0}^{n} M_\nu \longrightarrow M \quad (n \longrightarrow \infty) \end{cases}$$

Gilt $\sum\limits_{\nu=0}^{\infty} |M_\nu| < \infty$, so sagen wir: $\sum\limits_{\nu=0}^{\infty} M_\nu$ ist *„normkonvergent"*. Die Normkonvergenz von $\sum\limits_{\nu=0}^{\infty} M_\nu$ impliziert die Konvergenz und

$$\left|\sum_{\nu=0}^{\infty} M_\nu\right| \le \sum_{\nu=0}^{\infty} |M_\nu| .$$

Für $M \in \mathbb{M}_k$ ist

$$\exp(M) := \sum_{\nu=0}^{\infty} \frac{1}{\nu!} M^\nu$$

normkonvergent mit $\exp(0) = E$ und $\left|\exp(M)\right| \le \exp\left(|M|\right)$.

Der *Beweis* folgt unmittelbar aus $|M^\nu| \le |M|^\nu$ für $\nu \in \mathbb{N}_0$. □

Durch Betrachtung der jeweiligen Partialsummen und anschließenden Grenzübergang erhält man sofort die folgenden Aussagen:

Bemerkung 5.1.2

$$\exp\begin{pmatrix} \lambda_1 & & 0 \\ & \ddots & \\ 0 & & \lambda_k \end{pmatrix} = \begin{pmatrix} \exp(\lambda_1) & & 0 \\ & \ddots & \\ 0 & & \exp(\lambda_k) \end{pmatrix} \quad \textit{für } \lambda_1, \ldots, \lambda_k \in \mathbb{C},$$

speziell

$$\exp(zE) = \exp(z)E \quad \textit{für } z \in \mathbb{C} .$$

Ferner gelten $N\exp(M) = \exp(M)N$ *für* $M, N \in \mathbb{M}_k$ *mit* $MN = NM$ *und* $\exp\left(S^{-1}MS\right) = S^{-1}\exp(M)S$ *für invertierbares* $S \in \mathbb{M}_k$.

Kapitel 5

Wie im Fall der skalaren Exponentialfunktion in der eindimensionalen Analysis ergibt sich der *Beweis* der nachfolgenden Bemerkung. Das Resultat erhält man aber auch als einfache Folgerung aus Satz 5.1.4, was wir weiter unten noch ausführen werden.

Bemerkung 5.1.3

Für $M, N \in \mathbb{M}_k$ *mit* $MN = NM$ *gilt:* $\exp(M+N) = \exp(M)\exp(N)$

Speziell hat man so für $M \in \mathbb{M}_k$:

$\exp(M)$ *ist invertierbar mit* $\big(\exp(M)\big)^{-1} = \exp(-M)$.

Beweis: $E = \exp(0) = \exp(M + (-M)) = \exp(M)\exp(-M)$ □

Mit diesen Hilfsmitteln erhalten wir nun für $M \in \mathbb{M}_k$:

Satz 5.1.4

Durch $Y(x) := \exp(xM)$ *für* $x \in \mathbb{R}$ *ist die eindeutig bestimmte Lösung von* $Y' = MY$ *mit* $Y(0) = E$ *gegeben.*

Beweis: $Y(0) = E$ haben wir oben schon vermerkt. $Y(x) = \sum_{\nu=0}^{\infty} \frac{x^\nu}{\nu!} M^\nu$ betrachten wir komponentenweise und können so wie gewohnt schließen: Y ist differenzierbar, und die Ableitung ergibt sich durch gliedweises Differenzieren:

$$Y'(x) = \sum_{\nu=1}^{\infty} \frac{x^{\nu-1}}{(\nu-1)!} M^\nu = M \sum_{\nu=1}^{\infty} \frac{x^{\nu-1}}{(\nu-1)!} M^{\nu-1} = MY(x)$$

Die Eindeutigkeit ist nach dem Existenz- und Eindeutigkeitssatz gegeben. □

Folgerung 5.1.5 $\det\big(\exp(M)\big) = \exp\big(\operatorname{spur}(M)\big)$ *für* $M \in \mathbb{M}_k$,

speziell gilt also: $\det\big(\exp(M)\big) > 0$, *falls* $\operatorname{spur}(M) \in \mathbb{R}$.

Beweis: Mit der WRONSKI-Determinante $w(x) := \det Y(x)$ $(x \in \mathbb{R})$ zu Y gemäß (5.1.4) hat man $w(0) = 1$ und gemäß der Formel von LIOUVILLE (siehe Seite 128) $w' = \operatorname{spur}(M)w$, also $w(x) = \exp\big(x \operatorname{spur}(M)\big)$. Für $x = 1$ liefert dies:

$$\det\big(\exp(M)\big) = w(1) = \exp\big(\operatorname{spur}(M)\big)$$ □

Wir notieren noch den angekündigten alternativen *Beweis von (5.1.3):*

Für $Y(x) := \exp(xM)$ hat man $Y' = MY$, $Y(0) = E$ und entsprechend $Z' = NZ$, $Z(0) = E$ für $Z(x) := \exp(xN)$:

$Y(x)$, $Z(x)$, M und N sind offenbar miteinander vertauschbar.

$(YZ)' = Y'Z+YZ' = MYZ+YNZ = (M+N)YZ$ und $(YZ)(0) = E$ zeigen nach Satz 5.1.4 $Y(x)Z(x) = \exp(x(M+N))$ und liefern so für $x = 1$ die Behauptung. □

Für eine Diagonalmatrix $D \in \mathbb{M}_k$ und eine nilpotente[1] Matrix $N \in \mathbb{M}_k$ mit $DN = ND$ hat man so:

$$\exp(D+N) = \exp(D)\exp(N)$$

Der erste Faktor der rechten Seite kann einfach nach Bemerkung 5.1.2 berechnet werden, der zweite Faktor ist eine endliche Summe.

Nach dem Satz über die JORDAN-Normalform existiert zu beliebigem M aus $\mathbb{M}_k$ eine invertierbare Matrix S derart, daß $S^{-1}MS = D+N$ gilt mit D und N wie oben. Mit der Bemerkung 5.1.2 gewinnt man so

$$\exp(M) = S\exp(D)\exp(N)S^{-1}.$$

Hierauf kommen wir in Abschnitt 5.2 noch ausführlich zurück.

Ohne Beweis[2] vermerken wir hier abschließend noch:

Ist $M \in \mathbb{M}_k$ *invertierbar, so existiert ein* $L \in \mathbb{M}_k$ *mit* $\exp(L) = M$.

Dies gilt speziell für eine *reelle* Matrix M. Dabei ist dann aber L *nicht notwendig reell*, wie ja schon der Fall $k = 1$ zeigt.

5.2 Homogene lineare DGL-Systeme mit konstanten Koeffizienten

Es seien eine natürliche Zahl k und eine Matrix $A \in \mathbb{M}_k$ fest gewählt. Eine beliebige Lösung y der *homogenen linearen Differentialgleichung mit konstanten Koeffizienten*

$$y' = Ay \tag{1}$$

ist nach Satz 5.1.4 und Bemerkung 4.3.4 gegeben durch

$$\boxed{y(x) = \exp(xA)c} \tag{2}$$

mit einem $c \in \mathbb{C}^k$. Dabei ist $y(0) = c$.

Sind $\varrho \in \mathbb{N}$, $\lambda \in \mathbb{C}$ und $b \in \mathbb{C}^k$ mit

[1] Es existiert ein $n \in \mathbb{N}$ mit $N^n = 0$.

[2] Man vergleiche hierzu die Ausführungen im Anhang über *Matrixfunktionen.*

$$(A-\lambda E)^{\varrho} b = 0 \text{ und } (A-\lambda E)^{\varrho-1} b \neq 0, \quad \text{also}$$

λ ein *Eigenwert* zu A und

b ein *Hauptvektor* zu λ der *Ordnung (Stufe)* ϱ,

dann ist $b_{\varrho-\nu} := (A-\lambda E)^{\nu} b$ für $\nu = 0, \ldots, \varrho-1$ ein Hauptvektor der Ordnung $\varrho - \nu$, b_1 also ein *Eigenvektor*. *Die Lösung* y *von* (1) *mit* $y(0) = b$ ist hier gegeben durch

$$y(x) = \exp(\lambda x) \sum_{\nu=0}^{\varrho-1} \frac{x^{\nu}}{\nu!} b_{\varrho-\nu} . \tag{3}$$

Beweis: $y(x) \overset{(2)}{=} \exp(xA)b = \exp\big(x\big[\lambda E + (A-\lambda E)\big]\big)b$

Da λE und $A-\lambda E$ vertauschbar sind, kann nach (5.1.3) weiter umgeformt werden:

$$\begin{aligned} y(x) &= \exp(x\lambda E)\exp\big(x(A-\lambda E)\big)b \overset{(5.1.2)}{=} \exp(\lambda x) \sum_{\nu=0}^{\infty} \tfrac{x^{\nu}}{\nu!} (A-\lambda E)^{\nu} b \\ &= \exp(\lambda x) \sum_{\nu=0}^{\varrho-1} \tfrac{x^{\nu}}{\nu!} (A-\lambda E)^{\nu} b = \exp(\lambda x) \sum_{\nu=0}^{\varrho-1} \tfrac{x^{\nu}}{\nu!} b_{\varrho-\nu} \end{aligned}$$ □

Die wesentliche Verbesserung gegenüber der allgemeinen Darstellung ist, daß neben der ‚skalaren' Exponentialfunktion $\exp(\lambda x)$ hier *vektorwertig nur ein ‚Polynom'* auftritt.

Diese Rechnung mit einem beliebigen $c \in \mathbb{C}^k$ zeigt, daß *nur* Hauptvektoren eine solche einfache Darstellung liefern.

Der *Satz über die* JORDAN-*Normalform* besagt: Es existiert eine Basis $c_1, \ldots, c_k$ des $\mathbb{C}^k$ aus Hauptvektoren zu A. Bildet man dazu jeweils die Funktionen y_κ gemäß (3), so liefern $y_1, \ldots, y_k$ ein Fundamentalsystem zu (1). Wir führen dies noch etwas aus:[3]

Zu $r \in \mathbb{N}$ und $\lambda \in \mathbb{C}$ bezeichnen wir die (r,r)-Matrix

$$J(\lambda) := J_r(\lambda) := \begin{pmatrix} \lambda & 1 & & 0 \\ & \ddots & \ddots & \\ & & \ddots & 1 \\ 0 & & & \lambda \end{pmatrix}$$

als „JORDAN-*Elementarmatrix*" oder „JORDAN-*Kästchen*". Der Satz über die JORDAN-Normalform läßt sich damit wie folgt formulieren:

Zu $A \in \mathbb{M}_k$ *existiert eine invertierbare Matrix* $S \in \mathbb{M}_k$ *derart, daß*

[3] Dies ist eine Wiederholung von Dingen, die eigentlich aus der Linearen Algebra vertraut sein sollten.

Kapitel 5

$$S^{-1}AS = \begin{pmatrix} J(\lambda_1) & & & & & \mathbb{O} \\ & \ddots & & & & \\ & & J(\lambda_1) & & & \\ & & & \ddots & & \\ & & & & J(\lambda_s) & \\ & & & & & \ddots \\ \mathbb{O} & & & & & J(\lambda_s) \end{pmatrix}$$

mit JORDAN-*Kästchen* $J(\lambda_\sigma)$ *geeigneter ‚Länge' zu den paarweise verschiedenen Eigenwerten* $\lambda_1, \ldots, \lambda_s$. Diese spezielle Gestalt einer Matrix heißt JORDAN-*Normalform.*

Um nicht durch zu viele Indizes die Übersicht zu verlieren, sehen wir uns *ein* solches JORDAN-Kästchen zum Eigenwert λ (der Länge r, beginnend an der $(n+1)$-ten Stelle) an:

$$\begin{array}{c} \ddots \\ \begin{array}{r} n+1 \rightsquigarrow \\ \\ n+r \rightsquigarrow \end{array} \begin{pmatrix} \lambda & 1 & & \\ & \ddots & \ddots & \\ & & \ddots & 1 \\ & & & \lambda \end{pmatrix} \\ \ddots \\ \begin{array}{cc} \wr & \wr \\ n+1 & n+r \end{array} \end{array}$$

Für $\varrho = 1, \ldots, r$ bezeichne b_ϱ die $(n+\varrho)$-te Spalte von S, also $b_\varrho = S e_{n+\varrho}$. Dann gilt für die entsprechende Spalte von $S^{-1}AS$

$$S^{-1}ASe_{n+\varrho} = \begin{cases} \lambda e_{n+\varrho} & (\varrho = 1) \\ e_{n+\varrho-1} + \lambda e_{n+\varrho} & (\varrho = 2, \ldots, r) \end{cases}$$

und damit:

$$Ab_\varrho = \begin{cases} \lambda b_\varrho & (\varrho = 1) \\ b_{\varrho-1} + \lambda b_\varrho & (\varrho = 2, \ldots, r) \end{cases} \quad \text{bzw. } (A-\lambda E)\, b_\varrho = \begin{cases} 0 & (\varrho = 1) \\ b_{\varrho-1} & (\varrho = 2, \ldots, r) \end{cases}$$

So hat man für $\varrho = 1, \ldots, r$ über (3) mit

$$y_\varrho(x) = \exp(\lambda x)\left[b_\varrho + \frac{x}{1} b_{\varrho-1} + \cdots + \frac{x^{\varrho-1}}{(\varrho-1)!} b_1\right]$$

die *Lösung* y_ϱ *von* (1) *mit* $y_\varrho(0) = b_\varrho$.

Indem man dies für alle JORDAN-Kästchen macht, gewinnt man also ein *Fundamentalsystem* zu (1).

Kapitel 5

Zum besseren Verständnis rechnen wir ganz ausführlich ein nicht-triviales Beispiel, das als Übungsaufgabe in [Sc/Sc] gestellt ist:

(B1)
$$\begin{aligned} y_1' &= y_2 \\ y_2' &= 4y_1 + 3y_2 - 4y_3 \\ y_3' &= y_1 + 2y_2 - y_3 \end{aligned}$$

Mit $y := \begin{pmatrix} y_1 \\ y_2 \\ y_3 \end{pmatrix}$ und $A := \begin{pmatrix} 0 & 1 & 0 \\ 4 & 3 & -4 \\ 1 & 2 & -1 \end{pmatrix}$ lautet dieses homogene Differentialgleichungssystem $y' = Ay$.

1. Zunächst sind die *Eigenwerte von A* zu bestimmen:

$$\det(\lambda E - A) = \begin{vmatrix} \lambda & -1 & 0 \\ -4 & \lambda - 3 & 4 \\ -1 & -2 & \lambda + 1 \end{vmatrix} \overset{4}{=} -4(-2\lambda - 1) + (\lambda + 1)(\lambda^2 - 3\lambda - 4)$$

$$= \lambda^3 - 2\lambda^2 + \lambda = \lambda(\lambda^2 - 2\lambda + 1) = \lambda(\lambda - 1)^2$$

Die Eigenwerte sind 0 mit $\mathrm{ord}(0) = 1$ und 1 mit $\mathrm{ord}(1) = 2$.

2. Jetzt sind zu diesen beiden Eigenwerten *Eigenvektoren und ‚Hauptvektorketten'* zu bestimmen:

Ohne Rechnung erkennt man $A \begin{pmatrix} 1 \\ 0 \\ 1 \end{pmatrix} = 0$. Somit ist $b_1^{(0)} := \begin{pmatrix} 1 \\ 0 \\ 1 \end{pmatrix}$ ein Eigenvektor zu 0.

Die Matrix $A - 1E = A - E = \begin{pmatrix} -1 & 1 & 0 \\ 4 & 2 & -4 \\ 1 & 2 & -2 \end{pmatrix}$ hat offenbar den Rang 2.

Folglich ist ihr Kern, also der Eigenraum zum Eigenwert 1, eindimensional. Es gibt also keine zwei linear unabhängigen Eigenvektoren zu 1. Damit kennen wir schon die Gestalt der zugehörigen JORDAN-Normalform

$$\left(\begin{array}{c|cc} 0 & 0 & 0 \\ \hline 0 & 1 & 1 \\ 0 & 0 & 1 \end{array}\right)$$

bis auf mögliche Vertauschung der beiden Kästchen.

Es ist $(A - 1E)^2 = \begin{pmatrix} 5 & 1 & -4 \\ 0 & 0 & 0 \\ 5 & 1 & -4 \end{pmatrix}$ mit $\mathrm{rg}(A - 1E)^2 = 1$. Ein Hauptvektor zum Eigenwert 1 ist $b_2^{(1)} := \begin{pmatrix} 0 \\ 4 \\ 1 \end{pmatrix}$ mit zugehörigem Eigenvektor

[4] Hier entwickelt man z. B. nach der dritten Spalte.

$b_1^{(1)} := (A - 1E)b_2^{(1)} = \begin{pmatrix} 4 \\ 4 \\ 6 \end{pmatrix}$. Die *Lösungsgesamtheit von* (1) ist folglich $\big($mit $\alpha_1, \alpha_2, \alpha_3 \in \mathbb{C}\big)$ gegeben durch

$$y(x) = \alpha_1 b_1^{(0)} + \alpha_2 \exp(x) b_1^{(1)} + \alpha_3 \exp(x) \big(b_2^{(1)} + x b_1^{(1)}\big)$$

Reelle Lösungen reeller Systeme

Ist die Matrix A *reell*, so gilt die Lösungsformel (3) unverändert. Jedoch können hier komplexe Eigenwerte λ und somit komplexe Lösungen y auftreten. Man ist aber in diesem Fall meist nur an *reellen Lösungen* interessiert. Mit y sind hier offenbar auch $\mathfrak{Re}\, y$ und $\mathfrak{Im}\, y$ Lösungen. Ein komplexer Eigenwert $\lambda = \alpha + i\beta$ mit $\alpha, \beta \in \mathbb{R}$ und $\beta \neq 0$ liefert so *zwei* reelle Lösungen. Mit λ ist auch $\overline{\lambda}$ ein Eigenwert von A, der wie oben zu den beiden gleichen reellen Lösungen führt.

Aus der bekannten EULER-Formel

$$\exp(\lambda x) = \exp(\alpha + i\beta x) = \exp(\alpha x)\big(\cos(\beta x) + i \sin(\beta x)\big)$$

gewinnt man

$$\cos(\beta x) = \frac{1}{2}\big(\exp(i\beta x) + \exp(-i\beta x)\big)$$
$$\sin(\beta x) = \frac{1}{2i}\big(\exp(i\beta x) - \exp(-i\beta x)\big)$$

und so aus (3) Lösungen, in denen noch trigonometrische Faktoren auftreten.

Zur Behandlung von Inhomogenitäten stellen wir im übernächsten Abschnitt weitere allgemeine Überlegungen bereit.

5.3 Zweidimensionale Systeme, Stabilität

Im Sinne von Abschnitt 3.6 wollen wir speziell das *qualitative Verhalten* von Lösungen homogener linearer Differentialgleichungen mit konstanten Koeffizienten beschreiben. Wir betrachten also für eine natürliche Zahl k zu einer gegebenen *reellen* (k,k)-Matrix A das Differentialgleichungssystem

$$y' = Ay \tag{1}$$

und beschränken uns dabei weitgehend auf den anschaulichen und wichtigen *Spezialfall* $k = 2$. Eine Lösung von (1) ist eine Abbildung aus $\mathbb{R}$ in $\mathbb{R}^k$, ihr Graph liegt also im $\mathbb{R}^{k+1}$. Bei (1) handelt sich um ein spezielles *autonomes System*, da die rechte Seite nicht explizit von der Variablen x abhängt. Daher können die maximalen Lösungen auch als Parameterdarstellung von ‚Kurven' im $\mathbb{R}^k$, sogenannte *Phasenkurven*, *Bahnkurven* oder *Trajektorien*, aufgefaßt werden, die somit eine *Orientierung* tragen. Den Wertebereich einer solchen Bahnkurve bezeichnen wir als *Bahn.* Das ist einfach die Menge der Punkte — ohne Orientierung — , die von der Bahnkurve ‚durchlaufen' werden. Die Gesamtheit aller Trajektorien liefert das sogenannte *Phasenportrait.*

Wir setzen zunächst voraus, daß die Determinante von A nicht Null ist. Damit ist 0 kein Eigenwert von A und $\binom{0}{0}$ der einzige *Gleichgewichtspunkt,* also $y = 0$ die einzige *stationäre Lösung.*

Es ist hilfreich, sich vorweg den ‚trivialen' Fall $k = 1$ in Erinnerung zu rufen: Mit einem reellen μ ist dann also die skalare Differentialgleichung

$$y' = \mu y$$

zu betrachten, deren Lösungsgesamtheit mit

$$y_0(x) := \exp(\mu x) \quad (x \in \mathbb{R})$$

durch $\{cy_0 \mid c \in \mathbb{R}\}$ gegeben ist. Für $\mu = 0$ ist die Funktion y_0 konstant, für *positives* μ gilt

$$y_0(x) \longrightarrow \infty \quad \text{für} \quad x \longrightarrow \infty\,,$$

entsprechend für *negatives* μ

$$y_0(x) \longrightarrow 0 \quad \text{für} \quad x \longrightarrow \infty\,.$$

Das Vorzeichen von μ spielt also schon hier die entscheidende Rolle für das ‚Langzeitverhalten' ($x \longrightarrow \infty$).

In Anlehnung an die schon in den einleitenden Bemerkungen zu diesem Kapitel gemachten Überlegungen kann man die Behandlung von (1) durch affine Transformationen $y = Sz$ mit einer geeigneten invertierbaren Matrix S auf gewisse *reelle Normalformen* zurückführen. Dies bewirkt den Übergang zum DGL-System

$$z' = Bz \tag{2}$$

mit $B := S^{-1}AS$. Die *Eigenwerte* von A sind gerade die Nullstellen des durch

$$\chi_A(\lambda) := \det(\lambda E - A) \quad \text{für } \lambda \in \mathbb{C}$$

definierten *charakteristischen Polynoms* χ_A. Bei manchen Überlegungen kann man die Arbeit etwas reduzieren, wenn man die folgende kleine **Bemerkung** berücksichtigt.

Ist y eine Lösung von (1), so ist die durch $\widetilde{y}(x) := y(-x)$ für $x \in \mathbb{R}$ definierte Funktion $\widetilde{y}$ eine Lösung von

$$\widetilde{y}\,' = -A\,\widetilde{y}\,.$$

Kapitel 5

Eine komplexe Zahl μ ist genau dann ein Eigenwert von A, wenn $-\mu$ ein Eigenwert von $-A$ ist. Die zugehörigen Bahnen sind gleich, doch ändert sich der Durchlaufungssinn der Trajektorien.

Im Falle $k = 2$ hat χ_A als Polynom zweiten Grades *zwei verschiedene reelle Nullstellen* oder *eine reelle (doppelte) Nullstelle* oder *zwei konjugiert komplexe Nullstellen.* Dies führt in natürlicher Weise zur Unterscheidung der folgenden Fälle:

Fall 1: Die Matrix A habe *zwei verschiedene reelle Eigenwerte* μ und ν. In diesem Fall ist A diagonalisierbar, kann also wie oben beschrieben auf die Normalform

$$B = S^{-1}AS = \begin{pmatrix} \mu & 0 \\ 0 & \nu \end{pmatrix}$$

transformiert werden. Die Lösungsgesamtheit des transformierten Differentialgleichungssystems (2) ist hier gegeben durch

$$z(x) = \begin{pmatrix} c\, e^{\mu x} \\ d\, e^{\nu x} \end{pmatrix} \quad (x \in \mathbb{R}) \quad \text{mit } c, d \in \mathbb{R}\,.$$

Der ‚triviale' Fall $c = d = 0$ liefert $z(x) = \left(\begin{smallmatrix} 0 \\ 0 \end{smallmatrix}\right)$ *(Koordinatenursprung).* Für $c = 0, d \neq 0$ ist $z(x) = \left(\begin{smallmatrix} 0 \\ d\, e^{\nu x} \end{smallmatrix}\right)$. Es wird also eine *Halbgerade in z_2-Richtung* ($z_1 = 0; z_2 > 0$ oder $z_2 < 0$) durchlaufen, je nach Vorzeichen von d oberhalb oder unterhalb vom Ursprung. Für $c \neq 0$ zeigt

$$z_2(x) = d\, e^{\nu x} = d\, (e^{\mu x})^{\frac{\nu}{\mu}} = \gamma\, (|c|\, e^{\mu x})^{\frac{\nu}{\mu}} = \gamma\, |z_1(x)|^{\frac{\nu}{\mu}}$$

mit einem geeigneten $\gamma \in \mathbb{R}$: Die Bahn ist linke oder rechte ‚Hälfte' von

$$\left\{ \left(\begin{smallmatrix} z_1 \\ z_2 \end{smallmatrix}\right) \in \mathbb{R}^2 \,:\, z_2 = \gamma\, |z_1|^{\frac{\nu}{\mu}} \right\},$$

meist lax nur als $z_2 = \gamma |z_1|^{\frac{\nu}{\mu}}$ notiert. Für $d = 0$ ist $\gamma = 0$; man erhält speziell *Halbgeraden in z_1-Richtung.*

Fall 1 a): Im Falle $\det A > 0$ haben *beide Eigenwerte gleiches Vorzeichen;* denn $\det A$ liefert ja gerade den konstanten Term $\chi_A(0)$ des charakteristischen Polynoms. Es sei Œ $|\mu| \leq |\nu|$. Man spricht von einem *Knoten,* da die Bahnen — bis auf die beiden Halbgeraden in z_2-Richtung — alle mit gleicher Steigung in einem Punkt, hier $\left(\begin{smallmatrix} 0 \\ 0 \end{smallmatrix}\right)$, münden. (Für eine nicht-triviale Lösung liegt der Punkt selbst jedoch nicht auf der Bahn.) Für $\mu, \nu < 0$ gilt $z(x) \longrightarrow 0$ für $x \longrightarrow \infty$, man hat also *asymptotische Stabilität.* Man spricht von einem *stabilen* oder *anziehenden Knoten* oder einer *Senke.* Da sich alle Lösungen asymptotisch dem Koordinatenursprung nähern, und zwar entweder auf der z_2-Achse oder tangential zur z_1-Achse, nennt man den Knoten noch *zweitangentig.*

Dazu hier ein ausführliches *Beispiel.* Bei den anderen Fällen können wir uns dann deutlich kürzer fassen und für Ergänzungen und Beispiele auf die zugehörigen Worksheets verweisen.

Kapitel 5

(B2) Es sei

$$A := \begin{pmatrix} -4/3 & 1/3 \\ 2/3 & -5/3 \end{pmatrix}.$$

Das charakteristische Polynom ist gegeben durch

$$\chi_A(\lambda) = (\lambda+2)(\lambda+1).$$

Somit hat A die Eigenwerte $\mu = -1$ und $\nu = -2$. $s_1 := \binom{1}{1}$ ist ein Eigenvektor zu $\mu = -1$, $s_2 := \binom{-1/2}{1}$ ein Eigenvektor zu $\nu = -2$. Die Richtungsvektoren e_1 (z_1-Achse) und e_2 (z_2-Achse) gehen bei der Rücktransformation $y = Sz$ gerade über in diese Eigenvektoren $s_1 = Se_1$ und $s_2 = Se_2$. Damit liefert

$$S := \begin{pmatrix} 1 & -1/2 \\ 1 & 1 \end{pmatrix}$$

über

$$B := S^{-1}AS = \begin{pmatrix} -1 & 0 \\ 0 & -2 \end{pmatrix}$$

das einfache entkoppelte System

$$z_1' = -z_1 \quad \text{und} \quad z_2' = -2z_2,$$

die mit $c, d \in \mathbb{R}$ durch

$$z_1(x) = c\,e^{-x} \quad \text{und} \quad z_2(x) = d\,e^{-2x}$$

gegebenen Lösungen und über $y = Sz$

$$y_1 = z_1 - 1/2\,z_2 \quad \text{und} \quad y_2 = z_1 + z_2$$

die Lösungen des ursprünglichen Systems. Die folgenden beiden Graphiken veranschaulichen dieses Beispiel:

Zweitangentiger Knoten (stabiler Fall)

z-Ebene

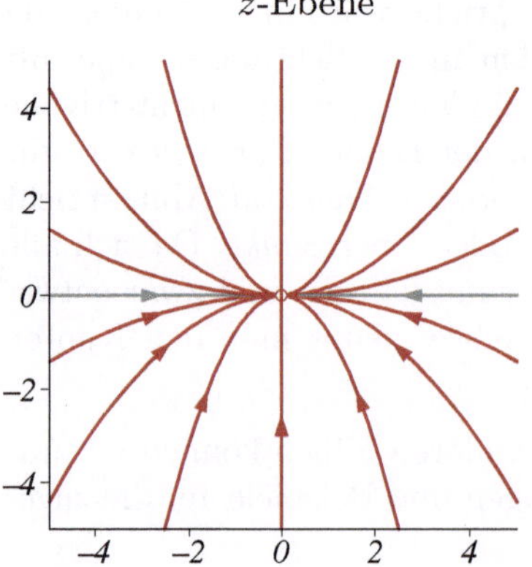

y-Ebene

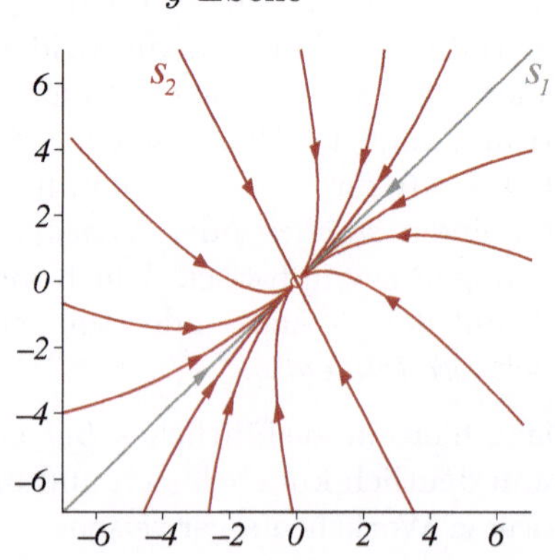

Kapitel 5

Für $\mu, \nu > 0$ ist $\binom{0}{0}$ instabil, da im nicht-trivialen Fall $|z(x)| \longrightarrow \infty$ für $x \longrightarrow \infty$ gilt. Man spricht hier von einem *instabilen* oder *abstoßenden Knoten* oder einer *Quelle.* Ein Phasenportrait ergibt sich nach der Bemerkung auf Seite 160, indem man in den beiden vorangehenden Graphiken die Pfeilrichtungen umkehrt.

Fall 1 b): Im Falle $\det A < 0$ haben die Eigenwerte entgegengesetztes Vorzeichen. Ist μ negativ und ν positiv, so wird das Verhalten für $x \to -\infty$ durch den Term $ce^{\mu x}$, für $x \to \infty$ durch $de^{\nu x}$ geprägt. Der Gleichgewichtspunkt ist daher instabil. Man bezeichnet ihn als *instabilen Sattelpunkt.* Man spricht allgemein von einem *Sattelpunkt,* wenn endlich viele Bahnen in einem Punkt münden oder dort starten, während die übrigen an diesem Punkt ‚vorbeilaufen'. Die beiden folgenden Graphiken zeigen eine typische Situation:

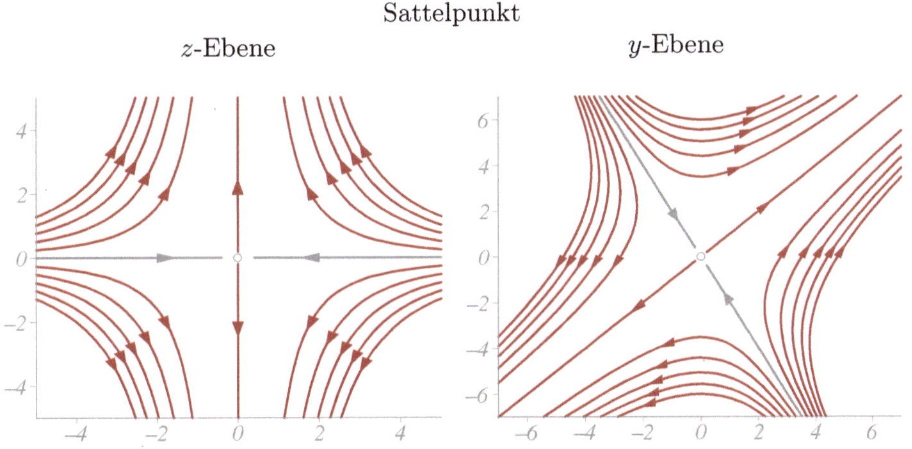

Fall 2: Die Matrix A habe einen *(doppelten) reellen Eigenwert* μ.

a) Ist A *diagonalisierbar* (Existenz von zwei linear unabhängigen Eigenvektoren), dann kann hier auf die Normalform

$$B = \begin{pmatrix} \mu & 0 \\ 0 & \mu \end{pmatrix}$$

transformiert werden. Wegen $B = \mu \mathbb{I}_2$ ist hier $A = B$. Das System (1) hat in diesem Fall die mit $c, d \in \mathbb{R}$ durch

$$y(x) = e^{\mu x} \binom{c}{d}$$

gegebenen Lösungen. Hier sind (man vergleiche die allgemeinen Überlegungen zu Fall 1) die nicht-trivialen Bahnen Halbgeraden in y_2-Richtung ($y_1 = 0; y_2 > 0$ oder $y_2 < 0$) oder linke oder rechte ‚Hälfte' von $y_2 = \gamma |y_1|$ mit einem geeigneten $\gamma \in \mathbb{R}$. Im Fall $\mu < 0$ hat man asymptotische Stabilität, man spricht von einem *stabilen Stern.* Für $\mu > 0$ ist der Gleichgewichtspunkt instabil, man spricht von einem *instabilen Stern.*

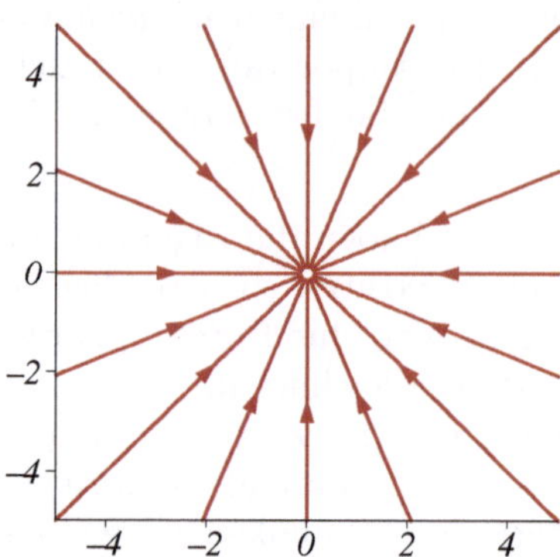

b) Ist A *nicht diagonalisierbar*, dann existiert eine invertierbare Matrix S_1, welche A auf JORDAN-Normalform transformiert:

$$S_1^{-1}AS_1 = \begin{pmatrix} \mu & 1 \\ 0 & \mu \end{pmatrix}$$

Mittels

$$S_2 := \begin{pmatrix} 0 & 1/\mu \\ 1 & 0 \end{pmatrix}$$

und $S := S_1 \cdot S_2$ erhält man folgende *modifizierte* JORDAN-*Normalform:*

$$S^{-1}AS = \begin{pmatrix} \mu & 0 \\ \mu & \mu \end{pmatrix}$$

Das zugehörige transformierte System hat die allgemeine Lösung z, gegeben durch

$$z(x) = e^{\mu x} \begin{pmatrix} c \\ \mu c x + d \end{pmatrix} \quad \text{für } x \in \mathbb{R}$$

mit reellen Zahlen c und d, wie man direkt bestätigt oder aus den allgemeinen Ergebnissen von Abschnitt 2.3 abliest.

Neben dem Koordinatenursprung (für $c = d = 0$) erhält man als Bahnen für $c = 0, d \neq 0$ wieder *Halbgeraden in* z_2*-Richtung* ($z_2 > 0$ oder $z_2 < 0$). Für $c \neq 0$ gibt $|z_1(x)| = |c|\,e^{\mu x}$ zunächst $\mu x = \log|z_1(x)| - \log|c|$ und so

$$z_2(x) = \mu x c\, e^{\mu x} + d\, e^{\mu x} = \mu x\, z_1(x) + \frac{d}{c}\, z_1(x) = z_1(x)\, \log|z_1(x)| + \gamma\, z_1(x)$$

mit einem reellen γ. Die Bahn ist also durch $z_2 = z_1 \log|z_1| + \gamma\, z_1$ gegeben. Man hat einen *eintangentigen Knoten.* Für positives μ ist er *instabil,* für negatives μ *asymptotisch stabil.*

Eintangentiger Knoten (stabiler Fall)

z-Ebene y-Ebene

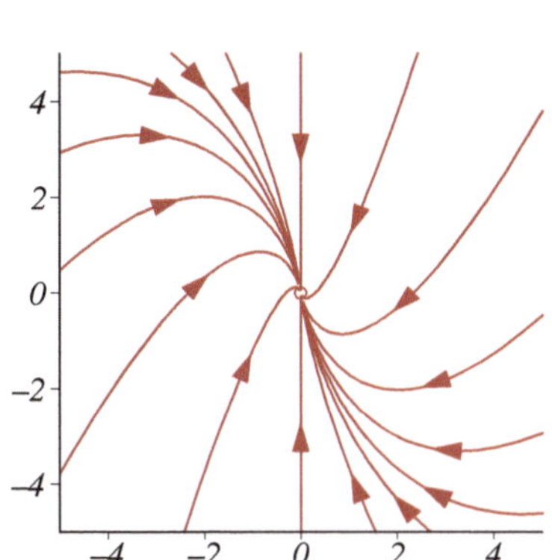

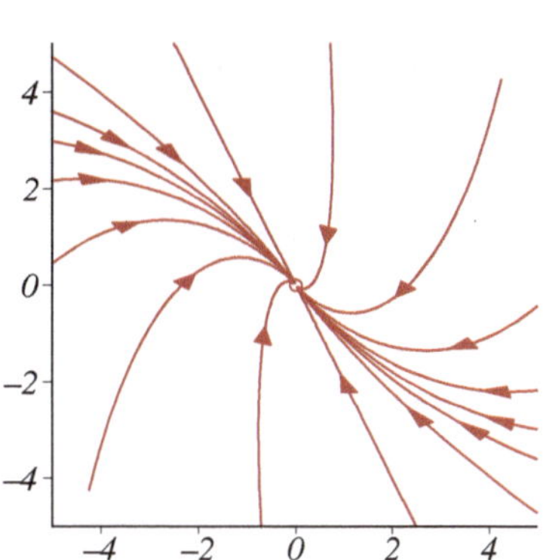

Fall 3: Die Matrix A habe die *konjugiert komplexen Eigenwerte* $\mu = \alpha + i\beta$ und $\overline{\mu} = \alpha - i\beta$ mit $\alpha, \beta \in \mathbb{R}$ und Œ $\beta > 0$. Ein Eigenvektor (in $\mathbb{C}^2$) zu μ kann in der Form $s_1 - i s_2$ mit $s_1, s_2 \in \mathbb{R}^2$ geschrieben werden.

$$A(s_1 - i s_2) = (\alpha + i\beta)(s_1 - i s_2)$$

zerfällt in die beiden Gleichung

$$A s_1 = \alpha s_1 + \beta s_2 , \; A s_2 = -\beta s_1 + \alpha s_2 .$$

Für die reelle (2,2)-Matrix $S := (s_1, s_2)$ gilt somit

$$AS = S \begin{pmatrix} \alpha & -\beta \\ \beta & \alpha \end{pmatrix} . \tag{3}$$

Die zu den verschiedenen Eigenwerten μ und $\overline{\mu}$ gehörenden Eigenvektoren $s_1 - i s_2$ und $s_1 + i s_2$ sind bekanntlich (komplex) linear unabhängig. Die Matrix

$$(s_1 - i s_2, \, s_1 + i s_2) = S \begin{pmatrix} 1 & 1 \\ -i & i \end{pmatrix}$$

ist daher invertierbar, also auch die Matrix S. Nach (3) ist A folglich auf die Form

$$B := S^{-1} A S = \begin{pmatrix} \alpha & -\beta \\ \beta & \alpha \end{pmatrix}$$

transformierbar. Wir untersuchen das so erhaltene transformierte DGL-System

$$z' = B z .$$

Dieses ist mit $w := z_1 + i z_2$ und $a := \alpha + i\beta$ äquivalent zu der *komplexen* Differentialgleichung 1. Ordnung

$$w' = a w ,$$

deren Lösungsgesamtheit beschrieben wird durch

$$w(x) \;=\; c \exp(a\,x) \quad \text{für } x \in \mathbb{R}$$

mit einer komplexen Zahl c, die im nicht-trivialen Fall $(c \neq 0)$ in der Form

$$c \;=\; r\, \exp(i\,\varphi)$$

mit einer positiven Zahl r und reellem φ geschrieben werden kann. Es ist also

$$w(x) \;=\; r\, e^{\alpha\, x} \exp(i\,(\beta\, x + \varphi))$$

beziehungsweise, reell notiert (Aufspaltung in Real- und Imaginärteil),

$$z_1(x) \;=\; r\, e^{\alpha\, x} \cos(\beta\, x + \varphi)\,,\; z_2(x) \;=\; r\, e^{\alpha\, x} \sin(\beta\, x + \varphi)\,.$$

Aus der Beziehung

$$\sqrt{z_1(x)^2 + z_2(x)^2} \;=\; r\, e^{\alpha\, x}$$

kann die Gestalt der Bahnen abgelesen werden. In allen Fällen umrundet jede Trajektorie den Gleichgewichtspunkt $\binom{0}{0}$; er ist *stabil,* aber *nicht asymptotisch stabil.*

a) Im Falle $\alpha = 0$, d. h. μ ist *rein imaginär*, erhalten wir Kreise, die in der z-Ebene im positiven Sinn durchlaufen werden, da β positiv ist. Der Gleichgewichtspunkt heißt *Zentrum* oder *Wirbelpunkt.* (Man spricht von einem Wirbelpunkt, wenn sich die Trajektorien zu geschlossenen Kurven zusammensetzen, die sämtlich einen Punkt im Innern einschließen.)

Zentrum

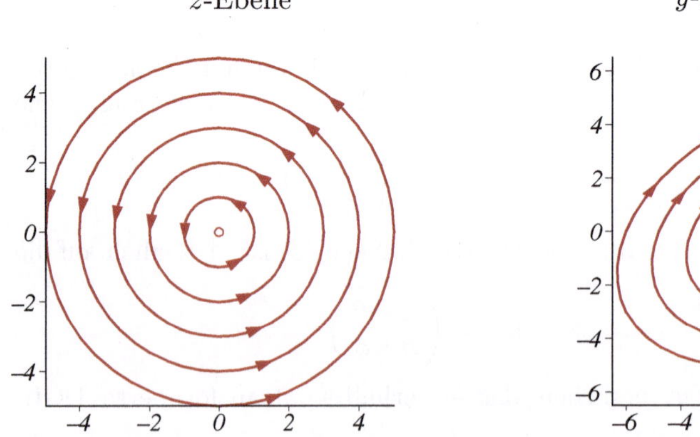

b) Im verbleibenden Fall $\alpha \neq 0$ erhält man einen *Strudelpunkt* oder auch *Brennpunkt,* d. h. die Trajektorien lassen sich so zu Kurven zusammensetzen, daß sie einen Punkt beliebig oft umlaufen und dem Punkt dabei beliebig nahekommen, ohne mit einer bestimmten Tangentenrichtung in ihn einzumünden. Die Trajektorien verlaufen auf Spiralen, die sich im Falle $\alpha < 0$ für $x \to \infty$ auf den Koordinatenursprung zusammenziehen; dieser ist also asymptotisch stabil. Im Falle $\alpha > 0$ wächst der Radius $r\,e^{\alpha x}$ für $x \to \infty$ unbeschränkt, $\binom{0}{0}$ ist instabil. Man spricht genauer von einem *abstoßenden* bzw. *anziehenden Strudelpunkt.*

Strudelpunkt (stabiler Fall)

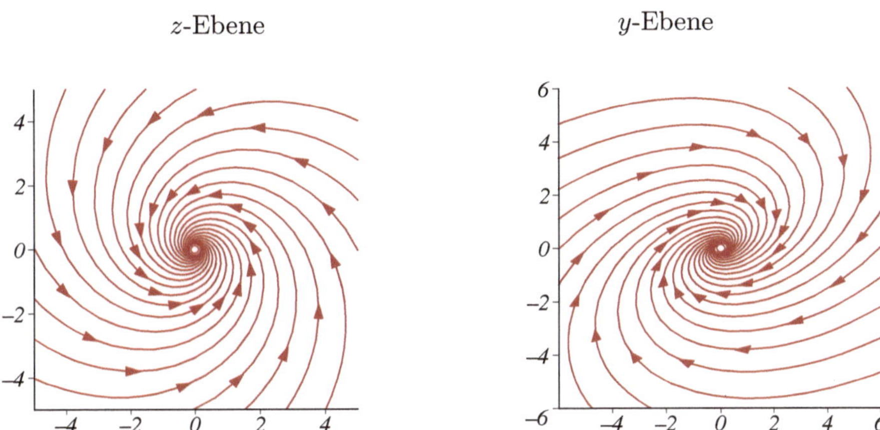

Fall 4: Wir gehen noch kurz auf den zurückgestellten Fall $\det A = 0$ ein und können dabei Œ von $A \neq 0$ ausgehen; denn in diesem trivialen Fall sind genau alle ‚Konstanten' Lösungen. Da A singulär ist, existiert ein $v \in \mathbb{R}^2 \setminus \{0\}$ mit $Av = 0$. 0 ist also ein Eigenwert mit Eigenvektor v: Alle Punkte auf der zugehörigen Geraden durch 0 sind Gleichgewichtspunkte.

a) Hat A zudem einen von 0 verschiedenen reellen Eigenwert μ, dann ist A diagonalisierbar, kann also wie oben beschrieben auf die Normalform

$$B = S^{-1}AS = \begin{pmatrix} 0 & 0 \\ 0 & \mu \end{pmatrix}$$

transformiert werden. Die Lösungsgesamtheit des transformierten DGL-Systems (2) ist hier gegeben durch

$$z(x) = \begin{pmatrix} c \\ d\,e^{\mu x} \end{pmatrix} \quad (x \in \mathbb{R}) \quad \text{mit } c, d \in \mathbb{R}\,.$$

Da wir nun genügend Übung in der geometrischen Ausdeutung haben, zeigen wir hier und im folgenden Fall b) nur noch die zugehörigen Graphiken:

Gerade von Gleichgewichtspunkten (Fall $\mu < 0$)

z-Ebene y-Ebene

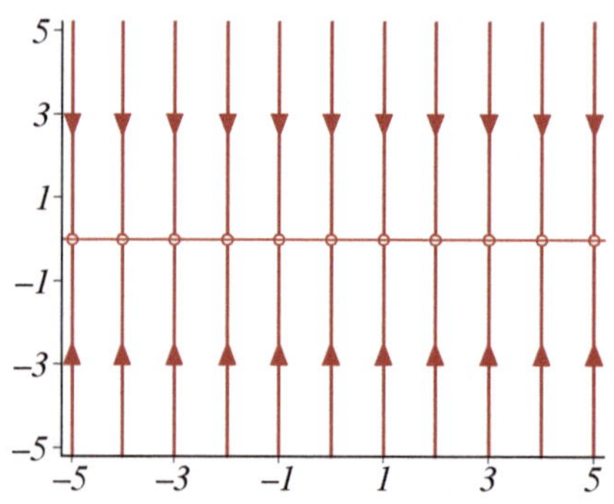

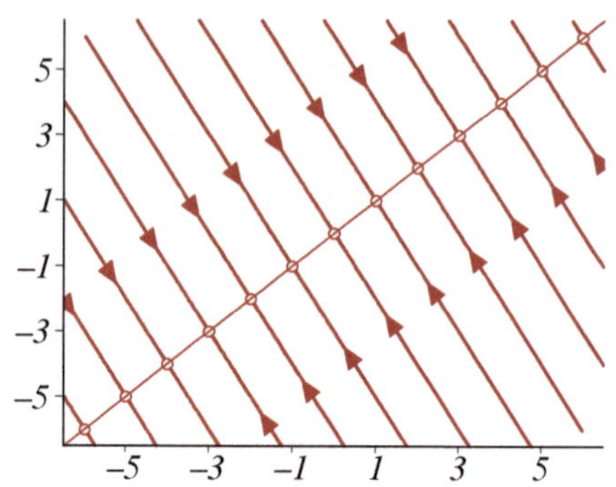

b) Im verbleibenden Fall ist 0 doppelter Eigenwert. Da A nicht-trivial vorausgesetzt wurde, ist die zugehörige Normalform

$$B = \begin{pmatrix} 0 & 1 \\ 0 & 0 \end{pmatrix} .$$

Die Differentialgleichungen für das transformierte System sind $z_1' = z_2$ und $z_2' = 0$. Die Lösungsgesamtheit ist gegeben durch

$$z(x) = \begin{pmatrix} cx + d \\ c \end{pmatrix} \quad (x \in \mathbb{R}) \quad \text{mit } c, d \in \mathbb{R} .$$

Gerade von instabilen Gleichgewichtspunkten

z-Ebene y-Ebene

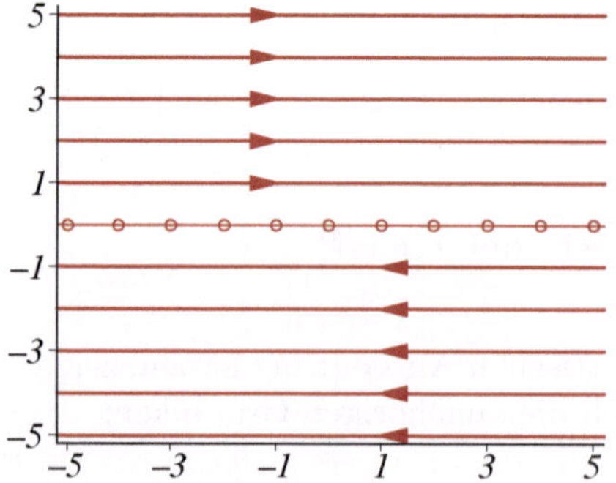

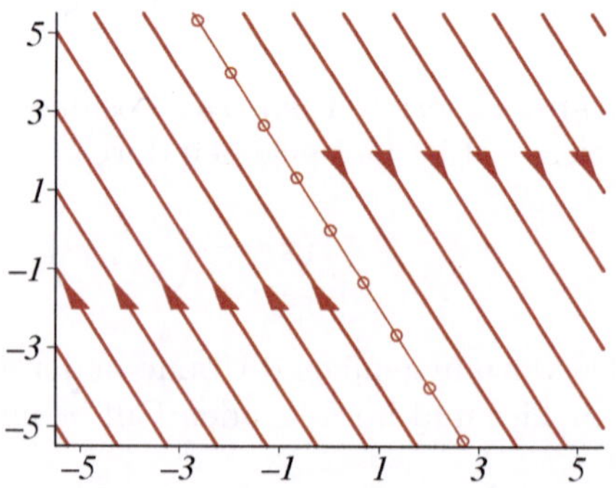

5.4 Lineare DGL-Systeme mit konstanten Koeffizienten und speziellen Inhomogenitäten

Zu $k \in \mathbb{N}$, $s \in \mathbb{N}_0$, $A \in \mathbb{M}_k$, $\alpha \in \mathbb{C}$ und $c \in \mathbb{C}^k \setminus \{0\}$ betrachten wir das *spezielle inhomogene DGL-System*

$$y' = Ay + \frac{x^s}{s!}\exp(\alpha x)c \tag{1}$$

mit dem *Ziel, eine* explizite Lösung zu finden.

Mit dieser nur scheinbar recht speziellen Inhomogenität sind, wie wir weiter unten erläutern, doch viele Typen von Inhomogenitäten erfaßt. Der Faktor $1/s!$ macht einige der folgenden Umformungen etwas einfacher; er kann natürlich auch in den Vektor c einbezogen werden.

Wir beginnen mit zwei *Spezialfällen,* die den allgemeinen Fall schon voll erfassen, wie wir noch ausführen werden:

(I) Voraussetzung: Es existiert ein $d \in \mathbb{C}^k$ mit $\boxed{(A-\alpha E)^{s+1}d = -c}$.[5]

Hier liefert $\boxed{y_{\mathrm{I}}(x) := \exp(\alpha x)\sum_{\sigma=0}^{s}\frac{x^\sigma}{\sigma!}(A-\alpha E)^\sigma d}$ eine *Lösung* von (1).

Beweis:[6] Differentiation der Funktion y_{I} ergibt (mit der Produktregel):

$$y_{\mathrm{I}}'(x) = \alpha y_{\mathrm{I}}(x) + \exp(\alpha x)\sum_{\sigma=1}^{s}\tfrac{x^{\sigma-1}}{(\sigma-1)!}(A-\alpha E)^\sigma d$$

Andererseits gilt:

$$(A-\alpha E)y_{\mathrm{I}}(x) = \exp(\alpha x)\frac{x^s}{s!}\underbrace{(A-\alpha E)^{s+1}d}_{=-c} + \exp(\alpha x)\sum_{\sigma=1}^{s}\tfrac{x^{\sigma-1}}{(\sigma-1)!}(A-\alpha E)^\sigma d$$

Die Gleichheit der beiden hinteren Terme zeigt:

$$y_{\mathrm{I}}'(x) = Ay_{\mathrm{I}}(x) + \frac{x^s}{s!}\exp(\alpha x)c \qquad \square$$

(II) Voraussetzung: Es existiert ein $r \in \mathbb{N}$ mit $\boxed{(A-\alpha E)^r c = 0}$. Hier ergibt

$\boxed{y_{\mathrm{II}}(x) := \exp(\alpha x)\sum_{\varrho=0}^{r-1}\frac{x^{\varrho+s+1}}{(\varrho+s+1)!}(A-\alpha E)^\varrho c}$ eine *Lösung* von (1).

[5] Ist α *nicht* Eigenwert, dann ist diese Voraussetzung immer erfüllt; denn die Matrix $A - \alpha E$ ist in diesem Fall ja regulär.

[6] Diese Formel ergibt sich auch aus der *Variation der Konstanten.*

Beweis: Wie beim Beweis zu (I) erhält man hier:

$$y_{\text{II}}'(x) = \alpha y_{\text{II}}(x) + \exp(\alpha x) \sum_{\varrho=0}^{r-1} \frac{x^{\varrho+s}}{(\varrho+s)!}(A-\alpha E)^{\varrho} c$$

$$(A-\alpha E) y_{\text{II}}(x) = \exp(\alpha x) \sum_{\varrho=0}^{r-1} \frac{x^{\varrho+s+1}}{(\varrho+s+1)!}(A-\alpha E)^{\varrho+1} c$$

$$\overset{\text{Vor.}}{=} \exp(\alpha x) \sum_{\varrho=0}^{r-2} \cdots = \exp(\alpha x) \sum_{\varrho=0}^{r-1} \frac{x^{\varrho+s}}{(\varrho+s)!}(A-\alpha E)^{\varrho} c - \exp(\alpha x) \frac{x^s}{s!} c$$

Die Gleichheit der beiden grau unterlegten Terme zeigt:

$$y_{\text{II}}'(x) = A y_{\text{II}}(x) + \exp(\alpha x) \frac{x^s}{s!} c \qquad \square$$

Nach der obigen Fußnote zu (I) verbleibt nur der Fall, daß α ein *Eigenwert* ist. In diesem Fall kann (siehe Lineare Algebra) $\mathbb{C}^k$ dargestellt werden als *direkte Summe A-invarianter Unterräume* $\mathfrak{H}_\alpha$ und $\mathfrak{U}_\alpha$

$$\mathbb{C}^k = \mathfrak{U}_\alpha \oplus \mathfrak{H}_\alpha$$

mit dem *Hauptraum* $\mathfrak{H}_\alpha$ zu α $\big(= \{\text{Hauptvektoren zu } \alpha\}\big)$ und $\mathfrak{U}_\alpha$ derart, daß $(A-\alpha E)|_{\mathfrak{U}_\alpha}$ *invertierbar* ist. Jeder Vektor $c \in \mathbb{C}^k$ kann daher wie folgt eindeutig zerlegt werden:

$$c = c_{\text{I}} + c_{\text{II}} \quad \text{mit} \quad c_{\text{I}} \in \mathfrak{U}_\alpha \text{ und } c_{\text{II}} \in \mathfrak{H}_\alpha$$

Mit den Lösungen y_{I} gemäß (I) zu c_{I} und y_{II} gemäß (II) zu c_{II} erhält man $y := y_{\text{I}} + y_{\text{II}}$ als eine *spezielle Lösung* von (1).

Durch Aufspaltung der Inhomogenität und Summation zugehöriger Lösungen können so *Inhomogenitäten der Gestalt*

$$\sum_{\text{endlich}} \exp(\alpha_\sigma x) p_\sigma(x)$$

mit ($\mathbb{C}^k$–wertigen) ‚*Polynomen*' p_σ behandelt werden. Unter Beachtung der EULER-Formeln

$$\cos(wx) = \frac{1}{2}\big(\exp(iwx)+\exp(-iwx)\big), \quad \sin(wx) = \frac{1}{2i}\big(\exp(iwx)-\exp(-iwx)\big)$$

können bei den einzelnen Summanden noch Faktoren der Form $\cos(w_\sigma x)$ und $\sin(w_\sigma x)$ berücksichtigt werden!

Wir kommen auf (B1) von Seite 158 zurück, jetzt mit Inhomogenitäten:

$$\begin{aligned}
y_1' &= y_2 && + e^x && + x^2 e^x \\
y_2' &= 4y_1 + 3y_2 - 4y_3 && + 8e^x + 4xe^x && \\
y_3' &= y_1 + 2y_2 - y_3 && + 4e^x + xe^x && + x^2 e^x
\end{aligned}$$

Wir erinnern noch einmal an die beiden *Eigenwerte* 0 und 1 der Ordnungen 1 bzw. 2 mit einer *Basis aus Hauptvektoren*

$$b_1^{(0)} := \begin{pmatrix}1\\0\\1\end{pmatrix},\ b_2^{(1)} := \begin{pmatrix}0\\4\\1\end{pmatrix} \text{ und } b_1^{(1)} := (A-1E)b_2^{(1)} = \begin{pmatrix}4\\4\\6\end{pmatrix}.$$

Um die gerade bereitgestellten Überlegungen anwenden zu können, notieren wir die Inhomogenität in der Form

$$e^x\left\{\begin{pmatrix}1\\8\\4\end{pmatrix} + x\underbrace{\begin{pmatrix}0\\4\\1\end{pmatrix}}_{=\,b_2^{(1)}} + \frac{x^2}{2!}\underbrace{\begin{pmatrix}2\\0\\2\end{pmatrix}}_{=\,2b_1^{(0)}}\right\}.$$

Die Darstellung des ersten Vektors bezüglich dieser Basis ist:

$$\begin{pmatrix}1\\8\\4\end{pmatrix} = \underbrace{b_2^{(1)} + b_1^{(1)}}_{\in\,\mathfrak{H}_1}\ \underbrace{-3b_1^{(0)}}_{\in\,\mathfrak{U}_1}$$

Auf den ersten Summanden $e^x\left(b_2^{(1)} + b_1^{(1)}\right) = e^x\begin{pmatrix}4\\8\\7\end{pmatrix}$ kann — wegen $(A-1E)^2\left(b_2^{(1)} + b_1^{(1)}\right) = 0$ — der Fall (II) mit $\alpha = 1,\ s = 0,\ c = b_2^{(1)} + b_1^{(1)}$ und $r = 2$ angewendet werden:

$$y_1(x) := e^x\left[x\left(b_2^{(1)} + b_1^{(1)}\right) + \frac{x^2}{2}b_1^{(1)}\right] = e^x\left[x\begin{pmatrix}4\\8\\7\end{pmatrix} + x^2\begin{pmatrix}2\\2\\3\end{pmatrix}\right]$$

Für den zweiten Summanden $e^x\left[-3b_1^{(0)}\right]$ kann mit $\alpha = 1,\ c = -3b_1^{(0)}$ und $s = 0$ im Spezialfall (I) $d := -3b_1^{(0)}$ gewählt werden; denn $(A-1E)^{s+1}d = -3(A-E)b_1^{(0)} \underset{Ab_1^{(0)}=0}{=} 3b_1^{(0)} = -\left(-3b_1^{(0)}\right)$. Der entsprechende Lösungsanteil ist somit:

$$y_2(x) := e^x\left[-3b_1^{(0)}\right] = e^x\begin{pmatrix}-3\\0\\-3\end{pmatrix}$$

Für den dritten Anteil $xe^xb_2^{(1)} = xe^x\begin{pmatrix}0\\4\\1\end{pmatrix}$ ist (II) mit $\alpha = 1,\ s = 1$ und $r = 2$ anwendbar; denn $b_2^{(1)}$ ist Hauptvektor der Stufe 2 zum Eigenwert 1:

Kapitel 5

$$y_3(x) := e^x\left[\frac{x^2}{2!}b_2^{(1)} + \frac{x^3}{3!}b_1^{(1)}\right] = e^x\left[\frac{x^2}{2}\begin{pmatrix}0\\4\\1\end{pmatrix} + \frac{x^3}{3}\begin{pmatrix}2\\2\\3\end{pmatrix}\right]$$

Schließlich ziehen wir für den letzten Term $x^2 e^x b_1^{(0)} = \frac{x^2}{2!}e^x\begin{pmatrix}2\\0\\2\end{pmatrix}$ (I) mit $\alpha = 1$ und $s = 2$ heran: Wegen $Ab_1^{(0)} = 0$ gilt $(A - 1E)b_1^{(0)} = -b_1^{(0)}$, also $(A - 1E)^3 b_1^{(0)} = -b_1^{(0)}$. Somit kann hier $d := 2b_1^{(0)}$ gewählt werden. Der Lösungsanteil ist daher:

$$y_4(x) := e^x\left[2b_1^{(0)} + x(-2b_1^{(0)}) + \frac{x^2}{2!}2b_1^{(0)}\right] = e^x\left[1 - x + \frac{x^2}{2}\right]\begin{pmatrix}2\\0\\2\end{pmatrix}$$

Insgesamt ist eine *spezielle Lösung* gegeben durch

$$y(x) := y_1(x) + \cdots + y_4(x) = e^x\left[\begin{pmatrix}-1\\0\\-1\end{pmatrix} + x\begin{pmatrix}2\\8\\5\end{pmatrix} + \frac{x^2}{2}\begin{pmatrix}6\\8\\9\end{pmatrix} + \frac{x^3}{3}\begin{pmatrix}2\\2\\3\end{pmatrix}\right].$$

Mit dem Ergebnis aus Abschnitt 5.2 für die Lösungsgesamtheit der zugehörigen homogenen Differentialgleichung erhält man so die *allgemeine Lösung*.

Kapitel 5

5.5 Lineare DGLen höherer Ordnung mit konstanten Koeffizienten

Mit einer natürlichen Zahl k und komplexen Zahlen $\alpha_1, \ldots, \alpha_k$ betrachten wir die *homogene lineare Differentialgleichung k-ter Ordnung mit konstanten Koeffizienten*

$$\boxed{\eta^{(k)} + \alpha_1\eta^{(k-1)} + \cdots + \alpha_k\eta = 0}. \qquad (1)$$

Mit der vertrauten *Transformation*

$$y = \begin{pmatrix}\eta\\\vdots\\\eta^{(k-1)}\end{pmatrix} \quad \text{und} \quad A := \begin{pmatrix}0 & 1 & & & \\ & \ddots & \ddots & & \\ & & \ddots & \ddots & \\ & & & 0 & 1\\ -\alpha_k & \ldots & \ldots & \ldots & -\alpha_1\end{pmatrix}$$

ist (1) äquivalent zu $\boxed{y' = Ay}$. Wir zeigen zunächst

$$\det(\lambda E - A) = \lambda^k + \alpha_1\lambda^{k-1} + \cdots + \alpha_k =: \varphi(\lambda). \qquad (2)$$

Hier ist also das charakteristische Polynom, oft mit χ_A notiert, unmittelbar durch die Differentialgleichung gegeben!

Die Beziehung (2) erkennt man induktiv, indem man die linke Seite nach der ersten Spalte entwickelt oder auch zusammen mit folgenden Überlegungen:

Für $t \in \mathbb{C}$ sei $c(t) := (1, t, \ldots, t^{k-1})^T$. Ist $\lambda \in \mathbb{C}$ eine Nullstelle der (genauen) Ordnung $r \in \mathbb{N}$ von φ, so erhält man durch (3)

$$b_\varrho := \frac{1}{(\varrho - 1)!} c^{(\varrho-1)}(\lambda) \qquad (\varrho = 1, \ldots, r)$$

ein System von r *Hauptvektoren zum Eigenwert* λ von A mit

$$(A - \lambda E) b_\varrho = \begin{cases} 0 & , \ \varrho = 1 \\ b_{\varrho-1} & , \ \varrho = 2, \ldots, r \end{cases} \qquad \textit{(Hauptvektorkette)}.$$

Beweis: $Ac(t) = \left(t, \ldots, t^{k-1}, t^k - \varphi(t)\right)^T = t\,c(t) - \varphi(t)\,e_k$

Wiederholte Differentiation nach t liefert für $\varrho = 0, \ldots, r-1$:

$$Ac^{(\varrho)}(t) = t\,c^{(\varrho)}(t) + \varrho\, c^{(\varrho-1)}(t) - \varphi^{(\varrho)}(t)\,e_k$$

Daher hat man

$$(A - \lambda E)\, c^{(\varrho)}(\lambda) = \begin{cases} 0 & , \ \varrho = 0 \\ \varrho\, c^{(\varrho-1)}(\lambda) & , \ \varrho = 1, \ldots, r-1 \end{cases} \qquad \text{und somit (3).}$$

□

Zu λ und r erhält man (gemäß Abschnitt 5.2, Seite 157) die linear unabhängigen Lösungen $y_1, \ldots, y_r$ von $y' = Ay$ durch

$$\begin{aligned} y_1(x) &= \exp(\lambda x)\, b_1 \\ y_2(x) &= \exp(\lambda x)[b_2 + x\, b_1] \\ &\vdots \\ y_r(x) &= \exp(\lambda x)\left[b_r + x\, b_{r-1} + \cdots + \frac{x^{r-1}}{(r-1)!} b_1\right]. \end{aligned}$$

Die ersten Komponenten liefern r *linear unabhängige Lösungen von* (1):

$$\begin{aligned} \eta_1(x) &= \exp(\lambda x) \\ \eta_2(x) &= \exp(\lambda x)\, x \\ &\vdots \\ \eta_r(x) &= \exp(\lambda x) \frac{x^{r-1}}{(r-1)!} \end{aligned}$$

Kapitel 5

Indem man dies für *alle* Nullstellen heranzieht, erhält man insgesamt ein Fundamentalsystem.

Wir stellen noch einen von Abschnitt 5.2 unabhängigen Zugang zu diesem Resultat vor:

$\Lambda(u) := u^{(k)}+\alpha_1 u^{(k-1)}+\cdots+\alpha_k u$ (für k-mal differenzierbares $u\colon \mathbb{R} \longrightarrow \mathbb{C}$)

(also $\Lambda = D^k+\alpha_1 D^{k-1}+\cdots+\alpha_k D^0$ mit $D u := u'$ (für differenzierbares u))

Offenbar gilt:

$$\boxed{\Lambda\big(\exp(\varkappa t)\big) \;=\; \varphi(t)\exp(\varkappa t)} \quad \text{für } t \in \mathbb{C}; \tag{4}$$

ϱ-malige Differentiation nach t liefert:

$$\boxed{\Lambda\big(\varkappa^{\varrho}\exp(\varkappa t)\big) \;=\; \sum_{\nu=0}^{\varrho}\binom{\varrho}{\nu}\varphi^{(\nu)}(t)\varkappa^{\varrho-\nu}\exp(\varkappa t)} \tag{5}$$

Für $t = \lambda$ und $\varrho = 0,\ldots,r-1$ ist die rechte Seite Null, falls λ *Nullstelle der Ordnung* r *ist*; also sind die obigen Funktionen Lösungen.[7]

Diese Überlegungen führen auch zur *elementaren* Gewinnung einer Lösung der **speziellen inhomogenen linearen DGL k-ter Ordnung**

$$\boxed{\eta^{(k)}+\alpha_1\eta^{(k-1)}+\cdots+\alpha_k\eta \;=\; x^s\exp(x\lambda)} \tag{6}$$

für $s \in \mathbb{N}_0$ und $\lambda \in \mathbb{C}$:

Wir zerlegen $\varphi(t) = (t-\lambda)^r\,\psi(t)$ mit $r \in \mathbb{N}_0$ und einem Polynom ψ so, daß $\psi(\lambda) \neq 0$ ist. Für $t \in \mathbb{C}$ mit $\psi(t) \neq 0$ folgt aus (4)

$$\Lambda\Big(\frac{1}{\psi(t)}\exp(\varkappa t)\Big) \;=\; (t-\lambda)^r\exp(\varkappa t)\,. \tag{7}$$

Wir differenzieren $(r+s)$-mal nach t (lokal um λ) und setzen dann $t = \lambda$. Mit der Produktregel (für die rechte Seite) und $\displaystyle\frac{\partial^{\varrho}}{\partial t^{\varrho}}(t-\lambda)^r\,\Big|_{t=\lambda} = \begin{cases} 0 & , \varrho \neq r \\ r! & , \varrho = r\end{cases}$ erhält man

$$\Lambda\Big(\frac{\partial^{r+s}}{\partial t^{r+s}}\Big(\frac{1}{\psi(t)}\exp(\varkappa t)\Big)\,\Big|_{t=\lambda}\Big) \;=\; \frac{(r+s)!}{s!}\varkappa^s\exp(\varkappa\lambda)$$

und somit als *spezielle Lösung* von (6):

$$\boxed{\eta(x) \;=\; \frac{s!}{(r+s)!}\,\frac{\partial^{r+s}}{\partial t^{r+s}}\Big(\frac{1}{\psi(t)}\exp(xt)\Big)\,\Big|_{t=\lambda}} \tag{8}$$

[7] Hier ist die lineare Unabhängigkeit noch (elementar) zu zeigen.

(B3) Wir bestimmen die Lösungsgesamtheit von

$$\boxed{y^{(4)}(x) - 2y''(x) + y(x) \;=\; 24x \sin x}\,.$$

Hier gilt: $\varphi(t) = t^4 - 2t^2 + 1 = (t^2-1)^2 = (t-1)^2(t+1)^2$

Die Nullstellen von φ sind $\lambda_1 := 1$ und $\lambda_2 := -1$, beide mit der Ordnung 2. Ein *Fundamentalsystem der zugehörigen homogenen Differentialgleichung* ist somit gegeben durch (vergleiche dazu Seite 173): $e^x, x\,e^x, e^{-x}, x\,e^{-x}$.

Wir betrachten zunächst die *Inhomogenität* $x \exp(i\,x)$:

In (6) ist demnach $s = 1$ und $\lambda = i$ zu setzen. Damit hat man hier $r = 0$ und $\varphi = \psi$. Nach (8) erhalten wir mit

$$\begin{aligned}\widetilde{\eta}(x) \;:=\; \frac{\partial}{\partial t}\Big(\frac{\exp(xt)}{\varphi(t)}\Big)\Big|_{t=i} \;&=\; \frac{x\exp(xt)\,\varphi(t) - \exp(xt)\,\varphi'(t)}{\varphi(t)^2}\Big|_{t=i}\\ =\; \exp(i\,x)\,\frac{4x+8i}{16} \;&=\; \exp(i\,x)\,\frac{x+2i}{4}\end{aligned}$$

(Hier haben wir $\varphi(i) = (i^2-1)^2 = 4$ und $\varphi'(i) = 2\,(i^2-1)\,2\,i = -8i$ gerechnet.)

die zugehörige spezielle ($\mathbb{C}$-wertige) Lösung $24\,\widetilde{\eta}$ für die Inhomogenität $24x\exp(i\,x)$:

$$\begin{aligned}24\,\widetilde{\eta}(x) \;&=\; (\cos x + i\sin x)(6x + 12i)\\ &=\; (6x\cos x - 12\sin x) \;+\; i(12\cos x + 6x\sin x)\end{aligned}$$

Der Imaginärteil ergibt die spezielle Lösung der ursprünglichen Aufgabe durch

$$\eta(x) \;=\; 12\cos x + 6x\sin x\,.$$

Die *allgemeine Lösung* ist somit durch

$$\alpha_1\,e^x + \alpha_2 x e^x + \alpha_3\,e^{-x} + \alpha_4 x e^{-x} + 12\cos x + 6x\sin x$$

mit komplexen Zahlen $\alpha_1, \ldots, \alpha_4$ gegeben.

5.6 Homogene lineare Differentialgleichungen mit periodischen Koeffizientenfunktionen

Die Überlegungen dieses Abschnitts für lineare Systeme mit *periodischen* Koeffizientenfunktionen gehen auf GASTON FLOQUET[8] zurück. Wir werden sehen, daß solche Systeme mit linearen Systemen mit konstanten Koeffizienten verknüpft sind.

[8] Der französische Mathematiker ACHILLE MARIE GASTON FLOQUET (1847–1920) war ab 1890 Professor für Analysis an der Universität Nancy. Er beschäftigte sich mit Astronomie, Differentialgleichungen und periodischen Funktionen.

Mit einer natürlichen Zahl k, einer positiven reellen Zahl ω und einer stetigen *ω-periodischen* Funktion $F\colon \mathbb{R} \longrightarrow \mathbb{M}_k$, also $F(x+\omega) = F(x)$ für $x \in \mathbb{R}$, betrachten wir das Differentialgleichungssystem

$$\boxed{y' = F(x)y}\,. \tag{1}$$

Man könnte zwar Œ annehmen, daß die Koeffizientenfunktion F die Periode 1 hat, da sonst das Argument entsprechend transformiert werden kann; doch dies bringt keine entscheidenden Vorteile.

Wir sehen uns vorweg ‚zu Fuß' den skalaren Fall ($k = 1$) an, um einen ersten Eindruck von der Art der Ergebnisse zu erhalten, die wir allgemein erwarten können. Wir betrachten also die Differentialgleichung

$$y' = f(x)y$$

mit einer stetigen Funktion $f\colon \mathbb{R} \longrightarrow \mathbb{C}$, die ω-periodisch ist.

Nach den Überlegungen aus Abschnitt 2.3 ist die allgemeine Lösung mit

$$y(x) := \exp\left(\int_0^x f(t)\,dt\right) \qquad (x \in \mathbb{R})$$

von der Form cy mit komplexem c. Da f ω-periodisch ist, gilt für $x \in \mathbb{R}$

$$\int_x^{x+\omega} f(t)\,dt = \int_0^{\omega} f(t)\,dt = \lambda\omega$$

mit einem geeigneten $\lambda \in \mathbb{C}$. Man hat so

$$y(x+\omega) = \exp\left(\int_0^x f(t)\,dt\right) \cdot \exp\left(\int_x^{x+\omega} f(t)\,dt\right) = \exp(\lambda\omega)\,y(x)$$

und damit für $n \in \mathbb{N}$

$$y(x+n\omega) = \exp(n\lambda\omega)\,y(x)\,.$$

λ ist daher entscheidend für das Verhalten von y für (betraglich) große Argumente. Es wird als *„charakteristischer Exponent"* und $\exp(\lambda\omega)$ als *„charakteristischer Multiplikator"* bezeichnet.

y ist genau dann ω-periodisch, wenn $\exp(\lambda\omega) = 1$ ist, also $\lambda\omega = 2\pi i \ell$ mit einem $\ell \in \mathbb{Z}$ gilt. Es ist also im allgemeinen *nicht* zu erwarten, daß eine nicht-triviale ω-periodische Lösung existiert!

Die Transformation $p(x) := y(x)\exp(-\lambda x)$ für $x \in \mathbb{R}$ liefert eine ω-periodische Funktion p, mit der dann

$$y(x) = p(x)\exp(\lambda x) \qquad (x \in \mathbb{R})$$

Kapitel 5

gilt. Jede *Lösung* läßt sich also darstellen als *Produkt einer ω-periodischen Funktion mit einer Exponentialfunktion.*

Wir kommen nun zum allgemeinen Fall:

Parallel zu (1) sehen wir uns wieder die entsprechende Matrix-Differentialgleichung

$$\boxed{Y' = F(x)Y} \tag{M}$$

an. Hier ist also eine (stetig) differenzierbare Funktion $Y\colon \mathbb{R} \longrightarrow \mathbb{M}_k$ gesucht.

Für eine beliebige auf $\mathbb{R}$ definierte Funktion z sei $\widetilde{z}(x) := z(x+\omega)$ für $x \in \mathbb{R}$. Damit gilt offenbar:

a) Ist y eine Lösung von (1), dann löst auch $\widetilde{y}$ dieses System.

b) Ist Y eine Lösung von (M), so löst auch $\widetilde{Y}$ diese Differentialgleichung.

c) Ist Y eine Fundamentalmatrix zu (1), dann ist auch $\widetilde{Y}$ eine Fundamentalmatrix.

Folgerung 5.6.1

Ist Y eine Fundamentalmatrix zu (1), dann existiert eindeutig eine invertierbare Matrix $B_Y \in \mathbb{M}_k$ mit

$$Y(x+\omega) = Y(x)B_Y$$

für alle $x \in \mathbb{R}$, nämlich $B_Y = Y(0)^{-1}Y(\omega)$. Dieses B_Y heißt „Übergangsmatrix" oder „Monodromiematrix".

Die Eigenwerte der Übergangsmatrix werden *„charakteristische Multiplikatoren"* oder „FLOQUET-*Multiplikatoren*" genannt.

Mit $Z := \widetilde{Y}$ und $a := 0$ ergibt sich der *Beweis* direkt nach Bemerkung 4.3.5 unter Beachtung der obigen Aussage c). □

Bemerkung 5.6.2

Sind Y und Z Fundamentalmatrizen zu (1), dann existiert bekanntlich eindeutig eine invertierbare Matrix $S \in \mathbb{M}_k$ mit $Z(x) = Y(x)S$ für $x \in \mathbb{R}$. Damit gilt

$$B_Z = S^{-1} B_Y S\,.$$

B_Z ergibt sich also aus B_Y durch eine Ähnlichkeitstransformation.

Beweis: $Z(x)B_Z = Z(x+\omega) = Y(x+\omega)S = Y(x)B_Y S = Z(x)S^{-1}B_Y S$ □

Kapitel 5

Satz 5.6.3 (Satz von FLOQUET)

Es seien Y eine Fundamentalmatrix mit $Y(0) = E$ und dazu $L \in \mathbb{M}_k$ mit $B_Y = \exp(\omega L)$.
Dann existiert eine stetig differenzierbare Funktion $P\colon \mathbb{R} \longrightarrow \mathbb{M}_k$ derart, daß $P(0) = E$, $P(x)$ invertierbar, $P(x+\omega) = P(x)$ und

$$Y(x) = P(x)\exp(xL) \qquad \text{(FLOQUET-\textit{Darstellung})}$$

für alle $x \in \mathbb{R}$ gilt.

Beweis: Die durch $P(x) := Y(x)\exp(-xL)$ für $x \in \mathbb{R}$ definierte Funktion $P\colon \mathbb{R} \longrightarrow \mathbb{M}_k$ ist stetig differenzierbar, und für $x \in \mathbb{R}$ gelten: $P(x)$ ist invertierbar, $P(0) = E$, $P(x+\omega) = Y(x+\omega)\exp\big(-(x+\omega)L\big) = Y(x)\underbrace{B_Y\exp(-\omega L)}_{=E}\exp(-xL) = P(x)$ und $Y(x) = P(x)\exp(xL)$. □

Nach der Anmerkung auf Seite 155 existiert zu der invertierbaren Matrix $B := B_Y$ ein L mit $B = \exp(\omega L)$; wegen $\exp(2\pi i n E) = E$ für $n \in \mathbb{Z}$ ist L natürlich nicht eindeutig!

Eine solche Matrix L kann aber nicht immer *reell* gewählt werden. Dies zeigt (für $\omega = 1$) schon der Fall $k = 1$ mit $B = (-1)$. Für $k = 2$ existiert beispielsweise zu der invertierbaren Matrix $B := \begin{pmatrix} -1 & 1 \\ 0 & 1 \end{pmatrix}$ *keine reelle* Matrix L mit $B = \exp(L)$; denn sonst hätte man über (5.1.5)

$$-1 = \det(B) = \det\big(\exp(L)\big) = \exp\big(\operatorname{spur} L\big) > 0\,.$$

Man kann zeigen (man vergleiche dazu etwa [Culv]), daß eine solche *reelle* Matrix L jedenfalls dann existiert, wenn die Matrix B keine negativen Eigenwerte besitzt. (Diese Bedingung ist jedoch nicht notwendig dafür.) Damit existiert zu B^2 stets eine *reelle* Matrix L mit $B^2 = \exp(2\omega L)$; denn die Eigenwerte von B^2 sind ja gerade die Quadrate der Eigenwerte von B. Da die Koeffizientenfunktion F insbesondere auch 2ω-periodisch ist und dann B^2 die zugehörige Monodromiematrix ist, hat man:

Ist $F(x)$ zudem für jedes $x \in \mathbb{R}$ *reell*, so existiert zu der reellen Fundamentalmatrix Y eine 2ω-periodische Funktion P mit $P(x)$ *reell* für alle $x \in \mathbb{R}$ und eine *reelle* Matrix L mit

$$Y(x) = P(x)\exp(xL) \qquad (x \in \mathbb{R})\,.$$

Folgerung 5.6.4

Die Transformation $y(x) = P(x)z(x)$ für $x \in \mathbb{R}$ führt das DGL-System (1) in ein System mit konstanten Koeffizienten über:

$$z' = Lz$$

Kapitel 5

Beweis: Für eine Lösung y von (1) hat man $FPz = Fy = y' = P'z + Pz'$ und so $z' = P^{-1}(FP - P')z = Lz$; denn $P(x) = Y(x)\exp(-xL)$ liefert $P' = Y'\exp(-xL) + Y(-L)\exp(-xL) = FY\exp(-xL) - YL\exp(-xL)$ $= FP - PL$. Umgekehrt rechnet man ausgehend von einer Lösung z entsprechend zurück. □

Die Transformation ist hilfreich für theoretische Überlegungen, speziell für Strukturaussagen. Für die *praktische Rechnung* bringt das Ergebnis nichts; denn es wird ja zur Definition von P ein Fundamentalsystem herangezogen, und damit kennt man schon alle Lösungen!

Mit Y, L und der *„Periodizitätsmatrix"* P wie im vorangehenden Satz gelten: Ist y eine Lösung von (1) mit $y(0) = b \in \mathbb{C}^k$, dann ist $y(x) = Y(x)b$ für $x \in \mathbb{R}$ (vgl. Bemerkung 4.3.4). Für beliebige $\lambda \in \mathbb{C}$ und $b \in \mathbb{C}^k$ hat man:

$$\begin{aligned} y(x) &= Y(x)b = P(x)\exp(xL)b = P(x)\exp\bigl(x\bigl[\lambda E + (L - \lambda E)\bigr]\bigr)b \\ &= P(x)\exp(x\lambda)\exp\bigl(x(L - \lambda E)\bigr)b = \exp(x\lambda)\sum_{\nu=0}^{\infty}\frac{x^\nu}{\nu!}P(x)(L - \lambda E)^\nu b \end{aligned}$$

Diese Reihe ‚bricht ab', falls λ ein Eigenwert von L mit zugehörigem Hauptvektor b ist. Die Eigenwerte von L heißen *„charakteristische Exponenten"* oder auch „FLOQUET-*Exponenten*".

Es seien nun λ ein *Eigenwert* von L mit zugehörigem *Hauptvektor* b *der Ordnung* $\varrho \in \mathbb{N}$: Für $j = 1, \ldots, \varrho$ bezeichnen wir:

$$\begin{aligned} b_j &:= (L - \lambda E)^{\varrho - j} b \qquad && \text{(Hauptvektor der Stufe } j) \\ p_j(x) &:= P(x)\, b_j && (x \in \mathbb{R}) \end{aligned}$$

Dann ist $p_j\colon \mathbb{R} \longrightarrow \mathbb{C}^k$ stetig differenzierbar und ω-periodisch mit $p_j(0) = b_j$.

$$\begin{aligned} y_j(x) &:= Y(x)\, b_j \overset{\text{(s.o.)}}{=} \exp(x\lambda)\sum_{\nu=0}^{j-1}\frac{x^\nu}{\nu!}P(x)\underbrace{(L - \lambda E)^\nu b_j}_{= b_{j-\nu}} \\ &= \exp(x\lambda)\sum_{\nu=0}^{j-1}\frac{x^\nu}{\nu!}p_{j-\nu}(x) \end{aligned}$$

So ergeben sich *zur ‚Hauptvektorkette'* $b_1, \ldots, b_\varrho$ *linear unabhängige Lösungen* $y_1, \ldots, y_\varrho$ mit $y_j(0) = b_j \quad (j = 1, \ldots, \varrho)$ durch:

$$\begin{aligned} y_1(x) &= \exp(x\lambda)\, p_1(x) \\ y_2(x) &= \exp(x\lambda)\, [p_2(x) + x\, p_1(x)] \\ &\;\vdots \\ y_\varrho(x) &= \exp(x\lambda)\bigl[p_\varrho(x) + x\, p_{\varrho-1}(x) + \cdots + \frac{x^{\varrho-1}}{(\varrho-1)!}p_1(x)\bigr] \end{aligned}$$

Kapitel 5

Indem man dies für alle ‚JORDAN-Kästchen' heranzieht, erhält man ein spezielles Fundamentalsystem. In diesem sind die *Lösungen aus der skalaren Exponentialfunktion, Potenzen und ω-periodischen $\mathbb{C}^k$-wertigen Funktionen p_ϱ aufgebaut.* Speziell gilt:

(5.6.5) $$y_1(x+\omega) = \exp(\omega\lambda)y_1(x) \quad (x \in \mathbb{R})$$ (FLOQUET-*Lösung)*

Beweis: $$y_1(x+\omega) = \exp((x+\omega)\lambda)p_1(x+\omega) = \exp((x+\omega)\lambda)p_1(x) = \exp(\omega\lambda)y_1(x)$$ □

Ist b_1 ein Eigenvektor zum Eigenwert λ von L, so ist b_1 ein Eigenvektor zum Eigenwert $\exp(\omega\lambda)$ *von B_Y.*

Beweis:

$$B_Y b_1 = \exp(\omega L)b_1 = \sum_{\nu=0}^{\infty} \frac{1}{\nu!}\omega^\nu L^\nu b_1 = \sum_{\nu=0}^{\infty} \frac{1}{\nu!}\omega^\nu \lambda^\nu b_1 = \exp(\omega\lambda)b_1$$ □

Bemerkung 5.6.6

Es sei c ein Eigenvektor zum Eigenwert μ von B_Y und damit $z(x) := Y(x)c$ gebildet. Dann gilt

$$z(x+\omega) = \mu z(x) \quad \textit{für } x \in \mathbb{R}.$$

Beweis: $z(x+\omega) = Y(x+\omega)c = Y(x)B_Y c = Y(x)\mu c = \mu z(x)$ □

Wir sehen uns ein abschließendes **Beispiel** an:

Es sei $g \in C_0(\mathbb{R}, \mathbb{C})$ mit $g(x+1) = g(x)$ und $g(x) = g(-x)$ für $x \in \mathbb{R}$.

Wir betrachten die damit gebildete *gerade* HILL[9]-*Differentialgleichung*:

$$\eta''(x) - g(x)\eta(x) = 0 \tag{Hi}$$

Es bezeichne $\eta_1, \eta_2 \in C_1(\mathbb{R}, \mathbb{C})$ das Fundamentalsystem von (Hi) mit

$$\begin{pmatrix} \eta_1(0) & \eta_2(0) \\ \eta_1'(0) & \eta_2'(0) \end{pmatrix} = \begin{pmatrix} 1 & 0 \\ 0 & 1 \end{pmatrix}.$$

Wir setzen

$$Y(x) := \begin{pmatrix} \eta_1(x) & \eta_2(x) \\ \eta_1'(x) & \eta_2'(x) \end{pmatrix} \quad \text{und} \quad F(x) := \begin{pmatrix} 0 & 1 \\ g(x) & 0 \end{pmatrix}.$$

Mit $w(x) := \det Y(x)$ folgt nach Formel von LIOUVILLE (siehe Seite 128)

[9] Der amerikanische Astronom und Mathematiker GEORGE WILLIAM HILL (1838–1914) stieß bei seiner Theorie der Mondbewegung auf diese nach ihm benannte Differentialgleichung.

Kapitel 5

$$w(x) = 1 \text{ für } x \in \mathbb{R},$$

da hier spur $F(x) = 0$ und $w(0) = 1$ gelten. Mit $B := B_Y$ gilt $Y(x+1) = Y(x)B$, speziell also $Y(1) = B$. Damit folgt $\det B = w(1) = 1$. Für das charakteristische Polynom φ zu B ergibt sich nun:

$$\varphi(\mu) = \mu^2 - \big(\eta_1(1) + \eta_2'(1)\big)\,\mu + 1$$

Hieraus liest man ab:

Ist eine komplexe Zahl μ ein Eigenwert von B, so auch $1/\mu$.

Ist μ ein Eigenwert von B, so gilt mit einem $\lambda \in \mathbb{C}$ mit $\mu = \exp(\lambda)$ *(charakteristischer Exponent)*

$$\cosh\lambda = \frac{1}{2}\big(\exp(\lambda) + \exp(-\lambda)\big) = \frac{1}{2}\Big(\mu + \frac{1}{\mu}\Big) = \frac{1}{2}\big(\eta_1(1) + \eta_2'(1)\big).$$

Ist die Funktion η eine Lösung von (Hi), *so wird diese Differentialgleichung auch durch die Funktion $\mathbb{R} \ni x \longmapsto \eta(-x) \in \mathbb{C}$ gelöst.*

Daraus erhält man: η_1 ist *gerade*, η_2 *ungerade*.

Beweis: Es existieren komplexe Zahlen α und β mit

$$\eta_1(-x) = \alpha\,\eta_1(x) + \beta\,\eta_2(x)\,.$$

$x = 0$ liefert $\alpha = 1$. Nach Differentiation zeigt $x = 0$ dann $\beta = 0$. Damit ist η_1 gerade. Für η_2 argumentiert man analog. □

Setzt man $x = -1/2$ in die Beziehung $Y(x+1) = Y(x)B = Y(x)Y(1)$ ein, so ergibt sich nun

$$\begin{pmatrix} \eta_1(1) & \eta_2(1) \\ \eta_1'(1) & \eta_2'(1) \end{pmatrix} = Y(1) = Y\Big(-\frac{1}{2}\Big)^{-1} Y\Big(\frac{1}{2}\Big)$$

$$\overset{\checkmark}{=} \begin{pmatrix} \eta_1(\frac{1}{2}) & -\eta_2(\frac{1}{2}) \\ -\eta_1'(\frac{1}{2}) & \eta_2'(\frac{1}{2}) \end{pmatrix}^{-1} \begin{pmatrix} \eta_1(\frac{1}{2}) & \eta_2(\frac{1}{2}) \\ \eta_1'(\frac{1}{2}) & \eta_2'(\frac{1}{2}) \end{pmatrix}$$

$$\overset{\checkmark}{=} \begin{pmatrix} \eta_2'(\frac{1}{2}) & \eta_2(\frac{1}{2}) \\ \eta_1'(\frac{1}{2}) & \eta_1(\frac{1}{2}) \end{pmatrix} \begin{pmatrix} \eta_1(\frac{1}{2}) & \eta_2(\frac{1}{2}) \\ \eta_1'(\frac{1}{2}) & \eta_2'(\frac{1}{2}) \end{pmatrix}.$$

Daraus liest man — mit $\det Y(\frac{1}{2}) = 1$ — ab:

$$\eta_1(1) = (\eta_2'\eta_1 + \eta_2\eta_1')\Big(\frac{1}{2}\Big) = \eta_2'(1) = \begin{cases} 1 + 2\eta_1'\big(\frac{1}{2}\big)\,\eta_2\big(\frac{1}{2}\big) \\ -1 + 2\eta_1\big(\frac{1}{2}\big)\eta_2'\big(\frac{1}{2}\big) \end{cases} \tag{2}$$

$$\eta_1'(1) = 2(\eta_1\eta_1')\Big(\frac{1}{2}\Big), \quad \eta_2(1) = 2(\eta_2\eta_2')\Big(\frac{1}{2}\Big)$$

(2) zeigt nun:

Ist $\eta_1'\left(\frac{1}{2}\right)\eta_2\left(\frac{1}{2}\right) = 0$, dann *existiert eine nicht-triviale* 1*-periodische Lösung.*

Aus $\eta_1\left(\frac{1}{2}\right)\eta_2'\left(\frac{1}{2}\right) = 0$ folgt die *Existenz einer nicht-trivialen Lösung* η *mit* $\eta(x+1) = -\eta(x)$.

Historische Notizen

Marie Ennemond Camille JORDAN (1838–1922)

war sehr vielseitig in seinem wissenschaftlichen Schaffen. Er arbeitete anfangs auf dem Gebiet der algebraischen Gleichungen. Angeregt durch die bahnbrechenden Ergebnisse von GALOIS, zu deren Verständnis und Würdigung er entscheidend beitrug, forschte er später über Substitutionsgruppen. Ab etwa 1867 stand bei ihm die reelle Analysis im Vordergrund. Er führte den Begriff „Funktionen von beschränkter Schwankung“ ein und zeigte dessen Beziehung zu monotonen Funktionen. Neben maßtheoretischen Überlegungen beschäftigte er sich in der Topologie mit den heute nach ihm benannten Kurven, bewies seinen berühmten Kurvensatz und führte den Begriff der Homotopie ein. Zudem beschäftigte er sich mit Kristallographie, Wahrscheinlichkeitsrechnung und Anwendungen der Mathematik in der Technik. Viele Studenten der Mathematik ‚leiden‘ zu Beginn ihres Studiums beim Bemühen, seine Normalform von Matrizen richtig zu verstehen.

MWS zu Kapitel 5

Lineare Differentialgleichungen und DGL-Systeme II

Wichtige MAPLE-Befehle dieses Kapitels:

DEtools-Paket: constcoeffsols, DEplot, DEplot3d
linalg[exponential], linalg:-matfunc
LinearAlgebra-Paket: MatrixExponential, MatrixFunction (ab Maple 9)
convert(..., Matrix), evalc
plottools[transform]

MWS 5

5.1 Exponentialfunktion von Matrizen

Es folgen zwei Beispiele, in denen wir zu einer Matrix A die Exponentialmatrix $\exp(A)$ berechnen. Wie im Textteil beschrieben, ist dies ‚trivial' für eine diagonalisierbare Matrix. Im allgemeinen Fall kann dazu mit Vorteil die zugehörige JORDAN-Normalform herangezogen werden. Ab Maple 9 steht hierfür im LinearAlgebra-Paket der Befehl MatrixExponential zur Verfügung, der dem Maple-Befehl exponential im ‚veralteten' linalg-Paket entspricht. MatrixExponential und MatrixPower sind Spezialfälle des allgemeineren Befehls MatrixFunction, auf den wir im Anhang über *Matrixfunktionen* ausführlich eingehen werden.

Beispiel 1

```
> restart: with(LinearAlgebra):
  A := Matrix([[0,1,0],[4,3,-4],[1,2,-1]]);
  n := RowDimension(A): E := IdentityMatrix(n):
```

$$A := \begin{bmatrix} 0 & 1 & 0 \\ 4 & 3 & -4 \\ 1 & 2 & -1 \end{bmatrix}$$

```
> CharacteristicPolynomial(A,lambda): 'chi[A]'(lambda) := factor(%);
```

$$\chi_A(\lambda) := \lambda(\lambda-1)^2$$

Die Matrix A hat somit den einfachen Eigenwert $\lambda_1 = 0$ sowie den doppelten Eigenwert $\lambda_2 = 1$. Wir überprüfen, ob A diagonalisierbar ist:

```
> 'Rang(E-A)' = Rank(E-A);
```

$$\operatorname{Rang}(E-A) = 2$$

Die *geometrische Vielfachheit*[1] des Eigenwertes $\lambda_2 = 1$ ist daher gleich 1, also kleiner als die algebraische Vielfachheit. A ist demnach nicht diagonalisierbar. Wir berechnen die zugehörige JORDAN-Normalform J sowie eine Transformationsmatrix S:

```
> J,S := JordanForm(A,output=['J','Q']): 'J' = J, 'S' = S;
```

$$J = \begin{bmatrix} 0 & 0 & 0 \\ 0 & 1 & 1 \\ 0 & 0 & 1 \end{bmatrix}, \quad S = \begin{bmatrix} 5 & 4 & -4 \\ 0 & 4 & 0 \\ 5 & 6 & -5 \end{bmatrix}$$

Die Berechnung der Exponentialfunktion von J basiert auf der Zerlegung $J = D + N$ in Diagonalanteil D und nilpotenten Rest N mit $DN = ND$, aus der sich $e^J = e^D e^N$ ergibt.[2] e^D kann als Diagonalmatrix einfach nach Bemerkung 5.1.2 berechnet werden, und wegen $N^2 = 0$ gilt hier $e^N = E + N$.

```
> unprotect(D):    # D ist geschützt (Differentialoperator)!
  D := DiagonalMatrix([seq(J[k,k],k=1..n)]):
  N := J - D:      # nilpotente Matrix
  Exp_D := DiagonalMatrix(map(exp,[seq(D[k,k],k=1..n)])):
  Exp_N := E + N: # N^2 = 0
  Exp_J := Exp_D.Exp_N: 'D' = D, 'N' = N, 'e^J' = Exp_J;
```

$$D = \begin{bmatrix} 0 & 0 & 0 \\ 0 & 1 & 0 \\ 0 & 0 & 1 \end{bmatrix}, \quad N = \begin{bmatrix} 0 & 0 & 0 \\ 0 & 0 & 1 \\ 0 & 0 & 0 \end{bmatrix}, \quad e^J = \begin{bmatrix} 1 & 0 & 0 \\ 0 & e & e \\ 0 & 0 & e \end{bmatrix}$$

Aus $A = SJS^{-1}$ erhält man bekanntlich $e^A = Se^J S^{-1}$:

```
> Exp_A := S.Exp_J.S^(-1): 'e^A' = Exp_A;
```

[1] ‚Sicherheitshalber' erinnern wir noch einmal daran, daß dies die *Dimension des Eigenraumes* ist, während die *algebraische Vielfachheit* die Ordnung als Nullstelle des charakteristischen Polynoms angibt.

[2] Wir notieren — wie allgemein üblich — oft auch e^M statt $\exp(M)$ für eine quadratische Matrix M.

$$e^A = \begin{bmatrix} 5 & 1+e & -4 \\ 4e & 3e & -4e \\ 5+e & 1+2e & -4-e \end{bmatrix}$$

Wir machen die Kontrolle mit dem Maple-Befehl MatrixExponential bzw. linalg[exponential]:

```
> #linalg[exponential](A);                   # zur Kontrolle
  MatrixExponential(A): map(simplify,%); # ab Maple 9
```

$$\begin{bmatrix} 5 & 1+e & -4 \\ 4e & 3e & -4e \\ 5+e & 1+2e & -4-e \end{bmatrix}$$

Ferner verifizieren wir für diese Matrix A die Beziehung $\det(e^A) = e^{\mathrm{spur}(A)}$:

```
> Determinant(Exp_A), exp(Trace(A));
```

$$(e)^2,\ e^2$$

Beispiel 2

Es sei auch noch ein einfaches Beispiel durchgerechnet, bei dem *komplexe Eigenwerte* auftreten.

```
> restart: with(LinearAlgebra):
  interface(imaginaryunit=i): macro(I=i):
```

Durch die Anweisung interface(imaginaryunit=i) wird das standardmäßig vordefinierte Symbol I für die imaginäre Einheit $\sqrt{-1}$ deaktiviert und durch i ersetzt. Die Neudefinition von I durch den Befehl macro(I=i) bewirkt dann, daß ein eingegebenes I als imaginäre Einheit interpretiert und stets als i ausgegeben wird.

```
> A := Matrix([[4,5,8],[-1,-5,-7],[-2,1,0]]);
  n := RowDimension(A):
```

$$A := \begin{bmatrix} 4 & 5 & 8 \\ -1 & -5 & -7 \\ -2 & 1 & 0 \end{bmatrix}$$

```
> CharacteristicPolynomial(A,lambda): 'chi[A]'(lambda) = factor(%,I);
```

$$\chi_A = (\lambda + 1 - 3i)(\lambda + 1 + 3i)(\lambda - 1)$$

Die Matrix A hat *einfache* (reelle bzw. konjugiert komplexe) Eigenwerte, ist also diagonalisierbar. Mit den Eigenwerten und -vektoren bilden wir die zugehörige Diagonalmatrix D sowie eine Transformationsmatrix S:

```
> (EWe,EVen) := Eigenvectors(A): S := EVen;
  unprotect(D): D := DiagonalMatrix(EWe);
```

$$S := \begin{bmatrix} -1 & -i & i \\ -1 & -1+i & -1-i \\ 1 & 1 & 1 \end{bmatrix}, \quad D := \begin{bmatrix} 1 & 0 & 0 \\ 0 & -1+3i & 0 \\ 0 & 0 & -1-3i \end{bmatrix}$$

Der Maple-Befehl Eigenvectors liefert die Eigenwerte *EWe* von A in Gestalt eines Vektors sowie die Eigenvektoren *EVen* als Matrix. Die j-te Spalte von *EVen* ist ein zu $EWe[j]$ gehöriger Eigenvektor. Will man die Ausgabe der Eigenvektoren in ‚normaler' Form haben, so gelingt dies leicht z. B. mit:

```
> Column(S,[1..n]);
```

$$\begin{bmatrix} -1 \\ -1 \\ 1 \end{bmatrix}, \begin{bmatrix} -i \\ -1+i \\ 1 \end{bmatrix}, \begin{bmatrix} i \\ -1-i \\ 1 \end{bmatrix}$$

Wegen $A = S\,D\,S^{-1}$ gilt bekanntlich $e^A = S\,e^D\,S^{-1}$:

```
> Exp_D := DiagonalMatrix([seq(exp(D[k,k]),k=1..n)]):
  Exp_A := map(evalc,S.Exp_D.S^(-1)): Exp_A;
```

$$\begin{bmatrix} e+e^{-1}\sin(3), e-e^{-1}\cos(3)+e^{-1}\sin(3), e-e^{-1}\cos(3)+2e^{-1}\sin(3) \\ e-e^{-1}\cos(3)-e^{-1}\sin(3), e-2e^{-1}\sin(3), e-e^{-1}\cos(3)-3e^{-1}\sin(3) \\ -e+e^{-1}\cos(3), -e+e^{-1}\cos(3)+e^{-1}\sin(3), -e+2e^{-1}\cos(3)+e^{-1}\sin(3) \end{bmatrix}$$

Schneller geht es direkt mit dem passenden Maple-Befehl:

```
> MatrixExponential(A): #linalg[exponential](A):
```

Wir verzichten hier und auch bei den folgenden Beispielen auf die erneute Wiedergabe des Resultats. Wir verifizieren wieder die Beziehung $\det(e^A) = e^{\text{spur}(A)}$:

```
> Determinant(Exp_A): simplify(%), exp(Trace(A));
```

$$e^{-1}, \; e^{-1}$$

5.2 Homogene lineare DGL-Systeme mit konstanten Koeffizienten

Beispiel 3

Wir wählen die Matrix A aus Beispiel 1 als Koeffizientenmatrix:

MWS 5

```
> restart: with(LinearAlgebra):
  A := Matrix([[0,1,0],[4,3,-4],[1,2,-1]]);
  n := RowDimension(A): E := IdentityMatrix(n):
```

$$A := \begin{bmatrix} 0 & 1 & 0 \\ 4 & 3 & -4 \\ 1 & 2 & -1 \end{bmatrix}$$

Das charakteristische Polynom zu A liefert die Eigenwerte (und deren algebraische Vielfachheiten):

```
> CharacteristicPolynomial(A,lambda): 'chi[A]'(lambda) = factor(%);
```

$$\chi_A(\lambda) = \lambda(\lambda - 1)^2$$

```
> lambda[1] := 0: lambda[2] := 1:
```

Hierzu werden — analog zum Vorgehen im Textteil — *Eigenvektoren* und *Hauptvektorketten* bestimmt. Im Textteil erfolgte deren Numerierung nach den Eigenwerten; hier wird jetzt nach einer für die Eigenwerte festgelegten Reihenfolge indiziert. (Für beide Notierungsweisen kann man gute Gründe anführen.)

```
> NullSpace(A-lambda[1]*E): b11 := op(%): 'b11' = evalm(b11);
```

$$b11 = [1, 0, 1]$$

```
> 'A-lambda[2]*E' = A-lambda[2]*E,
  'Rang(A-lambda[2]*E)' = Rank(A-lambda[2]*E);
```

$$A - \lambda_2 E = \begin{bmatrix} -1 & 1 & 0 \\ 4 & 2 & -4 \\ 1 & 2 & -2 \end{bmatrix}, \ \mathrm{Rang}(A - \lambda_2 E) = 2$$

Somit ist der Kern von $A - \lambda_2 E$, also der Eigenraum zum Eigenwert λ_2, eindimensional. Damit kennen wir schon — bis auf mögliche Vertauschung der beiden ‚Kästchen' — die JORDAN-Normalform. Aus

```
> B := (A-lambda[2]*E)^2:
  '(A-lambda[2]*E)^2' = B, 'Kern((A-lambda[2]*E)^2)' = NullSpace(B);
```

$$(A - \lambda_2 E)^2 = \begin{bmatrix} 5 & 1 & -4 \\ 0 & 0 & 0 \\ 5 & 1 & -4 \end{bmatrix}, \ \mathrm{Kern}\big((A - \lambda_2 E)^2\big) = \left\{ \begin{bmatrix} \frac{4}{5} \\ 0 \\ 1 \end{bmatrix}, \begin{bmatrix} -\frac{1}{5} \\ 1 \\ 0 \end{bmatrix} \right\}$$

erhält man in naheliegender Weise z. B. den Hauptvektor $b22$ (der Ordnung 2, mit ganzzahligen Komponenten) und hierzu den Eigenvektor $b21$:

MWS 5

```
> b22 := Vector([0,4,1]): b21 := (A-lambda[2]*E).b22:
  'b22' = evalm(b22), 'b21' = evalm(b21);
```

$$b22 = [0, 4, 1], \; b21 = [4, 4, 6]$$

Zusammenfassend erhalten wir daraus eine Transformationsmatrix S und die resultierende JORDAN-Normalform:

```
> S := Matrix([b11,b21,b22]); # Transformationsmatrix
  J := S^(-1).A.S;            # Jordan-Normalform
```

$$S := \begin{bmatrix} 1 & 4 & 0 \\ 0 & 4 & 4 \\ 1 & 6 & 1 \end{bmatrix}, \; J := \begin{bmatrix} 0 & 0 & 0 \\ 0 & 1 & 1 \\ 0 & 0 & 1 \end{bmatrix}$$

Die Lösungsgesamtheit des homogenen DGL-Systems ist nun — nach den Überlegungen in Abschnitt 5.2 des Textteils — gegeben durch die Linearkombinationen:

```
> alpha[1]*b11+alpha[2]*exp(x)*b21+alpha[3]*exp(x)*(b22+x*b21):
  y := unapply(%,x): 'y(x)' = y(x);
```

$$y = \begin{bmatrix} \alpha_1 + 4\alpha_2 e^x + 4\alpha_3 e^x x \\ 4\alpha_2 e^x + \alpha_3 e^x (4+4x) \\ \alpha_1 + 6\alpha_2 e^x + \alpha_3 e^x (1+6x) \end{bmatrix}$$

Das LinearAlgebra-Paket kann ab Maple 9 offensichtlich ‚symbolische' Linearkombinationen von Vektoren oder Matrizen direkt auswerten. In früheren Versionen gelang dies nur auf etwas umständliche Weise mit dem Maple-Befehl Multiply. Man erhielt zunächst das Ergebnis in der Form:

$$y = \alpha_1 \begin{bmatrix} 1 \\ 0 \\ 1 \end{bmatrix} + \alpha_2 e^x \begin{bmatrix} 4 \\ 4 \\ 6 \end{bmatrix} + \alpha_3 e^x \left(x \begin{bmatrix} 4 \\ 4 \\ 6 \end{bmatrix} + \begin{bmatrix} 0 \\ 4 \\ 1 \end{bmatrix} \right)$$

Zum Schluß machen wir noch die Probe:

```
> map(diff,y(x),x)-A.y(x): map(expand,evalm(%));
```

$$[0, 0, 0]$$

Für die JORDAN-Normalform J können wir leicht $\exp(x\,J)$ angeben und damit dann $\exp(x\,A)$ gewinnen. Auf diese Weise erhalten wir eine Fundamentalmatrix (vgl. Satz 5.1.4):

```
> unprotect(D): D := DiagonalMatrix([0,1,1]); N  := J - D;
```

$$D := \begin{bmatrix} 0 & 0 & 0 \\ 0 & 1 & 0 \\ 0 & 0 & 1 \end{bmatrix}, \quad N := \begin{bmatrix} 0 & 0 & 0 \\ 0 & 0 & 1 \\ 0 & 0 & 0 \end{bmatrix}$$

MWS 5

```
> Exp_xD := DiagonalMatrix([1,exp(x),exp(x)]):
  Exp_xN := E+x*N;
  Exp_xJ := Exp_xD.Exp_xN;
```

$$Exp\_xN := \begin{bmatrix} 1 & 0 & 0 \\ 0 & 1 & x \\ 0 & 0 & 1 \end{bmatrix}, \quad Exp\_xJ := \begin{bmatrix} 1 & 0 & 0 \\ 0 & e^x & e^x x \\ 0 & 0 & e^x \end{bmatrix}$$

```
> Exp_xA := S.Exp_xJ.S^(-1);
```

$$Exp\_xA := \begin{bmatrix} 5-4e^x+4e^x x & 1-e^x+2e^x x & -4+4e^x-4e^x x \\ 4e^x x & e^x+2e^x x & -4e^x x \\ 5-5e^x+6e^x x & 1-e^x+3e^x x & -4+5e^x-6e^x x \end{bmatrix}$$

Sicherheitshalber machen wir auch hier die Probe:

```
> map(diff,Exp_xA,x)-A.Exp_xA; subs(x=0,Exp_xA); # Y'-A*Y = 0,Y(0) = E
```

$$\begin{bmatrix} 0 & 0 & 0 \\ 0 & 0 & 0 \\ 0 & 0 & 0 \end{bmatrix}, \quad \begin{bmatrix} 1 & 0 & 0 \\ 0 & 1 & 0 \\ 0 & 0 & 1 \end{bmatrix}$$

Mit $\exp(x\,A)$ gewinnen wir dann die Darstellung der Lösungsgesamtheit, der wir bereits weiter oben begegnet sind:

MWS 5

```
> Y := Exp_xA.S;    # Weitere Fundamentalmatrix
  'y(x)' = Y.Vector([alpha[j] $ j=1..n]);
```

$$Y := \begin{bmatrix} 1 & 4e^x & 4e^x x \\ 0 & 4e^x & 4e^x x+4e^x \\ 1 & 6e^x & 6e^x x+e^x \end{bmatrix}, \quad y = \begin{bmatrix} \alpha_1+4\alpha_2 e^x+4\alpha_3 e^x x \\ 4\alpha_2 e^x+(4e^x x+4e^x)\alpha_3 \\ \alpha_1+6\alpha_2 e^x+(6e^x x+e^x)\alpha_3 \end{bmatrix}$$

Direkter und einfacher läßt sich die Berechnung mit den Maple-Befehlen MatrixExponential bzw. linalg[exponential] durchführen:

```
> MatrixExponential(A,x): Exp_xA := map(simplify,%):    # ab Maple 9
  # Exp_xA := linalg[exponential](A,x);
```

Wir verzichten auch hier auf eine Wiedergabe der Ergebnisse.

5.3 Zweidimensionale Systeme, Stabilität

In diesem Abschnitt soll u. a. gezeigt werden, wie die graphischen Darstellungen des entsprechenden Textabschnittes und Varianten davon relativ einfach mit Maple erhalten werden können. Dabei möchten wir uns aber nicht nur auf die Standardangebote von Maple dazu wie phaseportrait und DEplot beschränken, sondern auch hier wieder eigene Ideen einbringen und so auch einen Blick in die ‚Trickkiste' ermöglichen. Wir gehen, um Mengen im $\mathbb{R}^2$ (hier speziell Pfeilspitzen und Kurven) darzustellen, mit Vorteil den ‚Umweg' übers Komplexe, so etwa in den Prozeduren *pfeil* und *bild*. Dabei treten der Befehl complexplot auf und die kleine Hilfsfunktion *c2p*, die aus einer komplexen Zahl den entprechenden Vektor im $\mathbb{R}^2$ macht.

```
> restart: with(LinearAlgebra): with(DEtools):
  with(plots): with(plottools):
  interface(imaginaryunit=i): macro(I=i):
  c2p := z -> [Re(z),Im(z)]: # "complex to pair"
  vz := Vector([z[1](x),z[2](x)]):
  Sys := map(diff,vz,x)-B.vz:
```

Wir greifen zunächst das schon im Text ausführlich gerechnete Beispiel (B2) mit Maple auf:

Beispiel 4 (Fall 1 a)[3]

```
> A := Matrix([[-4/3,1/3],[2/3,-5/3]]);
  CharacteristicPolynomial(A,lambda): 'chi[A]'(lambda) = factor(%);
  (EWe,EVen) := Eigenvectors(A);
```


$$A := \begin{bmatrix} -\frac{4}{3} & \frac{1}{3} \\ \frac{2}{3} & -\frac{5}{3} \end{bmatrix}$$

$$\chi_A(\lambda) = (\lambda+2)\,(\lambda+1), \quad EWe,\, EVen := \begin{bmatrix} -2 \\ -1 \end{bmatrix}, \begin{bmatrix} -\frac{1}{2} & 1 \\ 1 & 1 \end{bmatrix}$$

Die Überlegungen im Textteil gingen davon aus, daß der erste Eigenwert Œ betraglich kleiner als der zweite ist; im anderen Fall, der hier gegeben ist, vertauschen wir die Spalten von *EVen:*

```
> if abs(EWe[1])<abs(EWe[2]) then S := EVen
    else S := ColumnOperation(EVen,[1,2])
  end if:
  B := S^(-1).A.S: 'B' = B, 'S' = S;
```

$$B = \begin{bmatrix} -1 & 0 \\ 0 & -2 \end{bmatrix}, \ S = \begin{bmatrix} 1 & -\frac{1}{2} \\ 1 & 1 \end{bmatrix}$$

```
> Sys;
```

$$\begin{bmatrix} z_1 + z_1' \\ 2\,z_2 + z_2' \end{bmatrix}$$

Zu 16 auf dem Kreis um den Nullpunkt mit Radius r äquidistant verteilten Punkten betrachten wir die Lösungen, die dort ‚starten':

[3] Die gegebene Matrix A hat zwei verschiedene reelle Eigenwerte mit gleichen Vorzeichen.

```
> r := 8: [seq(r*exp(2*Pi*I/16*k),k=0..15)]:
  Punkte := map(c2p,%): n := nops(Punkte):
  AnfBed := seq({z[1](0)=a[1],z[2](0)=a[2]},a=Punkte):
  for j to n do
    dsolve(convert(Sys,set) union AnfBed[j]);
    w[j] := unapply(subs(%,z[1](x)+I*z[2](x)),x)
  end do:
```

Die ‚Dynamik' wollen wir durch ‚schöne' Pfeile verdeutlichen. Dazu dient die folgende Prozedur:

```
> pfeil := proc(g,tau,delta,Farbe)
    local t,u,v,w1,w2,Dg;
    u := g(tau): Dg := D(g)(tau):
    v := evalc(g(tau+delta/abs(Dg)));
    w1 := u+I*0.3*(v-u): w2 := u-I*0.3*(v-u):
    polygon([c2p(v),c2p(w1),c2p(w2)],color=Farbe,style=patchnogrid)
  end proc:
```

Das Ganze soll nun als *Animation* ablaufen. Deshalb beschreiben wir vorweg mit der Prozedur *bild,* wie *eine* solche Lösung dargestellt wird:

```
> bild := proc(a)
    local p1,p2,p3:
    p1 := seq(complexplot(w[j](x),x=0..a,color=red),j=1..n):
    p2 := seq(pfeil(w[j],a/2,0.6,red),j=1..n):
    p3 := plot([[0,0]],style=point,symbol=circle,symbolsize=20,
        color=red):
    display(p1,p2,p3,scaling=constrained,thickness=2)
  end proc:
  TICKS := tickmarks=[[-8,-4,0,4,8]$2]:
  display(seq(bild(a),a=[k*0.1 $ k=1..20]),TICKS,axes=frame,
    title="Knoten (z-Ebene)",insequence=true);
```

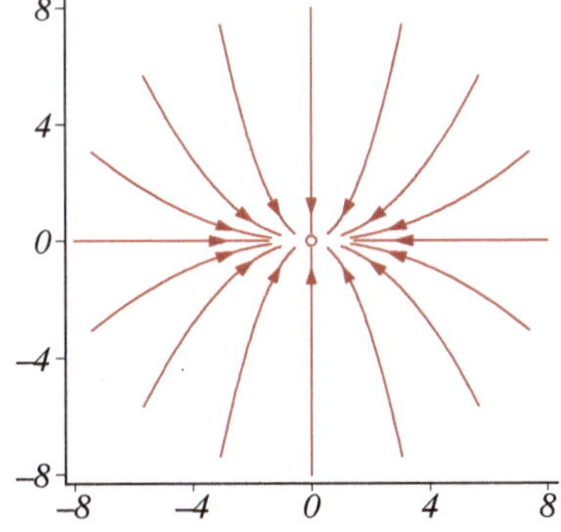

Beispiel 5 (Fall 1 b)[4]

Wir können hier etwas sparsamer kommentieren, da viele Dinge ähnlich wie im vorangehenden Beispiel gemacht werden.

```
> A := Matrix([[1,1],[2,0]]);
  CharacteristicPolynomial(A,lambda): 'chi[A]'(lambda) = factor(%);
  (EWe,EVen) := Eigenvectors(A);
```

$$A := \begin{bmatrix} 1 & 1 \\ 2 & 0 \end{bmatrix}, \quad \chi_A(\lambda) = (\lambda+1)(\lambda-2), \quad EWe,\, EVen := \begin{bmatrix} -1 \\ 2 \end{bmatrix}, \begin{bmatrix} -\frac{1}{2} & 1 \\ 1 & 1 \end{bmatrix}$$

Die Überlegungen im Textteil gingen davon aus, daß der erste Eigenwert negativ ist; im anderen Fall vertauschen wir die Spalten von *EVen:*

```
> if EWe[1])<EWe[2] then S := EVen
    else S := ColumnOperation(EVen,[1,2])
  end if:
  B := S^(-1).A.S: 'B' = B, 'S' = S;
```

$$B = \begin{bmatrix} -1 & 0 \\ 0 & 2 \end{bmatrix}, \; S = \begin{bmatrix} -\frac{1}{2} & 1 \\ 1 & 1 \end{bmatrix}$$

```
> Sys;
```

$$\begin{bmatrix} z_1 + z_1' \\ -2\,z_2 + z_2' \end{bmatrix}$$

Zu 11 symmetrisch um $(r, 0)$ verteilten Punkten, die wir noch an der z_2-Achse spiegeln und durch zwei Punkte auf ihr ergänzen, betrachten wir die Lösungen mit den dadurch gegebenen Anfangsbedingungen:

```
> r := 8: {seq([r,k/10],k={$-5..5})}: % union map(z->[-z[1],z[2]],%):
  % union {[0,0.2],[0,-0.2]}:
  Punkte := convert(%,list):
  AnfBed := seq([z[1](0)=a[1],z[2](0)=a[2]],a=Punkte):
  Ber := -r..r:
```

Das Bild eines Sattelpunktes in der y-Ebene wird mit Hilfe der (einfacheren) Graphik in der z-Ebene erzeugt. Dazu ziehen wir den transform-Befehl aus dem Plottools-Paket heran, dessen Leistungsfähigkeit in der Maple-Literatur meist nicht genügend erkannt wird. Dies wurde auch schon in [Fo/Ho] an vielen Stellen mit Vorteil gemacht und hervorgehoben. Das Ganze soll wieder als *Animation* ablaufen. Deshalb beschreiben wir auch hier vorweg mit einer Prozedur *bild*, wie *eine* solche Lösung dargestellt wird:

[4] Die Matrix A hat zwei reelle Eigenwerte mit unterschiedlichen Vorzeichen.

```
ST := transform((z1,z2)->convert(S.Vector([z1,z2]),list)):
bild := proc(a) local p1,p2:
  p1 := DEplot(convert(Sys,set),convert(vz,list),x=0..a,[AnfBed],
    z[1]=Ber,z[2]=Ber,arrows=medium,stepsize=0.1,color=gray,
    linecolor=red):
  p2 := plot([[0,0]],style=point,symbol=circle,symbolsize=20,
    color=red):
  display(ST(display(p1,p2)),tickmarks=[3,3],scaling=constrained,
    axes=frame,view=[-7..7,-7..7])
end proc:
display(seq(bild((2*k-1)/10),k=1..12),title="Sattelpunkt (y-Ebene)",
  insequence=true);
```

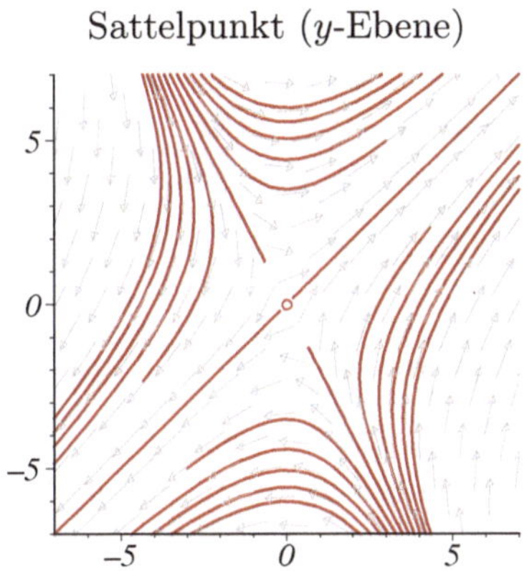

Beispiel 6 (Fall 3 b)[5]

Nach den beiden vorangehenden Beispielen können wir jetzt wohl auf Kommentare verzichten. Wir empfehlen dem Leser jedoch, sich die entsprechenden Ausführungen im Textteil zu Fall 3 in Erinnerung zu rufen.

```
> A := Matrix([[-5/3,8/3],[-5/3,-1/3]]);
  CharacteristicPolynomial(A,lambda): 'chi[A]'(lambda) = factor(%);
  (EWe,EVen) := Eigenvectors(A);
```

$$A := \begin{bmatrix} -\frac{5}{3} & \frac{8}{3} \\ -\frac{5}{3} & -\frac{1}{3} \end{bmatrix}, \quad \chi_A(\lambda) = \lambda^2 + 2\lambda + 5,$$

$$EWe,\ EVen := \begin{bmatrix} -1+2i \\ -1-2i \end{bmatrix}, \begin{bmatrix} \frac{2}{5} - \frac{6}{5}i & \frac{2}{5} + \frac{6}{5}i \\ 1 & 1 \end{bmatrix}$$

```
> if Im(EWe[1])>0 then S := EVen
    else S := ColumnOperation(EVen,[1,2])
  end if:
```

[5] Die Matrix A hat zwei konjugiert komplexe Eigenwerte mit negativem Realteil.

```
beta := Im(EWe[1]):
S := Matrix(<map(Re,S[1..2,1..1]) | map(Im,-S[1..2,1..1])>):
B := S^(-1).A.S: 'B' = B, 'S' = S;
```

$$B = \begin{bmatrix} -1 & -2 \\ 2 & -1 \end{bmatrix},\ S = \begin{bmatrix} \frac{2}{5} & \frac{6}{5} \\ 1 & 0 \end{bmatrix}$$

```
> Sys;
```

$$\begin{bmatrix} z_1 + 2z_2 + z_1' \\ -2z_1 + z_2 + z_2' \end{bmatrix}$$

```
> r := 9: [seq(r*exp(2*Pi*I/16*k),k=0..15)]:
  Punkte := map(c2p,%):
  AnfBed := seq([z[1](0)=a[1],z[2](0)=a[2]],a=Punkte):
  Ber := -r..r: TICKS := [-8,-4,0,4,8]$2:
  bild := proc(a)
    DEplot3d(convert(Sys,set),convert(vz,list),x=0..a,[AnfBed],
      stepsize=0.05,linecolor=red)
  end proc:
  display(seq(bild(a),a=[k*3*Pi/(20*beta) $ k=1..20]),
    tickmarks=[[$ 1..4],TICKS],orientation=[-153,80],
    insequence=true);
```


Anziehender Strudelpunkt — oder *Harry Potters Zauberhut*

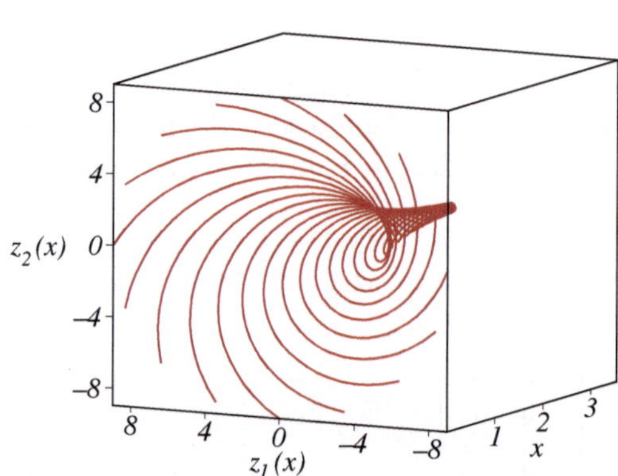

Die weiteren Fälle können in gleicher Weise nach einer der vorgestellten Vorgehensweisen behandelt werden. Wir empfehlen dazu dem interessierten Leser die folgenden Matrizen A als *Übungsaufgaben:*

$$\begin{bmatrix} -2 & 0 \\ 0 & -2 \end{bmatrix},\ \begin{bmatrix} -\frac{4}{3} & \frac{1}{3} \\ -\frac{4}{3} & -\frac{8}{3} \end{bmatrix},\ \begin{bmatrix} -\frac{2}{3} & \frac{8}{3} \\ -\frac{5}{3} & \frac{2}{3} \end{bmatrix},\ \begin{bmatrix} -\frac{2}{3} & \frac{2}{3} \\ \frac{4}{3} & -\frac{4}{3} \end{bmatrix},\ \begin{bmatrix} \frac{2}{3} & \frac{1}{3} \\ -\frac{4}{3} & -\frac{2}{3} \end{bmatrix}$$

Damit sind nacheinander die noch ausstehenden Fälle erfaßt: 2 a): Die Matrix A hat einen *(doppelten) reellen Eigenwert* und ist *diagonalisierbar.* Man erhält einen *Stern.* 2 b): A hat einen *(doppelten) reellen Eigenwert* und ist *nicht diagonalisierbar.* Es ergibt sich ein *eintangentiger Knoten.* 3 a): A hat *konjugiert komplexe rein imaginäre Eigenwerte.* Hier ergibt sich ein *Wirbelpunkt.* 4 ($\det A = 0$): a) A hat — neben 0 — einen von 0 verschiedenen reellen Eigenwert, ist also diagonalisierbar. Man hat eine *Gerade von Gleichgewichtspunkten.* b) Im verbleibenden Fall ist 0 doppelter Eigenwert. Da A als nicht-trivial vorausgesetzt wurde, ist die zugehörige Normalform

$$\begin{pmatrix} 0 & 1 \\ 0 & 0 \end{pmatrix}.$$

Es ergibt sich eine *Gerade von instabilen Gleichgewichtspunkten.*

Wir erinnern dabei noch einmal an die Möglichkeit, mit scene-Optionen verschiedene Darstellungen zu erhalten (vgl. die Anmerkungen dazu am Ende von Abschnitt 3.1 von MWS 3).

5.4 Lineare DGL-Systeme mit konstanten Koeffizienten und speziellen Inhomogenitäten

Beispiel 7

Wir greifen Beispiel 3 auf, jetzt erweitert um eine Inhomogenität g, was wir auch schon in Abschnitt 5.4 des Textteils von Hand ausführlich gerechnet haben:

```
> restart: with(LinearAlgebra):
  A := Matrix([[0,1,0],[4,3,-4],[1,2,-1]]);
  n := RowDimension(A): E := IdentityMatrix(n):
  c0 := Vector([1,8,4]): c1 := Vector([0,4,1]): c2 := Vector([2,0,2]):
  g0 := exp(x)*c0: g1 := x*exp(x)*c1:
  g2 := x^2/2*exp(x)*c2: g := g0+g1+g2:
  'g(x)' = exp(x)*(c0+x*c1+x^2/2*c2);
```

$$A := \begin{bmatrix} 0 & 1 & 0 \\ 4 & 3 & -4 \\ 1 & 2 & -1 \end{bmatrix}, \quad g(x) = \begin{bmatrix} e^x(1+x^2) \\ e^x(8+4x) \\ e^x(4+x+x^2) \end{bmatrix}$$

Wir übernehmen die dort berechneten Eigenwerte sowie Eigen- und Hauptvektoren:

```
> lambda[1] := 0; lambda[2] := 1;
  b11 := Vector([1,0,1]): b22 := Vector([0,4,1]):
```

```
B := A-lambda[2]*E: b21 := B.b22:
'b11' = evalm(b11), 'b21' = evalm(b21), 'b22' = evalm(b22);
S := Matrix([b11,b21,b22]); # Transformationsmatrix
J := S^(-1).A.S;            # Jordan-Normalform
```

$$\lambda_1 := 0, \quad \lambda_2 := 1, \quad \mathit{b11} = [1, 0, 1], \; \mathit{b21} = [4, 4, 6], \; \mathit{b22} = [0, 4, 1]$$

$$S := \begin{bmatrix} 1 & 4 & 0 \\ 0 & 4 & 4 \\ 1 & 6 & 1 \end{bmatrix}, \quad J := \begin{bmatrix} 0 & 0 & 0 \\ 0 & 1 & 1 \\ 0 & 0 & 1 \end{bmatrix}$$

Die Lösungsformeln der beiden Spezialfälle (I) und (II) werden als einfache Prozeduren bereitgestellt:

```
> yI := proc(alpha,s,d)
    global A,E,n: local sigma:
    add(x^sigma/sigma!*((A-alpha*E)^sigma).d,sigma=0..s):
    return map(simplify,exp(alpha*x)*%,exp)
  end proc:

  yII := proc(alpha,r,s,c)
    global A,E,n: local rho:
    add(x^(rho+s+1)/(rho+s+1)!*((A-alpha*E)^rho).c,rho=0..r-1):
    return map(simplify,exp(alpha*x)*%,exp)
  end proc:
```


Wir beginnen mit dem Vektor $c_0 = [1, 8, 4]$ und ermitteln mit

```
> a := LinearSolve(S,c0): 'a' = evalm(a);
```

$$a = [-3, 1, 1]$$

die Koeffizienten seiner Darstellung bezüglich der Basis $b11, b21, b22$ (Spalten von S). $c_0 = Sa$ zerfällt in die Summe der beiden Vektoren u (aus dem Eigenraum zu $\lambda_1 = 0$) und v (aus dem Hauptraum zu $\lambda_2 = 1$):

```
> u := S.Vector([a[1],0,0]): v := S.Vector([0,a[2],a[3]]):
```

Wegen

```
> '(B^2).v' = evalm((B^2).v);
```

$$(B^2).v = [0, 0, 0]$$

kann Spezialfall (II) auf den durch v bestimmten Term mit $\alpha = \lambda_2\,(= 1)$, $s = 0$, $c = v$ und $r = 2$ angewendet werden:

```
> y[1] := yII(1,2,0,v): 'y[1]' = evalm(y[1]);
```

$$y_1 = \left[e^x (4x + 2x^2),\ e^x (8x + 2x^2),\ e^x (7x + 3x^2)\right]$$

Auf den Summanden mit u ist Fall (I) mit $\alpha = \lambda_2\,(= 1)$, $c = u$ und $s = 0$ anwendbar:

```
> LinearSolve(B,-u): d := subs(indets(%)[1]=0,%): 'd' = evalm(d);
```

$$d = [-3,\ 0,\ -3]$$

Man erhält den entsprechenden Lösungsanteil:

```
> y[2] := yI(1,0,u): 'y[2]' = evalm(y[2]);
```

$$y_2 = [-3e^x,\ 0,\ -3e^x]$$

$c_1 = [0,\ 4,\ 1]$ ist ein Hauptvektor der Stufe 2 zum Eigenwert $\lambda_2 = 1$:

```
> evalm(B.c1), evalm((B^2).c1);
```

$$[4,\ 4,\ 6],\ [0,\ 0,\ 0]$$

Es liegt also für den zugehörigen Anteil der Inhomogenität Fall (II) vor mit $\alpha = \lambda_2$, $s = 1$ und $r = 2$:

```
> y[3] := yII(1,2,1,c1): 'y[3]' = evalm(y[3]);
```

$$y_3 = \left[\frac{2}{3} e^x x^3,\ e^x \left(2x^2 + \frac{2}{3} x^3\right),\ e^x \left(\frac{1}{2} x^2 + x^3\right)\right]$$

Für den Term mit Vektor $c_2 = [2,\ 0,\ 2]$ kann wieder der Spezialfall (I) mit $\alpha = \lambda_2$ und $s = 2$ herangezogen werden:

```
> LinearSolve(B,-c2): d := subs(indets(%)[1]=0,%):
  y[4] := yI(1,2,d): 'd' = evalm(d), 'y[4]' = evalm(y[4]);
```

$$d = [2,\ 0,\ 2],\ y_4 = \left[e^x (2 - 2x + x^2),\ 0,\ e^x (2 - 2x + x^2)\right]$$

Insgesamt ergibt sich folgende partikuläre Lösung:

```
> y_P := map(collect,y[1]+y[2]+y[3]+y[4],exp): # partikuläre Lösung
  map(diff,y_P,x)-(A.y_P+g):                   # Probe
  evalm(y_P), evalm(map(simplify,%));
```

$$\left[\left(2x + 3x^2 - 1 + \frac{2}{3} x^3\right) e^x,\ \left(8x + 4x^2 + \frac{2}{3} x^3\right) e^x,\ \left(5x + \frac{9}{2} x^2 - 1 + x^3\right) e^x\right]$$
$$[0,\ 0,\ 0]$$

Die hier und schon im Textteil gemachten recht aufwendigen Rechnungen helfen zwar, die theoretischen Ergebnisse zu verstehen und einzuüben, zeigen aber auch deutlich, daß diesem Vorgehen in der Praxis vom Aufwand her Grenzen gesetzt sind. Man wird deshalb oft aus der theoretischen Überlegung die Struktur einer Lösung ablesen und dann mit einem entsprechenden Ansatz in die DGL ‚hineingehen'. Im vorliegenden Fall liegt es nahe, einen Lösungsansatz mit Exponentialpolynomen zu machen. Vorweg notieren wir dazu das DGL-System in folgender Form:

```
> y := 'y': a := 'a':
  vy := Vector([y[1](x),y[2](x),y[3](x)]):
  Sys := convert(map(diff,vy,x)-(A.vy+g),list);
```

$$Sys := [\, y_1' - y_2 - e^x - x^2 e^x,\ y_2' - 4y_1 - 3y_2 + 4y_3 - 8e^x - 4x\,e^x,\\ y_3' - y_1 - 2y_2 + y_3 - 4e^x - x\,e^x - x^2 e^x \,]$$

Einsetzen des folgenden Lösungsansatzes in das DGL-System führt auf ein lineares Gleichungssystem:

```
> Ansatz := [seq(y[mu](x)=exp(x)*sum(a[mu,nu]*x^nu,nu=0..3),mu=1..3)]:
  Insert := subs(Ansatz,Sys):
  map(z->z*exp(-x),Insert): map(simplify,%):
  map(collect,%,x): map(coeffs,%,x): eqs := map(z->z=0,%);
```

$$\begin{aligned} eqs := [\, & a_{1,0} - a_{2,0} + a_{1,1} - 1 = 0,\ a_{1,1} + 2a_{1,2} - a_{2,1} = 0,\\ & a_{1,2} + 3a_{1,3} - a_{2,2} - 1 = 0,\ -a_{2,3} + a_{1,3} = 0,\\ & -2a_{2,0} - 8 - 4a_{1,0} + a_{2,1} + 4a_{3,0} = 0,\\ & -2a_{2,1} + 2a_{2,2} - 4a_{1,1} - 4 + 4a_{3,1} = 0,\\ & 3a_{2,3} - 4a_{1,2} + 4a_{3,2} - 2a_{2,2} = 0,\ -2a_{2,3} - 4a_{1,3} + 4a_{3,3} = 0,\\ & 2a_{3,0} - 4 - a_{1,0} + a_{3,1} - 2a_{2,0} = 0,\\ & 2a_{3,1} + 2a_{3,2} - a_{1,1} - 1 - 2a_{2,1} = 0,\\ & 3a_{3,3} - a_{1,2} - 2a_{2,2} + 2a_{3,2} - 1 = 0,\ 2a_{3,3} - a_{1,3} - 2a_{2,3} = 0\,] \end{aligned}$$

Wir erhalten eine Schar von Exponentialpolynomen mit zwei frei wählbaren Parametern:

```
> solve(convert(eqs,set)): assign(%): vy := eval(vy,Ansatz);
```

$$vy := \begin{bmatrix} e^x\left(\frac{4}{5}a_{3,0} - \frac{1}{5} - \frac{1}{5}a_{2,0} + \left(\frac{6}{5} + \frac{6}{5}a_{2,0} - \frac{4}{5}a_{3,0}\right)x + 3x^2 + \frac{2}{3}x^3\right) \\ e^x\left(a_{2,0} + \left(\frac{6}{5}a_{2,0} + \frac{36}{5} - \frac{4}{5}a_{3,0}\right)x + 4x^2 + \frac{2}{3}x^3\right) \\ e^x\left(a_{3,0} + \left(\frac{9}{5}a_{2,0} + \frac{19}{5} - \frac{6}{5}a_{3,0}\right)x + \frac{9}{2}x^2 + x^3\right) \end{bmatrix}$$

Offensichtlich sind dies Lösungen des inhomogenen DGL-Systems:

```
> map(diff,vy,x)-(A.vy+g): map(simplify,evalm(%));
```

$$[0,\ 0,\ 0]$$

5.5 Lineare DGLen höherer Ordnung mit konstanten Koeffizienten

```
> restart: interface(imaginaryunit=i): macro(I=i):
```

Bestimmung eines Fundamentalsystems

Beispiel 8

Es sei folgende homogene DGL mit konstanten Koeffizienten gegeben:

```
> Dgl := diff(y(x),x$4)-2*diff(y(x),x$2)+y(x);
```

$$Dgl := y'''' - 2y'' + y$$

Über den *Ansatz* $y(x) = \exp(\lambda x)$ erhält man das charakteristische Polynom:

```
> eval(Dgl,y(x)=exp(lambda*x)): collect(%,exp(lambda*x)):
  chi := %/exp(lambda*x): 'chi'(lambda) = chi;
```

$$\chi(\lambda) = \lambda^4 - 2\lambda^2 + 1$$

Wir wissen aus dem Textteil, daß man χ auch unmittelbar aus der DGL ablesen kann. Es folgt die Bestimmung der Nullstellen von χ:

```
> solve(chi = 0);
```

$$1, 1, -1, -1$$

1 und -1 sind jeweils doppelte Nullstellen; mithin ergeben sich über (2) aus Abschnitt 5.5 des Textteils folgende Basislösungen:

```
> y[1](x) = exp(x),  y[2](x) = x*exp(x),
  y[3](x) = exp(-x), y[4](x) = x*exp(-x);
```

$$y_1 = e^x ,\ y_2 = x e^x ,\ y_3 = e^{-x} ,\ y_4 = x e^{-x}$$

Diese Einzelschritte lassen sich auch mittels der folgenden Maple-Befehle — auf jede der drei Weisen — kompakter ausführen:

```
> with(DEtools): constcoeffsols(Dgl,y(x));
  # Eingabe der DGL über Liste der Koeffizienten:
  constcoeffsols([1,0,-2,0,1],x):
  dsolve(Dgl,y(x),output=basis):
```

$$[e^x ,\ x e^x ,\ e^{-x} ,\ x e^{-x}]$$

Partikuläre Lösungen für spezielle rechte Seiten

Wir ergänzen das vorangehende Beispiel durch eine Inhomogenität:

MWS 5

Beispiel 9

```
> Dgl_inh := Dgl = 24*x*sin(x);
```

$$Dgl\_inh := y'''' - 2y'' + y = 24x\sin(x)$$

Wir berechnen eine spezielle Lösung, indem wir die Überlegungen zu Beispiel (B3) aus Abschnitt 5.5 des Textteils mit Maple nachvollziehen:

```
> phi := unapply(chi,lambda);
  'phi(I)' = phi(I), 'phi(-I)' = phi(-I);
```

$$\varphi := \lambda \to \lambda^4 - 2\lambda^2 + 1\,,\ \varphi(i) = 4\,,\ \varphi(-i) = 4$$

Die Inhomogenität läßt sich wie folgt schreiben:

```
> 24*x*sin(x): % = convert(%,exp);
```

$$24x\sin(x) = -12ix\left(e^{ix} - e^{-ix}\right)$$

Wir betrachten daher zunächst die Inhomogenitäten xe^{ix} und xe^{-ix}. In (8) aus Abschnitt 5.5 des Textteils ist jeweils $s = 1$, $r = 0$ und $\psi = \varphi$ zu setzen:

```
> r := 0: s := 1:
  sol := y(x) = -12*I/(r+s)!*(subs(t=I,diff(exp(x*t)/phi(t),t$(r+s)))-
                        subs(t=-I,diff(exp(x*t)/phi(t),t$(r+s))));
```

$$sol := y = -12i\left(\frac{1}{4}xe^{ix} + \frac{1}{2}ie^{ix} - \frac{1}{4}xe^{-ix} + \frac{1}{2}ie^{-ix}\right)$$

MWS 5

Mit Hilfe des Maple-Befehls evalc erhält man die *reelle Darstellung der Lösung:*

```
> evalc(sol); odetest(%,Dgl_inh); # Probe
```

$$y = 6x\sin(x) + 12\cos(x)\,,\ 0$$

Beispiel 10

```
> Dgl := diff(y(x),x$4)+2*diff(y(x),x$2)+y(x) = 24*x*sin(x);
```

$$Dgl := y'''' + 2y'' + y = 24x\sin(x)$$

Die scheinbar geringfügige Modifikation (Vorzeichenwechsel beim zweiten Term) von Beispiel 9 ändert die Situation grundlegend. Das charakteristische Polynom hat nun konjugiert komplexe rein imaginäre Nullstellen der Vielfachheit 2:

```
> phi := unapply(factor(t^4+2*t^2+1,I),t);
  phi(I), D(phi)(I), phi(-I), D(phi)(-I);
```

$$\varphi := t \to (t+i)^2(-t+i)^2, \quad 0, 0, 0, 0$$

Man erhält analog wie oben folgendes Resultat:

```
> r := 2: s := 1:
  psi1 := unapply(normal(phi(t)/(t-I)^2),t):
  psi2 := unapply(normal(phi(t)/(t+I)^2),t):
  y(x) = -12*I/(r+s)!*(subs(t=I,diff(exp(x*t)/psi1(t),t$(r+s)))-
                       subs(t=-I,diff(exp(x*t)/psi2(t),t$(r+s)))):
  evalc(%); odetest(%,Dgl);
```

$$y = -x^3\sin(x) - 3x^2\cos(x) + \frac{9}{2}x\sin(x) + 3\cos(x), \quad 0$$

5.6 Homogene lineare Differentialgleichungen mit periodischen Koeffizientenfunktionen

Beispiel 11 (vgl. Beispiel 6 aus MWS 4)

```
> restart: with(LinearAlgebra):
  vy := Vector([y[1](x),y[2](x)]): # Vektorfunktion
  F  := x -> Matrix([[cos(2*x),sin(2*x)-1],[sin(2*x)+1,-cos(2*x)]]):
  Sys := map(diff,vy,x)-(F(x).vy);
```

$$Sys := \begin{bmatrix} y_1' - \cos(2x)\,y_1 - (\sin(2x)-1)\,y_2 \\ y_2' - (\sin(2x)+1)\,y_1 + \cos(2x)\,y_2 \end{bmatrix}$$

Mit Hilfe der Überlegungen zu Beispiel 6 in MWS 4 ergibt sich hierfür folgende Fundamentalmatrix:

```
> Y := x -> Matrix([<exp(x)*cos(x),exp(x)*sin(x)>,
                    <-exp(-x)*sin(x),exp(-x)*cos(x)>]):
  'Y(x)' = Y(x), 'Y(0)' = Y(0);
```

$$Y(x) = \begin{bmatrix} e^x\cos(x) & -e^{-x}\sin(x) \\ e^x\sin(x) & e^{-x}\cos(x) \end{bmatrix}, \; Y(0) = \begin{bmatrix} 1 & 0 \\ 0 & 1 \end{bmatrix}$$

Die minimale Periode der Koeffizientenmatrix F ist offenbar $\omega = \pi$. Mit $Y(0) = E$ liefert so $Y(\pi)$ die Übergangsmatrix:

```
> B[Y] := Y(Pi);
```

$$B_Y := \begin{bmatrix} -e^{\pi} & 0 \\ 0 & -e^{-\pi} \end{bmatrix}$$

```
> interface(imaginaryunit=i): MatrixFunction(B[Y],log(x),x):
  map(evalc,1/Pi*%): L := map(radnormal,%);
  'exp(Pi*L)' = MatrixExponential(Pi*L);
```

Bei älteren Maple-Versionen ist der Befehl MatrixFunction in geeigneter Weise durch linalg:-matfunc zu ersetzen.

$$L := \begin{bmatrix} 1+i & 0 \\ 0 & -1+i \end{bmatrix}, \quad e^{\pi L} = \begin{bmatrix} -e^{\pi} & 0 \\ 0 & -e^{-\pi} \end{bmatrix}$$

Im Anschluß an Satz 5.6.3 (Satz von FLOQUET) hatten wir bemerkt, daß ein solches L — wie hier gegeben — nicht notwendig *reell* gewählt werden kann. Deshalb geht man allgemein zur Periode 2ω über und betrachtet die Übergangsmatrix B^2:

```
> MatrixFunction(B[Y]^2,log(x),x): L := map(radnormal,1/(2*Pi)*%);
  'exp(2*Pi*L)' = MatrixExponential(2*Pi*L);
```

$$L := \begin{bmatrix} 1 & 0 \\ 0 & -1 \end{bmatrix}, \quad e^{2\pi L} = \begin{bmatrix} e^{2\pi} & 0 \\ 0 & e^{-2\pi} \end{bmatrix}$$

Die 2π-periodische Funktion P aus der FLOQUET-Darstellung $Y(x) = P(x)\exp(x L)$ ergibt sich nun durch:

```
> Y(x).MatrixExponential(-L,x): P(x) = map(simplify,%);
```

$$P(x) = \begin{bmatrix} \cos(x) & -\sin(x) \\ \sin(x) & \cos(x) \end{bmatrix}$$

Beispiel 12 (vgl. Beispiel IV-4-8 von [Hs/Si])

```
> restart: with(LinearAlgebra):
  vy := Vector([y[1](x),y[2](x)]): # Vektorfunktion
  F  := x -> Matrix([[cos(x),1],[0,cos(x)]]):
  Sys := map(diff,vy,x)-(F(x).vy);
```

$$Sys := \begin{bmatrix} y_1' - \cos(x)\, y_1 - y_2 \\ y_2' - \cos(x)\, y_2 \end{bmatrix}$$

Man zeigt leicht (vgl. etwa (3.7.9) aus [Sc/Sc]): Sind die Werte einer Koeffizientenmatrix F alle vertauschbar, so ist durch

$$Y(x) := \exp\left(\int_0^x F(t)\, dt\right)$$

eine Fundamentalmatrix Y des DGL-Systems $y' = F(x)y$ mit $Y(0) = E$ gegeben. Im hier vorliegenden Fall erkennt man die Vertauschbarkeit unmittelbar. Wir lassen uns das noch einmal durch Maple bestätigen:

```
> F(x1).F(x2) - F(x2).F(x1);
```

$$\begin{bmatrix} 0 & 0 \\ 0 & 0 \end{bmatrix}$$

MWS 5

```
> F1 := map(int,F(t),t=0..x);
```

$$F1 := \begin{bmatrix} \sin(x) & x \\ 0 & \sin(x) \end{bmatrix}$$

Offenbar gilt $F1 = \sin(x)E + xN$ mit

```
> E := IdentityMatrix(2); N := Matrix([[0,1],[0,0]]);
```

$$E := \begin{bmatrix} 1 & 0 \\ 0 & 1 \end{bmatrix}, \quad N := \begin{bmatrix} 0 & 1 \\ 0 & 0 \end{bmatrix}$$

So ist $\exp(F1)$ gegeben durch:

```
> Y := x -> exp(sin(x))*(E+x*N): 'Y(x)' = Y(x), 'Y(0)' = Y(0);
```

$$Y(x) = \begin{bmatrix} e^{\sin(x)} & e^{\sin(x)}x \\ 0 & e^{\sin(x)} \end{bmatrix}, \quad Y(0) = \begin{bmatrix} 1 & 0 \\ 0 & 1 \end{bmatrix}$$

Wegen $Y(0) = E$ ist hier die Übergangsmatrix gleich $Y(2\pi)$:

```
> B[Y] := Y(2*Pi);
```

$$B_Y := \begin{bmatrix} 1 & 2\pi \\ 0 & 1 \end{bmatrix}$$

Eine zugehörige Matrix L ist hier gerade durch N gegeben:

```
> L := N: MatrixExponential(2*Pi*L): 'exp(2*Pi*L)' = map(simplify,%);
```

$$e^{2\pi L} = \begin{bmatrix} 1 & 2\pi \\ 0 & 1 \end{bmatrix}$$

Da L hier reell ist, ist der Übergang zur doppelten Periode nicht erforderlich. Wir haben 0 (doppelt) als *charakteristischen Exponenten* (Eigenwerte von L) und 1 (doppelt) als *charakteristischen Multiplikator* (Eigenwerte von B). Die 2π-periodische Funktion P aus der FLOQUET-Darstellung ergibt sich nun wieder durch:

```
> Y(x).MatrixExponential(-L,x): P(x) = map(simplify,%);
```

$$P(x) = \begin{bmatrix} e^{\sin(x)} & 0 \\ 0 & e^{\sin(x)} \end{bmatrix}$$

MWS 5

Kapitel 6

Nützliches — nicht nur für den Praktiker

Potenzreihenentwicklungen zur Lösung von Differentialgleichungen wurden schon von NEWTON vielfach eingesetzt. CAUCHY präzisierte diese Methode, indem er den zugehörigen Existenzsatz bewies. Wir behandeln zunächst lineare Differentialgleichungen mit Koeffizientenfunktionen, die sich in Potenzreihen entwickeln lassen. Bei der ergänzenden Betrachtung schwach singulärer Stellen in Abschnitt 6.2 beschränken wir uns auf einige *reelle* Überlegungen. Der angemessene Funktionenbereich dazu wären holomorphe Funktionen. Doch darauf gehen wir in dieser Darstellung nicht ein, da wir die entsprechenden funktionentheoretischen Kenntnisse nicht voraussetzen wollen. Wir verweisen dazu beispielhaft auf die weitergehenden Bücher von [Sc/Sc] und [Wal].

Die LAPLACE-Transformation, eine spezielle Integraltransformation, erweist sich als nützliches und von vielen Anwendern geschätztes Hilfsmittel zur Lösung von Anfangswertaufgaben bei linearen Differentialgleichungen und Systemen mit konstanten Koeffizienten.

6.1 Lösungen über Potenzreihenansatz

In den Abschnitten 5.2, 5.4 und 5.5 haben wir gesehen, daß lineare Differentialgleichungssysteme

$$y' = Ay + g(x)\,, \tag{1}$$

speziell lineare Differentialgleichungen k-ter Ordnung

$$\eta^{(k)} + \alpha_1 \eta^{(k-1)} + \cdots + \alpha_k \eta = \gamma(x)\,, \tag{2}$$

Lösungen spezieller Struktur haben. So gilt etwa nach (3) aus Abschnitt 5.2 für die zu (1) gehörende homogene DGL, daß eine Lösung von der Form ‚skalare' Exponentialfunktion mal vektorwertiges Polynom existiert. Abschnitt

W. Forst, D. Hoffmann, *Gewöhnliche Differentialgleichungen*, Springer-Lehrbuch,
DOI 10.1007/978-3-642-37883-6_6,

5.4 zeigt, daß Lösungen dieser Gestalt auch für (1) mit speziellen Inhomogenitäten g existieren. Für den Spezialfall (2) sind die Ergebnisse in Abschnitt 5.5 dargestellt. In Abschnitt 5.6 wurden solche Resultate auch für lineare Differentialgleichungen mit periodischen Koeffizientenfunktionen hergeleitet. Dabei konnten jeweils noch Aussagen über den maximalen Grad der Polynome gemacht werden.

Die praktische Durchführung der in Kapitel 5 ausgeführten Überlegungen war selbst bei relativ einfachen konkreten Beispielen (über Eigenwerte und Hauptvektoren) durchaus aufwendig. Man vergleiche etwa das ausführliche Beispiel am Ende von Abschnitt 5.4. Oft ist es einfacher, mit einem entsprechenden Ansatz mit unbestimmten Koeffizienten in die Differentialgleichung ‚hineinzugehen' und dann die Koeffizienten zu bestimmen *(Methode der unbestimmten Koeffizienten)*. Dies wurde schon in MWS 5 zu Beispiel 7 ausgeführt.

Wir rechnen vorweg noch ein — bewußt ganz einfach gehaltenes — Beispiel ‚von Hand':

(B1) $\boxed{\eta'' - 4\eta' + 4\eta = x^2}$

Mit noch zu bestimmenden Koeffizienten a_0, a_1, a_2 machen wir den Ansatz $\eta(x) = a_0 + a_1 x + a_2 x^2$. Dann hat man zunächst $\eta'(x) = a_1 + 2a_2 x$ und $\eta''(x) = 2a_2$.

$x^2 \overset{!}{=} \eta''(x) - 4\eta'(x) + 4\eta(x) = 2a_2 - 4(a_1 + 2a_2 x) + 4(a_0 + a_1 x + a_2 x^2)$ liefert nach Koeffizientenvergleich (für die Potenzen x^2, x, x^0):

$$1 = 4a_2, \quad 0 = 4a_1 - 8a_2, \quad 0 = 4a_0 - 4a_1 + 2a_2$$

Daraus liest man — von links nach rechts — ab:

$a_2 = 1/4$, $a_1 = 1/2$, $a_0 = 3/8$, also $\eta(x) = \big(3 + 4x + 2x^2\big)/8$

Hier ist diese Rechnung mit der Methode der unbestimmten Koeffizienten einfach. Dies ist aber — für ‚größere' Beispiele — durchaus nicht typisch.

Kapitel 6

Wenn man für den allgemeineren Fall

$$y' = F(x)y + g(x) \tag{3}$$

(vgl. (I) aus Abschnitt 4.1), speziell die lineare DGL k-ter Ordnung (vgl. (2) aus Abschnitt 4.6)

$$\eta^{(k)} + f_1(x)\eta^{(k-1)} + \cdots + f_k(x)\eta = \gamma(x)\,, \tag{4}$$

vorweg nichts über die spezielle Struktur von Lösungen weiß, hilft oft ein *Potenzreihenansatz* oder ein geeignet modifizierter Ansatz. Wir führen die

Überlegungen ganz allgemein (für lineare Differentialgleichungen) durch, beschränken uns dann aber in den Beispielen weitgehend auf den wichtigen Spezialfall einer *linearen Differentialgleichung zweiter Ordnung*

$$f_0(x)\eta'' + f_1(x)\eta' + f_2(x)\eta = \gamma(x) .$$

Dabei gehen wir davon aus, daß sich die Inhomogenität γ und die Koeffizientenfunktionen f_0, f_1, f_2 auf einem gemeinsamen Intervall I in Potenzreihen entwickeln lassen und $f_0(x) \neq 0$ für $x \in I$ gilt. Die Klasse dieser Differentialgleichungen umfaßt eine große Zahl in den Anwendungen vorkommender Beispiele. *Vor* den allgemeinen theoretischen Überlegungen, die den Potenzreihenansatz dann begründen, betrachten wir schon zwei für die Anwendungen besonders wichtige Differentialgleichungen. Sie sind aus der mathematischen Behandlung physikalischer Fragestellungen entstanden. Dabei sei stets λ eine vorgegebene reelle Zahl. Wir machen jeweils den Ansatz

$$\eta(x) = \sum_{\nu=0}^{\infty} a_\nu x^\nu,$$

haben also — nach Indexverschiebung —

$$\eta'(x) = \sum_{\nu=0}^{\infty} (\nu+1)a_{\nu+1}x^\nu \quad \text{und} \quad \eta''(x) = \sum_{\nu=0}^{\infty} (\nu+1)(\nu+2)a_{\nu+2}x^\nu.$$

Hermite-Differentialgleichung[1]

$$\eta'' - 2x\eta' + \lambda\eta = 0$$

Durch Koeffizientenvergleich erhält man hier die folgende *Rekursionsformel:* $(\nu+1)(\nu+2)a_{\nu+2} + (-2\nu+\lambda)a_\nu = 0$ für $\nu \in \mathbb{N}_0$, und so

$$a_{\nu+2} = \frac{2\nu - \lambda}{(\nu+1)(\nu+2)} a_\nu .$$

Wir schreiben η in der Form

$$\eta(x) = \sum_{\nu=0}^{\infty} a_{2\nu} x^{2\nu} + x \cdot \sum_{\nu=0}^{\infty} a_{2\nu+1} x^{2\nu} ,$$

Kapitel 6

[1] Der französische Mathematiker Charles Hermite (1822–1901) war einer der bedeutendsten Algebraiker und Analytiker seiner Zeit. Seine Beiträge in sehr verschiedenen Bereichen der Mathematik gaben Anstoß zu vielen neuen Theorien. Eine seiner herausragenden Leistungen war der Nachweis der Transzendenz von e. Bedeutende Schüler von ihm waren u. a. Poincaré, É. Picard und Borel.

also aufgeteilt nach geraden und ungeraden Potenzen von x. Ist $a_0 \neq 0$, so zeigt

$$\left|\frac{a_{2\nu+2}}{a_{2\nu}}\right| = \frac{|4\nu-\lambda|}{(2\nu+2)(2\nu+1)} \longrightarrow 0 \quad \text{für } \nu \longrightarrow \infty\,,$$

daß der Konvergenzradius der ersten Teilreihe ∞ ist. Für $a_1 \neq 0$ schließt man analog. Somit ist die gesamte Reihe für jedes x konvergent.

Im Falle $a_0 = 1$, $a_1 = 0$ erhält man

$$\eta_{1,\lambda}(x) = \sum_{\nu=0}^{\infty} a_{2\nu} x^{2\nu}.$$

Ist $\lambda = 4n$ für ein $n \in \mathbb{N}_0$, so ergibt sich ein *Polynom* vom Grade $2n$. Dieses wird mit H_{2n} bezeichnet.

Im Falle $a_0 = 0$, $a_1 = 1$ erhält man

$$\eta_{2,\lambda}(x) = \sum_{\nu=0}^{\infty} a_{2\nu+1} x^{2\nu+1}.$$

Hier ergibt sich ein Polynom vom Grade $2n+1$, falls $\lambda = 4n+2$ für ein $n \in \mathbb{N}_0$ gilt. Dieses wird mit H_{2n+1} notiert. Die Polynome $H_0, H_1, H_2, \ldots$ heißen HERMITE-*Polynome.* Man erhält:

$$H_0(x)=1, H_1(x) = x, H_2(x) = 1-2x^2, H_3(x) = x-\frac{2}{3}x^3, H_4(x) = 1-4x^2+\frac{4}{3}x^4$$

Die HERMITE-Polynome H_1 bis H_4

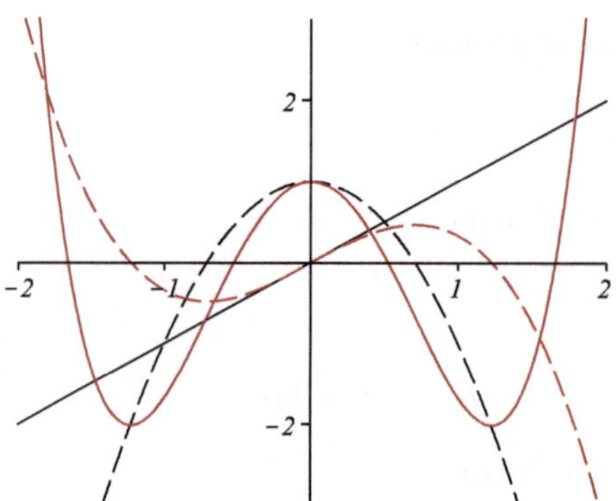

Oft werden diese Polynome noch so ‚normiert', daß das Polynom vom Grade n gerade den führenden Koeffizienten 2^n hat.

LEGENDRE-Differentialgleichung[2]

$$(1-x^2)\eta'' - 2x\eta' + \lambda(\lambda+1)\eta = 0$$

[2] Der französische Mathematiker ADRIEN-MARIE LEGENDRE (1752–1833) arbeitete auf recht unterschiedlichen Gebieten der reinen und angewandten

Hier erhält man entsprechend die *Rekursionsformel* für $\nu \in \mathbb{N}_0$:

$$a_{\nu+2} = \frac{\nu(\nu+1) - \lambda(\lambda+1)}{(\nu+2)(\nu+1)} a_\nu = \frac{(\nu-\lambda)(\nu+\lambda+1)}{(\nu+2)(\nu+1)} a_\nu$$

Für $a_0 = 1$, $a_1 = 0$ ergibt sich

$$\eta_{1,\lambda}(x) = 1 - \frac{\lambda(\lambda+1)}{2!} x^2 + \frac{\lambda(\lambda-2)(\lambda+1)(\lambda+3)}{4!} x^4 - + \cdots$$

Das sind *Polynome* in den Fällen $\lambda = 2n$ und $\lambda = -(2n+1)$ für $n \in \mathbb{N}_0$.

Für $a_0 = 0$, $a_1 = 1$ ergibt sich

$$\eta_{2,\lambda}(x) = x - \frac{(\lambda-1)(\lambda+2)}{3!} x^3 + \frac{(\lambda-1)(\lambda-3)(\lambda+2)(\lambda+4)}{5!} x^5 - + \cdots$$

Das sind *Polynome* in den Fällen $\lambda = 2n+1$ für $n \in \mathbb{N}_0$ und $\lambda = -2n$ für $n \in \mathbb{N}$. Wegen $|a_{\nu+2}/a_\nu| \to 1$ für $\nu \to \infty$ haben sonst beide Reihen den Konvergenzradius 1. Man ‚normiert' die obigen Polynome so, daß sie alle an der Stelle 1 den Wert 1 haben. Die ersten der so erhaltenen LEGENDRE-*Polynome* P_n sind gegeben durch

$$P_0(x) = 1, \ P_1(x) = x, \ P_2(x) = (3x^2-1)/2, \ P_3(x) = (5x^3-3x)/2, \ \ldots .$$

Die LEGENDRE-Polynome P_1 bis P_4

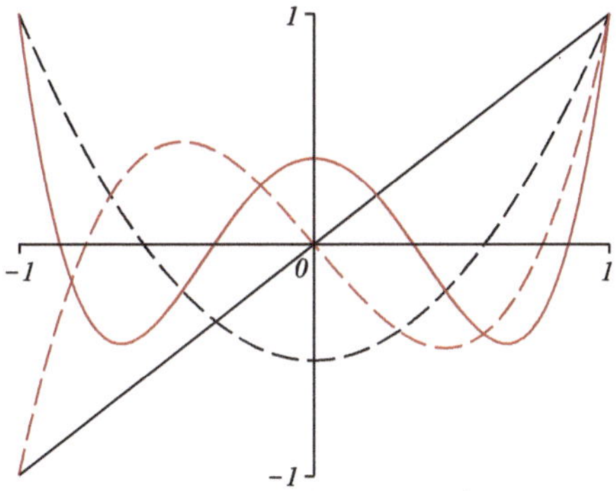

Hilfreich ist oft die Beschreibung durch die RODRIGUES-*Formel*

$$P_n(x) = \frac{1}{2^n n!} \frac{d^n}{dx^n} (x^2-1)^n \quad \text{für } n \in \mathbb{N}_0 . \tag{5}$$

Mathematik. Er hat zu vielen Fragestellungen der Mathematik seiner Zeit wichtige Beiträge geliefert, so etwa zu Zahlentheorie, elliptischen Integralen, Geometrie und Variationstheorie. Manche davon wurden jedoch von jüngeren Mathematikern wie ABEL, JACOBI und insbesondere GAUSS schnell wesentlich verbessert. Die nach ihm benannten Funktionen führte er zur Lösung von Gravitationsproblemen ein. Die LEGENDRE-Differentialgleichung tritt allgemein bei der Lösung der Potentialgleichung in Kugelkoordinaten auf.

Kapitel 6

Beweis: Wir setzen bei den folgenden Überlegungen dreimal die bekannte LEIBNIZ-Regel für die mehrfache Differentiation eines Produktes zweier Funktionen ein. Das durch die rechte Seite von (5) gegebene Polynom n-ten Grades bezeichnen wir mit φ_n. Dann gilt

$$2^n\, n!\, \varphi_n(1) = \frac{d^n}{dx^n}\left[(x+1)^n(x-1)^n\right]\Big|_{x=1} = \underbrace{(x+1)^n\Big|_{x=1}}_{=2^n}\, \underbrace{\frac{d^n}{dx^n}(x-1)^n\Big|_{x=1}}_{=n!},$$

also $\varphi_n(1) = 1$. Mit $\psi(x) := (x^2-1)^n$ gelten $2^n\, n!\, \varphi_n(x) = \psi^{(n)}(x)$ und $(1-x^2)\,\psi' = -2xn\psi$. So zeigen

$$\left((1-x^2)\,\psi'\right)^{(n+1)} = (1-x^2)\,\psi^{(n+2)} + (n+1)\,(-2x)\,\psi^{(n+1)} + n\,(n+1)\,\frac{1}{2}\,(-2)\,\psi^{(n)}$$

und $$\left(-2xn\psi\right)^{(n+1)} = -2xn\psi^{(n+1)} - 2\,(n+1)\,n\psi^{(n)}$$

$$(1-x^2)\,\psi^{(n+2)} - 2x\,\psi^{(n+1)} + (n+1)\,n\psi^{(n)} = 0\,,$$

daß $\psi^{(n)}$ und damit φ_n die LEGENDRE-DGL mit $\lambda = n$ erfüllen. □

Wir zeigen nun, daß ein solcher Potenzreihenansatz zu dem DGL-System (3) immer zum Ziele führt, falls sich die Funktionen F und g in einem gemeinsamen Intervall als Potenzreihen darstellen lassen. Für $k \in \mathbb{N}$ bezeichnen wir mit gleichem Symbol $|\ \ |$ eine ‚passende' Matrixnorm, speziell etwa die Abbildungsnorm, zu einer vorgegebenen Norm $|\ \ |$ auf dem $\mathbb{R}^k$. Eine auf einer Teilmenge $\mathfrak{D}$ von $\mathbb{R}$ definierte $\mathbb{R}^k$- oder $\mathbb{M}_k(\mathbb{R})$-wertige Funktion h heißt in einem Punkt x_0 aus $\mathfrak{D}$ genau dann *analytisch*, wenn ein offenes Intervall $I \subset \mathfrak{D}$ mit $x_0 \in I$ existiert, auf dem sich h als Potenzreihe darstellen läßt. Sie heißt genau dann in einer Teilmenge T von $\mathfrak{D}$ *analytisch*, wenn sie in jedem Punkt von T analytisch ist.

Wir erinnern an die folgenden — zumindest im Spezialfall $\mathbb{R}$-wertiger Funktionen — aus der Analysis vertrauten Aussagen:

Ist $R \in\,]0,\, \infty]$ der Konvergenzradius einer Potenzreihe

$$\sum_{n=0}^{\infty} a_n(x-x_0)^n\,,$$

so ist diese für $0 \le r < R$ absolut gleichmäßig konvergent auf der Menge $\{x \in \mathbb{R} : |x-x_0| \le r\}$. Die durch

$$h(x) := \sum_{n=0}^{\infty} a_n(x-x_0)^n$$

gegebene Grenzfunktion h ist in $\{x \in \mathbb{R} : |x-x_0| < R\}$ differenzierbar mit

$$h'(x) = \sum_{n=1}^{\infty} n\,a_n(x-x_0)^{n-1}\,.$$

Kapitel 6

Potenzreihen können also dort ‚gliedweise differenziert' werden. Die zugehörige Funktion ist daher beliebig oft differenzierbar. So sind die Koeffizienten in einer Potenzreihenentwicklung eindeutig bestimmt: Eine Potenzreihe ist gerade die TAYLOR-Reihe der durch sie dargestellten Funktion. Das heißt, für $x \in \mathbb{R}$ mit $|x - x_0| < R$ gilt

$$h(x) = \sum_{n=0}^{\infty} \frac{h^{(n)}(x_0)}{n!} (x - x_0)^n .$$

Satz 6.1.1

Es seien die beiden auf einem gemeinsamen Intervall J gegebenen Funktionen F und g aus (3) in J analytisch. Dann existiert zu jedem Punkt $x_0 \in J$ eine Lösung y von (3), die sich mit geeigneten $a_n \in \mathbb{R}^k$ in einem offenen Teilintervall I von J, das x_0 enthält, darstellen läßt als

$$y(x) = \sum_{n=0}^{\infty} a_n (x - x_0)^n \quad \textit{für alle } x \in I .$$

Die *Beweisidee* ist naheliegend: Wir überlegen zunächst, wie die Koeffizienten a_n aussehen müssen, *falls* es eine solche Darstellung gibt. Dann zeigen wir durch Koeffizientenabschätzung, daß die damit gebildete Reihe (absolut) konvergent ist und die dadurch definierte Funktion die Differentialgleichung löst. Die Durchführung ist jedoch nicht trivial. Wer damit, vor allem durch den allgemeinen Rahmen (Matrix- und vektorwertige Potenzreihen), Schwierigkeiten hat, kann den Beweis getrost beiseite lassen.

Zur Vereinfachung der Notierung führen wir den *Beweis* nur für den homogenen Fall, betrachten also

$$y' = F(x) y . \tag{6}$$

Die zusätzliche Beachtung einer Inhomogenität bedeutet nur zusätzliche Schreibarbeit; sie beeinträchtigt aber etwas die Übersichtlichkeit des Beweises. Wir gehen aus von der Entwicklung

$$F(x) = \sum_{n=0}^{\infty} F_n (x - x_0)^n \quad \text{für } x \in I_1$$

mit geeigneten $F_n \in \mathbb{M}_k$ und einem offenen Intervall $I_1 \subset J$, das x_0 enthält. *Falls* ein y der behaupteten Form existiert, sei $R \in \,]0, \infty]$ so gewählt, daß $I_0 := \{x \in \mathbb{R} : |x - x_0| < R\} \subset I \cap I_1$. Für $x \in I_0$ liefert $y'(x) = F(x) y(x)$ zunächst

$$\sum_{n=0}^{\infty} (n+1) a_{n+1} (x - x_0)^n = \left(\sum_{\nu=0}^{\infty} F_\nu (x - x_0)^\nu \right) \left(\sum_{\mu=0}^{\infty} a_\mu (x - x_0)^\mu \right)$$

Kapitel 6

und damit (CAUCHY-Produkt!) die *Rekursion*

$$a_0 = y(x_0) \text{ beliebig}, \quad a_{n+1} = \frac{1}{n+1}\left(\sum_{\nu=0}^{n} F_\nu \, a_{n-\nu}\right) \quad \text{für } n \in \mathbb{N}_0 . \quad (7)$$

Es seien nun $r \in \,]0, R[$. Die Konvergenz von $\sum_{n=0}^{\infty} F_n (x-x_0)^n$ für $x \in I_0$ liefert $F_n (x-x_0)^n \to 0$ für $n \to \infty$, also speziell für x mit $|x - x_0| = r$ und $n \in \mathbb{N}_0$

$$|F_n| r^n = |F_n| \, |x - x_0|^n = |F_n (x-x_0)^n| \le C$$

mit einer geeigneten Konstanten $C > 0$. Damit können wir abschätzen

$$|a_{n+1}| \le \frac{1}{n+1} \sum_{\nu=0}^{n} |F_\nu| \, |a_{n-\nu}| \le \frac{C}{n+1} \sum_{\nu=0}^{n} r^{-\nu} \, |a_{n-\nu}| = \frac{C}{n+1} \frac{1}{r^n} \sum_{\mu=0}^{n} r^\mu \, |a_\mu|$$

und erhalten so nacheinander

$$|a_1| \le C \, |a_0|, \quad |a_2| \le \frac{C}{2} \frac{1}{r} \big(|a_0| + r\,|a_1|\big) = \frac{C}{2} \frac{1}{r} (1 + rC)\,|a_0|$$

und weiter

$$|a_{n+1}| \le \underbrace{\frac{C\,(1+rC)\cdots(n+rC)}{(n+1)!\, r^n}}_{=: \, C_{n+1}} |a_0| .$$

Man hat

$$\frac{|C_{n+1}|}{|C_n|} = \frac{n + rC}{n+1} \frac{1}{r} \longrightarrow \frac{1}{r} \quad \text{für } n \longrightarrow \infty .$$

Für $0 < s < r$ folgt so aus $|a_n (x-x_0)^n| \le C_n \cdot s^n \, |a_0|$ die absolute Konvergenz der Reihe $\sum_{n=0}^{\infty} a_\nu (x-x_0)^n$ für x mit $|x - x_0| \le s$ nach dem Quotientenkriterium für Reihen. Daß y die Differentialgleichung löst, ist nun klar. □

Die matrixwertige Funktion F und die vektorwertige Funktion g sind genau dann analytisch in x_0, wenn alle Koeffizientenfunktionen dies sind. x_0 heißt dann *regulärer Punkt* der Differentialgleichung (3), sonst — wenn also mindestens eine der Koeffizientenfunktionen in x_0 nicht analytisch ist — *singulärer Punkt.*

Zum Einüben dieser Dinge sehen wir uns ein einfaches Beispiel an:

(B2) $\boxed{y' = \begin{pmatrix} x & 1 \\ 1 & x \end{pmatrix} y \text{ mit } y(0) = \begin{pmatrix} 1 \\ 0 \end{pmatrix}}$

Hier gilt also $F(x) := \begin{pmatrix} x & 1 \\ 1 & x \end{pmatrix} = F_0 + F_1 x + F_2 x^2 + \cdots$

mit $F_0 := \begin{pmatrix} 0 & 1 \\ 1 & 0 \end{pmatrix}$, $F_1 := \begin{pmatrix} 1 & 0 \\ 0 & 1 \end{pmatrix}$ und $F_n := \begin{pmatrix} 0 & 0 \\ 0 & 0 \end{pmatrix}$ für $n \geq 2$.
Mit $x_0 := 0$ und $a_0 = y(0) = (1,0)^T = e_1$ vereinfacht sich hier die Rekursionsvorschrift (7) zu $a_1 = F_0 a_0 = (0,1)^T = e_2$ und

$$a_{n+1} = \frac{1}{n+1}(F_0 a_n + a_{n-1}) \quad \text{für } n \in \mathbb{N}.$$

$$\begin{aligned}
a_2 &= \tfrac{1}{2}(F_0 a_1 + a_0) = \tfrac{1}{2}(e_1 + e_1) = e_1, \\
a_3 &= \tfrac{1}{3}(F_0 a_2 + a_1) = \tfrac{1}{3}(e_2 + e_2) = \tfrac{2}{3} e_2, \\
a_4 &= \tfrac{1}{4}(F_0 a_3 + a_2) = \tfrac{1}{4}(\tfrac{2}{3} e_1 + e_1) = \tfrac{5}{12} e_1, \\
a_5 &= \tfrac{1}{5}(F_0 a_4 + a_3) = \tfrac{1}{5}(\tfrac{5}{12} e_2 + \tfrac{2}{3} e_2) = \tfrac{13}{60} e_2, \ \ldots
\end{aligned}$$

Damit hat man

$$\begin{aligned}
y(x) &= e_1 + e_2 x + e_1 x^2 + \tfrac{2}{3} e_2 x^3 + \tfrac{5}{12} e_1 x^4 + \tfrac{13}{60} e_2 x^5 + \cdots \\
&= \begin{pmatrix} 1 + x^2 + \frac{5}{12} x^4 + \cdots \\ x + \frac{2}{3} x^3 + \frac{13}{60} x^5 + \cdots \end{pmatrix}.
\end{aligned}$$

Dieses Beispiel ermutigt nicht gerade, größere Probleme von Hand auf diese Weise zu rechnen. Aber dazu haben wir ja zum Glück Maple!

Da wir nach Satz 6.1.1 wissen, daß eine Lösung y der Form

$$y(x) = \sum_{n=0}^{\infty} a_n x^n$$

existiert, können wir auch mit $a_n = y^{(n)}(0)/n!$ unter Beachtung von $y'(x) = F(x)y(x)$ wie folgt schließen:

$$\begin{aligned}
a_1 &= y'(0) = F(0)y(0) = F_0 e_1 = e_2 \\
a_2 &= \tfrac{1}{2} y''(0) = \tfrac{1}{2}\big(F'(0)y(0) + F(0)y'(0)\big) = \tfrac{1}{2}(F_1 e_1 + F_0 e_2) = e_1 \\
a_3 &= \tfrac{1}{6} y'''(0) = \tfrac{1}{6}\big(F''(0)y(0) + 2F'(0)y'(0) + F(0)y''(0)\big) \\
&= \tfrac{1}{6}(2F_1 e_2 + F_0 2a_2) = \tfrac{2}{3} e_2, \ \ldots
\end{aligned}$$

Kapitel 6

Die Einordnung von (4) in (3) (man vergleiche hierzu Abschnitt 4.6) setzt voraus, daß alle Funktionen $f_1, \ldots, f_k$ und γ in x_0 analytisch sind. Obwohl es eigentlich überflüssig ist, notieren wir Satz 6.1.1 für diese Situation als

Folgerung 6.1.2

Es seien die Funktionen $f_1, \ldots, f_k$ und γ auf einem gemeinsamen Intervall J gegeben und dort analytisch. Dann existiert zu jedem Punkt $x_0 \in J$ eine Lösung η von (4), die sich mit geeigneten $\alpha_n \in \mathbb{R}$ in einem offenen Teilintervall I von J, das x_0 enthält, darstellen läßt in der Form

$$\eta(x) = \sum_{n=0}^{\infty} \alpha_n (x - x_0)^n \quad \textit{für } x \in I\,.$$

Dabei gilt $\alpha_n = \eta^{(n)}(x_0)/n!$ *für* $n \in \mathbb{N}_0$.

6.2 Schwach singuläre Punkte

Wir gehen im folgenden davon aus, daß sich die Koeffizientenfunktion F auf einem Intervall J mit einem $x_0 \in J$ in der Form

$$F(x) = \frac{1}{x - x_0} H(x) \quad \text{für } x \in J \setminus \{x_0\}$$

schreiben läßt, wobei H eine in x_0 analytische Abbildung mit $H(x_0) \neq 0$ ist. Damit betrachten wir die Differentialgleichung

$$y' = F(x) y\,. \tag{1}$$

x_0 heißt *schwach singulärer Punkt* oder *Stelle der Bestimmtheit*[3] der Differentialgleichung (1). Auch für solche Systeme erhalten wir noch befriedigende Ergebnisse. Der Hauptgrund für unsere Beschäftigung damit ist jedoch die Tatsache, daß sie in sehr vielen praktischen Fällen vorkommen, etwa bei Randwertaufgaben für partielle DGLen und damit bei wichtigen gewöhnlichen Differentialgleichungen der mathematischen Physik, die durch ‚Separation' entstehen. Für viele Überlegungen können wir Œ von $x_0 = 0$ ausgehen; denn sonst macht man einfach eine Argumentverschiebung. F läßt sich also lokal um 0 in der Form

$$F(x) = \frac{1}{x} \sum_{n=0}^{\infty} H_n x^n \quad \text{für } x \neq 0$$

mit geeigneten $H_n \in \mathbb{M}_k$ schreiben, wobei H_0 nicht Null ist. Schon die einfache skalare Differentialgleichung $y' = \frac{c}{x} y$ für $x > 0$ bei vorgegebenem reellen c mit Lösung $y(x) = d x^c$ für ein reelles d zeigt, daß hier im allgemeinen keine Potenzreihen als Lösungen erwartet werden können. Auch das folgende kleine Beispiel zeigt deutlich, daß man sich nicht auf Potenzreihenansätze beschränken darf:

(B3) $\boxed{x^2 \eta'' + 4x\eta' + 2\eta = 0}$

Ein Ansatz

$$\eta(x) = \sum_{n=0}^{\infty} a_n x^n$$

[3] In englischsprachigen Darstellungen liest man meist *regular singular point.*

Kapitel 6

führt zu der Rekursionsvorschrift

$$\big(n(n-1)+4n+2\big)a_n = (n^2+3n+2)a_n = 0 \quad \text{für } n \in \mathbb{N}_0 .$$

Da n^2+3n+2 stets ungleich 0 ist, muß $a_n = 0$ für $n \in \mathbb{N}_0$ gelten. Man erhält also über Potenzreihen nur die triviale Lösung $\eta = 0$!

Die erforderliche Modifikation des Potenzreihenansatzes wird meist nach FROBENIUS[4] benannt, obwohl sie schon von EULER eingesetzt wurde. Man spricht von FROBENIUS-*Methode* und FROBENIUS-*Reihen.*

Wir werden sehen, daß die Lösungen von (1) in diesem Fall wesentlich von den Eigenwerten von H_0 abhängen. Um einen ersten Eindruck davon zu gewinnen, sehen wir uns vorweg den Spezialfall $H(x) = H_0$, also konstantes H, an: Für $x > 0$ transformieren wir $x = \exp(t)$ und damit $z(t) := y(x)$. Dies führt zu dem System mit konstanten Koeffizienten

$$z' = H_0 z . \tag{2}$$

Dessen Lösungen kennen wir schon nach den Ergebnissen aus Abschnitt 5.2. Wir beschränken uns bei diesen motivierenden Vorbetrachtungen, aber dann auch bei den allgemeinen Überlegungen, auf den Fall $k = 2$. Existiert zu H_0 eine Basis b_1, b_2 aus Eigenvektoren zu Eigenwerten λ_1 und λ_2, so ist die allgemeine Lösung mit Konstanten β_1, β_2 von der Form

$$z(t) = \beta_1 \exp(\lambda_1 t)\, b_1 + \beta_2 \exp(\lambda_2 t)\, b_2 .$$

Zurücktransformiert liefert das

$$y(x) = \beta_1 x^{\lambda_1} b_1 + \beta_2 x^{\lambda_2} b_2 .$$

Ist λ ein doppelter Eigenwert mit einem Hauptvektor b_2 der Stufe 2 und dem zugehörigen Eigenvektor $b_1 := (H_0 - \lambda E)\, b_2$, so ist die allgemeine Lösung von (2) mit Konstanten β_1, β_2 gegeben durch

$$z(t) = \beta_1 \exp(\lambda t)\, b_1 + \beta_2 \exp(\lambda t)\big[b_2 + t\, b_1\big] .$$

Zurücktransformiert ergibt sich in diesem Fall die allgemeine Lösung y von (1) durch

$$y(x) = x^{\lambda}\big[\beta_1 b_1 + \beta_2 (b_2 + \log(x)\, b_1)\big] .$$

Wir werden also auch im allgemeinen Fall Lösungen erwarten, in denen Terme x^{λ} und $\log(x)$ vorkommen.

Die Differentialgleichung zweiter Ordnung

[4] Der deutsche Mathematiker GEORG FERDINAND FROBENIUS (1849–1917) ist vor allem wegen seiner Beiträge zur Gruppentheorie bekannt.

$$x^2\eta'' + x\,g_1(x)\,\eta' + g_2(x)\,\eta = 0 \tag{3}$$

mit im Intervall $[0, \beta[$ für ein $0 < \beta \le \infty$ analytischen Funktionen g_1 und g_2 wird hier — anders als in Abschnitt 3.3 beziehungsweise 4.4! — auf ein System transformiert durch

$$y_1(x) := \eta(x) \quad \text{und} \quad y_2(x) := x\,\eta'(x) \quad \text{für } x \in \,]0, \beta[\,.$$

Dann gelten $y_1'(x) = \eta'(x) = \frac{1}{x}\,y_2(x)$ und über $y_2'(x) = \eta'(x) + x\,\eta''(x)$

$$y_2'(x) = (1 - g_1(x))\,\eta'(x) - \frac{g_2(x)}{x}\,\eta(x) = \frac{1 - g_1(x)}{x}\,y_2(x) - \frac{g_2(x)}{x}\,y_1(x)\,.$$

Mit

$$H(x) := \begin{pmatrix} 0 & 1 \\ -g_2(x) & 1 - g_1(x) \end{pmatrix} \quad \text{und} \quad y = \begin{pmatrix} y_1 \\ y_2 \end{pmatrix}$$

kann (3) also geschrieben werden in der Form

$$y' = \frac{1}{x}\,H(x)\,y\,.$$

Der Spezialfall $g_1(x) = \alpha_1$, $g_2(x) = \alpha_2$ mit reellen α_1 und α_2, also

$$x^2\eta'' + x\,\alpha_1\,\eta' + \alpha_2\,\eta = 0 \tag{4}$$

wird als EULER-Differentialgleichung bezeichnet. Die Eigenwerte der konstanten Matrix

$$H(x) = \begin{pmatrix} 0 & 1 \\ -\alpha_2 & 1 - \alpha_1 \end{pmatrix}$$

sind hier durch die Nullstellen der *Indexgleichung* oder *charakteristischen Gleichung*

$$\lambda(\lambda - 1) + \alpha_1\,\lambda + \alpha_2 = 0$$

gegeben.

Kapitel 6

Es seien nun wieder $0 < \beta \le \infty$ und H eine auf dem Intervall $[0, \beta[$ analytische Abbildung. Mit geeigneten $H_n \in \mathbb{M}_2$ kann also H geschrieben werden in der Form

$$H(x) = \sum_{n=0}^{\infty} H_n\,x^n \quad \text{für } x \in [0, \beta[\,.$$

Entsprechend zu Satz 6.1.1 erhält man damit im schwach singulären Fall als erstes Resultat:

Satz 6.2.1

Ist die Differenz $\lambda_1 - \lambda_2$ der Eigenwerte λ_1 und λ_2 von $H_0 = H(0)$ nicht ganzzahlig, dann existieren linear unabhängige Lösungen v und w der Differentialgleichung

$$y' = \frac{1}{x} H(x) y$$

der Form

$$v(x) = x^{\lambda_1} \sum_{n=0}^{\infty} a_n x^n \quad \text{und} \quad w(x) = x^{\lambda_2} \sum_{n=0}^{\infty} b_n x^n$$

mit geeigneten Koeffizienten a_n und b_n aus $\mathbb{C}^2$.

Beweis:[5] *Falls* eine Lösung v der notierten Art existiert, liefert die Transformation $v(x) = x^{\lambda_1} u(x)$ für u

$$x u' = H(x) u - \lambda_1 u = (H_0 - \lambda_1 E) u + \sum_{n=1}^{\infty} H_n x^n u = \sum_{n=0}^{\infty} K_n x^n u$$

mit $K_0 := H_0 - \lambda_1 E$ und $K_n := H_n$ für $n \in \mathbb{N}$. Wir zeigen nun, wie eine Lösung u der Form $u(x) = \sum_{n=0}^{\infty} a_n x^n$ zu $x u' = (\sum_{n=0}^{\infty} K_n x^n) u$ zu bestimmen ist: Der Koeffizientenvergleich (Cauchy-Produkt!) von

$$\left(\sum_{\nu=0}^{\infty} K_\nu x^\nu\right) \left(\sum_{\mu=0}^{\infty} a_\mu x^\mu\right) = x u'(x) = \sum_{n=1}^{\infty} n a_n x^n$$

liefert $0 = K_0 a_0 = (H_0 - \lambda_1 E) a_0$ $(*)$

$$\text{und} \quad n a_n = \sum_{\nu=0}^{n} K_\nu a_{n-\nu} = K_0 a_n + \sum_{\nu=1}^{n} K_\nu a_{n-\nu} \quad \text{für } n \in \mathbb{N}.$$

Eine Lösung a_0 von $(*)$ ist dann ein Eigenvektor zum Eigenwert λ_1 von H_0. Die Rekursionsformel kann als

$$(K_0 - n E) a_n = -\sum_{\nu=1}^{n} K_\nu a_{n-\nu}$$

geschrieben werden. Da $K_0 - n E = H_0 - (\lambda_1 + n) E$ gilt und nach Voraussetzung $\lambda_1 + n$ kein Eigenwert von H_0 ist, ist die Matrix $K_0 - n E$ invertierbar, und die rekursive Berechnung der a_n kann über

$$a_n = -(K_0 - n E)^{-1} \sum_{\nu=1}^{n} K_\nu a_{n-\nu}$$

[5] Für eine schöne Beweisalternative — mit deutlich mehr funktionalanalytischen und funktionentheoretischen Hilfsmitteln — sei auf [Wal] verwiesen.

Kapitel 6

erfolgen. Damit ergibt sich eine *mögliche* erste Lösung v durch:

$$v(x) = x^{\lambda_1} u(x) = x^{\lambda_1} \sum_{n=0}^{\infty} a_n x^n$$

Da die Voraussetzungen bezüglich λ_1 und λ_2 symmetrisch sind, können sie vertauscht werden. So ergibt sich w durch

$$w(x) = x^{\lambda_2} \sum_{n=0}^{\infty} b_n x^n$$

mit einem Eigenvektor b_0 zum Eigenwert λ_2 von H_0 als *mögliche* zweite Lösung. Der Beweis kann nun ähnlich wie der zu Satz 6.1.1 mit Koeffizientenabschätzung und darauf basierendem Konvergenznachweis zu Ende geführt werden. Dabei ist noch zu beachten, daß die Inverse einer invertierbaren (2,2)-Matrix sofort notiert werden kann. Wir führen den Konvergenznachweis und damit, daß v und w wirklich Lösungen sind, nicht mehr aus. Die *lineare Unabhängigkeit* der beiden Lösungen v und w ergibt sich wie folgt: Man hat $v(x) = x^{\lambda_1}\varphi(x)$ und $w(x) = x^{\lambda_2}\psi(x)$, wobei φ und ψ analytische Funktionen sind in einem Intervall $[0, \delta[$, $\delta > 0$, mit $\varphi(0) = a_0 \neq 0$, $\psi(0) = b_0 \neq 0$. Œ sei $\mathfrak{Re}(\lambda_1) \geq \mathfrak{Re}(\lambda_2)$. Gilt $\gamma_1 v + \gamma_2 w = 0$ für $\gamma_1, \gamma_2 \in \mathbb{C}$, so folgt $\gamma_1 x^{\lambda}\varphi(x) + \gamma_2 \psi(x) = 0$ für $\lambda := \lambda_1 - \lambda_2$ und $x \in\,]0, \delta[$. Nach Voraussetzung ist λ nicht Null und $\mathfrak{Re}(\lambda) \geq 0$. Ist $\mathfrak{Re}(\lambda) > 0$, so gilt $|x^\lambda| = x^{\mathfrak{Re}(\lambda)} \to 0$ für $x \to 0$ und so $\gamma_2 b_0 = \gamma_2 \psi(0) = 0$. Das zeigt $\gamma_2 = 0$ und dann auch $\gamma_1 = 0$. Im verbleibenden Fall ist $\mathfrak{Re}(\lambda) = 0$, also $\sigma := \mathfrak{Im}(\lambda) \neq 0$.

$$x^\lambda = x^{i\sigma} = \exp(i\sigma \log(x)) = \cos(\sigma \log(x)) + i \sin(\sigma \log(x))$$

konvergiert nicht für $x \to 0$, da $\cos(\sigma \log(x))$ und $\sin(\sigma \log(x))$ zwischen den Werten 1 und -1 ‚oszillieren'. Das zeigt nacheinander $\gamma_1 = 0$ und $\gamma_2 = 0$. □

Kapitel 6

Wir weisen noch auf einen entscheidenden Unterschied — neben der Struktur der Lösungen — zwischen den Ergebnissen der Sätze 6.1.1 und 6.2.1 hin: Bei Satz 6.1.1 hatten wir eine Entwicklung um einen beliebigen Punkt x_0 aus dem Intervall J. Satz 6.2.1 hingegen macht nur eine Aussage über die Entwicklung bei der schwach singulären Stelle (hier Œ 0).

Auch hier notieren wir noch die Spezialisierung auf (3). Für ein $0 < \beta \leq \infty$ hatten wir mit zwei analytischen Funktionen g_1 und g_2 auf dem Intervall $[0, \beta[$ die Differentialgleichung

$$x^2 \eta'' + x g_1(x) \eta' + g_2(x) \eta = 0$$

betrachtet.

Folgerung 6.2.2

Ist die Differenz $\lambda_1 - \lambda_2$ der beiden Lösungen λ_1 und λ_2 der charakteristischen Gleichung

$$\lambda(\lambda - 1) + g_1(0)\lambda + g_2(0) = 0$$

nicht ganzzahlig, dann existieren linear unabhängige Lösungen η_1 *und* η_2 *von (3) der Form*

$$\eta_1(x) = x^{\lambda_1} \sum_{n=0}^{\infty} a_n x^n \quad \textit{und} \quad \eta_2(x) = x^{\lambda_2} \sum_{n=0}^{\infty} b_n x^n$$

mit geeigneten Koeffizienten a_n *und* b_n *aus* $\mathbb{C}$.

Mit ähnlicher Methodik, jedoch aufwendiger, erhält man für den noch ausstehenden Fall:

Satz 6.2.3

Die Differenz $\lambda_1 - \lambda_2$ *der Eigenwerte* λ_1 *und* λ_2 *von* $H_0 = H(0)$ *sei nun ganzzahlig, also* $\lambda_1 = \lambda_2$ *oder Œ* $\lambda_1 - \lambda_2 \in \mathbb{N}$. *Dann existiert zu dem System*

$$y' = \frac{1}{x} H(x) y$$

neben einer Lösung v *der Form*

$$v(x) = x^{\lambda_1} \sum_{n=0}^{\infty} a_n x^n$$

(mit Koeffizienten a_n *aus* $\mathbb{C}^2$*) auch eine von der Gestalt*

$$w(x) = x^{\lambda_2} \sum_{n=0}^{\infty} b_n x^n + c \log(x) v(x)$$

mit geeigneten $b_n \in \mathbb{C}^2$ *und* $c \in \mathbb{C}$.

Unter den Voraussetzungen des Satzes sind die Eigenwerte λ_1 und λ_2 *reell,* da neben $\lambda_1 - \lambda_2$ auch $\lambda_1 + \lambda_2 = \operatorname{spur} H_0$ reell ist. So können auch die zugehörigen Eigenvektoren und damit die obigen Koeffizienten aus $\mathbb{R}^2$ gewählt werden.

Die Lösung v erhält man wie zu Satz 6.2.1. Dabei war a_0 ein Eigenvektor zum Eigenwert λ_1 von H_0. Für w macht man damit die Transformation

$$y(x) = x^{\lambda_2} z(x) + c \log(x) v(x) ,$$

zeigt für z die Existenz einer Potenzreihendarstellung und unterscheidet dazu naturgemäß die beiden Fälle $\lambda_1 = \lambda_2$ und $\lambda_1 - \lambda_2 \in \mathbb{N}$. Wir führen diese Überlegungen jedoch nicht mehr aus.

Auf die Spezialisierung zu (3) können wir nun wohl verzichten, nachdem wir das in Folgerung 6.2.2 (zu Satz 6.2.1) ausgeführt haben.

Bessel-Differentialgleichung[6]

Bei vielen Fragestellungen der Physik und Technik tritt die Differentialgleichung

$$x(x\eta')' + (x^2 - \varrho^2)\eta = 0$$

beziehungsweise $x^2\eta'' + x\eta' + (x^2 - \varrho^2)\eta = 0$ auf, die zuerst von Bessel (für $\varrho \in \mathbb{N}_0$) ausführlich untersucht wurde. Allerdings wurde sie auch schon von Jakob Bernoulli (1654–1705) bei der Untersuchung von Schwingungen einer hängenden Kette eingesetzt. Wir lassen allgemeiner $\varrho \in [0, \infty[$ zu. Der Punkt 0 ist *Stelle der Bestimmtheit.* Die *Indexgleichung* lautet

$$0 = \lambda(\lambda - 1) + \lambda - \varrho^2 = \lambda^2 - \varrho^2$$

mit Lösungen $\lambda_1 = \varrho$ und $\lambda_2 = -\varrho$. Der Ansatz

$$\eta(x) = x^\varrho \sum_{n=0}^{\infty} a_n x^n$$

führt zu $(1 + 2\varrho)a_1 = 0$, mithin $a_1 = 0$, und zu der Rekursionsvorschrift $(n+2)(n+2+2\varrho)a_{n+2} + a_n = 0$ für $n \in \mathbb{N}_0$. Induktiv ergibt sich

$$a_{2n} = \frac{(-1)^n}{4^n n!(\varrho+1)\cdots(\varrho+n)}\, a_0 \quad \text{und} \quad a_{2n+1} = 0\,.$$

Es treten also im Potenzreihenanteil nur die geraden Potenzen auf. Man hat somit — nach den Sätzen 6.2.1 und 6.2.3 — *immer* eine Lösung η_1 durch

$$\eta_1(x) = a_0 \sum_{n=0}^{\infty} \frac{(-1)^n x^{2n+\varrho}}{2^{2n} n!(\varrho+1)\cdots(\varrho+n)}\,.$$

Nach dem Quotientenkriterium konvergiert diese Reihe für alle positiven x.

Ist nun ϱ eine *natürliche Zahl,* dann kann diese Lösung notiert werden als

$$\eta_1(x) = a_0\, 2^\varrho \varrho! \sum_{n=0}^{\infty} \frac{(-1)^n}{n!\,(\varrho+n)!} \left(\frac{x}{2}\right)^{2n+\varrho}.$$

Allgemein kann dies ähnlich einfach geschrieben werden, wenn man die Γ-Funktion (man vergleiche etwa [Fo/Ho]) heranzieht und neben $\Gamma(1) = 1$ insbesondere $\Gamma(x+1) = x\Gamma(x)$ für $x > 0$ beachtet:

[6] Der Königsberger Astronom und Mathematiker Friedrich Wilhelm Bessel (1784–1846) benutzte die nach ihm benannten Funktionen systematisch zur Untersuchung von Störungen der Planetenbahnen. Neben bedeutenden Arbeiten zur Astronomie hat er Wichtiges zur Potentialtheorie beigetragen.

$$\eta_1(x) = a_0\, 2^\varrho\, \Gamma(\varrho+1) \sum_{n=0}^{\infty} \frac{(-1)^n}{n!\,\Gamma(\varrho+n+1)} \left(\frac{x}{2}\right)^{2n+\varrho}$$

Speziell für $a_0 := (2^\varrho\, \Gamma(\varrho+1))^{-1}$ ergibt sich die BESSEL-*Funktion erster Art zur Ordnung*[7] ϱ, die gewöhnlich mit J_ϱ notiert wird:

$$J_\varrho(x) = \left(\frac{x}{2}\right)^\varrho \sum_{n=0}^{\infty} \frac{(-1)^n}{n!\,\Gamma(\varrho+n+1)} \left(\frac{x}{2}\right)^{2n}$$

Will man den Einsatz der Γ-Funktion vermeiden und dennoch die Formeln kompakt schreiben, so gelingt das mit dem POCHHAMMER-*Symbol:* Für $\alpha \in \mathbb{C}$ und $n \in \mathbb{N}_0$ seien $(\alpha)_0 := 1$ und $(\alpha)_{n+1} := (\alpha)_n\,(\alpha+n)$. Dann gelten offenbar $(1)_n = n!$ und

$$(\alpha)_n = \underbrace{\alpha(\alpha+1)\cdots(\alpha+n-1)}_{n \text{ Faktoren}}\,.$$

Damit gilt etwa für η_1

$$\eta_1(x) = a_0 \sum_{n=0}^{\infty} \frac{(-1)^n\, x^{2n+\varrho}}{2^{2n}\, n!\,(\varrho+1)_n}\,.$$

Ist ϱ *nicht halbzahlig* ($2\varrho \notin \mathbb{N}_0$), dann liegt wegen $\lambda_1 - \lambda_2 = 2\varrho$ die Situation von Satz 6.2.1 bzw. Folgerung 6.2.2 vor. Hier gelten dann $1 - 2\varrho \neq 0$ und $n+2-2\varrho \neq 0$ für $n \in \mathbb{N}_0$. So kann in den obigen Überlegungen ϱ durch $-\varrho$ ersetzt werden. Das liefert durch

$$J_{-\varrho}(x) = \left(\frac{x}{2}\right)^{-\varrho} \sum_{n=0}^{\infty} \frac{(-1)^n}{n!\,\Gamma(-\varrho+n+1)} \left(\frac{x}{2}\right)^{2n} \tag{5}$$

$J_{-\varrho}$ als weitere Lösung. J_ϱ und $J_{-\varrho}$ stimmen mit den Lösungen η_1 und η_2 gemäß Folgerung 6.2.2 jeweils bis auf einen Faktor überein, sind also auch linear unabhängig. So bilden sie in diesem Fall ein *Fundamentalsytem.* Die allgemeine Lösung η kann folglich hier in der Form

$$\eta = c_1\, J_\varrho + c_2\, J_{-\varrho}$$

mit Konstanten c_1 und c_2 geschrieben werden.

[7] Diese Bezeichnung ist in diesem Zusammenhang Standard. Der Begriff *Ordnung* hat hier nichts mit der Ordnung der Differentialgleichung zu tun!

Die BESSEL-Funktionen erster Art J_0, J_1, J_2 und J_3

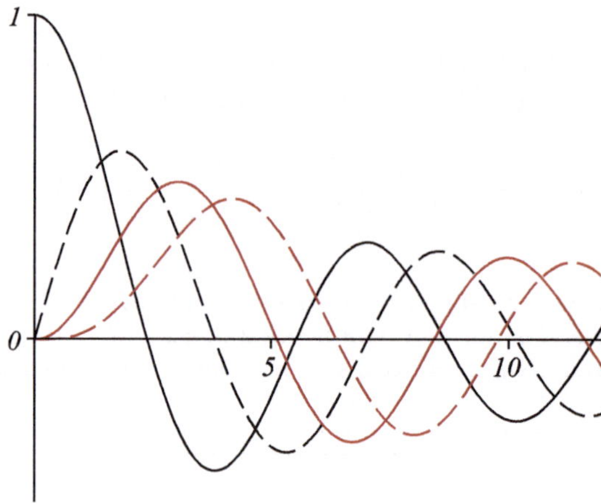

Ist ϱ *halbzahlig* ($2\varrho \in \mathbb{N}_0$), dann ist Satz 6.2.3 heranzuziehen: Es existiert eine Lösung η_2 der Form

$$\eta_2(x) = x^{-\varrho} \sum_{n=0}^{\infty} b_n x^n + c J_\varrho(x) \log(x) \tag{6}$$

mit geeigneten reellen Koeffizienten b_n und c. Ist dabei ϱ ungeradzahliges Vielfaches von $1/2$, also $2\varrho = 2\ell + 1$ mit einem $\ell \in \mathbb{N}_0$, so ergibt sich leicht $c = 0$ und dann $\eta_2 = J_{-\varrho}$ bis auf ein (additives) Vielfaches von J_ϱ. Daher hat man als *allgemeine Lösung* auch hier und somit insgesamt für $\varrho \in [0, \infty[\setminus \mathbb{N}_0$

$$\eta = c_1 J_\varrho + c_2 J_{-\varrho}$$

mit geeigneten Konstanten c_1 und c_2.

Kapitel 6

In diesem Fall benötigt man also, anders als von Satz 6.2.3 her eigentlich zu erwarten wäre, *nicht* den logarithmusbehafteten Term. Denn man erhält mit der Festlegung $a_{2n+1} = 0$ für $n \in \mathbb{N}_0$ auch die zweite Lösung (für $\lambda_2 = -\varrho$), da die Rekursionsformel $(n+2)(n+2-2\varrho)a_{n+2} + a_n = 0$ für *gerade* Indizes n angewendet werden kann und nach der Festlegung für ungerade Indizes trivial erfüllt ist.

Für $\varrho \in \mathbb{N}_0$ kann (5) nicht direkt zur Definition von J_ϱ herangezogen werden, da die Γ-Funktion für $m \in \mathbb{N}_0$ in $-m$ einen Pol hat. Liest man aber in (5) formal $1/\Gamma(-m) = 0$ für solche m, so ergibt sich

$$J_{-\varrho}(x) = \left(\frac{x}{2}\right)^{-\varrho} \sum_{n=\varrho}^{\infty} \frac{(-1)^n}{n!\,\Gamma(-\varrho+n+1)} \left(\frac{x}{2}\right)^{2n}$$

und damit — nach Indexverschiebung und unter Beachtung von $\Gamma(k+1) = k!$ für $k \in \mathbb{N}_0$ —

$$J_{-\varrho}(x) = (-1)^\varrho J_\varrho(x) \quad \text{für } \varrho \in \mathbb{N}_0 .$$

Das zeigt, daß auch $J_{-\varrho}$ hier eine Lösung ist. Jedoch sind für solche ϱ die beiden Funktionen J_ϱ und $J_{-\varrho}$ linear abhängig. Es verbleibt also dieser *Fall* $\varrho \in \mathbb{N}_0$:

Setzt man (6) in die BESSEL-Differentialgleichung ein, so erhält man — bis auf ein (additives) Vielfaches von J_ϱ — nach etwas länglicher Rechnung, die wir aber unseren Lesern nicht mehr zumuten wollen, mit $h_0 := 0$ und $h_n := 1 + 1/2 + \cdots + 1/n$ für $n \in \mathbb{N}$:

$$\eta_2(x) = J_\varrho(x)\log(x) - \frac{1}{2}\sum_{n=0}^{\varrho-1}\frac{(\varrho-n-1)!}{n!}\left(\frac{x}{2}\right)^{2n-\varrho}$$
$$-\frac{1}{2}\sum_{n=0}^{\infty}\frac{(-1)^n\,(h_n+h_{n+\varrho})}{n!\,(n+\varrho)!}\left(\frac{x}{2}\right)^{2n+\varrho}$$

Dabei liest man hier für $\varrho = 0$ die auftretende leere Summe (von 0 bis -1) wie üblich als 0. Meist ersetzt man diese Funktion η_2 durch die BESSEL-*Funktion zweiter Art* Y_ϱ, definiert durch

$$Y_\varrho(x) := \frac{2}{\pi}\Big[\eta_2(x) + \big(C - \log 2\big)\,J_\varrho(x)\Big],$$

wobei

$$C := \lim_{n\to\infty}\big(h_n - \log n\big) = 0.5772\ldots$$

die EULER-*Konstante* bezeichnet. Diese logarithmusbehaftete BESSEL-*Funktion* wird gelegentlich auch als NEUMANN- oder WEBER-*Funktion* bezeichnet. Ihre Definition kann in natürlicher Weise auf alle *reellen* Zahlen ϱ ausgedehnt werden (man vergleiche dazu auch den entsprechenden Abschnitt in MWS 6) durch

$$Y_\varrho(x) := \frac{1}{\sin(\varrho\pi)}\Big[J_\varrho(x)\cos(\varrho\pi) - J_{-\varrho}(x)\Big] \quad \text{für } \varrho \in [0,\,\infty[\,\setminus \mathbb{N}_0 .$$

Damit hat man dann als *allgemeine Lösung* η der BESSEL-Differentialgleichung *für beliebige* $\varrho \in [0,\,\infty[$ und positive x

$$\eta(x) = c_1\,J_\varrho(x) + c_2\,Y_\varrho(x)$$

mit geeigneten Konstanten c_1 und c_2.

Die BESSEL-Funktionen zweiter Art Y_0, Y_1, Y_2 und Y_3

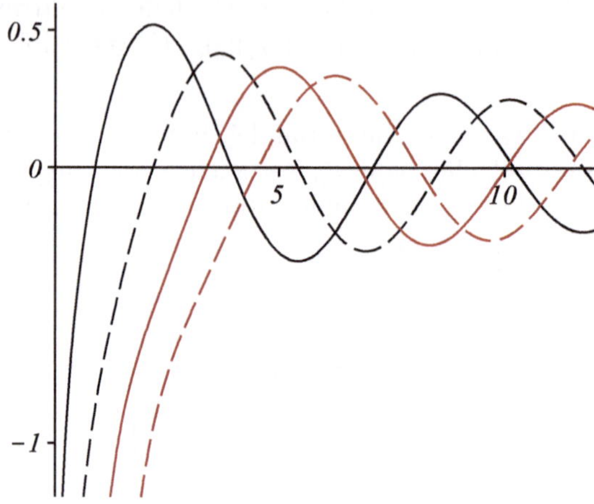

6.3 LAPLACE-Transformation

Die LAPLACE-Transformation wird gerne von Ingenieuren, Physikern und anderen Anwendern von Mathematik auch zur Lösung von Differentialgleichungen herangezogen. Sie schätzen die darauf basierende Methode als leicht und effizient. Eine lineare Differentialgleichung mit konstanten Koeffizienten oder ein entsprechendes System wird in eine algebraische Gleichung transformiert, man spricht von *‚Algebraisierung'*. Die resultierende algebraische Gleichung ist gewöhnlich einfach lösbar. Dann führt *inverse* LAPLACE-*Transformation* auf eine Lösung der Differentialgleichung. Der Vorteil gegenüber den Methoden, die wir schon kennengelernt haben, ist, daß sich hier die Lösung einer entsprechenden Anfangswertaufgabe sofort ergibt. Bei den Überlegungen in Kapitel 5 war zunächst die homogene DGL allgemein zu lösen, dann eine spezielle Lösung der inhomogenen DGL zu finden (etwa mit der Variation der Konstanten) und schließlich die freien Konstanten gemäß der Vorgabe der Anfangswerte zu bestimmen. Zudem können mittels LAPLACE-Transformation auch unstetige Inhomogenitäten, wie sie etwa bei Einschaltvorgängen vorkommen, betrachtet werden.

Kapitel 6

Auf Anwendungen der LAPLACE-Transformation bei *partiellen* Differentialgleichungen, Integral- und Differenzengleichungen oder auch konkret bei elektrischen Netzwerken und in der Regelungstechnik gehen wir nicht ein.

Zu $f\colon [0,\infty[\longrightarrow \mathbb{C}$ betrachtet man für komplexe Werte s mit

$$\mathscr{L}(f)(s) := (\mathscr{L}(f))(s) := \int_0^\infty e^{-sx} f(x)\,dx$$

die LAPLACE-*Transformierte* zu f.

Ein paar **Anmerkungen** zu dieser Definition:

Da hier komplexe Werte s zugelassen sind, müßte man eigentlich genauer $\exp(-s\,x)$ statt $e^{-s\,x}$ schreiben. Dies ist aber in diesem Zusammenhang nicht üblich; deshalb verzichten auch wir auf diese Präzisierung und verstehen $e^{-s\,x}$ einfach als Schreibweise für $\exp(-s\,x)$. Wir denken, daß komplexwertige Integranden unseren Lesern keine Schwierigkeiten bereiten. Ab Abschnitt 3.1 haben wir ja sogar $\mathbb{R}^k$-wertige Integranden betrachtet. Wenn Ihnen diese Dinge dennoch nicht ganz geheuer sind, können Sie sich getrost auf *reelle* Werte s beschränken. Hier kann man natürlich $s = \varrho + i\sigma$ mit reellen ϱ und σ schreiben und über

$$\exp(-s\,x) = \exp(-\varrho x)\exp(-i\sigma\,x) = \exp(-\varrho x)\big(\cos(\sigma\,x) - i\,\sin(\sigma\,x)\big)$$

das obige Integral auf *reelle* Integrale zurückführen:

$$\int_0^\infty e^{-s\,x} f(x)\,dx = \int_0^\infty e^{-\varrho\,x}\cos(\sigma\,x)\,f(x)\,dx - i\int_0^\infty e^{-\varrho\,x}\sin(\sigma\,x)\,f(x)\,dx$$

Wir sagen genau dann $\mathscr{L}(f)(s)$ *existiert*, wenn das angegebene Integral ‚konvergiert', d. h. als uneigentliches Integral

$$\int_0^\infty e^{-s\,x} f(x)\,dx := \lim_{T\to\infty}\int_0^T e^{-s\,x} f(x)\,dx$$

existiert. Für die meisten Anwendungen genügt dazu das absolut-konvergente uneigentliche RIEMANN-Integral. Der Kenner wird jedoch das LEBESGUE-Integral heranziehen, das mehr Funktionen f ermöglicht und für viele Schlußweisen die geeigneten Hilfsmittel (z. B. den Satz von FUBINI) bereithält. Wir gehen allerdings nicht davon aus, daß diese Dinge allen Lesern vertraut sind, und begnügen uns so mit dem RIEMANN-Integral, das — zumindest in Ansätzen — schon von der Schule her bekannt ist. Im folgenden lassen wir den Zusatz „RIEMANN" weg, weil wir uns in diesem Abschnitt nur noch mit diesem Integraltyp befassen. Außerdem verzichten wir auf den Einsatz funktionentheoretischer Überlegungen.

Die Forderung der *absoluten Konvergenz*, d. h. das Integral existiert auch, wenn man den Integranden durch seinen Betrag ersetzt, vermeidet die sonst erforderliche Betrachtung von Sonderfällen.

Für die bei vielen Differentialgleichungen auftretenden Funktionen genügt zur *Existenz des Integrals* die

Bemerkung 6.3.1

Eine Funktion f sei für jedes positive T auf dem Intervall $[0, T]$ integrierbar. Zudem gelte mit nicht-negativen Konstanten K, L und a

$$|f(x)| \leq K\,e^{a\,x}$$

für $x \geq L$. Man sagt dafür auch „f ist exponentiell beschränkt“.[8] *Dann existiert $\mathcal{L}(f)(s)$ für jedes $s \in \mathbb{C}$ mit $\mathfrak{Re}(s) > a$.*

Beweis: Wegen
$$\left|e^{-s\,x}\right| = e^{-\varrho\,x}$$
für $\varrho := \mathfrak{Re}(s)$, was wir noch oft benutzen, aber nicht mehr besonders erwähnen, kann für $x \geq L$ wie folgt abgeschätzt werden:
$$\left|e^{-s\,x} f(x)\right| = e^{-\varrho\,x} |f(x)| \leq K\,e^{-\varrho\,x}\,e^{a\,x} = K\,e^{(a-\varrho)\,x}$$
Da $a - \varrho$ negativ ist, existiert $\int_0^\infty e^{(a-\varrho)\,x}\,dx$ als uneigentliches Integral. So hat man die Existenz von $\mathcal{L}(f)(s)$ nach dem Majorantenkriterium für (absolut-konvergente) uneigentliche Integrale. □

Die in der Bemerkung geforderte Integrierbarkeit (auf jedem Intervall $[0\,,\,T]$) ist z. B. für stückweise stetige Funktionen $f\colon\ [0\,,\,\infty[\longrightarrow \mathbb{C}$ gegeben. *Stückweise stetig* bedeutet hier, daß in jedem kompakten Teilintervall von $[0\,,\,\infty[$ höchstens endlich viele Unstetigkeitsstellen vorkommen, und an allen Unstetigkeitsstellen die einseitigen Grenzwerte existieren.

Beispiel einer stückweise stetigen Funktion

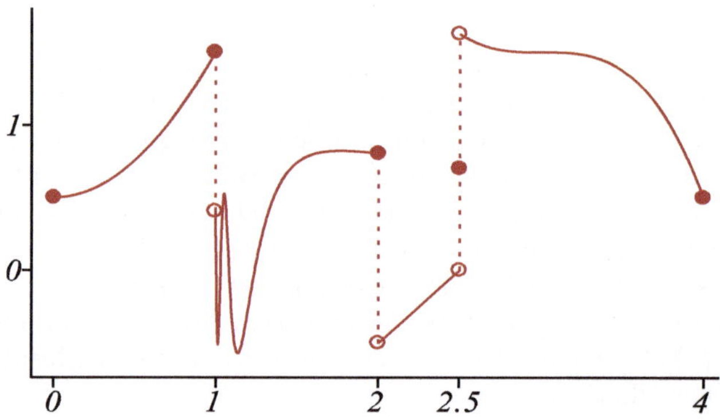

Kapitel 6

Stückweise stetige Funktionen $f\colon\ [0\,,\,\infty[\longrightarrow \mathbb{C}$, die exponentiell beschränkt sind, heißen *zulässig.*

Bemerkung 6.3.2

Existiert $\mathcal{L}(f)(s_0)$ für ein $s_0 \in \mathbb{C}$, so existiert $\mathcal{L}(f)(s)$ für alle Werte $s \in \mathbb{C}$ mit $\mathfrak{Re}(s) \geq \mathfrak{Re}(s_0)$.

Denn hier kann $e^{-s\,x} f(x)$ als $e^{-(s-s_0)\,x}\,e^{-s_0\,x} f(x)$ geschrieben werden, wobei der Faktor $e^{-(s-s_0)\,x}$ betraglich höchstens 1 ist. □

[8] Natürlich kann immer Œ $L = 0$ gewählt werden.

Ein Standardbeispiel für eine Funktion f, bei der $\mathscr{L}(f)(s)$ für *kein* $s \in \mathbb{C}$ existiert, ist gegeben durch

$$f(x) := e^{x^2} \quad \text{für } x \geq 0 :$$

Es seien $s \in \mathbb{C}$ beliebig und $\varrho := \mathfrak{Re}(s)$. Für $x \geq \max(-\varrho, 2\varrho)$ zeigt

$$\left|e^{x^2} e^{-s\,x}\right| = e^{x^2} e^{-\varrho x} = e^{x\,(x-\varrho)} \geq e^{2\,\varrho^2}$$

die Divergenz von $\int\limits_0^\infty e^{x^2} e^{-s\,x}\, dx$. □

Das Infimum aller reellen Werte s, für die $\mathscr{L}(f)(s)$ existiert, wird als *Konvergenzabszisse* bezeichnet und mit σ_f notiert. *Für alle* $s \in \mathbb{C}$ *mit* $\mathfrak{Re}(s) > \sigma_f$ *existiert* $\mathscr{L}(f)(s)$ nach 6.3.2.

Für $s \in \mathbb{C}$ betrachten wir noch:

$$\Lambda_s := \{f \mid f\colon [0, \infty[\longrightarrow \mathbb{C}, \; \mathscr{L}(f)(s) \text{ existiert}\}$$

Wir notieren die ursprüngliche Funktion meist mit kleinen Buchstaben und die zugehörige LAPLACE-Transformierte mit dem entsprechenden Großbuchstaben[9], hier also

$$F := \mathscr{L}(f) \quad \text{oder gelegentlich auch} \quad F(s) = \mathscr{L}\{f(x)\}\,.$$

Dabei werden oft f als *Urbild-* oder *Originalfunktion* und F als *Bildfunktion* angesprochen. Die Zuordnung

$$f \longmapsto F = \mathscr{L}(f)$$

wird als LAPLACE-*Transformation* bezeichnet. Zwei erste Beispiele

(B4) Es sei $f(x) := 1$ für $x \geq 0$. Dann gilt für $s \in \mathbb{C}$ mit $\mathfrak{Re}(s) > 0$

$$\mathscr{L}(f)(s) = \int\limits_0^\infty e^{-s\,x}\, dx = -\frac{1}{s} e^{-s\,x}\Big|_0^\infty = \frac{1}{s}$$

Die Konvergenzabszisse σ_f ist hier offenbar 0.

Die Zwischenschritte für $0 < T < \infty$

$$\int\limits_0^T e^{-s\,x}\, dx = \left[-\frac{1}{s} e^{-s\,x}\right]\Big|_0^T = \left[\frac{1}{s} - \frac{1}{s} e^{-s\,T}\right] \longrightarrow \frac{1}{s} \quad (T \longrightarrow \infty)$$

haben wir hier schon weggelassen und werden das auch künftig meistens tun.

[9] Manche Autoren machen es allerdings genau umgekehrt!

Kapitel 6

(B5) Es sei $f(x) := e^{ax}$ für $x \geq 0$ mit einem $a \in \mathbb{C}$. Dann gilt für $s \in \mathbb{C}$ mit $\mathfrak{Re}(s) > \mathfrak{Re}(a)$

$$\mathscr{L}(f)(s) = \frac{1}{s-a};$$

denn $\int_0^\infty e^{-sx} f(x)\,dx = \int_0^\infty e^{(-s+a)x}\,dx = \frac{1}{a-s} e^{(-s+a)x}\Big|_0^\infty = \frac{1}{s-a}$.

Die Konvergenzabszisse σ_f ist hier offenbar $\mathfrak{Re}(a)$.

Nun soll zur Berechnung einer LAPLACE-Transformierten nicht jedesmal auf die Definition zurückgegriffen werden; das wäre zu mühsam. Deshalb notieren wir als ‚triviale' Eigenschaft schon einmal die *Linearität*

$$\mathscr{L}(af + bg) = a\mathscr{L}(f) + b\mathscr{L}(g), \quad \text{genauer:}$$

Für $s \in \mathbb{C}$, Funktionen f und g aus Λ_s und komplexe Konstanten a und b gilt:

$$af + bg \in \Lambda_s \text{ mit } \mathscr{L}(af + bg)(s) = a\mathscr{L}(f)(s) + b\mathscr{L}(g)(s).$$

Beweis: Dies liest man unmittelbar aus der entsprechenden Linearitätsaussage für das Integral ab. □

Damit erhält man dann das nächste Beispiel fast ohne Rechnung:

(B6) Es sei $f(x) := \cosh(ax)$ für $x \geq 0$ mit einem $a \in \mathbb{C}$. Wir schreiben hier und in ähnlichen Situationen auch kurz $\cosh(a\varkappa)$. Mit (B5) liefert $\cosh(ax) = (e^{ax} + e^{-ax})/2$ für $s \in \mathbb{C}$ mit $\mathfrak{Re}(s) > |\mathfrak{Re}(a)|$

$$\mathscr{L}(f)(s) = \frac{1}{2}\left(\frac{1}{s-a} + \frac{1}{s+a}\right) = \frac{s}{s^2 - a^2}.$$

Ebenso ergibt sich:

$$\mathscr{L}(\sinh(a\varkappa))(s) = \frac{1}{2}\left(\frac{1}{s-a} - \frac{1}{s+a}\right) = \frac{a}{s^2 - a^2}.$$

Entsprechend erhält man für die trigonometrischen Funktionen für komplexes a und $s \in \mathbb{C}$ mit $\mathfrak{Re}(s) > |\mathfrak{Im}(a)|$ über $\cos(ax) = (e^{iax} + e^{-iax})/2$ und $\sin(ax) = (e^{iax} - e^{-iax})/(2i)$:

(B7) $$\mathscr{L}(\cos(a\varkappa))(s) = \frac{s}{s^2 + a^2} \quad \text{und} \quad \mathscr{L}(\sin(a\varkappa))(s) = \frac{a}{s^2 + a^2};$$

denn zur Anwendung von (B5) muß hier $\mathfrak{Re}(s) > \mathfrak{Re}(ia) = -\mathfrak{Im}(a)$ und $\mathfrak{Re}(s) > \mathfrak{Re}(-ia) = \mathfrak{Im}(a)$, zusammen also $\mathfrak{Re}(s) > |\mathfrak{Im}(a)|$, gelten.

Es können nicht beliebige Funktionen F als LAPLACE-*Transformierte* auftreten:

Bemerkung 6.3.3

Ist F die LAPLACE-Transformierte *einer gegebenen Funktion f, so gilt:*

$$F(s) \longrightarrow 0 \quad \textit{für } \mathfrak{Re}(s) \longrightarrow \infty \quad \textit{gleichmäßig bezüglich } \mathfrak{Im}(s),$$

d. h. $\forall \varepsilon > 0 \; \exists K \in \mathbb{R} \; \forall s \in \mathbb{C} : \mathfrak{Re}(s) \geq K \Longrightarrow |F(s)| \leq \varepsilon$.

Beweis: Für $s, s_0 \in \mathbb{C}$ mit $\varrho := \mathfrak{Re}(s) \geq \mathfrak{Re}(s_0) =: \varrho_0 > \sigma_f$, $\varepsilon > 0$ und $0 < \delta < \infty$ hat man:

$$|F(s)| \leq \int_0^\infty e^{-\varrho x} |f(x)|\, dx \leq \int_0^\delta e^{-\varrho_0 x} |f(x)|\, dx + e^{-(\varrho-\varrho_0)\delta} \int_\delta^\infty e^{-\varrho_0 x} |f(x)|\, dx$$

Der erste Summand wird kleiner als $\varepsilon/2$, wenn δ hinreichend klein ist. Bei festem derartigen δ strebt $e^{-(\varrho-\varrho_0)\delta}$ gegen 0 für $\varrho \to \infty$. Das Integral $\int_\delta^\infty e^{-\varrho_0 x} |f(x)|\, dx$ kann durch den endlichen Wert $\mathscr{L}(|f|)(s_0)$ abgeschätzt werden. □

Wir stellen — neben der schon notierten Linearität — weitere *Hilfsmittel* bereit, die zusammen helfen werden, die Berechnung von vielen LAPLACE-Transformierten zu ‚automatisieren':

Bemerkung 6.3.4 *(Dämpfungssatz, Exponential-Shift)*

Für $s, a \in \mathbb{C}$ sei f aus Λ_{s+a}. Dann gehört die Funktion $e^{-a x} f$ zu Λ_s mit

$$\mathscr{L}(e^{-a x} f)(s) = F(s+a) .$$

Der Dämpfungsfaktor $e^{-a x}$ im Urbildbereich bewirkt also gerade eine Argumenttranslation im Bildbereich.

Beweis: $F(s+a) = \int_0^\infty e^{-(s+a)x} f(x)\, dx = \int_0^\infty e^{-sx} \left(e^{-ax} f(x)\right) dx$ □

Mit dieser Bemerkung folgt aus Beispiel (B7) für $a, b \in \mathbb{C}$ unmittelbar:

(B8)

$$\mathscr{L}(e^{b x} \cos(a x))(s) = \frac{s-b}{(s-b)^2 + a^2} \quad \text{und}$$

$$\mathscr{L}(e^{b x} \sin(a x))(s) = \frac{a}{(s-b)^2 + a^2}$$

für $s \in \mathbb{C}$ mit $\mathfrak{Re}(s) > |\mathfrak{Im}(a)| + \mathfrak{Re}(b)$.

Kapitel 6

Bemerkung 6.3.5 *(Streckung, Ähnlichkeitssatz)*

Für $c > 0$ *und* $f \in \Lambda_{s/c}$ *ist* $f(c\,\cdot)$ *in* Λ_s *mit*

$$\mathscr{L}(f(c\,\cdot))(s) = \frac{1}{c}\,\mathscr{L}(f)\left(\frac{s}{c}\right).$$

Beweis: Für positives T gilt

$$\int_0^T e^{-st} f(ct)\,dt = \frac{1}{c}\int_0^{cT} e^{-(s/c)\,x} f(x)\,dx\,.$$

Der Grenzübergang $T \to \infty$ liefert so die Behauptung. □

Satz 6.3.6 (Laplace-Transformierte *der Ableitung)*

Es seien $s \in \mathbb{C}$ *und* f *eine stetige Funktion, deren Ableitung* f' *als zulässige Funktion existiert.*[10] *Ist* $\mathfrak{Re}(s)$ *hinreichend groß, so existiert — neben* $\mathscr{L}(f')(s)$ *— auch* $\mathscr{L}(f)(s)$*, und es gilt*

$$\mathscr{L}(f')(s) = s\,\mathscr{L}(f)(s) - f(0)\,.$$

Differentiation im Urbildbereich entspricht also im Bildbereich einer Multiplikation mit s (bis auf den Anfangswert $f(0)$).

Beweis: Es sei zunächst f stetig differenzierbar. Nach Voraussetzung existieren positive Konstanten K und a mit $|f'(x)| \leq K\exp(ax)$ für $x \geq 0$. $f(x) = f(0) + \int_0^x f'(t)\,dt$ liefert über

$$\begin{aligned} |f(x)| &\leq |f(0)| + K\int_0^x \exp(at)\,dt = |f(0)| + \frac{K}{a}\big(\exp(ax) - 1\big) \\ &\leq \left(|f(0)| + \frac{K}{a}\right)\exp(ax) \end{aligned}$$

die Zulässigkeit von f. Für positive T hat man durch partielle Integration

$$\int_0^T e^{-sx} f'(x)\,dx = e^{-sx} f(x)\Big|_0^T + s\int_0^T e^{-sx} f(x)\,dx\,.$$

Für $\mathfrak{Re}(s) > a$ und $T \to \infty$ strebt $e^{-sT} f(T)$ gegen 0. So ergibt sich die behauptete Formel. Im allgemeinen Fall teilt man ein Intervall $[0, T]$ in endlich viele Intervalle auf, in denen f' stetig ist, und benutzt die Additivität des Integrals bezüglich der Intervallgrenzen. □

[10] f ist also in jedem kompakten Teilintervall von $[0, \infty[$ ‚nur' bis auf höchstens endlich viele Stellen differenzierbar.

Kapitel 6

Aus diesem Satz erhält man induktiv:

Folgerung 6.3.7 (LAPLACE-Transformierte *der höheren Ableitungen)*

Für ein $n \in \mathbb{N}$ sei f eine $(n-1)$-mal stetig differenzierbare Funktion. $f^{(n)}$ existiere als zulässige Funktion. Dann existieren für hinreichend große $\mathfrak{Re}(s)$ — neben $\mathscr{L}(f^{(n)})(s)$ — die Laplace-Transformierten $\mathscr{L}(f)(s)$, $\mathscr{L}(f')(s)$ bis $\mathscr{L}(f^{(n-1)})(s)$, und es gilt

$$\mathscr{L}(f^{(n)})(s) = s^n \mathscr{L}(f)(s) - s^{n-1} f(0) - s^{n-2} f'(0) - \cdots - f^{(n-1)}(0) ,$$

speziell also für $n = 2$

$$\mathscr{L}(f'')(s) = s^2 \mathscr{L}(f)(s) - s\, f(0) - f'(0) .$$

Anwendung auf Anfangswertaufgaben

Wir sehen uns nun an, wie die LAPLACE-Transformation zur *Lösung von Anfangswertaufgaben bei linearen Differentialgleichungen mit konstanten Koeffizienten* herangezogen werden kann. Dazu betrachten wir gleich ein *System* dieser Art, also mit einer natürlichen Zahl k und einer festen Matrix $A \in \mathbb{M}_k$ das *homogene* Differentialgleichungssystem

$$y' = Ay \tag{H}$$

und mit einer Abbildung $g\colon [0, \infty[\longrightarrow \mathbb{C}^k$ das entsprechende *inhomogene* System

$$y' = Ay + g(x) . \tag{I}$$

Wir setzen voraus, daß die Inhomogenität g *zulässig* ist, d. h. ihre k Komponentenfunktionen zulässig sind. Die Existenzaussage von Satz 4.1.1 gilt hier für (I) unverändert, wenn wir als *Lösungen* stetige Funktionen y zulassen, die die Differentialgleichung erfüllen, bis auf die eventuellen Unstetigkeitsstellen von g.

Wir zeigen zunächst:

Satz 6.3.8

Jede Lösung y von (I) ist zulässig, besitzt also eine LAPLACE-*Transformierte.*

Beweis: Da g zulässig ist, existieren nicht-negative Konstanten K und a mit $|g(x)| \leq K e^{a\,x}$ für $x \geq 0$. Œ kann dabei $a > |A|$ gewählt werden. Jede Lösung y von (I) kann nach den Ergebnissen aus den Abschnitten 4.6 und 5.1 mit $b := y(0)$ geschrieben werden in der Form

Kapitel 6

$$y(x) = \exp(xA)\Big(b + \int_0^x \exp(-tA)\, g(t)\, dt\Big)\,.$$

In Abschnitt 5.1 haben wir die einfache Abschätzung $|\exp(M)| \le \exp(|M|)$ für jede Matrix M aus $\mathbb{M}_k$ vermerkt. Damit kann grob abgeschätzt werden:

$$\begin{aligned}
|y(x)| &\le \exp(x|A|)\Big(|b| + K\int_0^x \exp(t|A|)\exp(at)\, dt\Big) \\
&\le \exp(ax)\Big(|b| + K\int_0^x \exp(2at)\, dt\Big) \\
&= \exp(ax)\Big(|b| + K\frac{1}{2a}(\exp(2ax)-1)\Big) \le \exp(3ax)\Big(|b| + \frac{K}{2a}\Big) \qquad \square
\end{aligned}$$

Für eine Abbildung $f\colon [0,\infty[\longrightarrow \mathbb{C}^k$ kann $\mathscr{L}(f)(s)$ komponentenweise erklärt werden oder einfach das entsprechende Integral — gemäß Abschnitt 3.1 — komponentenweise gelesen werden. Satz 6.3.6 überträgt sich von den Komponentenfunktionen auf f:

$$\mathscr{L}(f')(s) = s\mathscr{L}(f)(s) - f(0)$$

Aus (I) folgt mit $Y := \mathscr{L}(y)$ und $G := \mathscr{L}(g)$ aus der Linearität von $\mathscr{L}$

$$sY(s) - y(0) = AY(s) + G(s)$$

beziehungsweise mit $b := y(0)$

$$(A - sE)Y(s) = -\big(b + G(s)\big)\,.$$

Ist s kein Eigenwert von A, dann kann dies geschrieben werden in der Form

$$Y(s) = -(A - sE)^{-1}\big(b + G(s)\big)\,.$$

Für theoretische Überlegungen, praktisch jedoch nur in ganz einfachen Fällen ratsam, kann die Inverse von $A - sE$ mit dem charakteristischen Polynom χ_A von A durch

$$(A - sE)^{-1} = \frac{1}{\chi_A(s)}\, C(s)$$

bestimmt werden, wobei $C(s)$ die Matrix aus den *Cofaktoren (Adjunkte)* von $A - sE$ ist (vgl. etwa [Koec]). Für den Term $1/\chi_A(s)$ zieht man dann meist *Partialbruchzerlegung*[11] heran, um auf einfache Bausteine zu reduzieren.

[11] Berechnet man die Partialbruchzerlegung *numerisch,* so muß man höchst vorsichtig sein; denn auch bei ‚kleinen Störungen' der Polynomkoeffizienten können erhebliche Änderungen schon bei den Nullstellen auftreten.

Ein erstes einfaches Beispiel soll die dadurch vorgegebene Rechnung verdeutlichen:

(B9) $$\boxed{y' = \begin{pmatrix} 6 & 1 \\ 4 & 3 \end{pmatrix} y \quad \text{mit} \quad y(0) = \begin{pmatrix} 1 \\ 2 \end{pmatrix}}$$

Es liegt also der homogene Fall ($g = 0$, somit $G = 0$) mit $k = 2$ vor.

$$(A - sE)Y(s) = -\begin{pmatrix} 1 \\ 2 \end{pmatrix} \quad \text{bedeutet} \quad \begin{pmatrix} 6-s & 1 \\ 4 & 3-s \end{pmatrix} Y(s) = -\begin{pmatrix} 1 \\ 2 \end{pmatrix}.$$

Das führt mit der bekannten Formel für die Inverse einer $(2,2)$-Matrix zu

$$\begin{aligned} Y(s) &= \frac{1}{(6-s)(3-s)-4} \begin{pmatrix} 3-s & -1 \\ -4 & 6-s \end{pmatrix} \begin{pmatrix} -1 \\ -2 \end{pmatrix} \\ &= \frac{1}{s^2 - 9s + 14} \begin{pmatrix} s-1 \\ 2s-8 \end{pmatrix} = \frac{1}{(s-7)(s-2)} \begin{pmatrix} s-1 \\ 2s-8 \end{pmatrix} \end{aligned}$$

Die beiden Komponenten können leicht umgeformt werden zu:

$$\frac{s-1}{(s-7)(s-2)} = \frac{1}{5}\Big(\frac{6}{s-7} - \frac{1}{s-2}\Big), \frac{2s-8}{(s-7)(s-2)} = \frac{1}{5}\Big(\frac{6}{s-7} + \frac{4}{s-2}\Big)$$

Nach (B5) kann nun eine Funktion y, die dieses Y als LAPLACE-Transformierte hat, sofort angegeben werden:

$$y(x) = \frac{1}{5} \begin{pmatrix} 6e^{7x} - e^{2x} \\ 6e^{7x} + 4e^{2x} \end{pmatrix}$$

Dieses y löst offenbar die Anfangswertaufgabe.

Die allgemeine *lineare DGL höherer Ordnung mit konstanten Koeffizienten*

$$\eta^{(k)} + \alpha_1 \eta^{(k-1)} + \cdots + \alpha_k \eta = \gamma(x) \tag{1}$$

mit gegebenen komplexen Zahlen $\alpha_1, \ldots, \alpha_k$ und einer zulässigen Funktion γ wird mit der schon vertrauten *Transformation*

$$y = \begin{pmatrix} \eta \\ \vdots \\ \eta^{(k-1)} \end{pmatrix}, \quad A := \begin{pmatrix} 0 & 1 & & & \\ & \ddots & \ddots & & \\ & & \ddots & \ddots & \\ & & & 0 & 1 \\ -\alpha_k & \cdots & \cdots & \cdots & -\alpha_1 \end{pmatrix}, \quad g(x) := \begin{pmatrix} 0 \\ \vdots \\ 0 \\ \gamma(x) \end{pmatrix}$$

subsumiert.

Kapitel 6

(B10) $\boxed{\eta'' - 6\eta' + 10\eta \,=\, 0\,,\ \eta(0) = 0\,,\ \eta'(0) = 1}$

Mit $A := \begin{pmatrix} 0 & 1 \\ -10 & 6 \end{pmatrix}$, $b := \begin{pmatrix} 0 \\ 1 \end{pmatrix}$ und der Transformation $y = \begin{pmatrix} \eta \\ \eta' \end{pmatrix}$ lautet diese Aufgabe $y' = Ay$, $y(0) = b$. Für $Y := \mathscr{L}(y)$ wird die Bedingung $(A - sE)Y(s) = -b$ über $\begin{pmatrix} -s & 1 \\ -10 & 6-s \end{pmatrix} Y(s) = -b$ zu

$$Y(s) \,=\, \frac{1}{s(s-6)+10} \begin{pmatrix} 6-s & -1 \\ 10 & -s \end{pmatrix} \begin{pmatrix} 0 \\ -1 \end{pmatrix} \,=\, \frac{1}{(s-3)^2+1} \begin{pmatrix} 1 \\ s \end{pmatrix}.$$

Zu der hier nur benötigten ersten Komponente $1/((s-3)^2+1)$ entnimmt man dem Beispiel (B8) $\eta(x) = e^{3x}\sin(x)$ als Urbild. Man bestätigt sofort, daß η die (eindeutig bestimmte) Lösung der Anfangswertaufgabe ist.

Manche Anwender sehen die hier durchgeführte Zurückführung auf ein System eher als lästigen Umweg. Daher stellen wir noch die folgenden Überlegungen bereit, die wir mit einem einfachen Beispiel beginnen:

(B11) $\boxed{\eta'' - \eta \,=\, 0}$

Für $H := \mathscr{L}(\eta)$ erhält man nach 6.3.7 mit der Linearität von $\mathscr{L}$

$s^2H(s) - s\eta(0) - \eta'(0) - H(s) \,=\, 0$ bzw. $(s^2-1)H(s) \,=\, s\eta(0) + \eta'(0)$.

Für $s \in \mathbb{C}$ mit $\mathfrak{Re}(s) > 1$ ergibt sich

$$H(s) \,=\, \frac{s}{s^2-1}\,\eta(0) \,+\, \frac{1}{s^2-1}\,\eta'(0)$$

und so nach (B6) ein Urbild

$$\eta \,=\, \eta(0)\cosh + \eta'(0)\sinh\,.$$

Diese Form der Lösung ist der Anfangswertaufgabe an der Stelle 0 mit Vorgabe von $\eta(0)$ und $\eta'(0)$ angepaßt, da die beiden Werte hierbei explizit auftreten!

Wendet man $\mathscr{L}$ — unter geeigneten Glattheitsvoraussetzungen an γ — auf (1) an, so erhält man mit $H := \mathscr{L}(\eta)$ und $G := \mathscr{L}(\gamma)$ über

$$\mathscr{L}(\eta^{(k)})(s) + \alpha_1\mathscr{L}(\eta^{(k-1)})(s) + \cdots + \alpha_k\mathscr{L}(\eta)(s) \,=\, \mathscr{L}(\gamma)(s)$$

nach 6.3.7 mit $\beta_1 := \eta(0), \ldots, \beta_k := \eta^{(k-1)}(0)$

$$\begin{aligned} s^k H(s) \,&-\, s^{k-1}\beta_1 - s^{k-2}\beta_2 - \,\cdots\, - \beta_k \\ &+\, \alpha_1\Big[s^{k-1}H(s) - s^{k-2}\beta_1 - \,\cdots\, - \beta_{k-1}\Big] + \cdots + \alpha_k H(s) \,=\, G(s)\,. \end{aligned}$$

Kapitel 6

Mit dem charakteristischen Polynom $p = \chi_A$ von A, gegeben durch

$$p(s) \;=\; s^k + \alpha_1 s^{k-1} + \cdots + \alpha_k \quad \text{für } s \in \mathbb{C}\,,$$

formt man um zu

$$H(s)p(s) = s^{k-1}\beta_1 + s^{k-2}\big[\beta_2+\alpha_1\beta_1\big] + \cdots + \big[\beta_k+\alpha_1\beta_{k-1}+\cdots+\alpha_{k-1}\beta_1\big] + G(s)\,.$$

Ergänzt man noch $\alpha_0 := 1$, so kann dies notiert werden in der Form

$$H(s)\,p(s) \;=\; \sum_{\varrho=1}^{k}\left(\sum_{\sigma=0}^{\varrho-1}\alpha_\sigma\,\beta_{\varrho-\sigma}\right)s^{k-\varrho} + G(s)\,.$$

Zerlegt man mit $m \in \mathbb{N}$, paarweise verschiedenen $s_\mu \in \mathbb{C}$ und $r_\mu \in \mathbb{N}$ für $\mu = 1,\ldots,m$

$$p(s) \;=\; (s-s_1)^{r_1}\cdots(s-s_m)^{r_m}\,,$$

so ergibt sich für die zugehörige homogene Differentialgleichung (also $G = 0$) eine *Partialbruchzerlegung*

$$H(s) \;=\; \frac{a_{1,1}}{s-s_1} + \cdots + \frac{a_{1,r_1}}{(s-s_1)^{r_1}} + \cdots + \frac{a_{m,1}}{s-s_m} + \cdots + \frac{a_{m,r_m}}{(s-s_m)^{r_m}}$$

mit Koeffizienten $a_{\mu,\nu} \in \mathbb{C}$. Hat man diese bestimmt, so liefern (B5) und die noch zu zeigende Bemerkung 6.3.11 (vgl. auch die Tabelle am Schluß dieses Abschnitts)

$$\eta(x) \;=\; \big[a_{1,1} + \cdots + a_{1,r_1}x^{r_1-1}\big]\,e^{s_1 x} + \cdots + \big[a_{m,1} + \cdots + a_{m,r_m}x^{r_m-1}\big]\,e^{s_m x},$$

also die schon aus Abschnitt 5.5 von der Struktur her vertrauten Lösungen. Hier hat man jedoch, das sei noch einmal betont, die Anfangswerte $\eta(0)$, $\eta'(0),\ldots,\eta^{(k-1)}(0)$ gleich mit eingearbeitet!

Wir haben zu diesem Thema bewußt viele Beispiele gebracht (man ziehe insbesondere auch das zugehörige MWS 6 heran!), weil sich gerade bei der LAPLACE-Transformation erst dann ein entscheidender Vorteil ergibt, wenn man die Hilfsmittel souverän beherrscht.

In vielen Anwendungen treten *periodische Funktionen als Inhomogenitäten* auf. Die zugehörige LAPLACE-Transformierte berechnet sich leicht nach dem folgenden

Satz 6.3.9 (LAPLACE-*Transformierte periodischer Funktionen)*

Für eine stückweise stetige Funktion f mit Periode $p \in\,]0,\infty[$ und $s \in \mathbb{C}$ mit $\mathfrak{Re}(s) > 0$ existiert die LAPLACE-*Transformierte $\mathscr{L}(f)(s)$. Dabei gilt*

$$\mathscr{L}(f)(s) \;=\; \frac{1}{1-e^{-sp}}\int_0^p e^{-sx}f(x)\,dx\,.$$

Beweis: Da eine solche Funktion f offenbar stets beschränkt ist, ist die Existenzaussage ‚trivial'. Für $n \in \mathbb{N}$ rechnet man:

$$\int_0^{(n+1)p} e^{-sx} f(x)\,dx = \sum_{\nu=0}^{n} \int_{\nu p}^{(\nu+1)p} e^{-sx} f(x)\,dx = \sum_{\nu=0}^{n} \int_0^{p} e^{-s(x+\nu p)} f(x+\nu p)\,dx$$

$$= \sum_{\nu=0}^{n} e^{-s\nu p} \int_0^{p} e^{-sx} f(x)\,dx = \sum_{\nu=0}^{n} (e^{-sp})^{\nu} \int_0^{p} e^{-sx} f(x)\,dx$$

Für $n \to \infty$ strebt die linke Seite gegen $\mathscr{L}(f)(s)$, die rechte Seite unter Beachtung von $|e^{-sp}| = e^{-\mathfrak{Re}(s)\,p} < 1$ gemäß der Summenformel für die geometrische Reihe gegen die rechte Seite der behaupteten Formel. □

(B12) Es sei $f(x) := |\sin(x)|$ für $x \geq 0$. Für $s \in \mathbb{C}$ mit $\mathfrak{Re}(s) > 0$ gilt

$$\mathscr{L}(f)(s) = \frac{1}{1-e^{-s\pi}} \int_0^{\pi} e^{-sx} \sin(x)\,dx = \frac{1}{1-e^{-s\pi}}\,\frac{1+e^{-s\pi}}{s^2+1}\,.$$

Das Integral wurde mit zweimaliger partieller Integration ausgewertet.

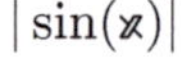

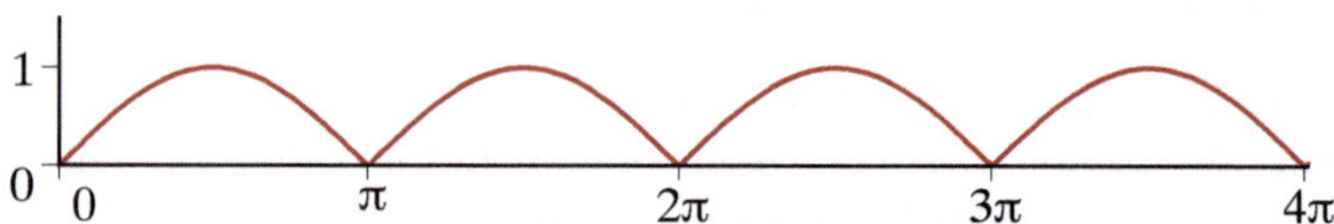

Unstetige Inhomogenitäten

Beispielsweise bei der mathematischen Behandlung von Schaltvorgängen in elektrischen Netzwerken oder auch der Injektion von Medikamenten treten in natürlicher Weise unstetige Funktionen als Inhomogenitäten auf. Als einfachstes Beispiel einer Funktion mit einer Sprungstelle betrachten wir die HEAVISIDE[12]-Funktion H, gegeben durch:

[12] Die Überlegungen des britischen Physikers und Elektroingenieurs OLIVER HEAVISIDE (1850–1925) zur *Operatorenrechnung,* LAPLACE-*Transformation* und zu *verallgemeinerten Funktionen* erlangten erst nach seinem Tode allgemeine Anerkennung.

$$H(x) := \begin{cases} 0\,, & x < 0 \\ 1\,, & x \geq 0 \end{cases}$$

und damit für positives c die um c nach rechts verschobenen HEAVISIDE-Funktion H_c, definiert durch

$$H_c(x) := H(x-c) = \begin{cases} 0\,, & x < c \\ 1\,, & x \geq c \end{cases}.$$

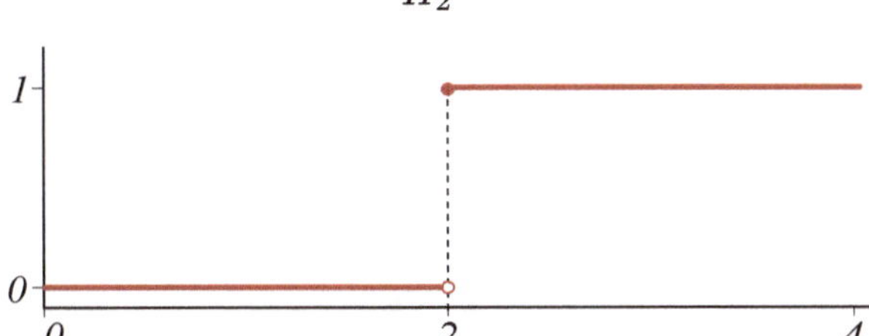

(B13) $\mathscr{L}(H_c)(s) = \dfrac{e^{-s\,c}}{s}$ für $\mathfrak{Re}(s) > 0$

Hier rechnet man einfach:

$$\mathscr{L}(H_c)(s) = \int_0^\infty e^{-s\,x} H_c(x)\,dx = \int_c^\infty e^{-s\,x}\,dx = -\tfrac{1}{s} e^{-s\,x}\Big|_c^\infty = \frac{e^{-s\,c}}{s}\,.$$

Auch für eine beliebige Funktion f betrachten wir mit einem positiven c die um c nach rechts verschobene Funktion f_c, definiert durch

$$f_c(x) := \begin{cases} 0 & , \quad x < c \\ f(x-c)\,, & x \geq c \end{cases}.$$

Oft wird x als Zeit interpretiert (und dann natürlich meist stattdessen mit t notiert). Deshalb wird die folgende Bemerkung auch als Aussage über *Zeitverzögerung* interpretiert.

Bemerkung 6.3.10 *(Verschiebungssatz, Time-Shift)*

Existiert für eine Funktion f und eine komplexe Zahl s die LAPLACE-*Transformierte $\mathscr{L}(f)(s)$, so existiert für jedes positive c auch $\mathscr{L}(f_c)(s)$, und es gilt*

$$\boxed{\mathscr{L}(f_c)(s) = e^{-s\,c}\mathscr{L}(f)(s)}\,.$$

Beweis: $\displaystyle \mathscr{L}(f_c)(s) = \int_0^\infty e^{-s\,x} f_c(x)\,dx = \int_c^\infty e^{-s\,x} f(x-c)\,dx$

$$= e^{-s\,c}\int_c^\infty e^{-s\,(x-c)} f(x-c)\,dx = e^{-s\,c}\int_0^\infty e^{-s\,t} f(t)\,dt \qquad \square$$

Kapitel 6

Als vorletztes theoretisches Resultat stellen wir noch eine Aussage über die *Differentiation einer* LAPLACE-*Transformierten* im Bildraum beziehungsweise Multiplikation mit $\varkappa$ im Urbildraum bereit. Bei funktionentheoretischen Kenntnissen, die wir aber, wie schon mehrfach betont, in dieser Darstellung nicht voraussetzen wollen, ließe sich diese Aussage eleganter und glatter behandeln.

Bemerkung 6.3.11 *(Differentiation von $\mathscr{L}(f)$, Multiplikation mit $\varkappa$)*

Es seien $n \in \mathbb{N}$ und f eine zulässige Funktion. Mit der LAPLACE-*Transformierten $F := \mathscr{L}(f)$ gilt $\varkappa^n f \in \Lambda_s$ für $s \in \mathbb{C}$ mit $\mathfrak{Re}(s) > \sigma_f$ und*

$$\mathscr{L}(\varkappa^n f)(s) = (-1)^n F^{(n)}(s).$$

Beweis:
$$\int_0^\infty e^{-sx} x^n f(x)\,dx = \int_0^\infty (-1)^n \frac{\partial^n}{\partial s^n}(e^{-sx}) f(x)\,dx = (-1)^n \frac{d^n}{ds^n} \int_0^\infty e^{-sx} f(x)\,dx = (-1)^n F^{(n)}(s) \quad \square$$

Wenn Ihnen der entsprechende Satz über die hier gemachte Vertauschung von Integration und Differentiation nicht geläufig ist, ist das nicht weiter schlimm. Wir setzen die obige Überlegung 6.3.11 nicht entscheidend ein.

(B14) Ist speziell $f(x) = 1$ für $x \geq 0$, so liefert 6.3.11 zusammen mit dem Beispiel (B4) für $s \in \mathbb{C}$ mit $\mathfrak{Re}(s) > 0$

$$\mathscr{L}(\varkappa^n)(s) = \frac{n!}{s^{n+1}};$$

denn: $\mathscr{L}(\varkappa^n)(s) = (-1)^n \frac{d^n}{ds^n} \frac{1}{s} = \frac{n!}{s^{n+1}}$ $\square$

Kapitel 6

Zur inversen LAPLACE-Transformation

Bei Vorgabe einer Funktion F ist eine Funktion f mit $\mathscr{L}(f) = F$ sicher *nicht* eindeutig; denn jede solche Funktion kann ja zumindest an endlich vielen Stellen abgeändert werden, ohne den Wert des Integrals zu ändern. Statt $\mathscr{L}(f) = F$ schreibt man dennoch meist

$$f = \mathscr{L}^{-1}(F).$$

Eine präzisere, jedoch unübliche, Notierungsweise wäre stattdessen

$$f \in \mathscr{L}^{-1}(F)$$

und die Lesart: f ist *eine* Funktion, die F als LAPLACE-Transformierte hat. Bei der Zuordnung $F \longmapsto \mathscr{L}^{-1}(F)$ spricht man von *inverser* LAPLACE-*Transformation.*

Die Herleitung von allgemeinen Formeln für die inverse LAPLACE-Transformation ist ausgesprochen anspruchsvoll. Wir gehen darauf nicht ein. Wir begnügen uns zur Eindeutigkeitsfrage mit der folgenden — für die Lösung von Differentialgleichungen weitgehend ausreichenden — Teilaussage:

Satz 6.3.12 *(Satz von* LERCH[13], *Eindeutigkeit)*

Sind f und g stetige Funktionen mit

$$\mathscr{L}(f)(s) = \mathscr{L}(g)(s)$$

für ein reelles σ und alle $s \in \mathbb{C}$ mit $\mathfrak{Re}(s) > \sigma$, so gilt $f = g$.

Beweis: Wir betrachten die Differenzfunktion $h := f - g$, haben für $H := \mathscr{L}(h)$ also $H(s) = 0$ für alle $s \in \mathbb{C}$ mit $\mathfrak{Re}(s) > \sigma$. Speziell gilt $H(\sigma + n) = 0$ für $n \in \mathbb{N}$, also

$$\int_0^\infty e^{-(\sigma+n)\,x}\, h(x)\, dx = 0\,.$$

Wir substituieren $e^{-x} = t$ und $\varphi(t) := e^{-\sigma\, x}\, h(x)$ und erhalten

$$\int_0^1 t^{n-1}\,\varphi(t)\, dt = 0 \quad \text{für } n \in \mathbb{N}\,.$$

Folglich gilt

$$\int_0^1 P(t)\,\varphi(t)\, dt = 0$$

für jedes Polynom P. Nach dem Satz von WEIERSTRASS kann die stetige Funktion $\overline{\varphi}$ gleichmäßig auf dem Intervall $[0,\,1]$ durch Polynome approximiert werden. Damit gilt

$$\int_0^1 |\varphi(t)|^2\, dt = \int_0^1 \overline{\varphi(t)}\,\varphi(t)\, dt = 0\,.$$

Das zeigt $\varphi(t) = 0$ für $t \in [0,\,1]$ und damit $h = 0$. □

[13] Der tschechische Mathematiker MATHIAS LERCH (1860–1922) war ein Schüler von WEIERSTRASS, KRONECKER und FUCHS.

Mit einem abschließenden kleinen Beispiel zeigen wir, daß LAPLACE-Transformation in speziellen Fällen auch noch herangezogen werden kann, wenn *keine konstanten Koeffizienten* vorliegen:

(B15) $\boxed{x\eta'' - x\eta' - \eta = 0 \text{ mit } \eta(0) = 0\,,\ \eta'(0) = 1}$

Mit $H := \mathscr{L}(\eta)$ hat man nach 6.3.7 und 6.3.11

$$\mathscr{L}(x\eta'')(s) = -\big(\mathscr{L}(\eta'')\big)'(s) = -\big(2\,s\,H(s) + s^2\,H'(s)\big) \quad \text{und}$$
$$\mathscr{L}(x\eta')(s) = -\big(\mathscr{L}(\eta')\big)'(s) = -\big(H(s) + s\,H'(s)\big)\,.$$

Eingesetzt in die Differentialgleichung ergibt dies

$$-2\,s\,H - s^2\,H' + H + s\,H' - H = 0 \text{ und so } H' = \frac{-2}{s-1}H \text{ für } s \neq 1\,.$$

Diese einfache DGL mit getrennten Variablen wird durch H mit $H(s) = c/(s-1)^2$ für ein $c \in \mathbb{C}$ gelöst. 6.3.11 liefert in Verbindung mit Beispiel (B5) durch $\eta(x) = c\,x\,e^x$ eine Urbildfunktion η. Die Bedingung $\eta'(0) = 1$ zeigt $c = 1$. $\eta(x) = x\,e^x$ liefert also die Lösung der Anfangswertaufgabe.

Kleine Tabelle von LAPLACE-Transformierten

In der folgenden relativ kleinen Tabelle kann und soll keine Vollständigkeit angestrebt werden. Wir notieren nur die schon gerechneten Beispiele. Im Bedarfsfall wird man ergänzend etwa [Doet], [Kapl] oder [Ma/Ob] oder — heute wohl eher — direkt ein Computeralgebrasystem heranziehen.

Zur Handhabung der Tabelle sei erinnert an die bereitgestellten Regeln: *Linearität, Dämpfungssatz, Ähnlichkeitssatz, Verschiebungssatz,* LAPLACE-*Transformierte für periodische Funktionen,* LAPLACE-*Transformierte der Ableitungen und Ableitung der* LAPLACE-*Transformierten.* a und b seien komplexe Zahlen, c eine positive Zahl und $n \in \mathbb{N}_0$.

$f(x)$ *für* $x \geq 0$	$F(s)$ *für* $s > \sigma_f$	σ_f
1	$\dfrac{1}{s}$	0
$e^{a\,x}$	$\dfrac{1}{s-a}$	$\mathfrak{Re}(a)$
$\cosh(a\,x)$	$\dfrac{s}{s^2-a^2}$	$\lvert\mathfrak{Re}(a)\rvert$
$\sinh(a\,x)$	$\dfrac{a}{s^2-a^2}$	$\lvert\mathfrak{Re}(a)\rvert$
$\cos(a\,x)$	$\dfrac{s}{s^2+a^2}$	$\lvert\mathfrak{Im}\,(a)\rvert$
$\sin(a\,x)$	$\dfrac{a}{s^2+a^2}$	$\lvert\mathfrak{Im}\,(a)\rvert$
$e^{b\,x}\cos(a\,x)$	$\dfrac{s-b}{(s-b)^2+a^2}$	$\lvert\mathfrak{Im}\,(a)\rvert + \mathfrak{Re}(b)$
$e^{b\,x}\sin(a\,x)$	$\dfrac{a}{(s-b)^2+a^2}$	$\lvert\mathfrak{Im}\,(a)\rvert + \mathfrak{Re}(b)$
x^n	$\dfrac{n!}{s^{n+1}}$	0
$x^n e^{a\,x}$	$\dfrac{n!}{(s-a)^{n+1}}$	$\mathfrak{Re}(a)$
$H_c(x) = \begin{cases} 1\,, & x \geq c \\ 0\,, & x < c \end{cases}$	$\dfrac{e^{-s\,c}}{s}$	0

Für eine Fülle von weiteren Überlegungen und weitergehenden Aussagen zur LAPLACE-Transformation verweisen wir auf die Spezialliteratur, z. B. [Doet], [Kapl] und [Widd]. So gehen wir beispielsweise nicht mehr auf die *Faltung* und ihre vielseitigen Anwendungen ein.

Historische Notizen

Pierre Simon Marquis de LAPLACE (1749–1827)

wurde oft als der NEWTON Frankreichs bezeichnet. Er wurde gefördert von D'ALEMBERT und schon 1785 Mitglied der Pariser Akademie der Wissenschaften. Seine „Théorie analytique des probabilités" stellte die erste systematische Behandlung der Wahrscheinlichkeitstheorie dar. In seiner fünfbändigen „Mécanique céleste" beschrieb er die Gesetzmäßigkeiten der Bewegungen der Himmelskörper und behandelte dabei partielle Differentialgleichungen und Potentialtheorie. Politisch war er — höflich gesagt — gewandt. Er soll nur deshalb der Guillotine entgangen sein, weil er Tabellen für die Artillerie berechnen und die Herstellung von Salpeter zur Schießpulvererzeugung leiten sollte. Unter NAPOLEON I war er kurze Zeit Innenminister, jedoch in diesem Amt deutlich weniger erfolgreich als in der Mathematik.

MWS zu Kapitel 6

Nützliches — nicht nur für den Praktiker

Wichtige MAPLE-Befehle dieses Kapitels:

dsolve(..., type=series), dsolve(..., method=laplace), rsolve
DEtools-Paket: polysols, expsols, eulersols, singularities, indicialeq
powseries-Paket: powsolve, tpsform
Slode-Paket: FPseries, FTseries
orthopoly-Paket: H, P (HERMITE- bzw. LEGENDRE-Polynome)
inttrans-Paket: laplace, invlaplace
convert(expr, StandardFunctions)

6.1 Lösungen über Potenzreihenansatz

Beispiel 1:

```
> restart:
  Dgl := diff(y(x),x$2)-4*diff(y(x),x)+4*y(x)-x^2;
```

$$Dgl := y'' - 4y' + 4y - x^2$$

Wir erinnern zunächst an Wohlbekanntes. Neben dem vielseitigen Befehl dsolve verfügt Maple über Befehle, mit deren Hilfe Lösungen spezieller Gestalt gewonnen werden können (vgl. auch Beispiel 3 in MWS 4):

```
> with(DEtools): polysols(Dgl,y(x)); expsols(Dgl,y(x));
```

$$\left[[\ ], \frac{3}{8} + \frac{1}{2}x + \frac{1}{4}x^2\right], \quad \left[[e^{2x}, e^{2x}x], \frac{3}{8} + \frac{1}{2}x + \frac{1}{4}x^2\right]$$

Die *Methode der unbestimmten Koeffizienten* kann mit Maple wie folgt umgesetzt werden. Wir gehen in diesem Beispiel davon aus, daß ein Polynom höchstens zweiten Grades als Lösung existiert:

MWS 6

```
> subs(y(x)=a[0]+a[1]*x+a[2]*x^2,Dgl): collect(%,x):
  Sys := {seq(coeff(%,x,k)=0,k=0..degree(%,x))}; solve(Sys);
```

$$Sys := \left\{ -8a_2 + 4a_1 = 0,\, 4a_2 - 1 = 0,\, 2a_2 - 4a_1 + 4a_0 = 0 \right\}$$
$$\left\{ a_0 = \frac{3}{8},\, a_1 = \frac{1}{2},\, a_2 = \frac{1}{4} \right\}$$

Allgemeiner ist natürlich der *Potenzreihenansatz:*

```
> with(powseries): sol := powsolve(Dgl):
                   # löst LINEARE DGLen über Potenzreihenansatz
  tpsform(sol,x);  # truncated power series form
  alias(k=_k):     # Maple verwendet (für sol) per Default _k statt k
  a(k) = sol(k);   # gibt Rekursion für die Koeffizienten der Reihe
```

$$C0 + C1\,x + (2\,C1 - 2\,C0)x^2 + \left(2\,C1 - \frac{8}{3}\,C0\right)x^3 + \left(\frac{4}{3}\,C1 - 2\,C0 + \frac{1}{12}\right)x^4 + \left(\frac{2}{3}\,C1 - \frac{16}{15}\,C0 + \frac{1}{15}\right)x^5 + \mathrm{O}(x^6)$$

$$a(k) = \frac{4\left(a(k-1)\,k - a(k-1) - a(k-2)\right)}{k\,(k-1)}$$

Man beachte, daß die Rekursion für $k = 4$ wegen der Inhomogenität der Differentialgleichung $a_4 = (12a_3 - 4a_2 + 1)/12$ heißen muß!

Beispiel 2:

Zu lösen ist die Anfangswertaufgabe $y' = x^2 + y^2$ mit $y(0) = 1$.

Man vergleiche dazu das Beispiel 3a aus MWS 3. Wir erinnern noch einmal daran, daß es sich um eine RICCATI-DGL handelt, die nicht elementar integrierbar ist.

```
> restart: Dgl := diff(y(x),x) = x^2+y(x)^2; AnfBed := y(0) = 1;
```

$$Dgl := y' = x^2 + y^2\,, \quad AnfBed := y(0) = 1$$

Wir lösen diese AWA zunächst *symbolisch:*

```
> dsolve({Dgl,AnfBed}) assuming x>0;
```

$$y = -\frac{x\left(\dfrac{\left(-\Gamma\left(\frac{3}{4}\right)^2 + \pi\right)\mathrm{BesselJ}\left(-\frac{3}{4},\, \frac{x^2}{2}\right)}{\Gamma\left(\frac{3}{4}\right)^2} + \mathrm{BesselY}\left(-\frac{3}{4},\, \frac{x^2}{2}\right)\right)}{\dfrac{\left(-\Gamma\left(\frac{3}{4}\right)^2 + \pi\right)\mathrm{BesselJ}\left(\frac{1}{4},\, \frac{x^2}{2}\right)}{\Gamma\left(\frac{3}{4}\right)^2} + \mathrm{BesselY}\left(\frac{1}{4},\, \frac{x^2}{2}\right)}$$

Wenn wir auch die hier auftretenden BESSEL-Funktionen im nächsten Abschnitt kennenlernen werden, so erschließt sich dennoch diese Formel nur dem, der im Umgang mit ihnen wirklich geübt ist.

Die *Gammafunktion* Γ und die BESSEL-Funktionen gehören, wie auch die später auftretenden AIRY- und hypergeometrischen Funktionen, zu dem reichhaltigen Repertoire an Standardfunktionen von Maple. Einen Überblick über all diese Funktionen kann man sich mit `?inifcns` *(initially known mathematical functions)* verschaffen.

Bei der Lösung mittels *Potenzreihenansatz* haben wir mehrere Möglichkeiten, die Koeffizienten der TAYLOR-Reihe zu y zu bestimmen:

a) durch *fortgesetztes Differenzieren der Differentialgleichung*:

Wir beginnen mit einigen Gehversuchen in Einzelschritten:

```
> Dy[0] := AnfBed;
```

$$Dy_0 := y(0) = 1$$

```
> DGL[0] := convert(Dgl,D); Dy[1] := subs(x=0,Dy[0],%);
```

$$DGL_0 := \mathrm{D}(y)(x) = x^2 + y^2\,, \quad Dy_1 := \mathrm{D}(y)(0) = 1$$

```
> DGL[1] := convert(diff(DGL[0],x),D);
  Dy[2]  := subs(x=0,seq(Dy[k],k=0..1),%);
```

$$DGL_1 := \mathrm{D}^2(y)(x) = 2\,x + 2\,y\,\mathrm{D}(y)(x)\,, \quad Dy_2 := \mathrm{D}^2(y)(0) = 2$$

... und jetzt etwas kompakter:

```
> DGL[0] := convert(Dgl,D): Dy[0] := AnfBed: N := 8:
  for n to N do
    convert(DGL[n-1],D):
    Dy[n] := subs(x=0,seq(Dy[k],k=0..n-1),%);
    DGL[n] := convert(diff(DGL[n-1],x),D)
  end do:
  seq(Dy[k],k=0..4);
```

$$y(0) = 1,\ \mathrm{D}(y)(0) = 1,\ \mathrm{D}^2(y)(0) = 2,\ \mathrm{D}^3(y)(0) = 8,\ \mathrm{D}^4(y)(0) = 28$$

```
> series(y(x),x=0,N+1): convert(%,polynom):
  subs(seq(Dy[k],k=0..N),%);
```

$$1 + x + x^2 + \frac{4}{3}x^3 + \frac{7}{6}x^4 + \frac{6}{5}x^5 + \frac{37}{30}x^6 + \frac{404}{315}x^7 + \frac{369}{280}x^8$$

b) durch *Koeffizientenvergleich:* Aus $y(x) = \sum_{\nu=0}^{\infty} a_\nu x^\nu$ folgen

$$y'(x) = \sum_{\nu=0}^{\infty}(\nu+1)a_{\nu+1}x^\nu \quad \text{und} \quad y(x)^2 = \sum_{\nu=0}^{\infty}\Big(\sum_{k=0}^{\nu} a_k\,a_{\nu-k}\Big)x^\nu\,.$$

Es ist somit für $\nu \in \mathbb{N} \setminus \{2\}$ die *Rekursion*

$$(\nu+1)a_{\nu+1} = \sum_{k=0}^{\nu} a_k \, a_{\nu-k} \quad \text{mit} \quad a_0 = y(0) = 1 \quad \text{und} \quad 3a_3 = 1 + \sum_{k=0}^{2} a_k \, a_{2-k}$$

zu lösen. Dazu stellen wir eine kleine Prozedur bereit:

```
> a := proc(nu)
    option remember:
    local k:
    if nu=0 then return 1
      else return (`if`(nu=3,1,0)+add(a(k)*a(nu-1-k),k=0..nu-1))/nu
    end if
  end proc:
  add(a(nu)*x^nu,nu=0..N);
```

$$1 + x + x^2 + \frac{4}{3}x^3 + \frac{7}{6}x^4 + \frac{6}{5}x^5 + \frac{37}{30}x^6 + \frac{404}{315}x^7 + \frac{369}{280}x^8$$

c) direkt mit dem Maple-Befehl `dsolve` und der Option `type=series`:

```
> Order := N+1:
  dsolve({Dgl,AnfBed},y(x),type=series);
```

$$y = 1 + x + x^2 + \frac{4}{3}x^3 + \frac{7}{6}x^4 + \frac{6}{5}x^5 + \frac{37}{30}x^6 + \frac{404}{315}x^7 + \frac{369}{280}x^8 + \mathrm{O}(x^9)$$

Hermite-Differentialgleichung


```
> restart: Dgl := diff(y(x),x$2)-2*x*diff(y(x),x)+lambda*y(x) = 0;
```

$$Dgl := y'' - 2xy' + \lambda y = 0$$

```
> with(powseries): sol := powsolve(Dgl):
  tpsform(sol,x,5); a(_k) = sol(_k);
```

$$C0 + C1\,x - \frac{\lambda\, C0}{2}x^2 - \frac{(\lambda-2)\, C1}{6}x^3 + \frac{\lambda(\lambda-4)\, C0}{24}x^4 + \mathrm{O}(x^5)$$

$$a(\_k) = -\frac{(\lambda - 2\,\_k + 4)\, a(\_k-2)}{\_k(\_k-1)}$$

```
> with(Slode):    # Special linear ordinary differential equations
  FPseries(Dgl,y(x),a(nu)); # formal power series
                  # löst HOMOGENE lineare DGLen über Potenzreihenansatz
                  # und gibt die Rekursion für die Koeffizienten
  op(2,%) = 0: isolate(%,a(nu)): factor(%); Rek := %: # Rekursion
```

$$\text{FPSstruct}\Big(\_C_0 + \_C_1 x + \sum_{\nu=2}^{\infty} a(\nu)x^\nu, (\nu^2-\nu)a(\nu) + (\lambda - 2\nu + 4)a(\nu-2)\Big)$$
$$a(\nu) = -\frac{(\lambda - 2\nu + 4)a(\nu-2)}{\nu(\nu-1)}$$

Man kann dabei noch den Entwicklungspunkt (in unserem Beispiel ist das weiterhin 0), die Bezeichnung der freien Parameter (jetzt c_0, c_1) und die Anzahl der ausgewerteten Koeffizienten (nun 3) vorgeben:

```
> FPseries(Dgl,y(x),a(nu),0,c,3);
```

$$\text{FPSstruct}\Big(c_0 + c_1 x - \frac{1}{2}\lambda c_0 x^2 + \Big(\frac{1}{3} - \frac{\lambda}{6}\Big)c_1 x^3 + \sum_{\nu=4}^{\infty} a(\nu)x^\nu, \\ (\nu^2-\nu)a(\nu) + (\lambda - 2\nu + 4)a(\nu-2)\Big)$$

Maple unterscheidet — vermutlich für mathematisch zartbesaitete Nutzer — noch formale TAYLOR-Reihen:

```
> FTseries(Dgl,y(x),a(nu),0,c,3);   # formal Taylor series
  op(2,%) = 0: isolate(%,a(nu));
```

$$\text{FPSstruct}\Big(c_0 + c_1 x - \frac{1}{2}\lambda c_0 x^2 + \Big(\frac{1}{3} - \frac{\lambda}{6}\Big)c_1 x^3 + \sum_{\nu=4}^{\infty} \frac{a(\nu)}{\nu!}x^\nu, \\ a(\nu) + (\lambda - 2\nu + 4)a(\nu-2)\Big)$$
$$a(\nu) = -(\lambda - 2\nu + 4)a(\nu-2)$$

Entsprechend dem Vorgehen im Textteil wollen wir die beiden Lösungen $\eta_{1,\lambda}$ und $\eta_{2,\lambda}$ mit $a_0 = 1, a_1 = 0$ beziehungsweise $a_0 = 0, a_1 = 1$ bestimmen:

```
> subs(nu=2*k,Rek):    rek1 := subs({a(2*k)=b(k),a(2*k-2)=b(k-1)},%);
  subs(nu=2*k+1,Rek): rek2 := subs({a(2*k+1)=b(k),a(2*k-1)=b(k-1)},%);
```

$$rek1 := b(k) = \frac{1}{2}\frac{(-\lambda + 4k - 4)b(k-1)}{k(2k-1)}$$
$$rek2 := b(k) = \frac{1}{2}\frac{(-\lambda + 4k - 2)b(k-1)}{k(2k+1)}$$

MWS 6

Diese Rekursionen können mit dem Maple-Befehl rsolve gelöst werden:

```
> rsolve({rek1,b(0)=1},b(k)): b1 := unapply(%,k):
  rsolve({rek2,b(0)=1},b(k)): b2 := unapply(%,k):
  'b[1](k)' = b1(k), 'b[2](k)' = b2(k);
```

$$b_1(k) = \frac{4^k \Gamma\Big(k - \frac{\lambda}{4}\Big)}{\Gamma(2k+1)\Gamma\Big(-\frac{\lambda}{4}\Big)}, \quad b_2(k) = \frac{4^k \Gamma\Big(k - \frac{\lambda}{4} + \frac{1}{2}\Big)}{\Gamma(2k+2)\Gamma\Big(-\frac{\lambda}{4} + \frac{1}{2}\Big)}$$

Es ergeben sich damit die gesuchten Funktionen, deren Gestalt von der verwendeten Maple-Version abhängen kann:

```
> sum(b1(k)*x^(2*k),k=0..infinity):    eta1 := unapply(%,x):
  sum(b2(k)*x^(2*k+1),k=0..infinity): eta2 := unapply(%,x):
  'eta[1,lambda](x)' =  eta1(x), 'eta[2,lambda](x)' =  eta2(x);
```

$$\eta_{1,\lambda}(x) = \text{hypergeom}\left(\left[-\frac{\lambda}{4}\right], \left[\frac{1}{2}\right], x^2\right)$$

$$\eta_{2,\lambda}(x) = x\,\text{hypergeom}\left(\left[-\frac{\lambda}{4}+\frac{1}{2}\right], \left[\frac{3}{2}\right], x^2\right)$$

Zur Probe setzen wir diese in die HERMITE-Differentialgleichung ein und überprüfen die Anfangsbedingungen:

```
> odetest(y(x)=eta1(x),Dgl), odetest(y(x)=eta2(x),Dgl);
  eta1(0), eta2(0);
  eval(diff(eta1(x),x),x=0), eval(diff(eta2(x),x),x=0);
```

$$0, 0, \quad 1, 0, \quad 0, 1$$

Aus dem Textteil wissen wir bereits, daß sich für gewisse ganzzahlige Parameterwerte λ Polynome ergeben. Diese sind skalare Vielfache der HERMITE-Polynome.

```
> eval(eta1(x),lambda=4*n):   seq(simplify(%),n=0..3);
  eval(eta2(x),lambda=4*n+2): seq((expand@simplify)(%),n=0..3);
```

$$1,\ 1-2x^2,\ \frac{4}{3}x^4+1-4x^2,\ 4x^4-\frac{8}{15}x^6+1-6x^2$$

$$x,\ -\frac{2}{3}x^3+x,\ -\frac{4}{3}x^3+\frac{4}{15}x^5+x,\ -2x^3+\frac{4}{5}x^5-\frac{8}{105}x^7+x$$

Die HERMITE-Polynome als Orthogonalpolynome:

Auf die Bedeutung der HERMITE-Polynome als spezielle Orthogonalpolynome und die Fülle der möglichen Aussagen dazu gehen wir nicht ein. Wir erwähnen diesen Begriff lediglich, weil man diese Polynome in dem Paket orthopoly findet.

```
> h := (n,x) -> expand(HermiteH(n,x)):
  seq(h(n,x)/coeff(h(n,x),x,ldegree(h(n,x))),n=0..5);
```

$$1,\ x,\ 1-2x^2,\ -\frac{2}{3}x^3+x,\ \frac{4}{3}x^4+1-4x^2,\ -\frac{4}{3}x^3+\frac{4}{15}x^5+x$$

```
> with(orthopoly): with(plots):
  h := (k,x) -> H(k,x)/coeff(H(k,x),x,ldegree(H(k,x))):
  folge := seq(plot(h(n,x),x=-2..2,numpoints=500,color=red,
```

```
  title=cat(convert(n,string),". Hermite-Polynom")),n=1..5):
display(folge,insequence=true,tickmarks=[[-2,-1,1,2],[-3,-1,1,3]],
  view=[-2..2,-3..3]);
```

3. HERMITE-Polynom

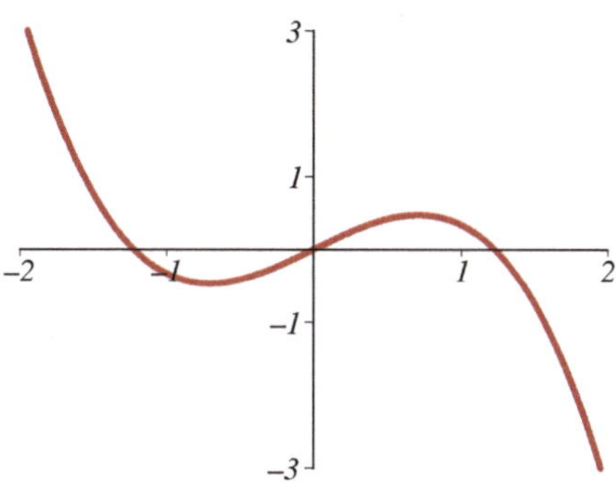

LEGENDRE-Differentialgleichung

In diesem Teilabschnitt verzichten wir auf erläuternde Kommentare, da das Vorgehen dem zur HERMITE-Differentialgleichung entspricht.

```
> restart: macro(dy1=diff(y(x),x),dy2=diff(y(x),x$2)):
  Dgl := (1-x^2)*dy2-2*x*dy1+lambda*(lambda+1)*y(x) = 0;
```

$$Dgl := (1-x^2)y'' - 2xy' + \lambda(\lambda+1)y = 0$$

```
> with(Slode): FPseries(Dgl,y(x),a(nu));
  op(2,%) = 0; isolate(%,a(nu)): factor(%); Rek := %: # Rekursion
```

$$\text{FPSstruct}\Big(\_C_0 + \_C_1 x + \sum_{\nu=2}^{\infty} a(\nu)x^{\nu},\quad \ldots\Big)$$

$$(\nu^2-\nu)a(\nu) + (-\nu^2+3\nu-2+\lambda^2+\lambda)a(\nu-2) = 0$$

$$a(\nu) = \frac{(\nu-1+\lambda)(\nu-2-\lambda)a(\nu-2)}{(\nu-1)\nu}$$

```
> subs(nu=2*k,Rek):   rek1 := subs({a(2*k)=b(k),a(2*k-2)=b(k-1)},%);
  subs(nu=2*k+1,Rek): rek2 := subs({a(2*k+1)=b(k),a(2*k-1)=b(k-1)},%);
```

$$rek1 := b(k) = \frac{1}{2}\,\frac{(2k-1+\lambda)(2k-2-\lambda)b(k-1)}{(2k-1)k}$$

$$rek2 := b(k) = \frac{1}{2}\,\frac{(2k+\lambda)(2k-1-\lambda)b(k-1)}{k(2k+1)}$$

```
> rsolve({rek1,b(0)=1},b(k)): b1 := unapply(%,k):
  rsolve({rek2,b(0)=1},b(k)): b2 := unapply(%,k):
  'b[1](k)' = b1(k), 'b[2](k)' = b2(k);
```

$$b_1(k) = \frac{4^k \Gamma\Big(k+\frac{\lambda}{2}+\frac{1}{2}\Big)\Gamma\Big(k-\frac{\lambda}{2}\Big)}{\Gamma(2k+1)\Gamma\Big(\frac{\lambda}{2}+\frac{1}{2}\Big)\Gamma\Big(-\frac{\lambda}{2}\Big)}$$
$$b_2(k) = \frac{4^k \Gamma\Big(\frac{\lambda}{2}+1+k\Big)\Gamma\Big(k+\frac{1}{2}-\frac{\lambda}{2}\Big)}{\Gamma(2k+2)\Gamma\Big(1+\frac{\lambda}{2}\Big)\Gamma\Big(\frac{1}{2}-\frac{\lambda}{2}\Big)}$$

```
> sum(b1(k)*x^(2*k),k=0..infinity):   eta1 := unapply(%,x):
  sum(b2(k)*x^(2*k+1),k=0..infinity): eta2 := unapply(%,x):
  'eta[1,lambda](x)' =  eta1(x), 'eta[2,lambda](x)' =  eta2(x);
```

$$\eta_{1,\lambda}(x) = \text{hypergeom}\Big(\Big[-\frac{\lambda}{2}, \frac{\lambda}{2}+\frac{1}{2}\Big], \Big[\frac{1}{2}\Big], x^2\Big)$$
$$\eta_{2,\lambda}(x) = x\,\text{hypergeom}\Big(\Big[1+\frac{\lambda}{2}, \frac{1}{2}-\frac{\lambda}{2}\Big], \Big[\frac{3}{2}\Big], x^2\Big)$$

```
> odetest(y(x)=eta1(x),Dgl), odetest(y(x)=eta2(x),Dgl);
  eta1(0), eta2(0);
  eval(diff(eta1(x),x),x=0), eval(diff(eta2(x),x),x=0);
```

$$0, 0, \quad 1, 0, \quad 0, 1$$

```
> alias(StandFunc=StandardFunctions):
  seq(expand(convert(subs(lambda=2*n,eta1(x)),StandFunc)),n=0..2);
  seq(expand(convert(subs(lambda=-(2*n+1),eta1(x)),StandFunc)),n=0..2);
```

$$1,\, 1-3x^2,\, 1+\frac{35}{3}x^4-10x^2, \quad 1,\, 1-3x^2,\, 1+\frac{35}{3}x^4-10x^2$$

```
> seq(expand(convert(subs(lambda=2*n+1,eta2(x)),StandFunc)),n=0..2);
  seq(expand(convert(subs(lambda=-2*n,eta2(x)),StandFunc)),n=1..3);
```

$$x,\, x-\frac{5}{3}x^3,\, x-\frac{14}{3}x^3+\frac{21}{5}x^5, \quad x,\, x-\frac{5}{3}x^3,\, x-\frac{14}{3}x^3+\frac{21}{5}x^5$$

Die LEGENDRE-*Polynome als Orthogonalpolynome:*

```
> h := (n,x) -> expand(LegendreP(n,x)):
  seq(h(n,x)/coeff(h(n,x),x,ldegree(h(n,x))),n=0..5);
```

$$1,\, x,\, 1-3x^2,\, x-\frac{5}{3}x^3,\, 1+\frac{35}{3}x^4-10x^2,\, x-\frac{14}{3}x^3+\frac{21}{5}x^5$$

MWS 6

```
> with(plots): with(orthopoly):
  h := (k,x) -> P(k,x)/coeff(P(k,x),x,ldegree(P(k,x))):
  folge := seq(plot(h(n,x),x=-1..1,numpoints=500,color=red,
    title=cat(convert(n,string),". Legendre-Polynom")),n=1..6):
  display(folge,insequence=true,tickmarks=[[-1,0,1],[-3,-1,1,3]]);
```

6. Legendre-Polynom

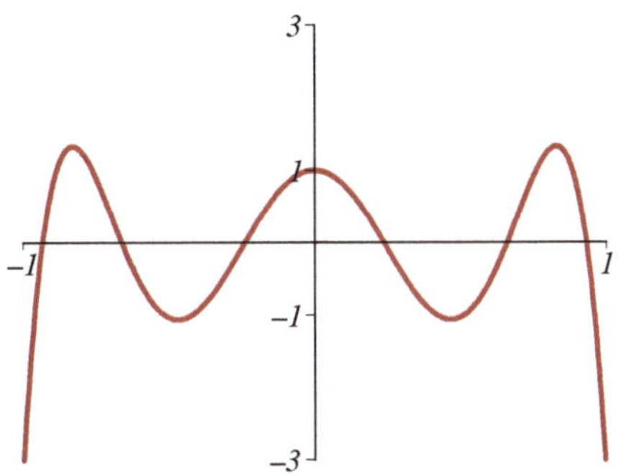

Airy[1]-Differentialgleichung

```
> restart: Dgl := diff(y(x),x$2)-x*y(x) = 0;
```

$$Dgl := y'' - xy = 0$$

Nach Satz 6.1.1 beziehungsweise Folgerung 6.1.2 des Textteils erhalten wir durch Potenzreihenansatz analytische Lösungen mit Konvergenzradius $r = \infty$. Wir bestimmen die Rekursionsformel für die Koeffizienten der Reihenentwicklung:

```
> with(Slode): FPseries(Dgl,y(x),a(nu),0,c,6);
  op(2,%) = 0; isolate(%,a(nu)): factor(%); Rek := %: # Rekursion
```

$$\text{FPSstruct}\Big(c_0 + c_1 x + \frac{1}{6}c_0 x^3 + \frac{1}{12}c_1 x^4 + \frac{1}{180}c_0 x^6 + \sum_{\nu=7}^{\infty} a(\nu)x^\nu, \ \ldots\Big)$$

$$(\nu^2 - \nu)a(\nu) - a(\nu - 3) = 0, \quad a(\nu) = \frac{a(\nu-3)}{\nu(\nu-1)}$$

Da a_ν durch $a_{\nu-3}$ bestimmt ist, interessieren wir uns für Fundamentallösungen der Form $\sum_{\nu=0}^{\infty} a_{3\nu}\, x^{3\nu}$ beziehungsweise $\sum_{\nu=0}^{\infty} a_{3\nu+1}\, x^{3\nu+1}$. (Der quadratische Term tritt nicht auf; daher ist $a_{3\nu+2} = 0$ für $\nu \in \mathbb{N}_0$.)

[1] Der englische Mathematiker und Astronom George Biddell Airy (1801–1892) war in seinen mathematischen Arbeiten durchaus praktisch orientiert. So befaßte er sich u. a. mit numerischer Mondtheorie, Fragen zum Venus-Orbit, mathematischer Musiktheorie und entdeckte den Astigmatismus des menschlichen Auges.

```
> subs(nu=3*k,Rek):    rek1 := subs({a(3*k)=b(k),a(3*k-3)=b(k-1)},%);
  subs(nu=3*k+1,Rek): rek2 := subs({a(3*k+1)=b(k),a(3*k-2)=b(k-1)},%);
```

$$rek1 := b(k) = \frac{1}{3}\,\frac{b(k-1)}{k\,(3\,k-1)}, \quad rek2 := b(k) = \frac{1}{3}\,\frac{b(k-1)}{(3\,k+1)\,k}$$

```
> rsolve({rek1,b(0)=1},b(k)); b1 := unapply(%,k):
  rsolve({rek2,b(0)=1},b(k)); b2 := unapply(%,k):
```

$$\frac{9^{-k}\,\Gamma\left(\frac{2}{3}\right)}{\Gamma\left(k+\frac{2}{3}\right)\Gamma(k+1)}, \quad \frac{2\cdot 9^{-1-k}\,\pi\,\sqrt{3}}{\Gamma\left(k+\frac{4}{3}\right)\Gamma\left(\frac{2}{3}\right)\Gamma(k+1)}$$

```
> sum(b1(k)*x^(3*k),k=0..infinity):   A1 := unapply(%,x):
  sum(b2(k)*x^(3*k+1),k=0..infinity): A2 := unapply(%,x):
  'A[1](x)' = A1(x), 'A[2](x)' = A2(x);
```

$$A_1(x) = \frac{1}{3}\,\mathrm{BesselI}\left(-\frac{1}{3}, \frac{2\sqrt{x^3}}{3}\right)\Gamma\left(\frac{2}{3}\right)3^{2/3}\,(x^3)^{1/6}$$

$$A_2(x) = \frac{2}{9}\,\frac{x\,\mathrm{BesselI}\left(\frac{1}{3}, \frac{2\sqrt{x^3}}{3}\right)\pi\,3^{5/6}}{\Gamma\left(\frac{2}{3}\right)(x^3)^{1/6}}$$

Die beiden Funktionen A_1 und A_2 haben Bedeutung in der Quantenmechanik. An den Koeffizienten kann man erkennen, daß beide Lösungen für positive x eine gewisse Ähnlichkeit mit den Hyperbelfunktionen haben und deshalb monoton wachsen. Für negative x besteht eine Ähnlichkeit mit dem oszillierenden Verhalten der trigonometrischen Funktionen.

MWS 6

```
> series(A1(x),x=0,12); series(A2(x),x=0,10);
```

$$1+\frac{1}{6}\,x^3+\frac{1}{180}\,x^6+\frac{1}{12960}\,x^9+\mathrm{O}(x^{12}), \quad x+\frac{1}{12}\,x^4+\frac{1}{504}\,x^7+\mathrm{O}(x^{10})$$

```
> plot([A1(x),A2(x)],x=-8..3,y=-1.3..3,color=red,
    linestyle=[1,2],thickness=2,labels=[" "," "]);
```

Die AIRY-Funktionen A_1 und A_2

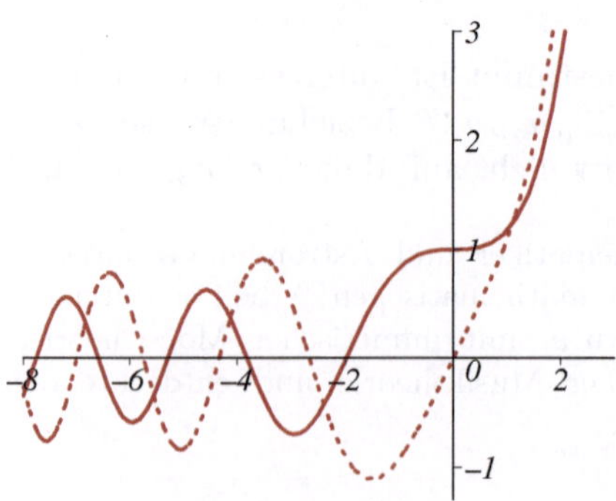

```
> odetest(y(x)=A1(x),Dgl), odetest(y(x)=A2(x),Dgl);
  limit(A1(x),x=0), limit(A2(x),x=0);
  limit(D(A1)(x),x=0), limit(D(A2)(x),x=0);
```

$$0, 0, \quad 1, 0, \quad 0, 1$$

Anwendung der Potenzreihenmethode auf ein DGL-System

Beispiel 3:

Wir greifen das einfache Beispiel (B2) aus Abschnitt 6.1 des Textteils auf:

$$y' = F(x)y \quad \text{mit} \quad F(x) := \begin{pmatrix} x & 1 \\ 1 & x \end{pmatrix} \quad \text{und} \quad y(0) = \begin{pmatrix} 1 \\ 0 \end{pmatrix}.$$

```
> restart: with(LinearAlgebra):
  Sys := diff(y[1](x),x) = x*y[1](x)+y[2](x),
         diff(y[2](x),x) = y[1](x)+x*y[2](x);
  AnfBed := y[1](0)=1,y[2](0)=0;
```

$$Sys := y_1' = x\,y_1 + y_2,\ y_2' = y_1 + x\,y_2, \quad AnfBed = y_1(0) = 1,\ y_2(0) = 0$$

Symbolisches Lösen:

```
> dsolve({Sys,AnfBed});
```

$$\left\{y_1 = \frac{1}{2}e^{\left(x+x^2/2\right)} + \frac{1}{2}e^{\left(-x+x^2/2\right)},\ y_2 = \frac{1}{2}e^{\left(x+x^2/2\right)} - \frac{1}{2}e^{\left(-x+x^2/2\right)}\right\}$$

Wir kommen zum *Potenzreihenansatz* und arbeiten dabei

a) mit Koeffizientenvergleich:

```
> E := IdentityMatrix(2): F[0] := Matrix([[0,1],[1,0]]):
  'F(x)' = x*E+F[0];
```

$$F(x) = \begin{bmatrix} x & 1 \\ 1 & x \end{bmatrix}$$

Aus einem Ansatz $y(x) = \sum_{\nu=0}^{\infty} a_\nu x^\nu$ folgen $F(x)y(x) = \sum_{\nu=0}^{\infty} x^\nu (xE + F_0)a_\nu$ und $y'(x) = \sum_{\nu=0}^{\infty} (\nu+1)x^\nu a_{\nu+1}$. Es ist somit für $\nu \in \mathbb{N}$ die *Rekursion*

$$(\nu+1)a_{\nu+1} = a_{\nu-1} + F_0\,a_\nu \text{ mit } a_0 = y(0) = (1,0)^T \text{ und } a_1 = F_0\,a_0 = (0,1)^T$$

zu lösen. Das machen wir natürlich wieder mit einer Prozedur:

```
> a := proc(nu)
    option remember:
    if nu=0 then return [1,0]
```

MWS 6

```
    elif nu=1 then return F[0].a(0)
    else return (a(nu-2)+F[0].a(nu-1))/nu
  end if
end proc:
y(x) = evalm(add(evalm(x^nu*a(nu)),nu=0..8));
```

$$y = \left[1 + x^2 + \frac{5}{12}x^4 + \frac{19}{180}x^6 + \frac{191}{10080}x^8,\ x + \frac{2}{3}x^3 + \frac{13}{60}x^5 + \frac{29}{630}x^7\right]$$

b) direkt mit dem Maple-Befehl dsolve und der Option type=series , die offenbar auch auf Systeme anwendbar sind:

```
> Order := 7: dsolve({Sys,AnfBed},{y[1](x),y[2](x)},type=series);
```

$$\left\{y_1 = 1 + x^2 + \frac{5}{12}x^4 + \frac{19}{180}x^6 + \mathrm{O}(x^7),\ y_2 = x + \frac{2}{3}x^3 + \frac{13}{60}x^5 + \mathrm{O}(x^7)\right\}$$

6.2 Schwach singuläre Punkte

Differentialgleichungen mit singulären Stellen sind nicht immer durch einen Potenzreihenansatz lösbar. An EULER-Differentialgleichungen wollen wir uns — wie schon in Beispiel (B3) des Textteils ausgeführt — nun auch mit Maple klarmachen, daß man mit einem modifizierten Ansatz arbeiten muß:

Beispiel 4:

```
> restart: Dgl := x^2*diff(y(x),x$2)+4*x*diff(y(x),x)+2*y(x) = 0;
```

$$Dgl := x^2 y'' + 4xy' + 2y = 0$$


```
> with(Slode):
  FPseries(Dgl,y(x),a(nu)); op(2,%) = 0; isolate(%,a(nu));
```

$$\mathrm{FPSstruct}\left(\sum_{\nu=0}^{\infty} a(\nu)\,x^{\nu},\ a(\nu)\left(2 + 3\nu + \nu^2\right)\right)$$
$$a(\nu)\left(2 + 3\nu + \nu^2\right) = 0, \quad a(\nu) = 0$$

PDEtools[declare] (vgl. Seite 11) ist zu Beginn folgender Anweisungsgruppe (durch unsere Initialisierungsdatei) auf ON und liefert Differentialausdrücke im kompaktem Modus. Nach der Variablentransformation wollen wir dies unterdrücken und schalten deshalb auf OFF .

```
> with(DEtools): eulersols(Dgl,y(x)); OFF:
  Dchangevar({x=exp(t),y(x)=z(t)},Dgl,x,t): Dgl2 := expand(%);
  sol := dsolve(Dgl2,z(t));
  y(x) = subs(t=log(x),rhs(sol)): simplify(%,exp);
```

$$\left[\frac{1}{x^2}, \frac{1}{x}\right], \quad Dgl2 := 3\frac{d}{dt}z(t) + \frac{d^2}{dt^2}z(t) + 2z(t) = 0$$
$$sol := z(t) = \_C1\,e^{-2t} + \_C2\,e^{-t}, \quad y(x) = \frac{\_C1}{x^2} + \frac{\_C2}{x}$$

Beispiel 5:

```
> restart: with(DEtools):
  Dgl := x^2*diff(y(x),x,x)-3*x*diff(y(x),x)+4*y(x) = 0;
  eulersols(Dgl,y(x)); OFF:
```

$$Dgl := x^2 y'' - 3xy' + 4y = 0, \quad [x^2, x^2 \ln(x)]$$

```
> Dgl2 := PDEtools[dchange]({x=exp(t),y(x)=z(t)},Dgl,simplify);
  sol := dsolve(Dgl2,z(t));
  PDEtools[dchange]({t=log(x),z(t)=y(x)},sol);
```

$$Dgl2 := \frac{d^2}{dt^2}z(t) - 4\frac{d}{dt}z(t) + 4z(t) = 0$$
$$sol := z(t) = \_C1\,e^{2t} + \_C2\,e^{2t}t, \quad y(x) = \_C1\,x^2 + \_C2\,x^2\ln(x)$$

Bessel-Differentialgleichung

```
> restart: with(DEtools):
  Dgl := x^2*diff(y(x),x$2)+x*diff(y(x),x)+(x^2-rho^2)*y(x) = 0;
```

$$Dgl := x^2 y'' + xy' + (x^2 - \varrho^2)\,y = 0$$

```
> singularities(Dgl);           # berechnet singuläre Stellen
  indicialeq(Dgl,x,0,y(x)); # Indexgleichung
  solve(%,x);
```

$$regular = \{0\}, irregular = \{\infty\}, \quad x^2 - \varrho^2 = 0, \quad \varrho, -\varrho$$

Bekanntlich liefern J_ϱ und $J_{-\varrho}$ ein Fundamentalsystem der Bessel-Differentialgleichung, sofern ϱ nicht aus $\mathbb{N}_0$ ist. Wir schauen uns speziell für $\varrho = 2$ an, welches Resultat Maple liefert:

```
> rho := 2: dsolve(Dgl,y(x));
```

$$y = \_C1\,\mathrm{BesselJ}(2, x) + \_C2\,\mathrm{BesselY}(2, x)$$

Mit J_2 und Y_2 erhalten wir das erwartete Fundamentalsystem. Verwendet man in dsolve die Option type=series , so enthält die Näherungslösung einen Logarithmus-Term und sieht deshalb ‚vertrauenserweckend' aus.

```
> infolevel[dsolve] := 3: Order := 6: dsolve(Dgl,y(x),series);
```

```
DEtools/convertsys: converted to first-order system Y'(x) = f(x,Y(x))
namely (with Y' represented by YP)
```

$$\left[YP_1 = Y_2\,,\; YP_2 = -\frac{x\,Y_2 + (x^2-4)\,Y_1}{x^2}\right]$$

```
DEtools/convertsys: correspondence between Y[i] names and original
functions:
```

$$[Y_1 = y\,,\; Y_2 = y']$$

```
dsolve/series/ordinary: converted to first-order system
Y'(x) = f(x,Y(x)) namely (with Y' represented by YP)
```

$$\left[YP_1 = Y_2\,,\; YP_2 = -\frac{x\,Y_2 + (x^2-4)\,Y_1}{x^2}\right]$$

```
dsolve/series/ordinary: correspondence between Y[i] names and original
functions:
```

$$[Y_1 = y\,,\; Y_2 = y']$$

```
dsolve/series/ordinary: vector Y of initial conditions at
x0 = 0  [y(0) D(y)(0)]
dsolve/series/ordinary: trying Newton iteration
dsolve/series/direct: trying direct subs
dsolve/series/froben: trying method of Frobenius
dsolve/series/froben: indicial eqn is  -4+r^2
dsolve/series/froben: roots of indicial eqn are [[2 -2]]
```

$$y = \_C1\,x^2\left(1 - \frac{1}{12}x^2 + \frac{1}{384}x^4 + \mathrm{O}(x^6)\right) + \_C2\left(\frac{\ln(x)\,(9x^4 + \mathrm{O}(x^6))}{x^2} + \frac{-144 - 36x^2 + \mathrm{O}(x^6)}{x^2}\right)$$

Als nächstes verwenden wir den Befehl Slode[FPseries] , um mittels eines modifizierten Reihenansatzes an ein Fundamentalsystem zu gelangen:

```
> with(Slode): FPseries(Dgl,y(x),a(nu),0,c,4); op(2,%) = 0;
  isolate(%,a(nu)): factor(%); Rek := %: # Rekursion
```

$$\mathrm{FPSstruct}\left(c_0\,x^2 - \frac{1}{12}c_0\,x^4 + \sum_{\nu=5}^{\infty} a(\nu)x^{\nu},\; (-4+\nu^2)\,a(\nu) + a(\nu-2)\right)$$

$$(-4+\nu^2)\,a(\nu) + a(\nu-2) = 0\,,\quad a(\nu) = -\frac{a(\nu-2)}{(\nu-2)(\nu+2)}$$

```
> subs(nu=2*n+2,Rek); subs({a(2*n+2)=b(n),a(2*n)=b(n-1)},%);
  sol := rsolve(%,{b(n)});
```

$$a(2n+2) = -\frac{1}{2}\frac{a(2n)}{n(2n+4)}, \quad b(n) = -\frac{1}{2}\frac{b(n-1)}{n(2n+4)}$$

$$sol := \left\{ b(n) = \frac{2(-1)^n 4^{-n} b(0)}{\Gamma(n+3)\Gamma(n+1)} \right\}$$

```
> subs(b(0)=1/(2^rho*GAMMA(rho+1)),sol);
  subs(%,Sum(b(n)*x^(2*n+rho),n=0..infinity)): % = value(%);
```

$$\left\{ b(n) = \frac{1}{4}\frac{(-1)^n 4^{-n}}{\Gamma(n+3)\,\Gamma(n+1)} \right\}, \sum_{n=0}^{\infty} \frac{1}{4}\frac{(-1)^n 4^{-n} x^{2n+2}}{\Gamma(n+3)\,\Gamma(n+1)} = \text{BesselJ}(2,x)$$

Es überrascht nicht, daß wir nur *eine* Lösung erhalten. Für diese Situation ist also der Befehl Slode[FPseries] nur eingeschränkt geeignet.

Zum Schluß dieses Abschnitts verifizieren wir durch eine Animation die Beziehung $\lim_{\rho \to n} Y_\varrho(x) = Y_n(x)$ für $n \in \mathbb{N}_0$.

```
> with(plots): rho := 'rho': R := [1,0.5,seq(1/(3*k),k=1..10)]:
  folge := seq(plot([BesselY(0,x),BesselY(rho,x)],x=0..11,y=-1.3..0.6,
           color=[black,red],tickmarks=[[5,10],[-1,0,0.5]]),rho=R):
  display(folge,thickness=2,insequence=true);
```

BESSEL-Funktion Y_0 mit approximierender Funktion $Y_{1/3}$

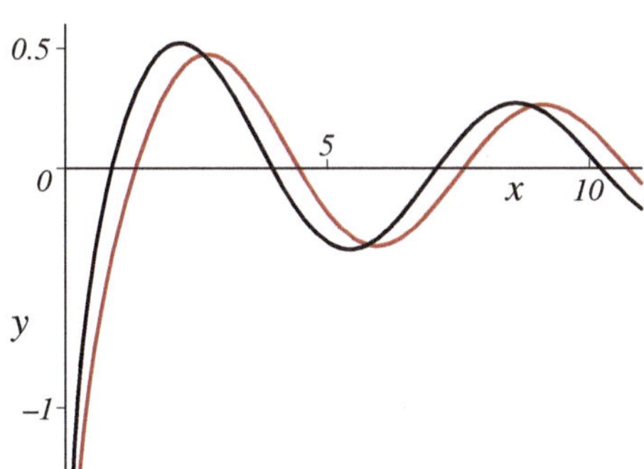

MWS 6

6.3 Laplace-Transformation

Wir erinnern uns an die LAPLACE-Transformation und versuchen, mit ihrer Hilfe auch Anfangswertaufgaben der Form

$$y' = Ay + g(x) \quad \text{mit} \quad y(0) = b$$

zu lösen. Aufgrund bekannter Eigenschaften der LAPLACE-Transformation ergibt sich $sY(s) - y(0) = AY(s) + G(s)$, wobei Y beziehungsweise G

die LAPLACE-Transformierten von y beziehungsweise g sind. Wir erinnern daran, daß diese bei vektorwertigen Funktionen komponentenweise zu bilden sind. $Y(s)$ erhält man dann als Lösung des Gleichungssystems

$$(sE - A)Y(s) = G(s) + b\,,$$

und $y(x)$ ergibt sich durch Rücktransformation aus $Y(s)$.

Zunächst rechnen wir kurz die Beispiele (B4) bis (B8) des Textteils, um mit dem einfachsten Befehl, den Maple zur LAPLACE-Transformation bietet, vertraut zu machen:

```
> restart: with(inttrans): 'L(1)(s)' = laplace(1,x,s);
```

$$\mathscr{L}(1)(s) = \frac{1}{s}$$

```
> 'L(exp(a*x))(s)' = laplace(exp(a*x),x,s);
```

$$\mathscr{L}(e^{a\,x})(s) = \frac{1}{s-a}$$

```
> 'L(cosh(a*x))(s)' = laplace(cosh(a*x),x,s);
  'L(sinh(a*x))(s)' = laplace(sinh(a*x),x,s);
```

$$\mathscr{L}(\cosh(a\,x))(s) = \frac{s}{s^2-a^2}\,,\quad \mathscr{L}(\sinh(a\,x))(s) = \frac{a}{s^2-a^2}$$

```
> 'L(cos(a*x))(s)' = laplace(cos(a*x),x,s);
  'L(sin(a*x))(s)' = laplace(sin(a*x),x,s);
```

$$\mathscr{L}(\cos(a\,x))(s) = \frac{s}{s^2+a^2}\,,\quad \mathscr{L}(\sin(a\,x))(s) = \frac{a}{s^2+a^2}$$

```
> 'L(exp(b*x)*cos(a*x))(s)' = laplace(exp(b*x)*cos(a*x),x,s);
  'L(exp(b*x)*sin(a*x))(s)' = laplace(exp(b*x)*sin(a*x),x,s);
```

$$\mathscr{L}(e^{b\,x}\cos(a\,x))(s) = \frac{s-b}{(s-b)^2+a^2}\,,\quad \mathscr{L}(e^{b\,x}\sin(a\,x))(s) = \frac{a}{(s-b)^2+a^2}$$

Wir vollziehen die Überlegungen für *Systeme* an folgendem einfachen Beispiel (vgl. (B9) des Textteils) mit Maple nach:

```
> restart: with(LinearAlgebra): with(inttrans):                    # (B9)
  A  := Matrix([[6,1],[4,3]]); b  := Vector([1,2]);
  vy := Vector([y[1](x),y[2](x)]):
```

$$A := \begin{bmatrix} 6 & 1 \\ 4 & 3 \end{bmatrix}\,,\quad b := \begin{bmatrix} 1 \\ 2 \end{bmatrix}$$

MWS 6

```
> p := CharacteristicPolynomial(A,lambda); factor(p);
```

$$p := \lambda^2 - 9\lambda + 14, \quad (\lambda - 2)(\lambda - 7)$$

```
> LinearSolve(s*IdentityMatrix(2)-A,b):
  sol := map(factor,%): 'Y(s)' = sol;
```

$$Y(s) = \begin{bmatrix} \dfrac{-1+s}{(s-2)(s-7)} \\ \dfrac{2(-4+s)}{(s-2)(s-7)} \end{bmatrix}$$

```
> map(invlaplace,sol,s,x):
  zip((u,v)->u=v,vy,%): Loesung := convert(%,list);
```

$$Loesung := \left[y_1 = \frac{6}{5}e^{7x} - \frac{1}{5}e^{2x},\ y_2 = \frac{6}{5}e^{7x} + \frac{4}{5}e^{2x}\right]$$

```
> Sys := convert(map(diff,vy,x)-(A.vy),list):
  subs(Loesung,Sys): map(simplify,%), eval(Loesung,x=0);
```

$$[0, 0],\ [y_1(0) = 1,\ y_2(0) = 2]$$

Die folgende einfache lineare *Anfangswertaufgabe zweiter Ordnung* greift das Beispiel (B 10) des Textteils auf:

```
> restart: with(LinearAlgebra): with(DEtools): with(inttrans): # (B10)
  vy := [y[1],y[2]]:
  Dgl := diff(y(x),x$2)-6*diff(y(x),x)+10*y(x) = 0;
  AnfBed := y(0) = 0, D(y)(0) = 1;
```

$$Dgl := y'' - 6y' + 10y = 0, \quad AnfBed := y(0) = 0,\ \mathrm{D}(y)(0) = 1$$

```
> convertsys(Dgl,{AnfBed},y(x),x,y,Dy);
  Sys, b := op(1,%), Vector(op(4,%));
```

$$\left[[Dy_1 = y_2,\ Dy_2 = 6y_2 - 10y_1],\ [y_1 = y,\ y_2 = y'],\ 0,\ [0, 1]\right]$$
$$Sys, b := \left[Dy_1 = y_2,\ Dy_2 = 6y_2 - 10y_1\right],\ \begin{bmatrix} 0 \\ 1 \end{bmatrix}$$

```
> A := -GenerateMatrix(Sys,vy)[1];
```

$$A := \begin{bmatrix} 0 & 1 \\ -10 & 6 \end{bmatrix}$$

```
> sol := LinearSolve(s*IdentityMatrix(2)-A,b):
  'Y(s)' = map(student[completesquare],sol,s);
```

MWS 6

$$Y(s) = \left[\begin{array}{c} \frac{1}{(s-3)^2+1} \\ \frac{s}{(s-3)^2+1} \end{array}\right]$$

Hier benötigen wir nur zu der ersten Komponente ein Urbild:

```
> invlaplace(sol[1],s,x): Loesung := y(x) = %;
```

$$Loesung := y = e^{3x}\sin(x)$$

```
> odetest(Loesung,Dgl);
```

$$0$$

Maple kommt bei diesem einfachen Beispiel natürlich auch ohne unsere Hilfestellung ‚direkt' zum Ziel:

```
> dsolve({Dgl,AnfBed},y(x),method=laplace);
```

$$y = e^{3x}\sin(x)$$

Auch das Beispiel aus Abschnitt 5.4 (Seite 170ff) (vgl. auch Beispiel 7 aus MWS 5) greifen wir mit Maple und der LAPLACE-Transformation auf:

Beispiel 6:

```
> restart: with(LinearAlgebra): with(inttrans):
  A  := Matrix([[0,1,0],[4,3,-4],[1,2,-1]]);
  c0 := Vector([1,8,4]): c1 := Vector([0,4,1]): c2 := Vector([2,0,2]):
  g  := exp(x)*c0 + x*exp(x)*c1 + x^2/2*exp(x)*c2:
  g  := unapply(g,x): 'g(x)' = g(x);
  b  := Vector([0,0,0]);
  vy := Vector([y[1](x),y[2](x),y[3](x)]):
```

$$A := \begin{bmatrix} 0 & 1 & 0 \\ 4 & 3 & -4 \\ 1 & 2 & -1 \end{bmatrix}, \quad g(x) = \begin{bmatrix} e^x + x^2 e^x \\ 8\,e^x + 4\,x\,e^x \\ 4e^x + x\,e^x + x^2 e^x \end{bmatrix}, \quad b := \begin{bmatrix} 0 \\ 0 \\ 0 \end{bmatrix}$$


```
> p := CharacteristicPolynomial(A,lambda); factor(p);
```

$$p := \lambda^3 - 2\lambda^2 + \lambda, \quad \lambda(\lambda-1)^2$$

```
> map(laplace,g(x),x,s): map(normal,%):
  G := unapply(%,s): 'G(s)' = G(s)
```

$$G(s) = \left[\begin{array}{c} \frac{s^2-2\,s+3}{(s-1)^3} \\ \frac{4(2\,s-1)}{(s-1)^2} \\ \frac{4\,s^2-7\,s+5}{(s-1)^3} \end{array}\right]$$

```
> LinearSolve(s*IdentityMatrix(3)-A,G(s)+b):
  sol := map(factor,%): 'Y(s)' = sol;
```

$$Y(s) = \begin{bmatrix} \dfrac{5s^2+s^3+1-3s}{s(s-1)^4} \\ \dfrac{4(2s^2-2s+1)}{(s-1)^4} \\ \dfrac{(s+1)(4s^2-2s+1)}{s(s-1)^4} \end{bmatrix}$$

```
> map(invlaplace,sol,s,x):
  zip((u,v)->u=v,vy,%): Loesung := convert(%,list);
```

$$Loesung := \left[y_1 = 1+\frac{1}{3}e^x\left(6x-3+9x^2+2x^3\right), y_2 = \frac{2}{3}e^x\left(12x+6x^2+x^3\right),\right.$$
$$\left. y_3 = 1+\frac{1}{2}e^x\left(10x-2+9x^2+2x^3\right)\right]$$

Wir vergessen auch hier nicht die *Probe:*

```
> Sys := convert(map(diff,vy,x)-(A.vy + g(x)),list):
  subs(Loesung,Sys): map(simplify,%);
```

$$[0, 0, 0]$$

Die Behandlung der *Beispiele (B11) bis (B14) des Textteils* mit Maple ist nun Routine:

```
> restart: with(inttrans):                                    # (B11)
  Dgl := diff(eta(x),x$2)-eta(x) = 0;
```

$$Dgl := \eta'' - \eta = 0$$

```
> PDEtools[declare]();
```

Declared: $y(x), u(x), \ldots$ to be displayed as $y, u, \ldots$; derivatives with respect to x of functions of one variable are being displayed with $'$

Zur Abkürzung verwenden wir die folgende alias-Anweisung. Diese wirkt nicht, wenn PDEtools[declare] sich im ON-Modus befindet; deshalb schalten wir vorher auf OFF :

```
> OFF: alias(H(s)=laplace(eta(x),x,s)): # H als Großschreibung von eta
  laplace(Dgl,x,s): expand(%): collect(%,H(s));
```

$$(s^2-1)H(s) - \mathrm{D}(\eta)(0) - s\eta(0) = 0$$

MWS 6

```
> expr := isolate(%,H(s)); convert(rhs(expr),parfrac,s);
```

$$expr := H(s) = \frac{D(\eta)(0) + s\,\eta(0)}{s^2 - 1}$$
$$\frac{1}{2}\,\frac{-D(\eta)(0) + \eta(0)}{s+1} + \frac{1}{2}\,\frac{D(\eta)(0) + \eta(0)}{s-1}$$

Wir berechnen das Urbild und machen wieder die Probe:

```
> ON: invlaplace(expr,s,x); odetest(%,Dgl);
```

$$\eta = \eta(0)\cosh(x) + D(\eta)(0)\sinh(x)\,,\quad 0$$

Maple kommt auch hier wieder ‚direkt' zum Ziel:

```
> dsolve(Dgl,eta(x),method=laplace);
```

$$\eta = \eta(0)\cosh(x) + D(\eta)(0)\sinh(x)$$

```
> restart: with(inttrans):                                  # (B12)
  f := x -> piecewise(x<0,0,(abs@sin)(x)):
  'L(f)(s)' = laplace(f(x),x,s);
```

$$\mathscr{L}(f)(s) = \frac{\coth\left(\frac{\pi s}{2}\right)}{s^2+1}$$

Zum Vergleich mit dem Ergebnis aus dem Textteil lassen wir umformen:

```
> convert(%,exp): factor(%);
```

$$\mathscr{L}(f)(s) = \frac{e^{\pi s}+1}{(s^2+1)(e^{\pi s}-1)}$$

MWS 6

```
> H[c] := x -> Heaviside(x-c):                              # (B13), c=2
  'L(H[2])(s)' = laplace(subs(c=2,H[c](x)),x,s);
```

$$\mathscr{L}(H_2)(s) = \frac{e^{-2s}}{s}$$

```
> laplace(subs(n=3,x^n),x,s);                               # (B14), n=3
```

$$\frac{6}{s^4}$$

```
> restart: with(inttrans):                                  # (B15)
  Dgl := x*diff(eta(x),x$2)-x*diff(eta(x),x)-eta(x) = 0;
  AnfBed := eta(0)=0, D(eta)(0)=1;
```

$$Dgl := x\eta'' - x\eta' - \eta = 0\,,\quad AnfBed = \eta(0) = 0,\ D(\eta)(0) = 1$$

```
> dsolve({Dgl,AnfBed},eta(x),method=laplace);
```

$$\eta = x\, e^x$$

```
> OFF: alias(H(s)=laplace(eta(x),x,s)): laplace(Dgl,x,s);
```

$$-2\, s\, H(s) - s^2 \left(\frac{d}{ds} H(s)\right) + \eta(0) + s\left(\frac{d}{ds} H(s)\right) = 0$$

```
> isolate(%,diff(H(s),s)): factor(%): eq := subs(AnfBed,%);
```

$$eq := \frac{d}{ds} H(s) = -\frac{2\, H(s)}{s-1}$$

```
> subs(H(s)=z(s),eq); dsolve(%,z(s)); sol := subs(z(s)=H(s),%);
```

$$\frac{d}{ds} z(s) = -\frac{2\, z(s)}{s-1}, \quad z(s) = \frac{\_C1}{(s-1)^2}, \quad sol := H(s) = \frac{\_C1}{(s-1)^2}$$

```
> ON: eq:= invlaplace(sol,s,x); eval(diff(eq,x),x=0); convert(%,D);
```

$$eq := \eta = \_C1\, x\, e^x, \quad \eta' \Big|_{x=0} = \_C1, \quad \mathrm{D}(\eta)(0) = \_C1$$

```
> subs({AnfBed},%); solve(%,{_C1}); eval(eq,%);
```

$$1 = \_C1, \quad \{\_C1 = 1\}, \quad \eta = x\, e^x$$

Unstetige rechte Seiten

MWS 6

Bei dem folgenden *Beispiel* mit unstetigen rechten Seiten, wie sie etwa bei der Modellierung von Ein- und Ausschaltvorgängen in natürlicher Weise auftreten, greifen wir eine Anregung aus [Gu/Mo] auf, die wir ‚lebendig' interpretieren. Ein *Opa schubst seinen Enkel auf einer Schaukel an:*

```
> restart: with(plots):
  DGL := diff(y(x),x$2) + y(x); # eigentlich: diff(y(x),x$2)+sin(y(x))
  AWe := y(0)=0, D(y)(0)=1;
  dsolve({DGL=0,AWe},y(x)); Loes0 := rhs(%):
```

$$DGL := y'' + y, \quad AWe := y(0) = 0, \mathrm{D}(y)(0) = 1$$

$$y = \sin(x)$$

```
> alias(H=Heaviside):
  Schub := x -> sum((-1)^j*H(x-j*Pi),j=0..5);
```

$$Schub := x \longrightarrow \sum_{j=0}^{5} (-1)^j \, \mathrm{H}(x - j\,\pi)$$

```
> setoptions(thickness=3,scaling=constrained):
  GraphS := n -> plot(g,0..n*3.2,discont=true,color=black):
  plot(Loes0,x=0..16,tickmarks=[spacing(Pi),[-1,1]],color=red);

  g := Schub:
  dsolve({DGL=g(x),AWe},y(x),method=laplace); Loes1 := rhs(%):
  Bild1 := plot(Loes1,x=0..7*3.2,color=red):
  display(GraphS(7),Bild1,tickmarks=[spacing(Pi),[-6,-3,0,3,6]]);
```

$$y = 1 - 2\cos\left(\frac{x}{2}\right)^2 \Big(\mathrm{H}(x-\pi) + \mathrm{H}(x-3\,\pi) + \mathrm{H}(x-5\,\pi)\Big)$$
$$+ 2\sin\left(\frac{x}{2}\right)^2 \Big(\mathrm{H}(x-4\,\pi) + \mathrm{H}(x-2\,\pi)\Big) - \cos(x) + \sin(x)$$

Opa schläft | Enkel jauchzt, Mutter besorgt

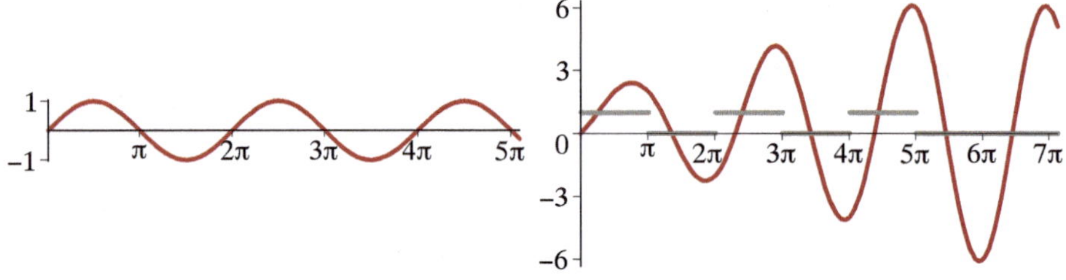


```
> g := x -> Schub(2*x):
  dsolve({DGL=g(x),AWe},y(x),method=laplace): Loes2 := rhs(%):
  Bild2 := plot(Loes2,x=0..3*3.2,color=red):
  display(GraphS(3),Bild2,tickmarks=[spacing(Pi),[0,2]]);

  g := x -> Schub(x/2):
  dsolve({DGL=g(x),AWe},y(x),method=laplace): Loes3 := rhs(%):
  Bild3 := plot(Loes3,x=0..6*3.2,color=red):
  display(GraphS(6),Bild3,tickmarks=[spacing(Pi),[0,2]]);
```


Kontrolliertes Schaukeln | Weniger langweilig

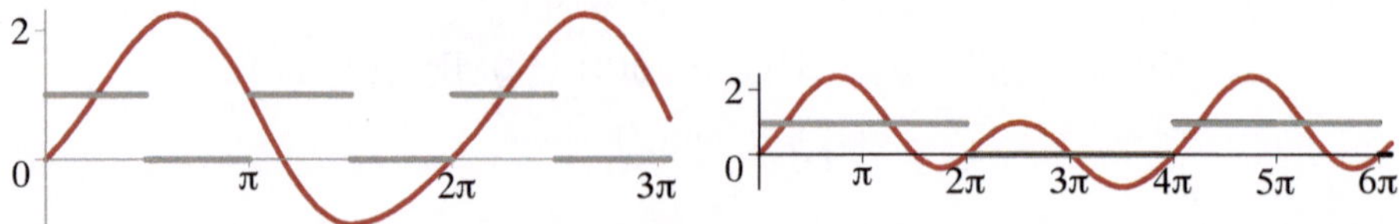

Kapitel 7

Rand- und Eigenwertprobleme

Bei den bisher betrachteten *Anfangs*wertaufgaben waren — zu einer gegebenen Differentialgleichung — für eine gesuchte Funktion (und eventuell einige ihrer Ableitungen) Bedingungen in *einem* Punkt gestellt worden. Bei den in diesem Kapitel untersuchten *Rand*wertproblemen werden Bedingungen an den beiden Randpunkten a und b eines vorgegebenen Intervalls $[a, b]$ gestellt. Fragen dieser Art begegnen uns bei vielen Aufgaben der Physik und Technik. Ein Beispiel, das auch in der Entwicklung der Mathematik eine herausragende Bedeutung hatte, ist das der *schwingenden Saite:* Eine Saite einer festen Länge ist an zwei Punkten der x-Achse eingespannt und wird etwa durch Auslenkung angeregt.

Bei den meisten Fragestellungen werden nur für gewisse Randbedingungen eindeutige Lösungen existieren. Die allgemeine Untersuchung führt zu *Eigenwertaufgaben.*

Schon bei der schwingenden Saite, wo ein beliebiger Ton durch Kombination von Obertönen beschrieben werden kann, stößt man auf die Frage der Entwicklung nach ‚speziellen' Funktionen.

Wie in den Kapiteln 4, 5 und 6 ist es auch hier von Vorteil, zunächst allgemein *Systeme* zu betrachten und erst dann auf Differentialgleichungen k-ter Ordnung, schließlich speziell zweiter Ordnung, überzugehen.

W. Forst, D. Hoffmann, *Gewöhnliche Differentialgleichungen*, Springer-Lehrbuch,
DOI 10.1007/978-3-642-37883-6_7,

7.1 Randwertaufgaben für lineare DGL-Systeme mit linearen Randbedingungen

Wir betrachten das lineare Differentialgleichungssystem

$$y' = F(x)y + g(x) \tag{D}$$

mit der linearen *Randbedingung*

$$Ay(a) + By(b) = c\,. \tag{R}$$

Hierbei seien k eine natürliche Zahl, a und b reelle Zahlen mit $a < b$, $F \in C_0\big([a,\, b], \mathbb{M}_k\big)$, also eine stetige Funktion auf dem Intervall $[a,\, b]$ mit Werten in dem Raum $\mathbb{M}_k$ der (komplexen) $k \times k$-Matrizen, $g \in C_0 := C_0\big([a,\, b], \mathbb{C}^k\big)$, also eine stetige Funktion auf $[a,\, b]$ mit Werten im $\mathbb{C}^k$, A und B aus $\mathbb{M}_k$ und $c \in \mathbb{C}^k$. Die gesuchten Lösungen y liegen also in $C_1 := C_1\big([a,\, b], \mathbb{C}^k\big)$.

Ein derartiges Problem heißt *Randwertaufgabe* oder *Randwertproblem*, kurz *RWA* oder *RWP*, genauer auch *Zweipunkt-Randwertaufgabe* oder *Zweipunkt-Randwertproblem.* Wir sprechen von einer *homogenen* Randwertaufgabe, wenn die Funktion g und der Vektor c Null sind. Ist mindestens eine dieser beiden Größen Null, so bezeichnen wir die Aufgabe als *halbhomogen.* Wir werden sehen, daß ohne zusätzliche Voraussetzungen an die Randbedingungen keine allgemeine Aussage über die Lösbarkeit einer Randwertaufgabe gemacht und — im Falle der Lösbarkeit — nicht Eindeutigkeit erschlossen werden kann.

Durch $(Hz)(x) := z'(x) - F(x)z(x)$ für $z \in C_1$ und $x \in [a,\, b]$ ist eine

$$\mathbb{C}\text{-}\textit{lineare Abbildung} \quad H\colon C_1 \longrightarrow C_0$$

gegeben. (D) bedeutet damit gerade $Hy = g$. Mit $Rz := Az(a) + Bz(b)$ hat man entsprechend eine

$$\mathbb{C}\text{-}\textit{lineare Abbildung} \quad R\colon C_1 \longrightarrow \mathbb{C}^k,$$

und die Randbedingung kann kurz als $Ry = c$ geschrieben werden.

Es sei $Y \in C_1\big([a,\, b], \mathbb{M}_k\big)$ eine *Fundamentalmatrix* des homogenen Systems zu (D), d. h. $Y'(x) = F(x)Y(x)$ mit $\det Y(x) \neq 0$ für alle $x \in [a,\, b]$.

Mittels Variation der Konstanten — man vergleiche hierzu Abschnitt 4.6 — erhält man die spezielle Lösung des inhomogenen Systems (D)

$$y_0(x) := Y(x)\Big(\int_a^x Y(t)^{-1} g(t)\, dt\Big) \qquad (x \in [a,\, b])$$

mit $y_0(a) = 0$. Damit gewinnt man mit beliebigem $d \in \mathbb{R}^k$

$$y(x) = y_0(x) + Y(x)d \tag{1}$$

als allgemeine Lösung von (D).

Die Randbedingungen (R) führen dann auf das lineare Gleichungssystem

$$\big(AY(a) + BY(b)\big)\, d + By_0(b) = c\,, \tag{2}$$

dessen Koeffizientenmatrix

$$C := C_Y := AY(a) + BY(b)$$

als *charakteristische Matrix* bezeichnet wird. Aus (2) liest man ab:

Satz 7.1.1

Die Randwertaufgabe (D) mit (R) ist genau dann für beliebiges g und c eindeutig lösbar, wenn die Matrix C invertierbar ist, d. h. die Determinante von C nicht Null ist. Natürlich ist dies äquivalent dazu, daß die zugehörige homogene Randwertaufgabe

$$y' = F(x)y \quad \textit{mit} \quad Ay(a) + By(b) = 0 \tag{3}$$

nur trivial lösbar ist, d. h. nur $y = 0$ als Lösung hat.

Wir sehen uns zwei erste Beispiele dazu an:

(B1) Wir betrachten die lineare homogene Differentialgleichung mit konstanten Koeffizienten

$$y' = \underbrace{\begin{pmatrix} 0 & 1 \\ 0 & 0 \end{pmatrix}}_{=:F} y$$

mit den Randbedingungen

$$\begin{pmatrix} 1 & 0 \\ 0 & 0 \end{pmatrix} y(0) + \begin{pmatrix} -1 & 0 \\ 0 & 1 \end{pmatrix} y(1) = \begin{pmatrix} 0 \\ 1 \end{pmatrix}.$$

Es gilt $F^n = 0$ für $n \geq 2$. Daher liefert $Y(x) := \exp(xF) = \begin{pmatrix} 1 & x \\ 0 & 1 \end{pmatrix}$ eine Fundamentalmatrix Y. Damit erhält man zu den gegebenen Randbedingungen das lineare Gleichungssystem

$$Cd = \begin{pmatrix} 0 \\ 1 \end{pmatrix} \tag{4}$$

mit

Kapitel 7

$$C := AY(0)+BY(1) = \begin{pmatrix}1&0\\0&0\end{pmatrix}\begin{pmatrix}1&0\\0&1\end{pmatrix}+\begin{pmatrix}-1&0\\0&1\end{pmatrix}\begin{pmatrix}1&1\\0&1\end{pmatrix}=\begin{pmatrix}0&-1\\0&1\end{pmatrix}.$$

Die Matrix C hat also den Rang 1, hingegen hat die erweiterte Koeffizientenmatrix $\big(C,\,(0,1)^T\big)$ den Rang 2. Mithin besitzt das Gleichungssystem (4) und damit die Randwertaufgabe *keine Lösung.*

(B2) Mit einer beliebigen reellen Zahl α sei die lineare homogene Differentialgleichung mit konstanten Koeffizienten

$$y' = \begin{pmatrix}0&1\\-\alpha^2&0\end{pmatrix} y$$

mit den Randbedingungen

$$\begin{pmatrix}1&0\\0&1\end{pmatrix} y(0) + \begin{pmatrix}-1&0\\0&-1\end{pmatrix} y(\pi) = \begin{pmatrix}0\\0\end{pmatrix}$$

betrachtet.

Wir verwenden im Falle $\alpha = 0$ die Fundamentalmatrix Y aus dem vorangehenden Beispiel und erhalten über die Randbedingungen das homogene Gleichungssystem $Cd = 0$ mit der charakteristischen Matrix

$$C = \begin{pmatrix}1&0\\0&1\end{pmatrix}\begin{pmatrix}1&0\\0&1\end{pmatrix} + \begin{pmatrix}-1&0\\0&-1\end{pmatrix}\begin{pmatrix}1&\pi\\0&1\end{pmatrix} = \begin{pmatrix}0&-\pi\\0&0\end{pmatrix}.$$

Dieses hat offensichtlich die eindimensionale Lösungsmannigfaltigkeit $\big\{(t,0)^T \mid t \in \mathbb{R}\big\}$, also *unendlich viele nicht-triviale Lösungen.*

Im Falle $\alpha \neq 0$ ist z. B.

$$Y(x) = \begin{pmatrix}\sin(\alpha x) & \cos(\alpha x)\\ \alpha\cos(\alpha x) & -\alpha\sin(\alpha x)\end{pmatrix}$$

eine Fundamentalmatrix des (homogenen) DGL-Systems. Für die charakteristische Matrix ergibt sich hier

$$\begin{aligned} C &= \begin{pmatrix}1&0\\0&1\end{pmatrix}\begin{pmatrix}0&1\\\alpha&0\end{pmatrix} + \begin{pmatrix}-1&0\\0&-1\end{pmatrix}\begin{pmatrix}\sin(\alpha\pi) & \cos(\alpha\pi)\\ \alpha\cos(\alpha\pi) & -\alpha\sin(\alpha\pi)\end{pmatrix} \\ &= \begin{pmatrix}-\sin(\alpha\pi) & 1-\cos(\alpha\pi)\\ \alpha(1-\cos(\alpha\pi)) & \alpha\sin(\alpha\pi)\end{pmatrix}. \end{aligned}$$

Wegen

$$\det C = -2\alpha(1-\cos(\alpha\pi))$$

besitzt diese Randwertaufgabe — unter Beachtung von $\alpha \neq 0$ — genau dann eine nicht-triviale Lösung, wenn $\alpha \in 2\mathbb{Z} \setminus \{0\}$ ist.

Anmerkung Sind Y und Z Fundamentalmatrizen des homogenen Differentialgleichungssystems, so besteht zwischen ihnen — nach Bemerkung 4.3.5 — die Beziehung

$$Z = YT \text{ mit einer invertierbaren Matrix } T \in \mathbb{M}_k .$$

Mithin gilt

$$C_Z = AZ(a) + BZ(b) = C_Y T .$$

Folglich ist die Matrix C_Z genau dann invertierbar, wenn C_Y dies ist.

Im Fall der eindeutigen Lösbarkeit (durch die ‚triviale' Nullfunktion) der zugehörigen homogenen Randwertaufgabe

$$Hy = 0 \text{ und } Ry = 0,$$

also im Falle $\det C \neq 0$, was wir für den Rest dieses Abschnitts voraussetzen, kann man die Lösungsfunktion des allgemeinen Problems mit Hilfe der sogenannten GREEN[1]-*Matrix* beschreiben.

Satz 7.1.2

Es gibt eine matrixwertige Abbildung

$$G\colon [a, b] \times [a, b] \longrightarrow \mathbb{M}_k$$

mit den Eigenschaften:

- *Die Einschränkung von G auf die beiden Bereiche $\{(x,t) \mid a \le x < t \le b\}$ und $\{(x,t) \mid a \le t \le x \le b\}$ ist jeweils stetig.*
- $G(t+,t) - G(t-,t) = E$ *für* $a < t < b$.
- *Für jedes $g \in C_0([a, b], \mathbb{C}^k)$ ist durch*

$$y(x) := \int_a^b G(x,t)\, g(t)\, dt$$

die Lösung y der Randwertaufgabe mit homogener Randbedingung ($c = 0$) gegeben, also

$$Hy = g \quad \textit{mit} \quad Ry = 0 .$$

[1] Der englische Mathematiker und Physiker GEORGE GREEN (1793–1841) lieferte Grundlagen der Potentialtheorie (GREEN-Funktion und GREEN-Formel) und Beiträge zur Schwingungslehre.

Kapitel 7

Definitionsbereich der Green-Matrix

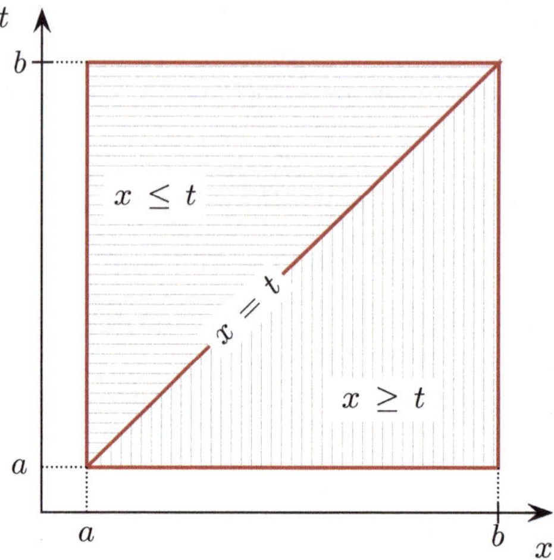

Beweis: Nach (1) und (2) gilt nämlich für die Lösung y der Randwertaufgabe mit homogener Randbedingung

$$y(x) = y_0(x) + Y(x)\, d \quad \text{und} \quad C d + B y_0(b) = 0$$

mit einem geeigneten $d \in \mathbb{C}^k$, hier also $d = -C^{-1} B y_0(b)$. Gemäß der Definition der Funktion y_0 hat man also

$$\begin{aligned} y(x) &= \int_a^x Y(x) Y(t)^{-1} g(t)\, dt - Y(x) C^{-1} B \int_a^b Y(b) Y(t)^{-1} g(t)\, dt \\ &= \int_a^b G(x,t)\, g(t)\, dt \end{aligned}$$

mit

$$G(x,t) := \begin{cases} Y(x)\big(E - C^{-1} B Y(b)\big) Y(t)^{-1}, & a \le t \le x \le b \\ -Y(x) C^{-1} B Y(b) Y(t)^{-1}, & a \le x < t \le b\,, \end{cases}$$

indem man das Integral von a bis b aufspaltet in den Teil von a bis x und den Rest. Zusammen mit

$$E - C^{-1} B Y(b) = C^{-1} A Y(a),$$

was direkt aus der Definition von C folgt, und

$$\begin{aligned} G(t+,t) &= Y(t)C^{-1}AY(a)Y(t)^{-1}, \\ G(t-,t) &= -Y(t)C^{-1}BY(b)Y(t)^{-1} \end{aligned}$$

ergibt dies offenbar die Behauptung. □

Anmerkung Für die im Beweis definierte Abbildung G gilt:

$$G(x,t) = \begin{cases} Y(x)C^{-1}AY(a)Y(t)^{-1}, & a \le t \le x \le b \\ -Y(x)C^{-1}BY(b)Y(t)^{-1}, & a \le x < t \le b \end{cases} \tag{5}$$

Die inhomogene Randwertaufgabe läßt sich in zwei halbhomogene Randwertaufgaben aufspalten:

$$y' = F(x)y + g(x), \quad Ay(a) + By(b) = 0 \tag{6}$$

und

$$y' = F(x)y, \quad Ay(a) + By(b) = c \tag{7}$$

Nach dem vorangehenden Satz liefert $\int_a^b G(x,t)\,g(t)\,dt$ die Lösung von (6). Ist y_1 die Lösung von (7), so ergibt sich die Lösung der vollen Randwertaufgabe — $Hy = g$ mit $Ry = c$ — durch

$$y(x) = y_1(x) + \int_a^b G(x,t)\,g(t)\,dt\,.$$

Die GREEN-Matrix G hängt nicht von der Inhomogenität in (D) ab. Hat man G gewonnen, so lassen sich Lösungen mit beliebiger Inhomogenität darstellen. Anwender sprechen oft von *Einflußfunktion.* Sie ist zwar mit einer speziellen Fundamentalmatrix gebildet, hängt aber nach Bemerkung 4.3.5 nicht von einer speziellen Wahl ab. Da bei der Integration $y(x) := \int_a^b G(x,t)g(t)\,dt$ zu gegebenem g bei festem $x \in [a,\, b]$ bezüglich t integriert wird, spielen die Werte von G auf der *Diagonalen*

$$\Delta := \{(t,t)\,|\,t \in [a,\, b]\}$$

zur Berechnung von y keine Rolle.

Durch die Forderung, für jedes $g \in C_0([a,\, b], \mathbb{C}^k)$ die Lösung y der RWA mit homogener Randbedingung ($Ry = 0$) über $y(x) := \int_a^b G(x,t)g(t)\,dt$ zu liefern, ist die GREEN-*Matrix* als stetige Abbildung *auf* $[a,\, b]^2 \setminus \Delta$ (mit Sprüngen auf Δ) *eindeutig* bestimmt.

Beweis: Ist $\widetilde{G}$ eine weitere solche Funktion, so gilt für $\delta := G - \widetilde{G}$ und beliebiges $g \in C_0([a,\, b], \mathbb{C}^k)$

$$\int_a^b \delta(x,t)\,g(t)\,dt = 0 \quad \text{für } x \in [a,\, b]\,.$$

Kapitel 7

Bei festem $x \in [a, b]$ erfüllt also die durch $\Phi(t) := \delta(x,t)$ für $t \in [a, b]$ definierte stückweise stetige matrixwertige Funktion Φ

$$\int_a^b \Phi(t)\, g(t)\, dt = 0 \quad \text{für jedes } g \in C_0\big([a, b], \mathbb{C}^k\big)\,.$$

Daß dann Φ außerhalb der Unstetigkeitsstellen Null sein muß, ist für skalarwertige Funktionen bekannt. Das Resultat überträgt sich unmittelbar auf die hier gegebenen $\mathbb{M}_k$-wertigen Abbildungen. □

(B3) Wir betrachten die lineare Anfangswertaufgabe

$$y' = F(x)y + g(x) \;\text{ mit }\; y(a) = c\,,$$

also (D) mit $y(a) = c$, unter den Gesichtspunkten dieses Abschnitts: Es sei Y die Fundamentalmatrix zu der zugehörigen homogenen Differentialgleichung mit $Y(a) = E$. Die obige Anfangsbedingung kann mit $A := \mathbb{I}_k := E$ und $B := 0$ in der Form $Ay(a) + By(b) = c$, also als Randbedingung (R), geschrieben werden. Es folgt $C = Y(a) = E$ und dann:

$$G(x,t) = \begin{cases} Y(x)Y(t)^{-1}\,, & a \le t \le x \le b \\ 0\,, & a \le x < t \le b \end{cases}$$

Die resultierende Lösungsformel

$$y(x) = \int_a^b G(x,t)\, g(t)\, dt = Y(x) \int_a^x Y(t)^{-1} g(t)\, dt$$

(für die Aufgabe mit homogener Randbedingung) ist natürlich die, die wir schon aus Abschnitt 4.6 kennen. Da die durch $y_1(x) = Y(x)c$ gegebene Lösung y_1 trivialerweise die Anfangsbedingung $y_1(a) = c$ erfüllt, ist nach den Überlegungen der vorigen Seite durch

$$y(x) = Y(x)\Big(c + \int_a^x Y(t)^{-1} g(t)\, dt\Big)$$

die Lösung y der Randwertaufgabe gegeben. (Man vergleiche Formel (1) aus Abschnitt 4.6.)

Wir schließen diesen Abschnitt ab mit einer *Charakterisierung der* GREEN-*Matrix*:

Satz 7.1.3

Die GREEN-*Matrix* $G\colon [a, b] \times [a, b] \longrightarrow \mathbb{M}_k$ *ist durch die folgenden vier Eigenschaften eindeutig bestimmt:*

① *G ist auf* $[a, b]^2 \setminus \Delta$ *stetig.*

② $G(t+,t) - G(t-,t) = E$ *für* $a < t < b$.

③ *Für jedes feste* $t \in [a, b]$ *löst* $G(\cdot, t)$ *die homogene Matrix-Differentialgleichung*

$$HG(\cdot,t) = 0 \quad in \ [a, b] \setminus \{t\}. \quad ^2$$

④ *Für jedes feste* $t \in \,]a, b[$ *erfüllt* $G(\cdot, t)$ *die homogenen Randbedingungen*

$$RG(\cdot,t) = 0\,.$$

Die Aussagen ③ und ④ bedeuten natürlich, daß dies für jede Spalte von $G(\cdot, t)$ gilt, also mit dem κ-ten Einheitsvektor e_κ

$$HG(\cdot,t)e_\kappa = 0 \text{ und } RG(\cdot,t)e_\kappa = 0$$

für $\kappa = 1, \ldots, k$ gelten. Oft notiert man die erste Aussage auch in der Form

$$\frac{\partial}{\partial x}G(x,t) = F(x)G(x,t) \quad \text{für } x \neq t\,.$$

Beweis: Die Abbildung G gemäß (5) besitzt nach Satz 7.1.2 die Eigenschaften ① und ②. Zu ③: In jedem der beiden ‚Dreiecke' $\{(x,t) \mid a \leq t < x \leq b\}$ und $\{(x,t) \mid a \leq x < t \leq b\}$ ist $G(\cdot, t)$ von der Form $G(\cdot, t) = Y(\cdot)T$ mit einer Matrix $T \in \mathbb{M}_k$. Die Spalten von $G(\cdot, t)$ sind somit Linearkombinationen der Spalten von $Y(\cdot)$, also Lösungen der homogenen DGL. Zu ④:

$$\begin{aligned}
RG(\cdot,t) &= AG(a,t) + BG(b,t) \\
&= A\big[-Y(a)C^{-1}BY(b)Y(t)^{-1}\big] + B\big[Y(b)C^{-1}AY(a)Y(t)^{-1}\big] \\
&= \big[-AY(a)C^{-1}\underbrace{BY(b)}_{=C-AY(a)} + \underbrace{BY(b)}_{=C-AY(a)}C^{-1}AY(a)\big]Y(t)^{-1} = 0
\end{aligned}$$

Ist $\widetilde{G}$ eine weitere Abbildung mit diesen vier Eigenschaften, dann ist $\delta := G - \widetilde{G}$ auf $[a, b]^2$ stetig ergänzbar, da sich die ‚Sprünge' auf Δ aufheben. Mit ③ für G und $\widetilde{G}$ erhält man für $t \in \,]a, b[$ zunächst

$$H\delta(\cdot,t) = 0 \text{ in } [a, b] \setminus \{t\}$$

und dann durch Grenzübergang $x \to t$ auch $H\delta(t,t) = 0$. Die Spalten von $\delta(\cdot, t)$ sind also Lösungen der homogenen Randwertaufgabe und somit Null. □

Die erhaltenen Ergebnisse werden nun im folgenden Abschnitt auf lineare Differentialgleichungen k-ter Ordnung spezialisiert.

[2] Die Abbildungen H und R wurden als lineare Abbildungen auf $C_1 := C_1([a, b])$ definiert. Hier und an einigen Stellen im folgenden sind jeweils die entsprechenden Abbildungen auf $C_1([a, t[)$ beziehungsweise $C_1(]t, b])$ zu verstehen.

Kapitel 7

7.2 Randwertprobleme für lineare DGLen k-ter Ordnung

Wir betrachten in diesem Abschnitt die lineare Differentialgleichung k-ter Ordnung

$$f_0(x)\eta^{(k)} + f_1(x)\eta^{(k-1)} + \cdots + f_k(x)\eta = \gamma(x) \tag{1}$$

mit den linearen Randbedingungen

$$\sum_{\kappa=1}^{k} \left(\alpha_{\lambda\kappa}\eta^{(\kappa-1)}(a) + \beta_{\lambda\kappa}\eta^{(\kappa-1)}(b)\right) = \gamma_\lambda \quad \text{für } \lambda = 1, \ldots, k\,. \tag{2}$$

Dabei seien $k \in \mathbb{N}_2$, a und b reelle Zahlen mit $a < b$ und $\gamma, f_0, \ldots, f_k$ stetige komplexwertige Funktionen auf dem Intervall $[a,\, b]$ mit $f_0(x) \neq 0$ für $x \in [a,\, b]$. Dazu seien komplexe Zahlen $\alpha_{\lambda\kappa}$, $\beta_{\lambda\kappa}$ und γ_κ für $\lambda, \kappa = 1, \ldots, k$ gegeben.

Für

$$\widetilde{f_\kappa} := \frac{f_\kappa}{f_0} \quad (\kappa = 1, \ldots, k) \quad \text{und} \quad \widetilde{\gamma} := \frac{\gamma}{f_0}$$

und mittels der Substitutionen

$$y := \underbrace{\begin{pmatrix} \eta \\ \vdots \\ \eta^{(k-1)} \end{pmatrix}}_{:=\, \tau(\eta)}, \quad F(x) := \begin{pmatrix} 0 & 1 & 0 & \ldots & 0 \\ 0 & 0 & 1 & & 0 \\ \vdots & & \ddots & \ddots & \vdots \\ 0 & & \ldots & 0 & 1 \\ -\widetilde{f_k}(x) & \ldots & & & -\widetilde{f_1}(x) \end{pmatrix}, \quad g(x) := \begin{pmatrix} 0 \\ \vdots \\ 0 \\ \widetilde{\gamma}(x) \end{pmatrix}$$

für $x \in [a,\, b]$, $A := (\alpha_{\lambda\kappa})$, $B := (\beta_{\lambda\kappa})$ und $c := (\gamma_1 \ldots, \gamma_k)^T$ ist dieses Randwertproblem äquivalent zu

$$y' = F(x)y + g(x) \tag{D}$$

mit

$$Ay(a) + By(b) = c\,. \tag{R}$$

Mit den beiden Abbildungen H und R aus Abschnitt 7.1 kann dies wieder kurz in der Form $Hy = g$ mit $Ry = c$ notiert werden.

Ist $\eta_1, \ldots, \eta_k$ ein Fundamentalsystem der homogenen DGL, so liefert die WRONSKI-Matrix

$$Y := (y_1, \ldots, y_k) =: \begin{pmatrix} \eta_1 & \ldots & \eta_k \\ \vdots & & \vdots \\ \eta_1^{(k-1)} & \ldots & \eta_k^{(k-1)} \end{pmatrix}$$

nach den Überlegungen in Abschnitt 4.4 eine Fundamentalmatrix des entsprechenden homogenen DGL-Systems $y' = F(x)y$.

Für den Rest des Abschnitts setzen wir voraus, daß die homogene Randwertaufgabe zu (1) mit (2), also $Hy = 0$ mit $Ry = 0$, nur trivial lösbar ist. Ausgeschrieben bedeutet dies: Für $\eta \in C_k([a,\, b], \mathbb{C})$ folgt aus

$$f_0(x)\eta^{(k)} + f_1(x)\eta^{(k-1)} + \cdots + f_k(x)\eta = 0 \tag{3}$$

mit

$$\sum_{\kappa=1}^{k} \Big(\alpha_{\lambda\kappa}\eta^{(\kappa-1)}(a) + \beta_{\lambda\kappa}\eta^{(\kappa-1)}(b)\Big) = 0 \quad \text{für } \lambda = 1, \ldots, k \tag{4}$$

$\eta = 0$. Nach Satz 7.1.2 existiert dann eine GREEN-Matrix $\widetilde{G}$, die für jedes $g \in C_0\big([a,\, b], \mathbb{C}^k\big)$ durch

$$y(x) := \int_a^b \widetilde{G}\,(x,t)\, g(t)\, dt$$

die Lösung y der Randwertaufgabe mit homogener Randbedingung, also $Hy = g$ mit $Ry = 0$, liefert.[3] Die hier gesuchte (skalare) Lösung η von (1) mit (4) ergibt sich als erste Komponente von y, also $\eta(x) = e_1^T y(x)$. Wegen der vorliegenden speziellen Struktur von g zu der vorgegebenen Inhomogenität γ gilt also

$$\eta(x) = e_1^T y(x) = \int_a^b G(x,t)\, \gamma(t)\, dt\,,$$

wenn $G(x,t)$ das letzte Element der ersten Zeile von $\widetilde{G}(x,t)$ dividiert durch $f_0(t)$ (Normierung) bezeichnet, d. h. $G(x,t) = e_1^T \widetilde{G}(x,t) e_k / f_0(t)$. Satz 7.1.2 liefert somit hier:

Satz 7.2.1

Es gibt eine Funktion $G\colon [a,\, b] \times [a,\, b] \longrightarrow \mathbb{C}$, *die in* $[a,\, b]^2 \setminus \Delta$ *stetig ist und für jedes* $\gamma \in C_0\big([a,\, b], \mathbb{C}\big)$ *durch*

$$\eta(x) := \int_a^b G(x,t)\, \gamma(t)\, dt$$

die Lösung η *der Randwertaufgabe mit homogener Randbedingung liefert.*

[3] Wir haben hier die matrixwertige Funktion aus Abschnitt 7.1 abweichend mit $\widetilde{G}$ bezeichnet, um das Symbol G für die hier im Vordergrund stehende skalare GREEN-Funktion einsetzen zu können.

Jede solche Funktion G heißt GREEN-*Funktion* zu der RWA (1) mit (2).

Die GREEN-Funktion wird man in der Regel nicht über den beschriebenen Weg berechnen, sondern die nachstehende *Charakterisierung 7.2.2* heranziehen, die wir aus Satz 7.1.3 gewinnen. Für den Nachweis sehen wir uns die im Beweis von Satz 7.1.2 gemachte Definition genauer an:

$$\widetilde{G}(x,t) := \begin{cases} Y(x)\big(C^{-1}AY(a)\big)Y(t)^{-1}, & a \le t \le x \le b \\ -Y(x)C^{-1}BY(b)Y(t)^{-1}, & a \le x < t \le b \end{cases}$$

Wegen $G(x,t) = e_1^T\widetilde{G}(x,t)e_k/f_0(t)$ ist also jeweils mit einer festen Matrix $M \in \mathbb{M}_k$ ein Ausdruck der Form $e_1^T Y(x) M Y(t)^{-1}e_k/f_0(t)$ auszuwerten: $e_1^T Y(x)$ ist gerade die erste Zeile von $Y(x)$, also gleich $\big(\eta_1(x),\dots,\eta_k(x)\big)$. Nach der Definition von Y (in der zweiten Zeile steht gerade die Ableitung der ersten usw.) gilt für die $(\kappa+1)$-te Zeile von $Y(x)$ die Beziehung

$$\frac{d^\kappa}{dx^\kappa}e_1^T Y(x) = e_{\kappa+1}^T Y(x) \qquad (\kappa = 0,\dots,k-1)\,.$$

Somit ist $e_1^T\widetilde{G}$ in jedem der beiden Teilbereiche $(k-1)$-mal partiell nach x differenzierbar mit:

$$\frac{\partial^\kappa}{\partial x^\kappa}e_1^T\widetilde{G}(x,t) = e_{\kappa+1}^T\widetilde{G}(x,t) \qquad (\kappa+1)\text{-te Zeile von } \widetilde{G} \tag{5}$$

Für die letzte Spalte $\widetilde{G}(x,t)e_k$ von $\widetilde{G}(x,t)$ gilt also dort:

$$\widetilde{G}(x,t)e_k/f_0(t) = \begin{pmatrix} G(x,t) \\ \frac{\partial}{\partial x}G(x,t) \\ \vdots \\ \frac{\partial^{k-1}}{\partial x^{k-1}}G(x,t) \end{pmatrix} \tag{6}$$

Satz 7.2.2

Die GREEN-*Funktion* $G\colon [a,b]\times[a,b] \longrightarrow \mathbb{C}$ *zu der Randwertaufgabe (1) mit (2) ist durch die folgenden vier Eigenschaften eindeutig bestimmt:*

① *G ist stetig, und für jedes feste $t \in [a,b]$ ist $G(\not{x},t)$ $(k-2)$-mal stetig differenzierbar.*

② *$G(\not{x},t)$ ist in $[a,b]\setminus\{t\}$ k-mal stetig differenzierbar mit*

$$\frac{\partial^{k-1}}{\partial x^{k-1}}G(t+,t) - \frac{\partial^{k-1}}{\partial x^{k-1}}G(t-,t) = \frac{1}{f_0(t)} \quad \text{für } a<t<b. \tag{7}$$

Kapitel 7

③ *Für jedes (feste)* $t \in [a\,,\,b]$ *löst* $G(\varkappa,t)$ *die homogene Differentialgleichung (3) in* $[a\,,\,b] \setminus \{t\}$.

④ *Für jedes* $t \in \,]a\,,\,b[$ *erfüllt* $G(\varkappa,t)$ *die homogenen Randbedingungen (4).*

Beweis: ③ und ④ folgen unmittelbar aus den entsprechenden Aussagen von Satz 7.1.3: $H\widetilde{G}(\varkappa,t) = 0$ in $[a\,,\,b] \setminus \{t\}$ bedeutet speziell

$$\frac{\partial}{\partial x}\widetilde{G}(x,t)\,e_k \;=\; F(x)\widetilde{G}(x,t)\,e_k \quad \text{für } x \neq t\,.$$

Unter Beachtung von (6) zeigt die letzte Komponente, verbunden mit der benötigten Differenzierbarkeitsaussage, daß $G(\varkappa,t)$ (3) löst. Für $t \in \,]a\,,\,b[$ liefert $R\widetilde{G}(\varkappa,t)\,e_k = 0$ mit (6) die Aussage ④.

Die Differenzierbarkeits- und Stetigkeitseigenschaften von ① und ② sind also in $[a\,,\,b]^2 \setminus \Delta$ schon erledigt.

Die Beziehung ② aus Satz 7.1.3 $\widetilde{G}(t+,t) - \widetilde{G}(t-,t) = E$ liefert speziell $\widetilde{G}(t+,t)\,e_k - \widetilde{G}(t-,t)\,e_k = e_k$, also nach (6) den Rest von ① und ②.

Auch die Eindeutigkeit liest man aus Satz 7.1.3 ab. □

Vereinfachte Berechnung der Green-Funktion

Zur Berechnung der Green-Funktion machen wir — mit dem Fundamentalsystem $\eta_1,\ldots,\eta_k$ der homogenen DGL und zu bestimmenden Funktionen α_κ und β_κ — den *Ansatz:*

$$G(x,t) \;=\; \begin{cases} \sum\limits_{j=1}^{k} \big(\alpha_j(t) + \beta_j(t)\big)\,\eta_j(x)\,, & a \le t \le x \le b \\ \sum\limits_{j=1}^{k} \big(\alpha_j(t) - \beta_j(t)\big)\,\eta_j(x)\,, & a \le x \le t \le b \end{cases}$$

Aus den Stetigkeitsforderungen für die κ-te Ableitung nach x ($\kappa = 0,\ldots,k-2$) sowie der Sprungbedingung (7) für $x = t$ ergeben sich die folgenden Gleichungen:

$$\sum_{j=1}^{k} \big(\alpha_j(x) + \beta_j(x)\big)\,\eta_j^{(\kappa)}(x) - \sum_{j=1}^{k} \big(\alpha_j(x) - \beta_j(x)\big)\,\eta_j^{(\kappa)}(x) \;=\; 0$$

$$\sum_{j=1}^{k} \big(\alpha_j(x) + \beta_j(x)\big)\,\eta_j^{(k-1)}(x) - \sum_{j=1}^{k} \big(\alpha_j(x) - \beta_j(x)\big)\,\eta_j^{(k-1)}(x) \;=\; 1/f_0(x)$$

Diese sind äquivalent zu dem Gleichungssystem

$$2\,f_0(x)\,Y(x)\begin{pmatrix}\beta_1(x)\\ \vdots \\ \beta_k(x)\end{pmatrix} \;=\; \begin{pmatrix}0\\ \vdots\\ 0\\ 1\end{pmatrix},$$

Kapitel 7

aus dem sich eindeutig $\beta_1(x), \ldots, \beta_k(x)$ ergeben. Einsetzen in die Randbedingungen ergibt für $a < t < b$

$$\sum_{j=1}^{k} \big(\alpha_j(t) - \beta_j(t)\big) A \underbrace{\begin{pmatrix} \eta_j(a) \\ \vdots \\ \eta_j^{(k-1)}(a) \end{pmatrix}}_{= y_j(a)} + \sum_{j=1}^{k} \big(\alpha_j(t) + \beta_j(t)\big) B \underbrace{\begin{pmatrix} \eta_j(b) \\ \vdots \\ \eta_j^{(k-1)}(b) \end{pmatrix}}_{= y_j(b)} = 0$$

beziehungsweise

$$\big(AY(a) + BY(b)\big) \begin{pmatrix} \alpha_1(t) \\ \vdots \\ \alpha_k(t) \end{pmatrix} = \big(AY(a) - BY(b)\big) \begin{pmatrix} \beta_1(t) \\ \vdots \\ \beta_k(t) \end{pmatrix}. \tag{8}$$

Dies liefert eindeutig $\alpha_1(t), \ldots, \alpha_k(t)$, da ja die charakteristische Matrix $AY(a) + BY(b)$ invertierbar ist.

Diese Überlegungen können auch leicht zu einem alternativen Beweis zur eindeutigen Existenz der GREEN-Funktion ausgestaltet werden.

Es ist wieder Zeit für ein Beispiel[4]. Wir führen hierbei nicht jeden Zwischenschritt (Matrixmultiplikation und Anwendung der Addititionstheoreme für die trigonometrischen Funktionen) aus:

(B4) Für ein $\nu \in \mathbb{C} \setminus \{0\}$ betrachten wir

$$-\eta'' - \nu^2 \eta = 0 \quad \text{mit} \quad \eta(0) = \eta(1) \text{ und } \eta'(0) = \eta'(1)\,.^{5}$$

In den allgemeinen Überlegungen ist also $k = 2$, $a = 0$, $b = 1$ und $f_0(x) := -1$, $f_1(x) := 0$, $f_2(x) := -\nu^2$ für $x \in [0, 1]$ zu setzen und etwa

$$A = \begin{pmatrix} 1 & 0 \\ 0 & 1 \end{pmatrix}, \; B = \begin{pmatrix} -1 & 0 \\ 0 & -1 \end{pmatrix}$$

zu wählen. Eine Fundamentalmatrix ergibt sich bekannterweise durch

$$Y(x) = \begin{pmatrix} \sin(\nu x) & \cos(\nu x) \\ \nu \cos(\nu x) & -\nu \sin(\nu x) \end{pmatrix} \quad \text{mit } w(x) := \det Y(x) = -\nu\,.$$

Mit dem obigen Ansatz erhält man β_1 und β_2 durch

$$-2Y(x)\begin{pmatrix} \beta_1(x) \\ \beta_2(x) \end{pmatrix} = \begin{pmatrix} 0 \\ 1 \end{pmatrix} \quad \text{zu} \quad \begin{pmatrix} \beta_1(x) \\ \beta_2(x) \end{pmatrix} = \frac{1}{2\nu} \begin{pmatrix} -\cos(\nu x) \\ \sin(\nu x) \end{pmatrix}.$$

[4] Dieses findet man schon bei INCE (1927).

[5] Daß wir die homogene Differentialgleichung so und nicht als $\eta'' + \nu^2 \eta = 0$ notieren, wird durch die Überlegungen aus Abschnitt 7.4 verständlich.

Kapitel 7

Über die charakteristische Matrix

$$AY(0) + BY(1) = \begin{pmatrix} 0 & 1 \\ \nu & 0 \end{pmatrix} + \begin{pmatrix} -\sin\nu & -\cos\nu \\ -\nu\cos\nu & \nu\sin\nu \end{pmatrix},$$

die für $\nu \notin 2\pi\mathbb{Z}$ regulär ist, ergeben sich α_1, α_2 für solche ν durch

$$\begin{pmatrix} -\sin\nu & 1-\cos\nu \\ \nu(1-\cos\nu) & \nu\sin\nu \end{pmatrix} \begin{pmatrix} \alpha_1(t) \\ \alpha_2(t) \end{pmatrix} = \frac{-1}{2\nu} \begin{pmatrix} -\sin(\nu(t-1)) - \sin(\nu t) \\ \nu\big[\cos(\nu(t-1)) + \cos(\nu t)\big] \end{pmatrix}$$

zu

$$\begin{pmatrix} \alpha_1(t) \\ \alpha_2(t) \end{pmatrix} = \frac{-1}{2\nu(1-\cos\nu)} \begin{pmatrix} \sin(\nu)\sin(\nu t) \\ \sin(\nu)\cos(\nu t) \end{pmatrix}.$$

Nach kurzer Rechnung erhält man:

$$G(x,\, t) = \begin{cases} \dfrac{\sin(\nu(t-x)) - \sin(\nu(t-x+1))}{2\nu(1-\cos\nu)}, & t \le x \\[2ex] \dfrac{\sin(\nu(x-t)) - \sin(\nu(x-t+1))}{2\nu(1-\cos\nu)}, & x < t \end{cases}$$

Die zweite Zeile läßt sich noch zu

$$-\frac{\cos(\nu(x-t+1/2))}{2\nu\sin(\nu/2)}$$

umformen. Damit können wir dann, da G offenbar symmetrisch ist, übersichtlicher schreiben:

$$G(x,\, t) = \begin{cases} -\dfrac{\cos(\nu(t-x+1/2))}{2\nu\sin(\nu/2)}, & t \le x \\[2ex] -\dfrac{\cos(\nu(x-t+1/2))}{2\nu\sin(\nu/2)}, & x < t \end{cases}$$

Die beiden folgenden Graphiken zeigen (für $\nu = 2$) sehr schön den Knick beziehungsweise Sprung an der Diagonalen:

GREEN-Funktion   Ableitung nach x

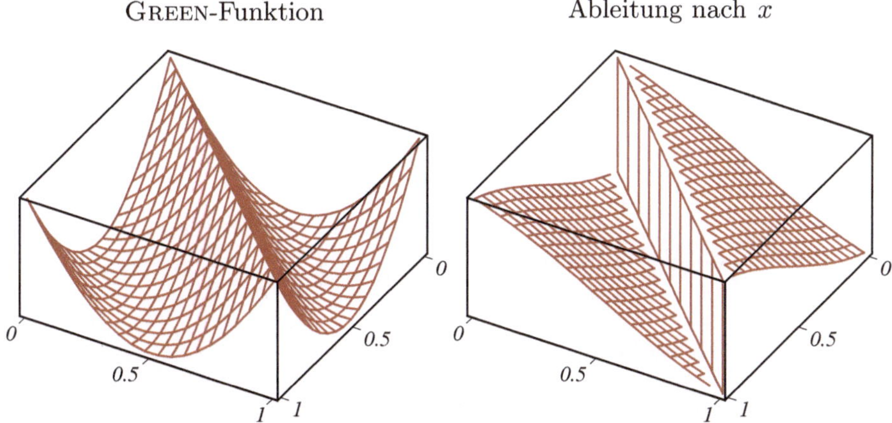

Getrennte Randbedingungen im Fall $k = 2$

In dem folgenden in vielen Anwendungen auftretenden Spezialfall kann die GREEN-Funktion einfach berechnet werden. Es seien $k = 2$ und speziell

$$A = \begin{pmatrix} \alpha_{11} & \alpha_{12} \\ 0 & 0 \end{pmatrix} \quad \text{und} \quad B = \begin{pmatrix} 0 & 0 \\ \beta_{21} & \beta_{22} \end{pmatrix} .$$

Wir betrachten also die lineare Differentialgleichung zweiter Ordnung

$$f_0(x)\eta'' + f_1(x)\eta' + f_2(x)\eta = \gamma(x)$$

mit den homogenen linearen Randbedingungen

$$\begin{aligned} r_1(\eta) &:= \alpha_{11}\,\eta(a) + \alpha_{12}\,\eta'(a) = 0 \\ r_2(\eta) &:= \beta_{21}\,\eta(b) + \beta_{22}\,\eta'(b) = 0 \end{aligned} .$$

Unter den allgemeinen **Annahmen** dieses Abschnitts sei wieder die homogene Randwertaufgabe nur trivial lösbar.

Je zwei nicht-triviale Lösungen η_1 und η_2 der homogenen Differentialgleichung, die die Randbedingungen $r_1(\eta_1) = r_2(\eta_2) = 0$ erfüllen, bilden ein Fundamentalsystem.

Beweis: Wäre Œ η_2 ein skalares Vielfaches von η_1, so hätte man auch $r_2(\eta_1) = 0$, also im Widerspruch zur Voraussetzung $\eta_2 = 0$, da η_2 beide Randbedingungen erfüllt. □

Mit solchen Lösungen η_1 und η_2 bilden wir für $x \in [a, b]$

$$Y(x) := \begin{pmatrix} \eta_1(x) & \eta_2(x) \\ \eta_1'(x) & \eta_2'(x) \end{pmatrix} \quad \text{und} \quad w(x) := \det Y(x) .$$

Das Gleichungssystem

$$2\,f_0(x)\,Y(x) \begin{pmatrix} \beta_1(x) \\ \beta_2(x) \end{pmatrix} = \begin{pmatrix} 0 \\ 1 \end{pmatrix}$$

liefert hier

$$\begin{pmatrix} \beta_1(x) \\ \beta_2(x) \end{pmatrix} = \frac{1}{2\,f_0(x)\,w(x)} \begin{pmatrix} -\eta_2(x) \\ \eta_1(x) \end{pmatrix} .$$

Unter Beachtung von $r_1(\eta_1) = r_2(\eta_2) = 0$ hat man

$$A\,Y(a) = \begin{pmatrix} 0 & r_1(\eta_2) \\ 0 & 0 \end{pmatrix}, \; B\,Y(b) = \begin{pmatrix} 0 & 0 \\ r_2(\eta_1) & 0 \end{pmatrix} .$$

Die Forderung (8) ergibt hier:

$$\begin{pmatrix} 0 & r_1(\eta_2) \\ r_2(\eta_1) & 0 \end{pmatrix} \begin{pmatrix} \alpha_1(t) \\ \alpha_2(t) \end{pmatrix} = \begin{pmatrix} 0 & r_1(\eta_2) \\ -r_2(\eta_1) & 0 \end{pmatrix} \begin{pmatrix} \beta_1(t) \\ \beta_2(t) \end{pmatrix} \Longleftrightarrow \begin{cases} \alpha_2(t) = \beta_2(t) \\ \alpha_1(t) = -\beta_1(t) \end{cases}$$

Damit ergibt sich die GREEN-Funktion hier durch

$$G(x,t) = \begin{cases} 2\beta_2(t)\,\eta_2(x)\,, & t \le x \\ -2\beta_1(t)\,\eta_1(x)\,, & x \le t \end{cases} = \frac{1}{f_0(t)\,w(t)} \begin{cases} \eta_1(t)\,\eta_2(x)\,, & t \le x \\ \eta_2(t)\,\eta_1(x)\,, & x \le t \end{cases}$$

und mittels

$$\eta(x) = \int_a^b G(x,t)\,\gamma(t)\,dt$$

die Lösung η der Randwertaufgabe.

Auch hierzu abschließend ein *Beispiel:*

(B5) $$-\eta'' + \eta = x \quad \text{mit} \quad \eta(0) = 0 \text{ und } \eta(1) = 0$$

Zwei nicht-triviale Lösungen η_1 und η_2 der homogenen Differentialgleichung, welche die erste beziehungsweise zweite Randbedingung erfüllen, hat man durch:

$$\eta_1(x) := \sinh(x) \quad \text{und} \quad \eta_2(x) := \sinh(x-1)$$

Hierzu erhält man als WRONSKI-Matrix beziehungsweise WRONSKI-Determinante:

$$\begin{aligned} H(x) &= \begin{pmatrix} \sinh(x) & \sinh(x-1) \\ \cosh(x) & \cosh(x-1) \end{pmatrix} \quad \text{und} \\ w(x) &= \det H(x) = \sinh(x)\cosh(x-1) - \cosh(x)\sinh(x-1) \\ &= \sinh(x-(x-1)) = \sinh(1)\,. \end{aligned}$$

Die GREEN-Funktion ergibt sich hiermit durch

$$\mathrm{G}(x,t) = \begin{cases} \dfrac{\sinh(1-x)\,\sinh(t)}{\sinh(1)}\,, & t \le x \\ \dfrac{\sinh(x)\,\sinh(1-t)}{\sinh(1)}\,, & x < t \end{cases}$$

und damit nach einfacher Rechnung die Lösung η der RWA:

$$\begin{aligned} \eta(x) &= \int_0^x \frac{\sinh(1-x)}{\sinh(1)}\,t\,\sinh(t)\,dt + \int_x^1 \frac{\sinh(x)}{\sinh(1)}\,t\,\sinh(1-t)\,dt \\ &= x - \frac{\sinh(x)}{\sinh(1)} \end{aligned}$$

Kapitel 7

7.3 Nicht-lineare Randwertaufgaben und Fixpunktprobleme

Mit Hilfe der GREEN-Funktion können durchaus auch nicht-lineare Randwertaufgaben behandelt werden. Wir beschränken uns zu dieser Fragestellung auf ein ausführliches *Beispiel* (man vergleiche [Bu/St]), um die Dinge überschaubar zu halten.

(B6)
$$\eta'' = \frac{3}{2}\eta^2 \quad \text{mit} \quad \eta(0) = 4,\ \eta(1) = 1 \tag{1}$$

Diese Aufgabe wird offenbar durch $\eta = 4/(1+x)^2$ gelöst. Wir wollen jedoch die Kenntnis dieser Lösung bei den folgenden Überlegungen außer acht lassen.

(1) spalten wir auf in die beiden halbhomogenen Aufgaben

$$\varrho'' = 0 \quad \text{mit} \quad \varrho(0) = 4,\ \varrho(1) = 1 \tag{2}$$

und — mit zunächst beliebigem γ —

$$-\sigma'' = \gamma(x) \quad \text{mit} \quad \sigma(0) = 0,\ \sigma(1) = 0\,. \tag{3}$$

(2) wird gelöst durch $\varrho = 4 - 3x$. Die GREEN-Funktion zu (3) ergibt sich nach den vorangehenden Überlegungen zu getrennten Randbedingungen mit $f_0(x) = -1$, $\eta_1(x) = x$, $\eta_2(x) = x - 1$, folglich $\omega(x) = 1$, zu:

$$G(x,t) = \begin{cases} t(1-x)\,, & 0 \le t \le x \le 1 \\ x(1-t)\,, & 0 \le x < t \le 1 \end{cases}$$

Die Lösung σ von (3) ist somit gegeben durch

$$\sigma(x) = \int_0^1 G(x,t)\gamma(t)\,dt\,.$$

$\tau := \varrho + \sigma$, also

$$\tau(x) = 4 - 3x + \int_0^1 G(x,t)\gamma(t)\,dt\,,$$

erfüllt mithin $\tau'' = -\gamma(x)$ mit $\tau(0) = 4$ und $\tau(1) = 1$. Die Aufgabe (1) ist daher äquivalent zu

$$\eta(x) = 4 - 3x - \int_0^1 G(x,t)\,\frac{3}{2}\,\eta(t)^2\,dt\,. \tag{4}$$

Wir interpretieren (4) als Fixpunktgleichung. Zur Anwendung des Fixpunktsatzes für Kontraktionen (vgl. Seite 73) betrachten wir

$M := C\big([0,1],\mathbb{C}\big)$ mit der zur Maximumsnorm $|\ |_s$ gebildeten Metrik δ, $D := \big\{\eta \in M \,|\, 0 \le \eta(x) \le 4-3x \text{ für } 0 \le x \le 1\big\}$ und

$$(T\eta)(x) := 4 - 3x - \int_0^1 G(x,t)\,\frac{3}{2}\,\eta(t)^2\,dt \quad \text{für } \eta \in D\,.$$

Es sei nun $\eta \in D$. Da die GREEN-Funktion in diesem Fall nicht-negativ ist, gelten $(T\eta)(x) \le 4 - 3x$ und

$$(T\eta)(x) \ge 4 - 3x - \int_0^1 G(x,t)\,\frac{3}{2}\,(4-3t)^2\,dt =: z(x) \quad \text{für } x \in [0,1]\,.$$

z ist die Lösung der Randwertaufgabe

$$z'' = \frac{3}{2}\,(4-3x)^2 \quad \text{mit} \quad z(0) = 4,\ z(1) = 1\,.$$

Folglich ist

$$z(x) = \frac{1}{72}\,(4-3x)^4 + \frac{13}{24}\,x + \frac{4}{9}\,.$$

Die rechte Seite ist offenbar in $[0,1]$ nicht-negativ. Damit haben wir gezeigt: $T\colon D \longrightarrow D$. Für $u, v \in D$ schätzen wir nun

$$(Tu)(x) - (Tv)(x) = -\int_0^1 G(x,t)\,\frac{3}{2}\big(u(t)-v(t)\big)\big(u(t)+v(t)\big)\,dt$$

ab und erhalten

$$\Big|(Tu)(x) - (Tv)(x)\Big| \le \|u-v\|_s \cdot \underbrace{\int_0^1 G(x,t)\,\frac{3}{2}\cdot 2\,(4-3t)\,dt}_{\overset{\checkmark}{=}\ \frac{3}{2}x(1-x)(3-x)\ \overset{\checkmark}{<}\ 1}$$

Damit ist auch die Kontraktionseigenschaft nachgewiesen. □

Die Anwendungsmöglichkeiten dieser Überlegungen sind eher bescheiden. Für nicht-lineare Randwertaufgaben erweisen sich geeignete numerische Methoden als leistungsfähiger. Diese Dinge sind jedoch nicht Thema unseres Buches.

7.4 Selbstadjungierte Randwertaufgaben

Wir betrachten in diesem Abschnitt — unter den Voraussetzungen und mit den Bezeichnungen aus Abschnitt 7.2 — wieder die halbhomogene Randwertaufgabe, bestehend aus der linearen Differentialgleichung k-ter Ordnung

$$f_0(x)\eta^{(k)} + f_1(x)\eta^{(k-1)} + \cdots + f_k(x)\eta = \gamma(x) \tag{1}$$

und den homogenen linearen Randbedingungen

$$\sum_{\kappa=1}^{k} \Big(\alpha_{\lambda\kappa}\eta^{(\kappa-1)}(a) + \beta_{\lambda\kappa}\eta^{(\kappa-1)}(b)\Big) = 0 \quad \text{für } \lambda = 1, \ldots, k\,. \tag{2}$$

Wir bezeichnen mit $\mathfrak{U}$ den Unterraum aller Funktionen, die die Randbedingungen (2) erfüllen, also

$$\mathfrak{U} := \Big\{\eta \in C_k\big([a,\, b], \mathbb{C}\big) \mid A(\tau(\eta))(a) + B(\tau(\eta))(b) = 0\Big\}\,,$$

und kürzen die linke Seite der Differentialgleichung (1) durch $L\eta$ ab, setzen also für $\eta \in C_k\big([a,\, b], \mathbb{C}\big)$ und $x \in [a,\, b]$

$$(L\eta)(x) := f_0(x)\eta^{(k)}(x) + f_1(x)\eta^{(k-1)}(x) + \cdots + f_k(x)\eta(x)\,.$$

Wir nennen eine solche Abbildung L *Differentialoperator*. L heißt *reell*, wenn alle Koeffizientenfunktionen $f_0, \ldots, f_k$ reellwertig sind. Lösungen der Randwertaufgabe sind also gerade die Funktionen $\eta \in \mathfrak{U}$ mit $L\eta = \gamma$. Oft werden die Funktionen aus $\mathfrak{U}$ als *Vergleichsfunktionen* bezeichnet.

Neben L betrachten wir den zugehörigen *adjungierten Differentialoperator*, definiert durch

$$L^*\eta := (-1)^k\Big(\overline{f_0}\,\eta\Big)^{(k)} + \cdots - \Big(\overline{f_{k-1}}\,\eta\Big)' + \overline{f_k}\,\eta$$

für $\eta \in C_k\big([a,\, b], \mathbb{C}\big)$, natürlich unter der zusätzlichen Voraussetzung $f_\kappa \in C_{k-\kappa}\big([a,\, b], \mathbb{C}\big)$ für $\kappa = 0, \ldots, k$. Diesen Operator wollen wir nicht eigenständig untersuchen. Er ergibt sich in natürlicher Weise, wenn man das Integral $\int_a^b u(x)\overline{(Lv)(x)}\,dx$ durch partielle Integration auswertet. Stimmen L und L^* überein, so nennen wir L oder auch die Differentialgleichung (1) *formal-selbstadjungiert.*

Wir sehen uns das nur im wichtigen *Spezialfall* $k = 2$ *für reellwertige Funktionen* etwas genauer an:

$$L\eta = f_0\eta'' + f_1\eta' + f_2\eta$$

Für $u, v \in C_2\big([a,\, b], \mathbb{R}\big)$ wird das Integral

$$\int_a^b u(x)\,(Lv)(x)\,dx = \int_a^b u(x)\Big[f_0(x)\,v''(x) + f_1(x)\,v'(x) + f_2(x)\,v(x)\Big]\,dx$$

nach partieller Integration der ersten beiden Summanden zu

$$(u\,f_0)v' - (u\,f_0)'v + u\,f_1 v\Big|_a^b + \int_a^b \Big[(u\,f_0)'' - (u\,f_1)' + u\,f_2\Big] v\,dx\,.$$

Mit $L^*u := (u\,f_0)'' - (u\,f_1)' + u\,f_2 = f_0 u'' + (2f_0' - f_1)u' + (f_0'' - f_1' + f_2)u$ gilt $L = L^*$ offenbar genau dann, wenn $f_0' = f_1$. In diesem Fall hat man mit $p := -f_0$ und $q := f_2$

$$L\eta = -(p\,\eta')' + q\,\eta\,, \tag{3}$$

folglich — nach einfacher Rechnung — die LAGRANGE-*Identität*

$$u(Lv) - (Lu)v = \big[p\,(u'v - uv')\big]' \tag{4}$$

und so

$$\int_a^b \Big[u(Lv) - (Lu)v\Big]\,dx = p(x)\big(u'(x)v(x) - u(x)v'(x)\big)\Big|_a^b\,. \tag{5}$$

Die Randwertaufgabe (1) mit (2) heißt genau dann *selbstadjungiert,* wenn L formal-selbstadjungiert ist und für alle Funktionen u und v aus $\mathfrak{U}$ gilt:

$$\int_a^b u(x)\,\overline{(Lv)(x)}\,dx = \int_a^b (Lu)(x)\,\overline{v(x)}\,dx$$

Mit dem durch

$$(f,g) := \int_a^b f(x)\,\overline{g(x)}\,dx$$

auf $C_0\big([a,\,b],\mathbb{C}\big)$ definierten Skalarprodukt[6] $(\ ,\ )$ kann dies kurz als

$$(u, Lv) = (Lu, v) \quad \text{für } u, v \in \mathfrak{U}$$

geschrieben werden.

Bei Randwertaufgaben zweiter Ordnung ist die Selbstadjungiertheit relativ leicht festzustellen. Wir beschränken uns auch dabei der Einfachheit halber auf *reellwertige* Funktionen:

Kapitel 7

[6] Den Routinenachweis, daß $(\ ,\ )$ ein Skalarprodukt ist, ersparen wir uns; denn das dürfte allgemein bekannt sein.

(B7) Die Randwertaufgabe $(L\eta)(x) := -\big(p(x)\eta'(x)\big)' + q(x)\eta(x) = \gamma(x)$ mit $\alpha_{11}\eta(a) + \alpha_{12}\eta'(a) = 0\,,\ \beta_{21}\eta(b) + \beta_{22}\eta'(b) = 0$ und $(\alpha_{11}, \alpha_{12})$ sowie (β_{21}, β_{22}) ungleich Null ist *selbstadjungiert.*

$$\int_a^b \big[u(x)(Lv)(x) - v(x)(Lu)(x)\big]\,dx \overset{(5)}{=} p(x)\big(u'(x)v(x) - u(x)v'(x)\big)\Big|_a^b$$

Zum Nachweis, daß die rechte Seite Null ist, unterscheiden wir die folgenden Fälle:

1) $\alpha_{12} \neq 0 \wedge \beta_{22} \neq 0$: Dann gelten $\eta'(a) = \alpha\eta(a)$ und $\eta'(b) = \beta\eta(b)$ mit geeigneten $\alpha, \beta \in \mathbb{C}$ für $\eta \in \{u, v\}$.

2) Im Falle $\alpha_{12} = 0 \wedge \beta_{22} \neq 0$ hat man $\eta(a) = 0$ und $\eta'(b) = \beta\eta(b)$ mit geeignetem $\beta \in \mathbb{C}$.

3) $\alpha_{12} \neq 0 \wedge \beta_{22} = 0$: Hier gelten $\eta'(a) = \alpha\eta(a)$ und $\eta(b) = 0$ für ein $\alpha \in \mathbb{C}$.

4) Im verbleibenden Fall $\alpha_{12} = \beta_{22} = 0$ folgt $\eta(a) = 0,\ \eta(b) = 0$.

Bei den Beispielen (B4), (B5) und (B6) war die GREEN-Funktion jeweils symmetrisch. Dazu zeigen wir allgemein:

Satz 7.4.1 (Symmetrie der GREEN-Funktion)

Die Randwertaufgabe (1) mit (2) sei selbstadjungiert, und die zugehörige homogene Randwertaufgabe besitze nur die triviale Lösung. Dann gilt für ihre GREEN-*Funktion G*

$$G(t, x) = \overline{G(x, t)} \quad \textit{für } x, t \in [a\,,\,b]\,.$$

Im reellwertigen Fall hat man also unter diesen Voraussetzungen die Symmetrie von G.

Beweis: Zu beliebigen Funktionen $g, h \in C_0\big([a\,,\,b], \mathbb{C}\big)$ betrachten wir

$$u := \int_a^b G(x, t)\,g(t)\,dt \quad \text{und} \quad v := \int_a^b G(x, t)\,h(t)\,dt\,.$$

Nach Satz 7.2.1 gehören u und v zu $\mathfrak{U}$. Wegen der Selbstadjungiertheit hat man also

$$\int_a^b \Big[(Lu)(x)\overline{v(x)} - u(x)\overline{(Lv)(x)}\Big]\,dx = 0\,.$$

Mit $Lu = g$ und $Lv = h$ (vgl. Satz 7.2.1) ergibt sich daraus

Kapitel 7

$$\int_a^b\int_a^b \Bigl(\overline{G(x,t)} - G(t,x)\Bigr) g(x)\overline{h(t)}\,dt\,dx = 0$$

und so — in nun schon vertrauter Schlußweise — die Behauptung. □

Ein Beispiel für einen reellen formal-selbstadjungierten Differentialoperator, bei dem die zugehörige GREEN-Funktion für spezielle Randbedingungen nicht symmetrisch, die Randwertaufgabe also nicht selbstadjungiert ist, enthält MWS 7.

Auf den ersten Blick überrascht vielleicht, daß sich jeder reelle Differentialoperator L zweiter Ordnung in formal-selbstadjungierte Form bringen läßt. Doch das ist ganz einfach:

Bemerkung 7.4.2

Der reelle Differentialoperator L, gegeben durch

$$L\eta = f_0\eta'' + f_1\eta' + f_2\eta,$$

geht für

$$p(x) := \exp\Bigl(\int_a^x \frac{f_1(t)}{f_0(t)}\,dt\Bigr) \quad \text{und} \quad q(x) := -p(x)\,\frac{f_2(x)}{f_0(x)}$$

durch Multiplikation mit $-p/f_0$ über in die formal-selbstadjungierte Form

$$\widetilde{L} = -(p\eta')' + q\eta\,.$$

Beweis: $-\bigl(p\eta'\bigr)' + q\eta = -p'\eta' - p\eta'' + q\eta = -\frac{f_1}{f_0}p\eta' - p\eta'' - \frac{f_2}{f_0}p\eta$

$$= -\frac{p}{f_0}\Bigl(f_0\eta'' + f_1\eta' + f_2\eta\Bigr)$$ □

(B8) In Abschnitt 6.1 haben wir die HERMITE-Differentialgleichung

$$\eta'' - 2x\eta' + \lambda\eta = 0$$

betrachtet. Sie ist offenbar nicht formal-selbstadjungiert. Mit den obigen Überlegungen geht sie — für $a = 0$ — über in die formal-selbstadjungierte Form

$$\Bigl(e^{-x^2}\eta'\Bigr)' + \lambda e^{-x^2}\eta = 0\,.$$

Kapitel 7

7.5 Selbstadjungierte Randeigenwertaufgaben

Bei vielen Randwertaufgaben enthält die Differentialgleichung noch einen freien Parameter λ. Wird die Lösbarkeit in Abhängigkeit von λ untersucht, spricht man von einer *Randeigenwertaufgabe* oder einem *Randeigenwertproblem,* kurz auch nur von einer *Eigenwertaufgabe* oder einem *Eigenwertproblem.* Da Eigenvektoren hier Funktionen sind, sprechen wir auch von *Eigenfunktionen* oder *Eigenlösungen.*

(B9) Die Randwertaufgabe

$$\eta'' + \lambda\eta = 0 \text{ mit } \eta(0) = \eta(\pi) = 0$$

wird als *Schwingungsgleichung von* HELMHOLTZ[7] bezeichnet. Sie beschreibt etwa die Auslenkung einer an den Enden fest eingespannten Saite und entsteht aus der *Wellengleichung* $\frac{\partial^2}{\partial t^2} u = \frac{\partial^2}{\partial x^2} u$ durch ‚Separation' (Ansatz der Form $u(x,t) = a(t)\eta(x)$). Aus physikalischen Gründen kann man von $\lambda \in \mathbb{R}$ ausgehen. Dies ist aber auch mathematisch begründet (Bemerkung 7.5.1), da die Aufgabe selbstadjungiert ist. Wir könnten uns sogar auf *positive Eigenwerte* beschränken, wenn wir die allgemeine Überlegung 7.6.2 vorziehen würden.

$\lambda < 0$: Hier ist die allgemeine Lösung η der Differentialgleichung mit Konstanten c_1, c_2 von der Form

$$\eta(x) = c_1 \sinh\left(\sqrt{-\lambda}\, x\right) + c_2 \cosh\left(\sqrt{-\lambda}\, x\right).$$

Die erste Randbedingung $\eta(0) = 0$ zeigt $c_2 = 0$, dann folgt $c_1 = 0$ aus $0 = \eta(\pi) = c_1 \sinh\left(\sqrt{-\lambda}\pi\right)$, zusammen somit $\eta = 0$. Negative λ sind also keine Eigenwerte.

$\lambda = 0$: Nun ist die allgemeine Lösung η der Differentialgleichung von der Form

$$\eta(x) = c_1 + c_2 x.$$

$\eta(0) = 0$ zeigt $c_1 = 0$. Dann folgt $c_2 = 0$ aus $0 = \eta(\pi) = c_2\pi$.

$\lambda > 0$: Die allgemeine Lösung η der Differentialgleichung ist in diesem Fall von der Form

$$\eta(x) = c_1 \sin\left(\sqrt{\lambda}\, x\right) + c_2 \cos\left(\sqrt{\lambda}\, x\right).$$

$\eta(0) = 0$ liefert $c_2 = 0$. Dann zeigt $0 = \eta(\pi) = c_1 \sin\left(\sqrt{\lambda}\pi\right)$, daß eine nicht-triviale Lösung genau dann existiert, wenn $\sin\left(\sqrt{\lambda}\pi\right) = 0$ gilt, also $\sqrt{\lambda}$ eine natürliche Zahl ist.

Damit haben wir unendlich viele Eigenwerte (speziell Eigenfrequenzen der Saite) $\lambda_n := n^2$ mit zugehörigen ‚normierten' Eigenlösungen

$$\eta_n = \sqrt{\frac{2}{\pi}} \sin(nx)$$

für $n \in \mathbb{N}$. Die ‚Normierung' bedeutet, daß $(\eta_n, \eta_n) = 1$ mit dem Skalarprodukt $(\ ,\ )$ aus Abschnitt 7.4 gilt. Der zugehörige *Eigenraum*

[7] Der deutsche Physiker und Physiologe HERMANN LUDWIG FERDINAND VON HELMHOLTZ (1821–1894) untersuchte physiologische Vorgänge auf physikalischer Basis. In der Physik klärte er die Bedeutung des Energieprinzips und bereitete mit seinen Untersuchungen zur Elektrodynamik die Theorie von MAXWELL vor.

ist jeweils *eindimensional.* Zudem sind die Funktionen η_n paarweise orthogonal, bilden also ein *Orthonormalsystem.* Dieses ist bekanntlich *vollständig,* d. h. jede Funktion $\eta \in C_0\big([0,\,\pi],\mathbb{C}\big)$[8] läßt sich darstellen in der Form

$$\eta = \sum_{n=1}^{\infty} (\eta, \eta_n)\,\eta_n\,.$$

Die Koeffizienten (η, η_n) heißen FOURIER-*Koeffizienten,* die Reihe FOURIER-*Reihe.* Die Konvergenz bezüglich der Norm, die aus dem Skalarprodukt resultiert, ist einfach zu sehen. Entscheidende Fragen sind: Wann hat man *punktweise,* wann *gleichmäßige Konvergenz?*

Bei den folgenden Überlegungen betrachten wir als wichtigen Spezialfall den für viele Anwendungen — insbesondere auch bei der Behandlung *partieller* Differentialgleichungen der Physik — wichtigen und ausreichenden Fall einer reellen *selbstadjungierten Randwertaufgabe zweiter Ordnung mit homogenen Randbedingungen:*

$$(L\eta)(x) := -\big(p(x)\eta'(x)\big)' + q(x)\eta(x) = \gamma(x) \tag{1}$$

mit

$$R\eta := A\begin{pmatrix}\eta(a)\\ \eta'(a)\end{pmatrix} + B\begin{pmatrix}\eta(b)\\ \eta'(b)\end{pmatrix} = 0 \tag{2}$$

Hierbei seien wieder a und b reelle Zahlen mit $a < b$, x jeweils in $[a,\,b]$, $p \in C_1 := C_1\big([a,\,b],\mathbb{R}\big)$, $q,\gamma \in C_0 := C_0\big([a,\,b],\mathbb{R}\big)$, $\eta \in C_2 := C_2\big([a,\,b],\mathbb{R}\big)$ und A und B reelle $(2,2)$-Matrizen.

Wir bezeichnen wieder mit $\mathfrak{U}$ den Unterraum aller Funktionen, die die Randbedingungen (2) erfüllen, also

$$\mathfrak{U} := \big\{\eta \in C_2 \,\big|\, A(\tau(\eta))(a) + B(\tau(\eta))(b) = 0\big\}\,.$$

Wir machen die **Annahme**, daß die homogene Randwertaufgabe $L\eta = 0$ mit $R\eta = 0$ nur trivial lösbar ist. Die allgemeine Randwertaufgabe (1) mit (2) besitzt dann eine eindeutig bestimmte Lösung η, die mit Hilfe der hier reellen GREEN-Funktion G in der Gestalt

$$\eta(x) = \int_a^b G(x,t)\,\gamma(t)\,dt$$

geschrieben werden kann. Wir haben also eine *Integralgleichung mit* — nach Satz 7.4.1 — *symmetrischem ‚Kern' G.*

[8] Der passende Raum wäre eigentlich $\mathfrak{L}_2\big([0,\,\pi],\mathbb{C}\big)$. Die Kenntnisse der LEBESGUE-Integrationstheorie wollen wir jedoch in diesem Buch nicht voraussetzen.

Wir betrachten mit einer Funktion $r \in C_0\big([a,\, b],]0,\, \infty[\big)$ die *Randeigenwertaufgabe*[9]

$$(L\eta)(x) = \lambda\, r(x)\,\eta(x) \;\text{ mit }\; R\eta = 0\,. \tag{3}$$

Wir sprechen oft lax von *Eigenwerten* von L, wenn wir Eigenwerte des auf $\mathfrak{U}$ eingeschränkten Operators $1/r\,L$ meinen.

Bemerkung 7.5.1

Eigenwerte von L sind reell.

Beweis: Für $\lambda \in \mathbb{C}$ und $u \in \mathfrak{U} \setminus \{0\}$ mit

$$L u = \lambda r u$$

rechnet man unter Berücksichtigung der Selbstadjungiertheit der Aufgabe

$$\lambda(r u, u) = (\lambda r u, u) = (L u, u) = (u, L u) = (u, \lambda r u) = \overline{\lambda}(u, r u)\,.$$

Das zeigt $\lambda = \overline{\lambda}$, da $(r u, u) = (\sqrt{r}\,u, \sqrt{r}\,u) = (u, r u)$ positiv ist. □

Wir weisen ausdrücklich darauf hin, daß wir bisher noch keine allgemeinen Existenzaussagen für Eigenwerte bei dem vorliegenden Aufgabentyp haben!

Die obige Annahme bedeutet gerade, daß $\lambda = 0$ kein Eigenwert von L ist. Die Randeigenwertaufgabe (3) ist äquivalent zu

$$\eta(x) = \lambda \int_a^b G(x,t)\, r(t)\, \eta(t)\, dt\,,$$

also einem *Eigenwertproblem für eine Integralgleichung.* Mit dem FREDHOLM-Integraloperator[10] T, definiert durch

$$(T\eta)(x) := \int_a^b G(x,t)\, r(t)\, \eta(t)\, dt$$

für $\eta \in C_0$, kann dies kurz als

[9] Dieser zusätzlich auftretende Faktor r ist wichtig, da bei der Umschreibung auf formal-selbstadjungierte Form gemäß Bemerkung 7.4.2 auch die gegebene Inhomogenität zu transformieren ist.

[10] Der schwedische Mathematiker ERIC IVAR FREDHOLM (1866–1927) beschäftigte sich besonders mit Problemen der praktischen Mechanik. Die nach ihm benannte *Integralgleichung zweiter Art* spielt eine entscheidende Rolle bei der Lösung physikalischer Aufgaben. Seine Untersuchungen gaben erste Anregungen für die HILBERT-Raum-Theorie, wie sie später von DAVID HILBERT, ERHARD SCHMIDT und FRÉDÉRIC RIESZ ausgestaltet wurde.

$$\eta = \lambda T \eta \tag{4}$$

notiert werden. $T\colon C_0 \longrightarrow C_0$ ist offenbar *linear.* Bezüglich des auf C_0 durch

$$\langle u, v\rangle := \int_a^b r(x)u(x)v(x)\,dx$$

definierten Skalarproduktes[11] ist T *symmetrisch,* d. h. es gilt

$$\langle Tu, v\rangle = \langle u, Tv\rangle \tag{5}$$

für u und v aus C_0.

Beweis:
$$\begin{aligned}\langle Tu, v\rangle &= \int_a^b r(x)\Big(\int_a^b G(x,t)\,r(t)\,u(t)\,dt\Big)v(x)\,dx\\ &= \int_a^b\int_a^b G(x,t)\,r(x)\,r(t)\,u(t)\,v(x)\,dt\,dx\\ &= \int_a^b r(t)\underbrace{\Big(\int_a^b \underbrace{G(x,t)}_{=G(t,x)}\,r(x)\,v(x)\,dx\Big)}_{=(Tv)(t)}u(t)\,dt = \langle u, Tv\rangle\end{aligned}$$
□

Man hat bei dieser Rechnung irgendwie den Eindruck, daß diese Symmetrie auch ohne Rechnung zu ‚sehen' sein müßte. Dazu notieren wir:

Bemerkung 7.5.2

a) Für $u \in C_0$ gelten $Tu \in \mathfrak{U}$ und $LTu = ru$.

b) Für $v \in \mathfrak{U}$ gilt $v = T(1/r\,L)v$.

Beweis: a) ist unmittelbar durch die Definition und die Beschreibung einer Lösung der RWA durch die GREEN-Funktion gegeben; denn für $v := Tu$ gelten ja gerade $Rv = 0$ und $Lv = ru$. Für b) beachtet man zu $v \in \mathfrak{U}$ mit $w := 1/rLv$: $LTw = rw = Lv$, also $L(Tw - v) = 0$. Da 0 nicht Eigenwert von L ist, gilt $v = Tw = T(1/r\,L)v$. □

Mit a) kann man nun die Symmetrie von T bezüglich $\langle\ ,\ \rangle$ ‚sehen':

[11] Auch den Nachweis, daß $\langle\ ,\ \rangle$ ein Skalarprodukt ist, lassen wir weg. Man liest die zu zeigenden Eigenschaften direkt ab aus $\langle u, v\rangle = (\sqrt{r}u, \sqrt{r}v) = (ru, v)$ für $u, v \in C_0$. Wir weisen nur darauf hin, daß die Positivität von r die Definitheit sichert.

$$\langle Tu, v\rangle = (Tu, rv) = (Tu, LTv) = (LTu, Tv) = (ru, Tv) = \langle u, Tv\rangle$$

An einigen Stellen ist im folgenden zu berücksichtigen, daß die *Eigenwerte zu L und die zu T* offenbar gerade *reziprok zueinander* sind.

Bemerkung 7.5.3

Alle Eigenwerte zu T sind reell. Eigenlösungen zu verschiedenen Eigenwerten von T sind bezüglich $\langle\ ,\ \rangle$ zueinander orthogonal.

Beweis: Die erste Aussage ist durch Bemerkung 7.5.1 mit obiger Anmerkung über die Reziprozität der Eigenwerte von L und T gegeben.

Sind λ und μ verschiedene Eigenwerte von T, so gilt für Eigenlösungen u zu λ und v zu μ

$$\lambda\langle u, v\rangle = \langle\lambda u, v\rangle = \langle Tu, v\rangle \overset{(5)}{=} \langle u, Tv\rangle = \langle u, \mu v\rangle = \mu\langle u, v\rangle\,.$$

Damit hat man $\langle u, v\rangle = 0$. □

Für die nachfolgenden Überlegungen stellen wir einige einfache Anmerkungen zu FOURIER-Reihen zusammen.

In Abrenzung von Spezialfällen mit trigonometrischen Funktionen (man vergleiche etwa (B9)) spricht man oft auch von *verallgemeinerten* FOURIER-Reihen. Wir lassen jedoch den Zusatz „verallgemeinert“ im folgenden jeweils weg.

FOURIER-Reihen

Eine gegebene Funktionenfolge (η_ν) sei ein *Orthonormalsystem,* d. h.

$$\langle\eta_\nu, \eta_\mu\rangle = \begin{cases} 0\,, & \nu \neq \mu \\ 1\,, & \nu = \mu \end{cases}\,.$$

Dies ist beispielsweise gegeben, wenn man für $\nu \in \mathbb{N}$ zum Eigenwert λ_ν von T eine normierte Eigenfunktion η_ν hat.

Wir betrachten den Vektorraum

$$\mathfrak{R} := \{f \mid f\colon [a, b] \longrightarrow \mathbb{R} \quad \text{integrierbar}\}\,.$$

Der Kenner wird hier Integrierbarkeit im Sinne von LEBESGUE verstehen und den HILBERT-Raum $\mathfrak{L}_2([a, b], \mathbb{C})$ heranziehen. Für die Fragestellung dieses Abschnittes genügt jedoch weitgehend der Raum der RIEMANN-integrierbaren Funktionen beziehungsweise noch spezieller C_0 mit dem Skalarprodukt $\langle\ ,\ \rangle$ als Prä-HILBERT-Raum, also ohne Vollständigkeit.

Kapitel 7

Zu $f \in \mathfrak{R}$ und $n \in \mathbb{N}$ sind Koeffizienten $c_1, \ldots, c_n \in \mathbb{R}$ derart gesucht, daß

$$\int_a^b r(x)\Big(f(x) - \sum_{\nu=1}^n c_\nu\, \eta_\nu(x)\Big)^2 dx = \Big|f - \sum_{\nu=1}^n c_\nu\, \eta_\nu\Big|_2^2$$

minimal wird bezüglich der aus dem Skalarprodukt $\langle\ ,\ \rangle$ resultierenden Norm $|\ |_2$ (*„Approximation im gewichteten quadratischen Mittel"*). Für beliebige c_ν gilt

$$\Big\langle f - \sum_{\nu=1}^{n} c_\nu \eta_\nu \,,\, f - \sum_{\nu=1}^{n} c_\nu \eta_\nu \Big\rangle = \langle f\,, f\rangle + \sum_{\nu=1}^{n} \big(c_\nu - \langle f\,, \eta_\nu\rangle\big)^2 - \sum_{\nu=1}^{n} \langle f\,, \eta_\nu\rangle^2 .$$

Dieser (nicht-negative) Ausdruck wird offenbar genau dann *minimal*, wenn $c_\nu = \langle f\,, \eta_\nu\rangle$ für $\nu = 1, \ldots, n$ gilt. Die Zahlen $\langle f\,, \eta_\nu\rangle$ heißen FOURIER-*Koeffizienten* (von f bezüglich η_ν). Mit

$$F_n := \sum_{\nu=1}^{n} \langle f\,, \eta_\nu\rangle\, \eta_\nu$$

liest man sofort

$$0 \le |f - F_n|_2^2 = |f|_2^2 - \sum_{\nu=1}^{n} \langle f\,, \eta_\nu\rangle^2$$

ab und daraus

$$\Big| \sum_{\nu=1}^{n} \langle f\,, \eta_\nu\rangle\, \eta_\nu \Big|_2^2 = \sum_{\nu=1}^{n} \langle f\,, \eta_\nu\rangle^2$$

sowie die BESSEL-*Ungleichung*:

$$\sum_{\nu=0}^{\infty} \langle f\,, \eta_\nu\rangle^2 \le \langle f\,, f\rangle = |f|_2^2$$

Insgesamt hat man so den **Approximationssatz:**

Satz 7.5.4

Unter allen Funktionen der Form $\sum\limits_{\nu=1}^{n} c_\nu \eta_\nu$ *wird* f *am besten durch* F_n *im quadratischen Mittel approximiert; dabei gilt:*

$$\langle f - F_n\,, f - F_n\rangle = |f|_2^2 - \sum_{\nu=1}^{n} \langle f\,, \eta_\nu\rangle^2$$

Es gilt also genau dann $|F_n - f|_2 \to 0$ für $n \to \infty$, wenn die PARSEVAL-*Gleichung*[12]

$$\sum_{\nu=1}^{\infty} \langle f\,, \eta_\nu\rangle^2 = \langle f\,, f\rangle = |f|_2^2$$

[12] Im Spezialfall von dem französischen Mathematiker MARC-ANTOINE PARSEVAL DES CHÊNES (1755-1836) notiert.

Kapitel 7

erfüllt ist. Man schreibt in diesem Fall

$$f = \sum_{\nu=1}^{\infty} \langle f\,,\,\eta_\nu \rangle\, \eta_\nu \qquad (\text{FOURIER-}\textit{Reihe} \text{ von } f)$$

und sollte dabei beachten, daß dies ‚nur' Konvergenz bezüglich $|\ \ |_2$ bedeutet.

Entwicklungssätze

Das *Ziel* der nachfolgenden Überlegungen ist der Nachweis von:

- *L besitzt abzählbar unendlich viele reelle Eigenwerte λ_n mit $\lambda_n \longrightarrow \infty$ für $n \to \infty$.*
- *Jede genügend glatte Funktion, welche die Randbedingungen erfüllt, kann in eine gleichmäßig konvergente* FOURIER-*Reihe nach den zugehörigen Eigenfunktionen η_n entwickelt werden.*

Mit Hilfe der FOURIER-Reihen gelingt dann die *Lösung der Randwertaufgabe.*

Für den durchaus aufwendigen Beweis gibt es mehrere Möglichkeiten:

Der Weg über die PRÜFER[13]-Transformation wird etwa in [Wal] ausgeführt. Verbreiteter, weil allgemeiner anwendbar, ist die Herleitung aus der *Eigenwerttheorie selbstadjungierter Integraloperatoren*, allgemeiner der *Eigenwerttheorie kompakter selbstadjungierter Operatoren im* HILBERT-*Raum.*

Auch wir folgen daher diesem Weg, verzichten aber darauf, naheliegende Verallgemeinerungen darzustellen, und beschränken uns konsequent auf die hier gegebene Fragestellung.

Wir benötigen einige Vorbereitungen:

Neben der Maximumsnorm $|\ \ |_s$ betrachten wir auf C_0, wie schon oben vermerkt, noch die aus dem Skalarprodukt $\langle\ ,\ \rangle$ resultierende Norm $|\ \ |_2$, also

$$|u|_2 := \sqrt{\langle u\,,\,u \rangle} \quad \text{für } u \in C_0\,.$$

Man hat — wie üblich — die Ungleichung von CAUCHY-SCHWARZ:

$$\big|\langle u, v \rangle\big| \le |u|_2\,|v|_2$$

Nach Definition von $\langle\ ,\ \rangle$ gilt

$$|u|_2 \le c|u|_s \quad \text{mit} \quad c := \sqrt{(b-a)\,|r|_s}\,. \tag{6}$$

Wir beginnen mit einer einfachen Abschätzung:

13 Der deutsche Mathematiker ERNST PAUL HEINZ PRÜFER (1896–1934) arbeitete hauptsächlich auf dem Gebiet der abelschen Gruppen und der Knotentheorie.

Bemerkung 7.5.5

Es existiert eine nicht-negative Konstante d mit

$$|T\eta|_2 \le d|\eta|_2 \quad \textit{für alle} \quad \eta \in C_0 .$$

Damit ist $T\colon \big(C_0, |\ |_2\big) \longrightarrow \big(C_0, |\ |_2\big)$ *gleichmäßig stetig.*

Beweis: Mit einer Schranke α für $\big|G(x,t)\sqrt{r(t)}\big|$ auf $[a,\, b]^2$ hat man mittels der Ungleichung von CAUCHY-SCHWARZ

$$\big|(T\eta)(x)\big| \le \int_a^b \alpha\,|\eta(t)|\,\sqrt{r(t)}\,dt \le \alpha\sqrt{b-a}\,|\eta|_2 \tag{7}$$

und so mit $\varrho := \int_a^b r(x)\,dx$ und $d := \alpha\sqrt{(b-a)\,\varrho}$

$$|T\eta|_2^2 = \int_a^b |(T\eta)(x)|^2 r(x)\,dx \le \alpha^2\,(b-a)\,\varrho\,|\eta|_2^2, \quad \text{folglich} \quad |T\eta|_2 \le d|\eta|_2 .$$

Die gleichmäßige Stetigkeit ist dann sofort mit der Linearität von T gegeben:

$$|T\eta_1 - T\eta_2|_2 \le d|\eta_1 - \eta_2|_2$$ □

Die *Abbildungsnorm* von T bezüglich $|\ |_2$, d. h. das *optimale* d in der obigen Abschätzung,

$$\|T\| := \sup\big\{|T\eta|_2 : \eta \in C_0 \text{ mit } |\eta|_2 = 1\big\}$$

kann hier — wegen der Symmetrie von T — beschrieben werden durch:

Bemerkung 7.5.6

$$\|T\| = \sup\big\{\big|\langle T\eta,\, \eta\rangle\big| : \eta \in C_0 \text{ mit } |\eta|_2 = 1\big\}$$

Beweis: Für $\eta \in C_0$ mit $|\eta|_2 = 1$ kann nach der Ungleichung von CAUCHY-SCHWARZ

$$\big|\langle T\eta,\, \eta\rangle\big| \le |T\eta|_2\,|\eta|_2 \le \|T\|$$

abgeschätzt werden. Bezeichnet man die rechte Seite in der Bemerkung mit τ, so hat man also $\tau \le \|T\|$. Es verbleibt der Nachweis von $\|T\| \le \tau$. Zunächst vermerken wir:

$$\text{Für alle } \eta \in C_0 \text{ gilt } |\langle T\eta,\, \eta\rangle| \le \tau\,|\eta|_2^2 . \tag{8}$$

Im nicht-trivialen Fall $\eta \ne 0$ gilt mit $\widetilde{\eta} := 1/|\eta|_2\,\eta$: $\big|\langle T\widetilde{\eta},\, \widetilde{\eta}\rangle\big| \le \tau$, also $\big|\langle T\eta,\, \eta\rangle\big| \le \tau|\eta|_2^2$. Für $\eta_1, \eta_2 \in C_0$ hat man

Kapitel 7

$$\begin{aligned}\big\langle T(\eta_1+\eta_2),\eta_1+\eta_2\big\rangle - \big\langle T(\eta_1-\eta_2),\eta_1-\eta_2\big\rangle &= 2\big\langle T\eta_1,\eta_2\big\rangle + 2\big\langle T\eta_2,\eta_1\big\rangle \\ &= 4\big\langle T\eta_1,\eta_2\big\rangle .\end{aligned}$$

Hieraus erhält man mittels (8):

$$4\big\langle T\eta_1,\eta_2\big\rangle \le \tau\Big(|\eta_1+\eta_2|_2^2 + |\eta_1-\eta_2|_2^2\Big) = 2\tau\Big(|\eta_1|_2^2 + |\eta_2|_2^2\Big) \tag{9}$$

Für $\eta \in C_0$ mit $|\eta|_2 = 1$ bilden wir $\eta_2 := T\eta$, $\mu := |\eta_2|_2$, $\eta_1 := \mu\eta$ und erhalten

$$\big\langle T\eta_1,\eta_2\big\rangle = \langle \mu T\eta, T\eta\rangle = \mu^3 .$$

Zusammen mit (9) ergibt dies $4\mu^3 \le 4\tau\mu^2$; folglich ist $|T\eta|_2 = \mu \le \tau$ und damit $\|T\| \le \tau$. □

Entscheidend ist, daß der Operator T nicht nur symmmetrisch, sondern zudem in folgendem Sinne *kompakt* ist:

Satz 7.5.7

Es sei (η_n) eine Folge in C_0 mit $|\eta_n|_2 \le 1$ für $n \in \mathbb{N}$. Dann gibt es zu der Folge der Bilder $(T\eta_n)$ eine Teilfolge, die bezüglich $|\ |_s$ — also nach (6) auch bezüglich $|\ |_2$ — konvergent ist.

Beweis: Die Folge $(w_n) := (T\eta_n)$ ist nach (7) *gleichmäßig beschränkt*. Zudem ist sie *gleichgradig stetig:* Die durch $h(x,t) := G(x,t)\sqrt{r(t)}$ gegebene Abbildung h ist auf $[a,\,b]^2$ gleichmäßig stetig. Zu jedem $\varepsilon > 0$ existiert also ein $\delta > 0$ derart, daß insbesondere

$$|h(x_1,t) - h(x_2,t)| < \varepsilon$$

gilt für $x_1, x_2, t \in [a,\,b]$ mit $|x_1 - x_2| < \delta$. Damit hat man

$$\begin{aligned}|w_n(x_1) - w_n(x_2)| &= \big|(T\eta_n)(x_1) - (T\eta_n)(x_2)\big| \\ &\le \int_a^b \big|h(x_1,t) - h(x_2,t)\big|\sqrt{r(t)}\,|\eta_n(t)|\,dt \le \varepsilon\sqrt{b-a},\end{aligned}$$

wobei für die letzte Abschätzung $|\eta_n|_2 = 1$ berücksichtigt und wieder die Ungleichung von CAUCHY-SCHWARZ eingesetzt wurde. So existiert nach dem bekannten Satz von ARZELÀ-ASCOLI (man vergleiche etwa [Wal]) eine bezüglich $|\ |_s$ konvergente Teilfolge. □

Zur *Existenz von Eigenwerten* von T zeigen wir als erstes:

Satz 7.5.8

Es existiert ein Eigenwert λ_1 von T mit $|\lambda_1| = \|T\|$.

Beweis: Es sei Œ $\|T\| > 0$. Nach der Bemerkung 7.5.6 hat man Œ

$$\|T\| = \sup\{\langle T\eta, \eta\rangle : \eta \in C_0 \text{ mit } |\eta|_2 = 1\}$$

(sonst $-T$ betrachten!) Daher existiert eine Folge (η_n) in C_0 mit $|\eta_n|_2 = 1$ für $n \in \mathbb{N}$ und $\langle T\eta_n, \eta_n\rangle \longrightarrow \|T\|$ für $n \longrightarrow \infty$. Nach dem vorangehenden Satz kann Œ von der $|\ |_2$-Konvergenz von $(T\eta_n)$ ausgegangen werden (sonst geeignete Teilfolge betrachten).

$$\begin{aligned}\big|T\eta_n - \|T\|\,\eta_n\big|_2^2 &= |T\eta_n|_2^2 + \|T\|^2\,|\eta_n|_2^2 - 2\,\|T\|\langle T\eta_n, \eta_n\rangle\\ &\le 2\,\|T\|^2 - 2\,\|T\|\langle T\eta_n, \eta_n\rangle \longrightarrow 0 \quad (n \longrightarrow \infty)\end{aligned}$$

Mit $(T\eta_n)$ konvergiert $(\|T\|\,\eta_n)$, folglich auch (η_n). So existiert ein $\varphi_1 \in C_0$ mit $\eta_n \longrightarrow \varphi_1$, was $T\eta_n \longrightarrow T\varphi_1$ nach sich zieht. Das zeigt

$$\|T\|\,\eta_n \longrightarrow \begin{cases} T\varphi_1 \\ \|T\|\,\varphi_1 \end{cases} \qquad \text{und daher} \qquad T\varphi_1 = \|T\|\,\varphi_1 .$$

$|\eta_n|_2 = 1$ liefert $|\varphi_1|_2 = 1$, speziell $\varphi_1 \neq 0$. Demzufolge ist $\|T\|$ ein Eigenwert von T. □

Ist λ ein beliebiger Eigenwert von T, so gilt mit einem zugehörigen normierten Eigenvektor η: $|\lambda| = |T\eta|_2 \le \|T\|$. Das obige λ_1 *ist* also gerade *der betraglich größte Eigenwert von* T.

Nun betrachten wir den Unterraum aller Funktionen, die orthogonal zu φ_1 sind:

$$U_2 := \{\eta \in C_0 \mid \langle \eta, \varphi_1\rangle = 0\}$$

Die Einschränkung T_2 von T auf U_2 bildet diesen Raum in sich ab; denn für $\eta \in U_2$ gilt

$$\langle T\eta, \varphi_1\rangle = \langle \eta, T\varphi_1\rangle = \lambda_1\,\langle \eta, \varphi_1\rangle = 0 .$$

T_2 ist wieder symmetrisch und kompakt. Daher liefern die obigen Überlegungen einen Eigenwert λ_2 und einen zugehörigen normierten Eigenvektor φ_2. Es gelten also

$$|\varphi_2|_2 = 1\,,\ \langle \varphi_1, \varphi_2\rangle = 0 \text{ und } |\lambda_1| \ge |\lambda_2|\,, \text{ da}$$

$$\begin{aligned}|\lambda_1| &= \sup\{|\langle T\eta, \eta\rangle| : \eta \in C_0 \text{ mit } |\eta|_2 = 1\}\\ &\ge \sup\{|\langle T\eta, \eta\rangle| : \eta \in U_2 \text{ mit } |\eta|_2 = 1\} = |\lambda_2| .\end{aligned}$$

Induktiv erhält man so reelle Eigenwerte λ_ν und zugehörige normierte Eigenvektoren φ_ν mit

$$\langle \varphi_n, \varphi_1\rangle = \cdots = \langle \varphi_n, \varphi_{n-1}\rangle = 0$$

für $n \in \mathbb{N}_2$. Die Dimension von C_0 ist nicht endlich; mithin endet das Verfahren nicht.

Da die Differentialgleichung zweiter Ordnung ist, kann zu festem $\lambda \in \mathbb{R}$ die geometrische Vielfachheit, also die Dimension des zugehörigen Eigenraumes, höchstens 2 sein. Das entsprechende λ_n tritt nach Konstruktion zweimal auf, wenn diese Dimension 2 ist.

Die so erhaltene Folge (λ_n) ist eine *Nullfolge;* denn sonst hätte man — da $(|\lambda_n|)$ antiton (monoton nicht-wachsend) ist — $|\lambda_n| \geq \varepsilon$ für ein $\varepsilon > 0$. Die Folge $(\psi_n) := \big(1/\lambda_n \varphi_n\big)$ wäre dann beschränkt. Die Folge $\big(T\psi_n\big) = (\varphi_n)$ hätte so nach Satz 7.5.7 eine konvergente Teilfolge im Widerspruch zu

$$\left|\varphi_n - \varphi_m\right|_2^2 = 2 \quad \text{für } n \neq m \,.$$

Wir fassen diese Überlegungen zusammen:

Satz 7.5.9

Für jedes $n \in \mathbb{N}$ gibt es einen Eigenwert λ_n von T mit einer zugehörigen normierten Eigenfunktion φ_n derart, daß

$$|\lambda_1| \geq |\lambda_2| \geq \cdots \quad \textit{und} \quad \lambda_n \longrightarrow 0 \quad \textit{für } n \longrightarrow \infty \,.$$

Die Eigenfunktionen sind orthonormiert

$$\langle \varphi_n \,, \varphi_m \rangle = \delta_{n,m} := \begin{cases} 0 \,, & n \neq m \\ 1 \,, & n = m \end{cases} \qquad \textit{für } n, m \in \mathbb{N}.$$

Mit den Unterräumen $U_1 := C_0$ und

$$U_n := \big\{\eta \in C_0 \,|\, \langle \eta \,, \varphi_1 \rangle = \cdots = \langle \eta \,, \varphi_{n-1} \rangle = 0 \big\} \quad \textit{für } n \in \mathbb{N}_2 \;\; \textit{gilt:}$$

$$|\lambda_n| = \sup\big\{ \big|\langle T\eta \,, \eta \rangle\big| : \eta \in U_n \,, |\eta|_2 = 1 \big\} = \sup\big\{ \big|T\eta\big|_2 : \eta \in U_n \,, |\eta|_2 = 1 \big\}$$

Kapitel 7

Für das praktische Vorgehen hat das beschriebene Verfahren den Nachteil, daß zur Bestimmung des n-ten Eigenwertes die vorangehenden Eigenwerte mit zugehörigen Eigenfunktionen bekannt sein müssen. Es wurde eine große Fülle von Verfahren entwickelt, die hier weiterhelfen. Darauf gehen wir jedoch nicht mehr ein, nennen nur beispielhaft das *Minimum-Maximum-Prinzip von* COURANT.

Zusatz 7.5.10

Jedes Element f aus dem Bildbereich von T, also $f = T\eta$ mit einem $\eta \in C_0$, wird durch die FOURIER*-Reihe bezüglich der Eigenfunktionen* (φ_n)

$$T\eta = f = \sum_{\nu=1}^{\infty} \langle f, \varphi_\nu \rangle \varphi_\nu = \sum_{\nu=1}^{\infty} \lambda_\nu \langle \eta, \varphi_\nu \rangle \varphi_\nu$$

dargestellt.

Beweis: Für $n \in \mathbb{N}_2$ und beliebiges $\eta \in C_0$ gehört die Funktion $\varrho_n := \eta - \sum_{\nu=1}^{n-1} \langle \eta, \varphi_\nu \rangle \varphi_\nu$ zu U_n. Daher hat man

$$|T\varrho_n|_2 \le |\lambda_n|\,|\varrho_n|_2 \le |\lambda_n|\,|\eta|_2 \longrightarrow 0 \quad \text{für } n \longrightarrow \infty\,.$$

Für die Folge der linearen Abbildungen (T_n), definiert durch

$$T_n\eta := T\left(\sum_{\nu=1}^{n-1} \langle \eta, \varphi_\nu \rangle \varphi_\nu\right) = \sum_{\nu=1}^{n-1} \lambda_\nu \langle \eta, \varphi_\nu \rangle \varphi_\nu\,,$$

gilt somit $|T\eta - T_n\eta|_2 = |T\varrho_n|_2 \le |\lambda_n||\eta|_2$, also $|T - T_n| \le |\lambda_n|$, d. h. *Konvergenz in der Operatornorm.* Das zeigt insbesondere

$$T\eta = \sum_{\nu=1}^{\infty} \lambda_\nu \langle \eta, \varphi_\nu \rangle \varphi_\nu\,.$$

$\sum_{\nu=1}^{n-1} \lambda_\nu \langle \eta, \varphi_\nu \rangle \varphi_\nu = \sum_{\nu=1}^{n-1} \langle \eta, T\varphi_\nu \rangle \varphi_\nu = \sum_{\nu=1}^{n-1} \langle f, \varphi_\nu \rangle \varphi_\nu$ für das spezielle η mit $T\eta = f$ liefert die restliche Aussage. □

Nach der Bemerkung 7.5.2 hat man die Aussage des vorangehenden Satzes insbesondere für Funktionen aus $\mathfrak{U}$, also jedes $f \in C_2$, das die Randbedingungen erfüllt. Durch geeignete ‚Approximation' kann man die Voraussetzung an f noch deutlich abschwächen. Darauf gehen wir jedoch nicht mehr ein, da man dazu zweckmäßig die Integrationstheorie von LEBESGUE einsetzt, deren Kenntnis wir ja nicht voraussetzen wollen.

Für viele Überlegungen benötigt man nicht diese Konvergenz, sondern punktweise Konvergenz, besser — etwa für Vertauschung von Summation und Integration — gleichmäßige Konvergenz. Dazu zeigen wir:

Satz 7.5.11

Gehört f zum Bildbereich von T, so hat man

$$f(x) = \sum_{\nu=1}^{\infty} \langle f, \varphi_\nu \rangle \varphi_\nu(x)$$

mit absolut gleichmäßiger Konvergenz für $x \in [a, b]$.

Beweis: Für $\nu \in \mathbb{N}$ hat man mit

$$c_\nu := \langle f\,, \varphi_\nu\rangle = \big\langle T\eta, \varphi_\nu\big\rangle = \langle \eta, T\varphi_\nu\rangle = \lambda_\nu\,\langle \eta, \varphi_\nu\rangle$$

für $n \in \mathbb{N}, p \in \mathbb{N}_0$ und $x \in [a, b]$:

$$\begin{aligned}\left(\sum_{\nu=n}^{n+p} |c_\nu\,\varphi_\nu(x)|\right)^2 &= \left(\sum_{\nu=n}^{n+p} |\langle \eta, \varphi_\nu\rangle|\,|\lambda_\nu\,\varphi_\nu(x)|\right)^2 \\ &\le \sum_{\nu=n}^{n+p}\langle \eta, \varphi_\nu\rangle^2 \cdot \sum_{\nu=n}^{n+p}(\lambda_\nu\,\varphi_\nu(x))^2\end{aligned}$$

Die erste Summe der letzten Zeile wird nach der BESSEL-Ungleichung beliebig klein, wenn n hinreichend groß ist. Wir müssen daher nur noch nachweisen, daß die zweite Summe auf $[a, b]$ beschränkt bleibt: Mit $h_x(t) := G(x,t)$ für $t \in [a, b]$ gilt unter Beachtung von

$$\lambda_\nu\,\varphi_\nu(x) = \big(T\varphi_\nu\big)(x) = \int_a^b G(x,t)\,\varphi_\nu(t)\,r(t)\,dt = \langle h_x\,, \varphi_\nu\rangle$$

wieder nach der BESSEL-Ungleichung

$$\sum_{\nu=n}^{n+p}(\lambda_\nu\,\varphi_\nu(x))^2 \le |h_x|_2^2 \le (b-a)\max\big\{|G(s,t)|^2 r(t) \,:\, (s,t) \in [a, b]^2\big\}. \qquad \square$$

Die Eigenwerte μ_n der Randeigenwertaufgabe sind genau die reziproken Werte der Eigenwerte λ_n von T (mit gleichen Eigenfunktionen). *L hat also abzählbar unendlich viele Eigenwerte μ_n und*

$$|\mu_n| \longrightarrow \infty \quad \text{für } n \longrightarrow \infty\,.$$

Wegen der besonderen Wichtigkeit, schreiben wir den obigen Satz 7.5.9 noch ‚trivial' von T auf L um:

Kapitel 7

Satz 7.5.12

Für jedes $n \in \mathbb{N}$ gibt es einen Eigenwert μ_n von L mit einer zugehörigen normierten Eigenfunktion φ_n derart, daß

$$|\mu_1| \le |\mu_2| \le \cdots \quad \textit{und} \quad |\mu_n| \longrightarrow \infty \quad \textit{für } n \longrightarrow \infty\,.$$

Die Eigenfunktionen sind orthonormiert, d. h.

$$\langle \varphi_n\,, \varphi_m\rangle = \delta_{n,m} \quad \textit{für } n, m \in \mathbb{N}\,.$$

7.6 STURM-LIOUVILLE-Randeigenwertaufgaben[14]

Wir betrachten nun die folgende spezielle Randeigenwertaufgabe:

$$L\eta := -\big(p(x)\eta'\big)' + q(x)\eta = \lambda r(x)\eta \tag{1}$$

mit

$$\begin{aligned} r_1(\eta) &:= \alpha_{11}\,\eta(a) + \alpha_{12}\,\eta'(a) = 0 \\ r_2(\eta) &:= \beta_{21}\,\eta(b) + \beta_{22}\,\eta'(b) = 0 \end{aligned} \tag{2}$$

Dabei seien $p \in C_1$, $r, q \in C_0$ mit $p(x) > 0$ und $r(x) > 0$ für $x \in [a, b]$, $\eta \in C_2$ und $(\alpha_{11}, \alpha_{12})$ sowie (β_{21}, β_{22}) ungleich Null.

Die Selbstadjungiertheit der Randwertaufgabe ist nach (B 7) aus Abschnitt 7.4 bekannt. Der Operator L wird unter diesen Annahmen auch als STURM-LIOUVILLE-*Operator* bezeichnet.

Wichtige Spezialfälle der Randbedingungen sind:

$\eta(a) = \eta(b) = 0$ DIRICHLET – *Randbedingung*[15]

$\eta'(a) = \eta'(b) = 0$ NEUMANN – *Randbedingung*[16]

Über solche Aufgaben gibt es eine recht umfangreiche Theorie, die STURM-LIOUVILLE-*Theorie.* Wir gehen nicht auf alle Feinheiten ein, sondern begnügen uns damit, wenige Ideen exemplarisch darzustellen.

Wir erinnern zunächst an die LAGRANGE-*Identität* aus Abschnitt 7.4:

$$\eta_2 L\eta_1 - \eta_1 L\eta_2 = \big[p\left(\eta_2'\eta_1 - \eta_2\eta_1'\right)\big]' \tag{3}$$

für $\eta_1, \eta_2 \in C_2$. Mit der WRONSKI- Determinante w zu η_1, η_2, also

$$w(x) := \det\begin{pmatrix} \eta_1(x) & \eta_2(x) \\ \eta_1'(x) & \eta_2'(x) \end{pmatrix} = (\eta_1\eta_2' - \eta_2\eta_1')(x) \quad \text{für } x \in [a, b],$$

[14] Der schweizerische Mathematiker JACQUES CHARLES FRANÇOIS STURM (1803–1855) befaßte sich mit Problemen der Algebra und der mathematischen Physik. Aus gemeinsamen Untersuchungen mit dem französischen Mathematiker JOSEPH LIOUVILLE (1809–1892) zur Schwingung einer Saite entstanden Arbeiten zu den angegebenen Randeigenwertaufgaben. STURM entwickelte Methoden, um Eigenschaften der Lösungsfunktionen zu ermitteln, ohne die Aufgabe explizit zu lösen. LIOUVILLE war Professor für Analysis und Mechanik und zählte zu den bedeutendsten Mathematikern des 19. Jahrhunderts. Sein vielleicht bekanntester Satz ist der aus der Funktionentheorie über die Konstanz beschränkter ganzer Funktionen.

[15] Benannt nach dem deutschen Mathematiker JOHANN PETER GUSTAV LEJEUNE DIRICHLET (1805–1859).

[16] Benannt nach dem deutschen Mathematiker CARL GOTTFRIED NEUMANN (1832–1925).

kann dies kurz in der Form

$$\eta_2 L \eta_1 - \eta_1 L \eta_2 = (p\,w)' \tag{4}$$

notiert werden.

Da — wie bereits erwähnt — die Differentialgleichung zweiter Ordnung ist, kann zu festem $\lambda \in \mathbb{R}$ die geometrische Vielfachheit höchstens 2 sein. Beim vorliegenden Aufgabentyp sind alle *Eigenwerte* sogar *„einfach“*:

Bemerkung 7.6.1

Die geometrische Vielfachheit eines Eigenwertes von L ist stets 1. Je zwei Eigenfunktionen zum gleichen Eigenwert sind also linear abhängig.

Beweis: Eigenfunktionen η_1 und η_2 zum gleichen $\lambda \in \mathbb{R}$ erfüllen $r_1(\eta_1) = 0$ und $r_1(\eta_2) = 0$, also

$$\begin{pmatrix} \eta_1(a) & \eta_1'(a) \\ \eta_2(a) & \eta_2'(a) \end{pmatrix} \begin{pmatrix} \alpha_{11} \\ \alpha_{12} \end{pmatrix} = \begin{pmatrix} 0 \\ 0 \end{pmatrix}.$$

Da $(\alpha_{11}, \alpha_{12})$ ungleich Null vorausgesetzt wurde, ist die obige Matrix singulär, ihre Determinante $w(a)$ also Null. So sind η_1, η_2 linear abhängig (vgl. Abschnitt 4.3 oder 4.4). □

Wir sprechen bei diesem Aufgabentyp daher gelegentlich von *dem* Eigenvektor oder *der* Eigenfunktion zu einem Eigenwert λ, wenn wir einen — bis aufs Vorzeichen eindeutigen — normierten Eigenvektor meinen.

Bemerkung 7.6.2

Hat man speziell DIRICHLET*-Randbedingungen, so sind die Eigenwerte von L nach unten beschränkt: Sie sind alle größer als*

$$\sigma := \min\left\{ \frac{q(x)}{r(x)} \,\middle|\, x \in [a, b] \right\}.$$

Ist zudem q nicht-negativ, so sind alle Eigenwerte von L positiv.

Beweis: Ist η eine normierte Eigenfunktion zum Eigenwert λ, dann gilt

$$\lambda = \lambda\langle \eta, \eta \rangle = (\lambda r \eta, \eta) = (L\eta, \eta).$$

Nach partieller Integration des Anteils $-(p\eta')'\eta$ erhält man

$$(L\eta, \eta) = \int_a^b \left(-(p\eta')' + q\eta\right)\eta\,dx = \int_a^b (p\,\eta'^2 + q\,\eta^2)\,dx$$

$$> \int_a^b q\eta^2\,dx \geq \sigma \int_a^b r\,\eta^2\,dx = \sigma\,.$$

Hierbei ist zu beachten, daß $\int_a^b p\,\eta'^2 dx$ positiv ist; denn p wurde als überall positiv vorausgesetzt und η'^2 ist stetig. Wäre $\eta' = 0$, so hätte man — unter Berücksichtigung der Randbedingungen — $\eta = 0$ im *Widerspruch* zur angenommenen Normiertheit von η. □

Lemma 7.6.3 (Nullstellen-Vergleich)

Für $\eta_1, \eta_2 \in C_2$ seien x_1, x_2 zwei aufeinanderfolgende Nullstellen von η_1 mit $x_1 < x_2$ und

$$\frac{L\eta_2(x)}{\eta_2(x)} \geq \frac{L\eta_1(x)}{\eta_1(x)} \quad \text{für alle } x \in \,]x_1\,,\, x_2[\, \text{ mit } \eta_2(x) \neq 0\,.$$

Hat η_2 keine Nullstelle im Intervall $]x_1\,,\, x_2[$, so sind η_1, η_2 eingeschränkt auf dieses Intervall linear abhängig.

Beweis: η_1, η_2 sind in $]x_1\,,\, x_2[$ beide verschieden von Null, also Œ positiv. So hat man dann

$$0 \geq \eta_2 L\eta_1 - \eta_1 L\eta_2 \overset{(4)}{=} (p\,w)'\,.$$

$w(x_1)$ ist nicht-positiv, da $\eta_1(x_1) = 0$ und $\eta_1'(x_1) \geq 0$ gelten (rechts von x_1 ist η_1 zunächst positiv). Entsprechend hat man $w(x_2) \geq 0$, zusammen also, da pw antiton ist, $w = 0$. Damit folgt aus

$$\left(\frac{\eta_2}{\eta_1}\right)'(x) = \frac{1}{(\eta_1(x))^2}\, w(x) \quad \text{für } x \in \,]x_1\,,\, x_2[$$

die Konstanz von η_2/η_1 auf diesem Intervall. □

Zur Anwendung des Lemmas vermerken wir: Linear unabhängige Lösungen einer homogenen linearen Differentialgleichung sind nach den Ergebnissen von Abschnitt 4.3 bzw. 4.4 auch auf jedem Teilintervall linear unabhängig.

Folgerung 7.6.4 (Trennungssatz von STURM)

Sind η_1 und η_2 zwei linear unabhängige Lösungen von $L\eta = 0$, dann liegt zwischen zwei aufeinanderfolgenden Nullstellen von η_1 genau eine von η_2.

Der Satz besagt insbesondere, daß η_1 und η_2 ungefähr gleich viele Nullstellen haben. Er beinhaltet jedoch *nicht*, daß überhaupt eine Nullstelle existiert.

Beweis: Zwischen zwei aufeinanderfolgenden Nullstellen von η_1 liegt nach dem vorangehenden Lemma — mit $L\eta_1 = L\eta_2 = 0$ — *mindestens* eine Nullstelle von η_2. Hätte man dort mehr als eine Nullstelle von η_2, so könnte man die Rollen der beiden Funktionen vertauschen und erhielte in diesem Bereich eine weitere Nullstelle von η_1 im *Widerspruch* dazu, daß die Nullstellen als aufeinanderfolgend vorausgesetzt wurden. □

Ändert man den Differentialoperator L ab zu $\widetilde{L}$, definiert durch

$\widetilde{L}\eta := -(p(x)\eta')' + \widetilde{q}(x)\eta$ für $\eta \in C_2$

mit $\widetilde{q} \in C_0$ und $\widetilde{q}(x) \geq q(x)$ für $x \in [a\,,\, b]$, so gilt:

Folgerung 7.6.5

Es seien $\eta_1, \eta_2 \in C_2$ auf jedem Teilintervall von $[a, b]$ linear unabhängig. Gilt $\widetilde{L}\eta_1 = 0$ für ein $\eta_1 \neq 0$ und $L\eta_2 = 0$, so liegt zwischen je zwei Nullstellen von η_1 mindestens eine von η_2.

$\widetilde{q}$ liefert also für nicht-triviale Lösungen höchstens weniger Nullstellen als q.

Beweis: Dies liest man unmittelbar aus dem obigen Lemma unter Beachtung von $L\eta_2 = 0$ und $L\eta_1/\eta_1 = q - \widetilde{q} \leq 0$ ab. □

(B10) Ein Vergleich der Nullstellen von Lösungen der beiden bekannten Aufgaben

$$-\eta'' - \eta = 0 \quad \text{und} \quad -\eta'' - 2\eta = 0$$

mit den jeweiligen Fundamentalsystemen $(\sin, \cos)^T$ beziehungsweise $\big(\sin(\sqrt{2}\,x), \cos(\sqrt{2}\,x)\big)^T$ läßt sich natürlich von Hand machen. 7.6.5 macht vorweg eine entsprechende allgemeine Aussage für all die Fälle, in denen man die Lösungen nicht sofort ‚sieht'.

Historische Notizen

Jean Baptist Joseph FOURIER (1768–1830)

Der französische Physiker und Mathematiker behandelte u. a. das Problem der Wärmeleitung. Seine *Théorie analytique de la chaleur* war ein entscheidender Beitrag für die mathematische Physik, aber auch für die Mathematik selbst. Seine Untersuchungen führten zur Präzisierung des Funktionsbegriffes und zu der Aufgabe, eine ‚beliebige' Funktion als trigonometrische Reihe darzustellen. Ab 1816 war er Mitglied der Pariser Akademie der Wissenschaften. Er wahrte sich den Sinn für die Praxis: So begleitete er NAPOLEON I 1798 nach Ägypten, und als Präfekt des Departements Isère ließ er Sümpfe trockenlegen und rottete so die Malaria aus.

MWS zu Kapitel 7

Rand- und Eigenwertprobleme

Wichtige MAPLE-Befehle dieses Kapitels:

LinearAlgebra-Paket: GenerateMatrix, SubMatrix

RandBed2Matrix: Eigene Prozedur;
wandelt Randbedingungen in Matrixform

DEtools[convertsys], plots[spacecurve]

7.1 Randwertaufgaben für lineare DGL-Systeme mit linearen Randbedingungen

Ohne zusätzliche Voraussetzungen an die Randbedingungen kann man keine allgemeinen Aussagen über die Lösbarkeit einer RWA machen oder — im Falle der Lösbarkeit — auf Eindeutigkeit schließen. Wir greifen dazu die beiden Beispiele (B1) und (B2) des Textteils auf:

Beispiel 1:

```
> restart: with(LinearAlgebra):
  Sys := D(y[1])(x) = y[2](x), D(y[2])(x) = 0;
  RandBed := [y[1](0)=y[1](1), y[2](1)=1];
```

$$Sys := \mathrm{D}(y_1)(x) = y_2, \mathrm{D}(y_2)(x) = 0,\ RandBed := [y_1(0) = y_1(1), y_2(1) = 1]$$

```
> sol := dsolve({Sys,op(RandBed)},{y[1](x),y[2](x)});
```

$$sol :=$$

Der Standard-Befehl dsolve liefert also keine Lösung der Randwertaufgabe. Unsere Überlegungen werden ergeben, daß tatsächlich keine Lösung existiert.

Mit Hilfe folgender Matrizen A und B sowie des Vektors c lassen sich die Randbedingungen vektoriell in der Form

$$Ay(0) + By(1) = c$$

darstellen. Da diese Umschreibung häufig vorkommt, haben wir eine einfache Maple-Prozedur RandBed2Matrix geschrieben. Damit sie nach jedem restart bereitsteht, schlagen wir vor, sie z. B. in die (private) Initialisierungsdatei .mapleinit bzw. maple.ini einzutragen.

```
> RandBed2Matrix := proc(RandBed,vars)
    local n,A,B,c,d,u,v;
    n := nops(RandBed);
    subs({(vars[1,j]=u[j])$j=1..n,(vars[2,j]=v[j])$j=1..n},RandBed):
    (A,d) := LinearAlgebra[GenerateMatrix](%,[seq(u[j],j=1..n)]);
    (B,c) := LinearAlgebra[GenerateMatrix]([seq(-d[j]=0,j=1..n)],
                                           [seq(v[j],j=1..n)]);
    return A,B,c
  end proc:
> vars := [[y[1](0),y[2](0)],[y[1](1),y[2](1)]]:
  (A,B,c) := RandBed2Matrix(RandBed,vars);
  A.Vector(vars[1])+B.Vector(vars[2]) = c;
```

$$A,\, B,\, c := \begin{bmatrix} 1 & 0 \\ 0 & 0 \end{bmatrix},\ \begin{bmatrix} -1 & 0 \\ 0 & 1 \end{bmatrix},\ \begin{bmatrix} 0 \\ 1 \end{bmatrix},\qquad \begin{bmatrix} y_1(0) - y_1(1) \\ y_2(1) \end{bmatrix} = \begin{bmatrix} 0 \\ 1 \end{bmatrix}$$

Als nächstes bestimmen wir eine Fundamentalmatrix des homogenen DGL-Systems:

```
> sol := dsolve({Sys},{y[1](x),y[2](x)});
```

$$sol := \left\{ y_1 = \_C2\, x + \_C1,\ y_2 = \_C2 \right\}$$

```
> V := Vector([y[1](x),y[2](x)]):
  Matrix(<subs(subs({_C1=1,_C2=0},sol),V) |
          subs(subs({_C1=0,_C2=1},sol),V)>):
  Y := unapply(%,x): 'Y(x)' = Y(x);
```

$$Y(x) = \begin{bmatrix} 1 & x \\ 0 & 1 \end{bmatrix}$$

Hiermit erhalten wir die charakteristische Matrix:

```
> C := A.Y(0)+B.Y(1);
```

$$C := \begin{bmatrix} 0 & -1 \\ 0 & 1 \end{bmatrix}$$

Zu lösen ist das Gleichungssystem:

```
> C.d = c;
```

$$\begin{bmatrix} 0 & -1 \\ 0 & 1 \end{bmatrix} . d = \begin{bmatrix} 0 \\ 1 \end{bmatrix}$$

In diesem Falle sieht man direkt, daß es unlösbar ist; allgemein läßt sich dies etwa durch Vergleich der Ränge der Koeffizientenmatrix C und der erweiterten Koeffizientenmatrix überprüfen:

```
> Rank(C), Rank(<C|c>);
```

$$1, 2$$

Da die Ränge verschieden sind, besitzt das lineare Gleichungssystem und damit auch die RWA keine Lösung.

Beispiel 2:

```
> restart: with(LinearAlgebra):
  Sys := D(y[1])(x) = y[2](x), D(y[2])(x) = -alpha^2*y[1](x);
  RandBed := [y[1](0)=y[1](Pi), y[2](0)=y[2](Pi)];
```

$$Sys := \mathrm{D}(y_1)(x) = y_2,\ \mathrm{D}(y_2)(x) = -\alpha^2\, y_1$$

$$RandBed := \left[y_1(0) = y_1(\pi),\ y_2(0) = y_2(\pi)\right]$$

```
> sol := dsolve({Sys,op(RandBed)},{y[1](x),y[2](x)});
```

$$sol := \{y_1 = 0,\ y_2 = 0\}$$

dsolve liefert nur die triviale Lösung der homogenen Randwertaufgabe. Wir werden sehen, daß dies nur für ‚fast alle‘ Parameterwerte α richtig ist.

Analog zu Beispiel 1 lassen sich die Randbedingungen mit Hilfe der Matrizen A und B sowie des Vektors c vektoriell in der Form $Ay(0) + By(\pi) = c$ darstellen:

```
> vars := [[y[1](0),y[2](0)],[y[1](Pi),y[2](Pi)]]:
  (A,B,c) := RandBed2Matrix(RandBed,vars);
  A.Vector(vars[1])+B.Vector(vars[2]) = c;
```

$$A, B, c := \begin{bmatrix} 1 & 0 \\ 0 & 1 \end{bmatrix}, \begin{bmatrix} -1 & 0 \\ 0 & -1 \end{bmatrix}, \begin{bmatrix} 0 \\ 0 \end{bmatrix}, \quad \begin{bmatrix} y_1(0) - y_1(\pi) \\ y_2(0) - y_2(\pi) \end{bmatrix} = \begin{bmatrix} 0 \\ 0 \end{bmatrix}$$

Im Falle $\alpha = 0$ ergibt sich folgende Fundamentalmatrix:

```
> sol := dsolve(subs(alpha=0,{Sys}),{y[1](x),y[2](x)});
  V := Vector([y[1](x),y[2](x)]):
  Matrix(<subs(subs({_C1=1,_C2=0},sol),V) |
          subs(subs({_C1=0,_C2=1},sol),V)>):
  Y := unapply(%,x): 'Y(x)' = Y(x);
```

$$sol := \{y_1 = \_C2\,x + \_C1,\, y_2 = \_C2\}\,, \quad Y(x) = \begin{bmatrix} 1 & x \\ 0 & 1 \end{bmatrix}$$

Als charakteristische Matrix erhalten wir:

```
> C := A.Y(0)+B.Y(Pi);
```

$$C := \begin{bmatrix} 0 & -\pi \\ 0 & 0 \end{bmatrix}$$

Das Gleichungssystem $C\,d = 0$ hat offensichtlich eine eindimensionale Lösungsmannigfaltigkeit:

```
> LinearSolve(C,c);
```

$$\begin{bmatrix} \_t_1 \\ 0 \end{bmatrix}$$

Im Falle $\alpha \neq 0$ ergibt sich analog:

```
> sol := dsolve({Sys},{y[1](x),y[2](x)});
  Matrix(<subs(subs({_C1=1,_C2=0},sol),V) |
          subs(subs({_C1=0,_C2=1},sol),V)>):
  Y := unapply(%,x): 'Y(x)' = Y(x);
```

$$sol := \{y_1 = \_C1\,\sin(\alpha x) + \_C2\,\cos(\alpha x),\; y_2 = \alpha(\_C1\,\cos(\alpha x) - \_C2\,\sin(\alpha x))\}$$

$$Y(x) = \begin{bmatrix} \sin(\alpha x) & \cos(\alpha x) \\ \cos(\alpha x)\alpha & -\sin(\alpha x)\alpha \end{bmatrix}$$

```
> C := A.Y(0)+B.Y(Pi);
  Determinant(C): DET := simplify(%);
  _EnvAllSolutions := true: solve(DET,alpha);
```

$$C := \begin{bmatrix} -\sin(\pi\alpha) & 1-\cos(\pi\alpha) \\ \alpha - \cos(\pi\alpha)\alpha & \sin(\pi\alpha)\alpha \end{bmatrix}, \quad DET := 2\alpha\left(\cos(\pi\alpha) - 1\right), 0, 2\_Z1$$

Mithin verschwindet die Determinante für alle geraden ganzen Zahlen (ungleich 0), und die Randwertaufgabe besitzt dann eine nicht-triviale Lösung.

MWS 7

7.2 Randwertprobleme für lineare DGLen k-ter Ordnung

Green-Funktion

Wir greifen das Beispiel (B4) des Textteils mit Maple auf:

```
> restart: with(LinearAlgebra):
  Dgl := -diff(y(x),x$2)-nu^2*y(x) = 0;
  a := 0: b := 1: f0 := -1:
  RandBed := [y(a)=y(b),D(y)(a)=D(y)(b)];
```

$$Dgl := -y'' - \nu^2 y = 0, \quad RandBed := [y(0) = y(1), \mathrm{D}(y)(0) = \mathrm{D}(y)(1)]$$

```
> DEtools[convertsys](Dgl,{},y(x),x,y,Dy);
```

$$\left[\left[Dy_1 = y_2,\, Dy_2 = -\nu^2 y_1\right],\, \left[y_1 = y,\, y_2 = y'\right],\, undefined,\, [\;]\right]$$

```
> vars := [[y(a),D(y)(a)],[y(b),D(y)(b)]]:
  (A,B,c) := RandBed2Matrix(RandBed,vars);
```

Sie haben sicher daran gedacht, die Prozedur RandBed2Matrix in Ihre private Initialisierungsdatei einzutragen, oder?

$$A,\, B,\, c := \begin{bmatrix} 1 & 0 \\ 0 & 1 \end{bmatrix},\, \begin{bmatrix} -1 & 0 \\ 0 & -1 \end{bmatrix},\, \begin{bmatrix} 0 \\ 0 \end{bmatrix}$$

```
> dsolve(Dgl,y(x),output=basis);
  VectorCalculus[Wronskian](%,x):
  Y := unapply(%,x): 'Y(x)' = Y(x);
```

$$[\sin(\nu x), \cos(\nu x)], \quad Y(x) = \begin{bmatrix} \sin(\nu x) & \cos(\nu x) \\ \cos(\nu x)\,\nu & -\sin(\nu x)\,\nu \end{bmatrix}$$

```
> C := A.Y(a)+B.Y(b); # charakteristische Matrix
```

$$C := \begin{bmatrix} -\sin(\nu) & 1 - \cos(\nu) \\ \nu - \cos(\nu)\,\nu & \sin(\nu)\,\nu \end{bmatrix}$$

Für die weiteren Überlegungen setzen wir die *Regularität von C* voraus. Dazu rechnen wir:

```
> Determinant(C): 'det(C)' = simplify(%);
  _EnvAllSolutions := true: solve(rhs(%%));
```

$$\det(C) = 2\nu(-1 + \cos(\nu)), \quad 0,\, 2\pi\_Z1$$

Wir gehen daher im folgenden von $\nu \in \mathbb{C} \setminus 2\pi\mathbb{Z}$ aus.

```
  AY := map(simplify,C^(-1).A.Y(a)): BY := map(simplify,C^(-1).B.Y(b)):
  AY, BY;
```

$$\left[\begin{array}{cc} \frac{1}{2} & \frac{1}{2}\frac{\sin(\nu)}{-1+\cos(\nu)} \\ -\frac{1}{2}\frac{\sin(\nu)}{-1+\cos(\nu)} & \frac{1}{2} \end{array}\right], \left[\begin{array}{cc} \frac{1}{2} & -\frac{1}{2}\frac{\sin(\nu)}{-1+\cos(\nu)} \\ \frac{1}{2}\frac{\sin(\nu)}{-1+\cos(\nu)} & \frac{1}{2} \end{array}\right]$$

```
> Y1_ := SubMatrix(Y(x),1,1..2):          # 1. Zeile
  Y_k := SubMatrix(Y(t)^(-1),1..2,-1): # letzte Spalte
  G := piecewise(x>=t,(Y1_.AY.Y_k)[1,1]/f0, x<t,-(Y1_.BY.Y_k)[1,1]/f0):
  'G(x,t)' = (factor@combine)(%);
```

$$G(x,t) = \begin{cases} \frac{1}{2}\frac{\sin(\nu(x-t))-\sin(\nu(-1-t+x))}{\nu(-1+\cos(\nu))} & t \le x \\ -\frac{1}{2}\frac{\sin(\nu(x-t))-\sin(\nu(1-t+x))}{\nu(-1+\cos(\nu))} & x < t \end{cases}$$

Die Graphiken dieser GREEN-Funktion im Textteil werden hier nicht erneut ausgeben. Wir haben sie so erstellt:

```
> with(plots):
  Optionen := style=wireframe,color=red,axes=box,grid=[20,20],
    labels=[" "$3],tickmarks=[[0,0.5,1]$2,0],orientation=[30,35]:
  p1 := plot3d(subs(nu=2,G),x=0..1,t=0..1,Optionen):
  p2 := display(plot3d(diff(subs(nu=2,G),x),x=0..1,t=0..1,Optionen),
    seq(spacecurve([x,x,t-1/2],t=0..1,color=red),x=[k/10 $ k=0..10]),
    seq(spacecurve([t,t,z],t=0..1,color=red),z=[-1/2,1/2])):
  display(p1): display(p2):
```

Bei der obigen Rechnung haben wir die Definition der GREEN-Funktion direkt eingesetzt. Wir führen nun noch die im Textteil gemachte Rechnung mit Maple aus:

```
> beta  := map(simplify,LinearSolve(Y(x),Vector([0,1/(2*f0)])));
  alpha := map(simplify,LinearSolve(C,(A.Y(a)-B.Y(b)).beta),trig);
  alpha := unapply(alpha,x): beta  := unapply(beta,x):
```

$$\beta := \left[\begin{array}{c} -\frac{1}{2}\frac{\cos(\nu x)}{\nu} \\ \frac{1}{2}\frac{\sin(\nu x)}{\nu} \end{array}\right], \quad \alpha := \left[\begin{array}{c} \frac{1}{2}\frac{\sin(\nu x)\sin(\nu)}{\nu(-1+\cos(\nu))} \\ \frac{1}{2}\frac{\cos(\nu x)\sin(\nu)}{\nu(-1+\cos(\nu))} \end{array}\right]$$

Die GREEN-Funktion, die wir nicht erneut ausgeben, ergibt sich hier durch:

```
> piecewise(x>=t,(Y1_.(alpha(t)+beta(t)))[1],
            x<t, (Y1_.(alpha(t)-beta(t)))[1]):
  G := (factor@combine)(%): 'G(x,t)' = G:
```

Auch das Beispiel (B5) des Textteils sehen wir uns mit Maple an: Die Berechnung der GREEN-Funktion vereinfacht sich stark für DGLen 2. Ordnung mit ‚getrennten' Randbedingungen:

```
> restart: with(LinearAlgebra):
  Dgl := -diff(y(x),x$2)+y(x) = x;
  a := 0: b := 1: f0 := -1:
  RandBed := [y(a)=0,y(b)=0];
```

$$Dgl := -y'' + y = x\,, \quad RandBed := [y(0) = 0,\, y(1) = 0]$$

Jetzt sind zwei nicht-triviale Lösungen y_1, y_2 der homogenen DGL zu bestimmen, welche die erste beziehungsweise zweite Randbedingung erfüllen:

```
> dsolve({lhs(Dgl),RandBed[1],D(y)(a)=1},y(x)):
  convert(rhs(%),trig): y1 := unapply(%,x);
  dsolve({lhs(Dgl),RandBed[2],D(y)(b)=1},y(x)):
  convert(rhs(%),trig): combine(%): y2 := unapply(%,x);
```

$$y1 := x \to \sinh(x)\,, \quad y2 := x \to \sinh(x-1)$$

Hierzu erhält man als WRONSKI-Matrix beziehungsweise WRONSKI-Determinante:

```
> VectorCalculus[Wronskian]([y1(x),y2(x)],x):
  Y := unapply(%,x): 'Y(x)' = Y(x);
  W := combine(Determinant(Y(x)));
```

$$Y(x) = \begin{bmatrix} \sinh(x) & \sinh(x-1) \\ \cosh(x) & \cosh(x-1) \end{bmatrix}, \quad W := \sinh(1)$$

Es ergeben sich hiermit wie folgt die GREEN-Funktion

```
> G := piecewise(x>=t,y2(x)*y1(t)/(f0(t)*W),
                 x<t, y1(x)*y2(t)/(f0(t)*W)): 'G(x,t)' = G;
```

$$G(x,\,t) = \begin{cases} -\dfrac{\sinh(x-1)\sinh(t)}{\sinh(1)} & t \le x \\ -\dfrac{\sinh(x)\sinh(t-1)}{\sinh(1)} & x < t \end{cases}$$

sowie die Lösung der Randwertaufgabe:

```
> y2(x)*int(y1(t)/(f0(t)*W)*t,t=a..x)+y1(x)*int(y2(t)/(f0(t)*W)*t,
    t=x..b): combine(%): 'y(x)' = collect(%,x);
```

$$y = x - \frac{\sinh(x)}{\sinh(1)}$$

Leider konnten wir Maple nicht dazu bringen, die Lösung der RWA mittels des Befehls $y = \int_0^1 G(x,\,t)\,t\,dt$ in überschaubarer Gestalt auszugeben.

7.3 Nicht-lineare Randwertaufgaben und Fixpunktprobleme

Bei den Überlegungen dieses Abschnitts beschränken wir uns auf ein spezielles Beispiel, an dem wir demonstrieren, wie der Fixpunktsatz aus Kapitel 3 auch im nicht-linearen Falle eingesetzt werden kann, um (lokale) Existenz- und Eindeutigkeitsaussagen zu erhalten. Zudem wird sich zeigen, daß die damit zusammenhängende Fixpunktiteration brauchbare Näherungen liefert.

```
> restart: with(plots):
  f := (x,y) -> 3/2*y^2: a := 0: b := 1:
  Dgl := diff(y(x),x$2) = f(x,y(x));
  RandBed := y(a)=4, y(b)=1;
```

$$Dgl := y'' = \frac{3y^2}{2}, \quad RandBed := y(0) = 4,\ y(1) = 1$$

Diese nicht-lineare RWA mit inhomogenen Randbedingungen besitzt zwei Lösungen, von denen eine durch die elementare Funktion

```
> z := x -> 4/(1+x)^2;
```

$$z := x \to \frac{4}{(1+x)^2}$$

gegeben ist, während die andere elliptische Funktionen benötigt. Wir könnten für z die Probe durch Einsetzen machen, verzichten jedoch darauf. Stattdessen formulieren wir die RWA als Fixpunktproblem $T(y) = y$ und bestätigen dann die Fixpunkteigenschaft von z. Wie im vorangehenden Abschnitt kann die RWA in die halbhomogenen RWAn $y'' = 0$ mit $y(0) = 4$, $y(1) = 1$ beziehungsweise $y'' = 3y^2/2$ mit $y(0) = 0$, $y(1) = 0$ aufgespalten werden. Das erste Problem hat die Lösung $y = 4 - 3\mathtt{x}$; das zweite ist äquivalent zu $y(x) = -\int_0^1 G(x,t)\,\frac{3}{2}\,y(t)^2\,dt$. Hierbei ist G die wohlbekannte Green-Funktion zu $-y'' = \gamma(x)$ mit $y(0) = 0$, $y(1) = 0$. Wegen der Symmetrieeigenschaft genügt es, diese nur im ‚Dreieck' $0 \le t \le x \le 1$ zu kennen:

```
> G := (x,t) -> t*(1-x);
```

$$G := (x, t) \to t\,(1 - x)$$

Lösungen der vorgegebenen nicht-linearen RWA sind dann Fixpunkte des folgenden Operators T:

```
> T := y -> unapply(4-3*x-int(expand(G(x,t)*f(t,y(t))),t=a..x)
                -int(expand(G(t,x)*f(t,y(t))),t=x..b),x):
  'T(y)(x)' = factor(T(y)(x));
```

MWS 7

$$T(y)(x) = 4 - 3x - \int_0^x -\frac{3}{2}\,y(t)^2\,t\,(x-1)\,dt - \int_x^1 -\frac{3}{2}\,y(t)^2\,x\,(t-1)\,dt$$

Wir überprüfen, daß die Funktion z ein Fixpunkt ist:

```
> d := T(z)(x)-z(x): dx := diff(d,x):  dxx := diff(dx,x):
  eval([d,dx],x=0), dxx;
```

$$[0,\,0],\;0$$

Im Textteil ergab sich, daß die folgende Funktion w wichtig ist für den Nachweis der Kontraktionseigenschaft des Operators T:

```
> int(G(x,t)*3*(4-3*t),t=a..x)+int(G(t,x)*3*(4-3*t),t=x..b):
  factor(%): w := unapply(%,x);
```

$$w := x \to \frac{3}{2}\,x\,(-1+x)\,(x-3)$$

Der Maximalwert von w im Intervall $[0,\,1]$ liefert eine LIPSCHITZ-Konstante L zu T:

```
> solve({D(w)(x)=0,0<=x,x<=1},x): E := allvalues(%);
  eval(w(x),E): expand(%); L = evalf(%,5);
```

$$E := \left\{x = \frac{4}{3} - \frac{\sqrt{7}}{3}\right\},\quad -\frac{10}{9} + \frac{7\sqrt{7}}{9},\quad L = 0.9468$$

Der Operator T ist also eine Kontraktion. Die Lösung $z \in D$ der nichtlinearen RWA kann deshalb mittels Fixpunktiteration approximiert werden:

```
> y0 := unapply(4-3*x,x):
  y := proc(n)
    global f,a,b; option remember;
    if n=0 then y0 else T(y(n-1)) end if
  end proc:
```

Wir geben nur die ersten drei Glieder der Folge $y_n(x)$ an, da deren Grad gleich $3 \cdot 2^n - 2$ ist und somit exponentiell anwächst:

```
> seq((sort@expand)(y(n)(x)),n=0..2);
```

$$-3x+4,\; \frac{9}{8}x^4 - 6x^3 + 12x^2 - \frac{81}{8}x + 4,\; \frac{27}{1280}x^{10} - \frac{9}{32}x^9 + \frac{27}{16}x^8 - \frac{5337}{896}x^7 + \frac{549}{40}x^6 - \frac{873}{40}x^5 + \frac{12705}{512}x^4 - \frac{81}{4}x^3 + 12x^2 - \frac{124281}{17920}x + 4$$

Informativer ist deren graphische Veranschaulichung mittels einer Animation:

```
> Animation := seq(plot([y(n)(x),z(x)],x=a..b,color=[red,black],
    view=[a..b,0..4],linestyle=[1,3],thickness=[2,1],
    title=cat(n,". Fixpunkt-Iteration")),n=0..6):
  display(Animation,insequence=true);
```

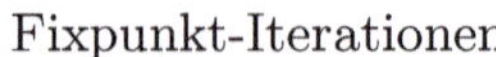

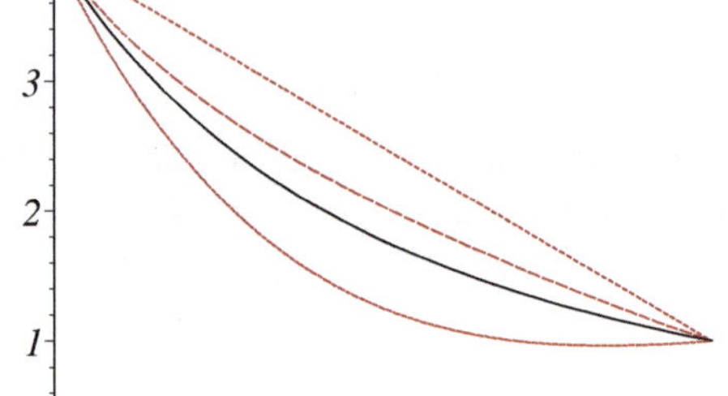

7.4 Selbstadjungierte Randwertaufgaben

Eine *Randwertaufgabe* mit *formal-selbstadjungierter Differentialgleichung* ist *nicht notwendig selbstadjungiert.* Dies zeigt das folgende

Beispiel 3: (vgl. [Weise], S. 147)

```
> restart: with(LinearAlgebra):
  Dgl := diff(y(x),x$2)+y(x) = 0;
  a := 0: b := Pi: f0 := 1:
  RandBed := [y(a)-D(y)(b)=0,y(b)=0];
```

$$Dgl := y'' + y = 0, \quad RandBed := [y(0) - \mathrm{D}(y)(\pi) = 0,\ y(\pi) = 0]$$

```
  vars := [[y(a),D(y)(a)],[y(b),D(y)(b)]]:
  (A,B,c) := RandBed2Matrix(RandBed,vars);
```

$$A, B, c := \begin{bmatrix} 1 & 0 \\ 0 & 0 \end{bmatrix}, \begin{bmatrix} 0 & -1 \\ 1 & 0 \end{bmatrix}, \begin{bmatrix} 0 \\ 0 \end{bmatrix}$$

```
> dsolve(Dgl,y(x),output=basis);
  VectorCalculus[Wronskian](%,x):
  Y := unapply(%,x): 'Y(x)' = Y(x);
```

$$\left[\sin(x), \cos(x)\right], \quad Y(x) = \begin{bmatrix} \sin(x) & \cos(x) \\ \cos(x) & -\sin(x) \end{bmatrix}$$

```
> C := A.Y(a)+B.Y(b); # charakteristische Matrix
  Determinant(C): 'det(C)' = simplify(%);
```

$$C := \begin{bmatrix} 1 & 1 \\ 0 & -1 \end{bmatrix}, \quad \det(C) = -1$$

Die charakteristische Matrix C ist also regulär. Die homogene Randwertaufgabe besitzt somit nur die triviale Lösung; dies sichert die Existenz der GREEN-Funktion. Man erhält sie z. B. mittels folgender Rechenschritte:

```
> AY := map(simplify,C^(-1).A.Y(a)): BY := map(simplify,C^(-1).B.Y(b)):
  AY, BY;
```

$$\begin{bmatrix} 0 & 1 \\ 0 & 0 \end{bmatrix}, \begin{bmatrix} 1 & -1 \\ 0 & 1 \end{bmatrix}$$

```
> beta  := map(simplify,LinearSolve(Y(x),Vector([0,1/2/f0])));
  alpha := map(simplify,LinearSolve(C,(A.Y(a)-B.Y(b)).beta),trig);
  alpha := unapply(alpha,x): beta := unapply(beta,x):
```

$$\beta := \begin{bmatrix} \frac{1}{2}\cos(x) \\ -\frac{1}{2}\sin(x) \end{bmatrix}, \quad \alpha := \begin{bmatrix} -\sin(x) - \frac{1}{2}\cos(x) \\ \frac{1}{2}\sin(x) \end{bmatrix}$$

Die GREEN-Funktion ergibt sich hier durch:

```
> Y1_ := SubMatrix(Y(x),1,1..2):          # 1. Zeile
  G := piecewise(x>=t,(Y1_.(alpha(t)+beta(t)))[1],
                 x<t, (Y1_.(alpha(t)-beta(t)))[1]):
  'G(x,t)' = expand(G);
```

$$G(x, t) = \begin{cases} -\sin(x)\sin(t) & , t \leq x \\ -\sin(x)\sin(t) - \sin(x)\cos(t) + \cos(x)\sin(t) & , x < t \end{cases}$$

Die GREEN-*Funktion* ist also in diesem Fall *nicht symmetrisch*. Somit ist nach Satz 7.4.1 die *Randwertaufgabe nicht selbstadjungiert*. Diese GREEN-Funktion, die mit ihrer Ableitung die Titelseite der ersten Auflage unseres Buches zierte, kann man wie folgt graphisch darstellen:

```
> with(plots):
  Optionen := style=patchcontour,shading=zhue,grid=[100,100],axes=box,
    tickmarks=[spacing(Pi/2)$2,[-1,0,1]],labels=[" "$3]:
  p1 := plot3d(G,x=a..b,t=a..b,Optionen,contours=20):
```

```
p2 := spacecurve([x,x,subs(t=x,G+0.01)],x=a..b,color=black,
                 thickness=2):
display(p1,p2,orientation=[-90,0]); phi:=limit(diff(G,x),t=x,right):
L := [0,0.1,0.21,0.32,0.46,0.79,1.11,1.25,1.37,1.47,1.57,1.67,
     1.78,1.89,2.03,2.36,2.68,2.82,2.94,3.04,3.14]:
p3 := seq(spacecurve([x,x,phi+t],t=0..1,color=black),x=L),
          spacecurve([x,x,phi],x=0..Pi,color=black),
          spacecurve([x,x,phi+1],x=0..Pi,color=black):
p4 := plot3d(diff(G,x),x=a..b,t=a..b,Optionen,
          contours=[seq(1-k*0.1,k=0..25)]):
display(p3,p4,orientation=[-155,50]);
```

GREEN-Funktion Ableitung der GREEN-Funktion

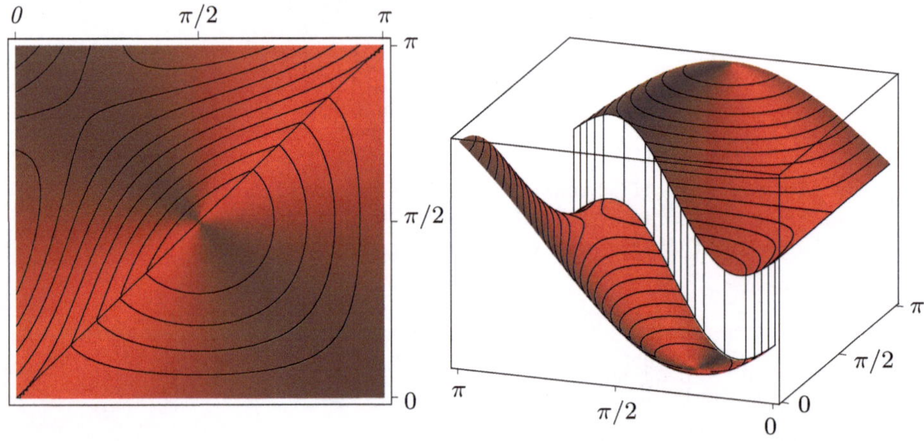

7.5 Selbstadjungierte Randeigenwertaufgaben

Die schwingende Saite

Bereits mehrfach wurde (im Textteil) das Problem der schwingenden Saite angesprochen und die herausragende Bedeutung dieser Fragestellung für die Entwicklung der Mathematik betont. Wir betrachten eine Saite der Länge π, die an ihren Enden, die in den Punkten 0 und π der x-Achse liegen mögen, fest eingespannt ist. Hat die Saite im Punkte x zum Zeitpunkt t die Auslenkung $u(x,t)$, so genügt diese der *eindimensionalen Wellengleichung:*

```
> restart: OFF:
  WGL := diff(u(x,t),t$2) = diff(u(x,t),x,x);
```

$$WGL := \frac{\partial^2}{\partial t^2} u(x,t) = \frac{\partial^2}{\partial x^2} u(x,t)$$

Wir versuchen, die Wellengleichung mittels *‚Separation‘* zu lösen, machen dazu also einen Ansatz der Form $u(x,t) = a(t)\,\eta(x)$:

```
> eval(WGL,u(x,t)=eta(x)*a(t)); %/(eta(x)*a(t));
  Gl1 := -rhs(%) = lambda: Gl2 := -lhs(%%) = lambda:
```

$$\eta(x)\left(\frac{d^2}{dt^2} a(t)\right) = \left(\frac{d^2}{dx^2}\eta(x)\right) a(t)\,, \quad \frac{\frac{d^2}{dt^2} a(t)}{a(t)} = \frac{\frac{d^2}{dx^2}\eta(x)}{\eta(x)}$$

Die letzte Gleichung kann nur gelten, wenn beide Seiten konstant sind. Bezeichnen wir diese *‚Separationskonstante‘* mit $-\lambda$, so erhält man je eine gewöhnliche Differentialgleichung für η und a:

```
> ON: DGL1 := Gl1*eta(x); DGL2 := Gl2*a(t);
```

$$DGL1 := -\eta'' = \eta\,\lambda\,, \quad DGL2 := -a_{t,t} = a(t)\,\lambda$$

Wir suchen eine Lösung u, welche berücksichtigt, daß die Saite an ihren Endpunkten eingespannt ist. Dies führt auf die *Randbedingungen*

$$u(0,t) = 0\,,\ u(\pi,t) = 0$$

sowie die Anfangsbedingungen

$$u(x,0) = \varphi(x) \quad \text{und} \quad \frac{\partial}{\partial t}u(x,t)\Big|_{t=0} = \psi(x)\,.$$

Zum Zeitpunkt $t = 0$ hat die Saite also die Anfangsauslenkung $\varphi(x)$ und die Anfangsgeschwindigkeit $\psi(x)$. Schließt man den Fall der ruhenden Saite aus, so ergeben sich aus obigen Randbedingungen die Bedingungen $\eta(0) = 0$ und $\eta(\pi) = 0$. η ist also Lösung der Randeigenwertaufgabe

$$\eta'' + \lambda\eta = 0\,,\ \eta(0) = 0\,,\ \eta(\pi) = 0\,,$$

die uns bereits in (B9) begegnet ist. Sie hat die Eigenwerte $\lambda_n = n^2$ und die zugehörigen Eigenlösungen $\eta_n(x) = \sin(nx)$.

MWS 7

```
> assume(n,posint): dsolve({subs(lambda=n^2,DGL1),eta(0)=0,eta(Pi)=0});
```

$$\eta = \_C1\,\sin(nx)$$

Für die DGL $a'' + \lambda_n a = 0$ ergibt sich die allgemeine Lösung $a(t) = c_1\sin(nt) + c_2\cos(nt)$.

```
> dsolve(subs(lambda=n^2,DGL2));
```

$$a(t) = \_C1 \sin(n t) + \_C2 \cos(n t)$$

Obige Anfangsbedingungen versuchen wir durch *,Überlagerung' (,Superposition')* zu erfüllen, ohne uns zunächst (im Hinblick auf die Vertauschung von Differentiation und Summation) Gedanken über die Konvergenz der Reihe

$$u(x,t) = \sum_{n=1}^{\infty} \big(A_n \cos(nt) + B_n \sin(nt)\big) \sin(nx)$$

zu machen. Aus den Beziehungen

$$u(x,0) = \sum_{n=1}^{\infty} A_n \sin(nx) = \varphi(x) \text{ und } \mathrm{D}_2(u)(x,0) = \sum_{n=1}^{\infty} n B_n \sin(nx) = \psi(x)$$

erhalten wir für die Koeffizienten:

$$A_n = \frac{2}{\pi}\int_0^{\pi} \varphi(x)\sin(nx)\,dx \text{ bzw. } B_n = \frac{1}{n}\frac{2}{\pi}\int_0^{\pi} \psi(x)\sin(nx)\,dx\,.$$

Um eine zweimal stetig differenzierbare Lösung u der vorgegebenen Anfangs-Randwertaufgabe zu erhalten, müssen die Funktionen φ und ψ hinreichend ,glatt' sein. Wir betrachten die nachfolgenden Beispiele, obwohl sie diese Voraussetzungen *nicht* erfüllen; denn die Beispiele sind von praktischem Interesse (vgl. [Me/Va], S. 389f).

Beispiel 4:

1) Anzupfen einer Gitarrensaite in der Mitte:

Wir beginnen mit dem einfachen Fall $\varphi(x) = \pi/2 - |x - \pi/2|$ und $\psi = 0$. Es gilt also $B_n = 0$, und für die Koeffizienten A_n erhalten wir:

```
> Pi/2-abs(x-Pi/2): phi := unapply(%,x):
  A := n -> 2/Pi*int(phi(x)*sin(n*x),x=0..Pi):
  'A(n)' = A(n);
```

$$A(n) = \frac{4\sin\left(\frac{\pi n}{2}\right)}{\pi n^2}$$

Hieraus ergibt sich

$$\begin{aligned} u(x,t) &= \frac{4}{\pi}\sum_{n=1}^{\infty} \frac{(-1)^{n+1}\sin\big((2n-1)x\big)\cos\big((2n-1)t\big)}{(2n-1)^2} \\ &= \frac{2}{\pi}\sum_{n=1}^{\infty} \frac{(-1)^{n+1}\big(\sin\big((2n-1)(x+t)\big)+\sin\big((2n-1)(x-t)\big)\big)}{(2n-1)^2} \end{aligned}$$

Der ,Knick' von $u(x,0) = \varphi(x)$ pflanzt sich für $t \in [0, \pi/2]$ fort längs der ,charakteristischen Linien' $x + t = \pi/2$ beziehungsweise $x - t = \pi/2$. Wir veranschaulichen dies durch folgende Animation:

MWS 7

```
> with(plots):
  N := 200: u := (x,t) -> sum(A(n)*sin(n*x)*cos(n*t),n=1..N):
  OPT := color=red,thickness=2,scaling=constrained,
         tickmarks=[spacing(Pi/2)$2]:
  animate(u(x,t),x=0..Pi,t=0..Pi,OPT,frames=17);
```

3D-Gesamtschau der Animation

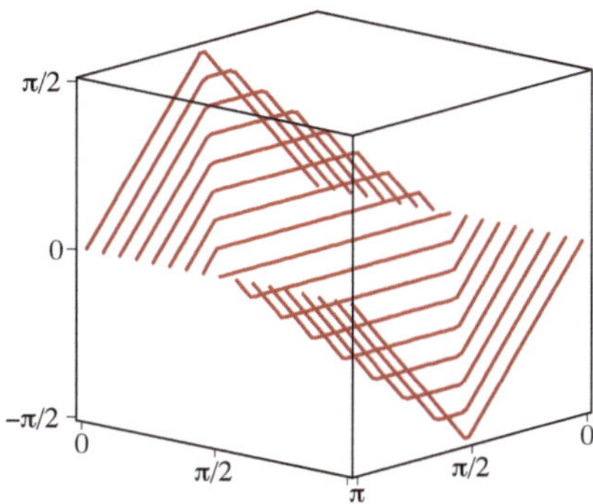

Der weitere Verlauf der ‚Knickstellen' ergibt sich aus $u(x, \pi/2 + t) = -u(x, \pi/2 - t)$ sowie $u(x, t + \pi) = -u(x, t)$.

2) Anzupfen einer Gitarrensaite am Rande:

Wir ändern die Anfangsauslenkung ab und betrachten jetzt:

$$\varphi(x) = \begin{cases} x\,, & x < \frac{11\,\pi}{12} \\ 11\,(\pi - x)\,, & \text{sonst} \end{cases}$$

```
> piecewise(x<11/12*Pi,x,11*(Pi-x)): phi := unapply(%,x):
  A := n -> 2/Pi*int(phi(x)*sin(n*x),x=0..Pi):
  'A(n)' = simplify(A(n));
```

$$A(n) = \frac{24\,\sin\left(\frac{11\,\pi\,n}{12}\right)}{\pi\,n^2}$$

Den zeitlichen Verlauf der Schwingung veranschaulichen wir wieder durch eine Animation:

```
> N := 300: u := (x,t) -> sum(A(n)*sin(n*x)*cos(n*t),n=1..N):
  animate(u(x,t),x=0..Pi,t=0..Pi,OPT,frames=11);
```

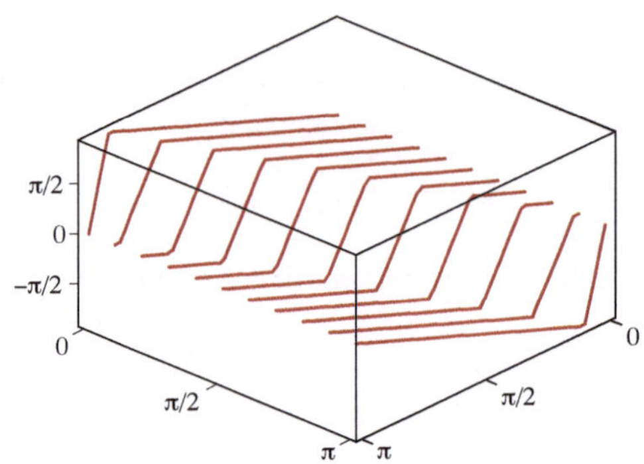

3) Anschlagen der Saite eines Klaviers:

Diese Situation modellieren wir mittels $\varphi = 0$ und

$$\psi(x) = \begin{cases} 1\,, & \pi/2 < x < 5\pi/8 \\ 0\,, & \text{sonst} \end{cases} \quad .$$

```
> piecewise(x>Pi/2 and x<5/8*Pi,1,0): psi := unapply(%,x):
  B := n -> 1/n*2/Pi*int(psi(x)*sin(n*x),x=0..Pi):
  'B(n)' = B(n);
```

$$B(n) = \frac{2\left(\cos\left(\frac{\pi n}{2}\right) - \cos\left(\frac{5\pi n}{8}\right)\right)}{n^2\pi}$$

Auch diesmal veranschaulichen wir die Auslenkungen der Saite durch eine Animation:

```
> N := 200: u := (x,t) -> sum(B(n)*sin(n*x)*sin(n*t),n=1..N):
  animate(u(x,t),x=0..Pi,t=0..Pi,OPT,ytickmarks=[0,0.2],frames=7);
```

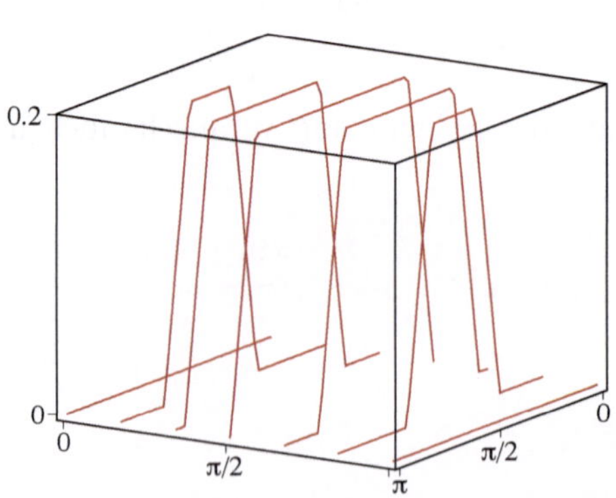

FOURIER-Reihen, Entwicklungssätze

Im folgenden verifizieren wir die Approximationsaussagen der Sätze 7.5.4 und 7.5.11 und legen dabei als Orthonormalsystem die orthonormierten Eigenfunktionen von Beispiel (B 9) zugrunde. Wir übernehmen diese und definieren als passendes Skalarprodukt:

```
> restart: with(plots):
  SkalarProd := (u,v) -> Int(u(x)*v(x),x=0..Pi);
  eta := n -> (x -> sqrt(2/Pi)*sin(n*x));
```

$$SkalarProd := (u, v) \longrightarrow \int_0^\pi u(x)\,v(x)\,dx\,, \quad \eta := n \longrightarrow x \longrightarrow \sqrt{\frac{2}{\pi}}\,\sin(n\,x)$$

Beispiel 5:

Wir beginnen mit einer stetigen Funktion und berechnen deren FOURIER-Koeffizienten:

```
> f := x -> x-Pi/2:
  assume(n,posint): c := n -> value(SkalarProd(f,eta(n))):
  'c(n)' = c(n);
```

$$c(n) = -\frac{\sqrt{\pi}\,\sqrt{2}\,(1+(-1)^n)}{2n}$$

Mit Maple können wir im vorliegenden Fall die Gültigkeit der PARSEVAL-Gleichung bestätigen:

```
> Sum(c(n)^2,n=1..infinity): % = value(expand(%));
  SkalarProd(f,f): % = value(%);
```

$$\sum_{n=1}^{\infty} \frac{\pi\,(1+(-1)^n)^2}{2n^2} = \frac{\pi^3}{12}\,, \quad \int_0^\pi \left(x-\frac{\pi}{2}\right)^2 dx = \frac{\pi^3}{12}$$

Nach Satz 7.5.4 sind die Partialsummen der FOURIER-Reihe $|\ |_2$-konvergent gegen f. Wir veranschaulichen dies wieder mittels einer Animation:

```
> T := (x,n)-> sum(c(k)*eta(k)(x),k=1..n);
       # Partialsumme der Fourier-Reihe
  animation := seq(plot([f(x),T(x,2*n)],x=0..Pi,color=[black,red],
    tickmarks=[spacing(Pi/2)$2],title=cat("n = ",2*n)),n=1..8):
  display(animation,insequence=true);
```

$$T := (x, n) \longrightarrow \sum_{k=1}^{n} c(k)\,\eta(k)(x)$$

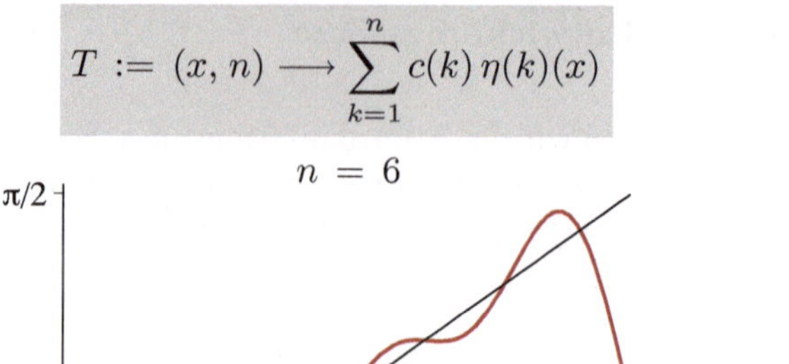

Die Animation verdeutlicht, daß die Partialsummen der FOURIER-Reihe an den Intervallenden nicht punktweise gegen $f(x)$ konvergieren können.

Beispiel 6:

Als nächstes Beispiel greifen wir eine Funktion heraus, welche die Randbedingungen von (B9) erfüllt. Nach Satz 7.5.11 erwartet man also absolut gleichmäßige Konvergenz für $x \in [0, \pi]$. Wir beginnen mit der Berechnung der FOURIER-Koeffizienten und überprüfen auch in diesem Falle die Gültigkeit der PARSEVAL-Gleichung:

```
> f := x -> x*cos(x/2):
  'c(n)' = (factor@value)(c(n));
```

$$c(n) = \frac{16\,(-1)^{1+n}\sqrt{2}\,n}{\sqrt{\pi}\,(1+2n)^2\,(-1+2n)^2}$$

```
  Sum(simplify(c(n)^2),n=1..infinity): % = (expand@value)(%);
  SkalarProd(f,f): % = value(%);
```

$$\sum_{n=1}^{\infty} \frac{512\,n^2}{\pi\left(1-8n^2+16n^4\right)^2} = \frac{1}{6}\pi^3 - \pi\,, \qquad \int_0^{\pi} x^2\,\cos\left(\frac{x}{2}\right)^2 dx = \frac{1}{6}\pi^3 - \pi$$

Diesmal zeigen die Partialsummen der FOURIER-Reihe ein wesentlich besseres Approximationsverhalten:

```
> OurTicks1 := tickmarks=[spacing(Pi/2),[0,1]]:
  animation := seq(plot([f(x),T(x,n)],x=0..Pi,color=[black,red],
    OurTicks1,title=cat("n = ",n)),n=1..4):
  display(animation,insequence=true,view=[0..Pi,0..1.2],thickness=2);
```

1. und 2. Partialsumme

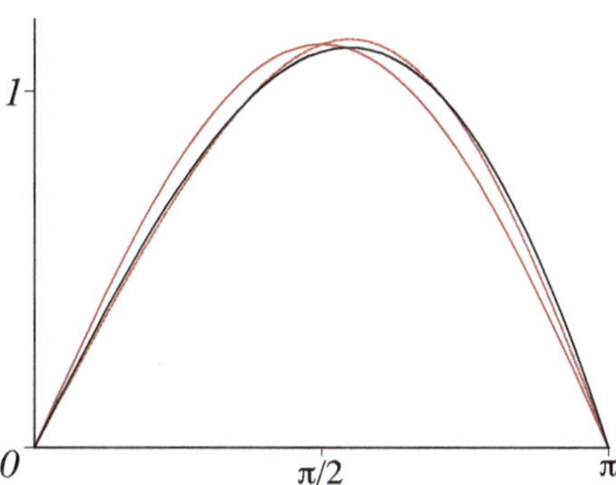

Die gleichmäßige Konvergenz läßt sich durch das Verhalten der Fehlerfunktionen, d. h. der Differenz zwischen f und den Partialsummen der FOURIER-Reihe, deutlicher hervorheben:

```
> OurTicks2 := tickmarks=[spacing(Pi/2),[0,0.1,-0.05]]:
  animation := seq(plot(f(x)-T(x,n),x=0..Pi,color=red,
    OurTicks2,title=cat("n = ",n)),n=1..8):
  display(animation,insequence=true);
```

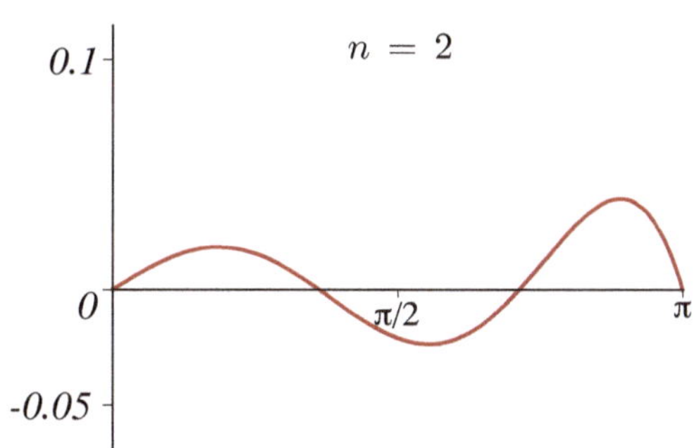

8 Anhang

Matrixfunktionen

In Kapitel 5 haben wir u. a. lineare Differentialgleichungssysteme mit konstanten Koeffizienten behandelt und dazu die Matrix-Exponentialfunktion eingeführt. Diese lieferte durch $\exp(xA)$ eine Fundamentalmatrix des homogenen Systems $y' = Ay$, deren Berechnung i. allg. die Kenntnis der Eigenwerte von A sowie zugehöriger Eigen- und Hauptvektoren voraussetzte. Für viele Anwendungsbereiche der Matrixanalysis ist es wünschenswert, dieses Konzept, eine gegebene Matrix A als Argument in eine Funktion f einer zunächst skalaren Variablen einzusetzen, auf eine größere Klasse von Funktionen zu erweitern. Wir wählen ähnlich wie [Hs/Si], S. 69–107 einen Zugang, der — obwohl sonst in der Lehrbuchliteratur wenig verbreitet — im Grunde wohlbekannt sein sollte und z. B. in den Monographien [Gant], S. 121–151 und [Ho/Jo], S. 382–449 großenteils zu finden ist. Seine Ursprünge gehen im Falle einfacher Eigenwerte auf Sylvester (1883) bzw. im Falle mehrfacher Eigenwerte auf Buchheim (1886) zurück. Dem — auch historisch — interessanten Übersichtsartikel [Rine] verdanken wir wichtige Anregungen, die in diesem Kapitel ihren Niederschlag gefunden haben.

Von zentraler Bedeutung ist die *Spektraldarstellung von* Sylvester-Buchheim. Auf ihr beruht die hier gewählte Definition des Begriffs einer Matrixfunktion. Zugleich ergibt sich hieraus eine elementare Berechnungsmöglichkeit für $f(A)$. Diese setzt von A nur die Kenntnis der Eigenwerte (mit ihren Vielfachheiten) voraus — benötigt also *keine* Jordan-*Normalform* — und basiert bemerkenswerterweise auf Hermite-*Interpolation*.

8.1 Matrixpolynome

Für ein Polynom p vom Grade $N \in \mathbb{N}_0$ mit Koeffizienten $c_0, \ldots, c_N \in \mathbb{C}$, gegeben also durch

$$p(\lambda) = c_0 + c_1\lambda + \cdots + c_N\lambda^N \quad \text{für } \lambda \in \mathbb{C}$$

Anhang

W. Forst, D. Hoffmann, *Gewöhnliche Differentialgleichungen*, Springer-Lehrbuch,
DOI 10.1007/978-3-642-37883-6_8, © Springer-Verlag Berlin Heidelberg 2013

mit $c_N \neq 0$, definiert man zu $A \in \mathbb{M}_n$ in natürlicher Weise das *Matrixpolynom*

$$p(A) := c_0 E + c_1 A + \cdots + c_N A^N . \tag{1}$$

Wir notieren dazu vorab die folgenden einfachen **Eigenschaften:**

α) Die Abbildung $p \longmapsto p(A)$ ist ein *Homomorphismus von der Algebra der Polynome in die Algebra* $\mathbb{M}_n$, d. h. für Polynome p_1, p_2 und komplexe Zahlen α_1, α_2 gilt:

$$\begin{aligned} \alpha_1 p_1 + \alpha_2 p_2 &\longmapsto \alpha_1 p_1(A) + \alpha_2 p_2(A) \\ p_1 \cdot p_2 &\longmapsto p_1(A) p_2(A) \end{aligned}$$

Zusätzlich hat man die *Kompositionsregel:* $p_1 \circ p_2 \longmapsto p_1(p_2(A))$

β) Für jede invertierbare Matrix $S \in \mathbb{M}_n$ gilt $p(S^{-1}AS) = S^{-1}p(A)S$.

Bei den folgenden Überlegungen setzen wir HERMITE-*Interpolation* entscheidend ein. Da diese vielleicht nicht allen Lesern vertraut ist, führen wir die Fragestellung vorweg etwas aus und beweisen kurz den zugehörigen Existenz- und Eindeutigkeitssatz. Für Ergänzungen verweisen wir auf die einschlägige Literatur, z. B. [Bu/St] oder [Ki/Ch].

Zu $s \in \mathbb{N}$, paarweise verschiedenen $\lambda_1, \dots, \lambda_s \in \mathbb{C}$, $m_1, \dots, m_s \in \mathbb{N}$ und

$$\omega_{j,\nu} \in \mathbb{C} \qquad (j = 1, \dots, s;\ \nu = 0, \dots, m_j - 1)$$

suchen wir für $M := \sum_{j=1}^{s} m_j$ ein Polynom p vom Grade kleiner M mit

$$p^{(\nu)}(\lambda_j) = \omega_{j,\nu} \qquad (j = 1, \dots, s;\ \nu = 0, \dots, m_j - 1) . \tag{H}$$

Man spricht von „HERMITE-*Interpolation*", gelegentlich auch *„verallgemeinerter* LAGRANGE-*Interpolation"*. Anders als bei der LAGRANGE-Interpolation, die sich als Spezialfall für $m_1 = \cdots = m_s = 1$ ergibt, werden hier an den ‚Stützstellen' λ_j nicht nur die Funktionswerte, sondern auch die Ableitungen bis zur Ordnung $m_j - 1$ vorgegeben.

Satz 8.1.1 *Es gibt genau eine Lösung von* (H).

Beweis: Sind p_1 und p_2 Lösungen, dann ist $r := p_1 - p_2$ ein Polynom vom Grade kleiner M mit

$$r^{(\nu)}(\lambda_j) = 0 \qquad (j = 1, \dots, s;\ \nu = 0, \dots, m_j - 1) .$$

Jedes λ_j ist also eine mindestens m_j-fache Nullstelle. So hat r — entsprechend Vielfachheit gezählt — mindestens M Nullstellen. Das liefert $r = 0$ und somit $p_1 = p_2$. Auch die Existenz folgt nun leicht: (H) ist äquivalent zu einem linearen Gleichungssystem von M Gleichungen für die M Koeffizienten eines gesuchten Polynoms p. Die zugehörige Matrix ist regulär wegen der schon gezeigten Eindeutigkeit. Folglich besitzt das Gleichungssystem für beliebige rechte Seiten eine eindeutige Lösung. □

Für $\sigma = 1, \ldots, s;\ k = 0, \ldots, m_\sigma - 1$ wird die Lösung der speziellen Interpolationsaufgabe

$$p^{(\nu)}(\lambda_j) = \delta_{\sigma,j}\,\delta_{k,\nu} \qquad (j = 1, \ldots, s;\ \nu = 0, \ldots, m_j - 1)$$

als HERMITE-*Grundpolynom* bezeichnet und mit $h_{\sigma,k}$ notiert. Es gilt also

$$h_{\sigma,k}^{(\nu)}(\lambda_j) = \delta_{\sigma,j}\,\delta_{k,\nu} \qquad (\sigma, j = 1, \ldots, s;\ k, \nu = 0, \ldots, m_j - 1)$$

und damit für die Lösung der allgemeinen Interpolationsaufgabe (H)

$$p = \sum_{\sigma=1}^{s} \sum_{k=0}^{m_\sigma - 1} \omega_{\sigma,k}\, h_{\sigma,k} = \sum_{\sigma=1}^{s} \sum_{k=0}^{m_\sigma - 1} p^{(k)}(\lambda_\sigma) h_{\sigma,k}\,.$$

Zur praktischen Bestimmung der $h_{\sigma,k}$ zieht man oft ein einfaches *Differenzenschema* heran, für das wir etwa auf [Bu/St] oder [Ki/Ch] verweisen. Nähere Einzelheiten dürften aber auch durch die in Abschnitt 8.3 gerechneten und in MWS 8 aufgegriffenen Beispiele von sich aus verständlich werden.

Ein ganz einfaches *Beispiel* soll die Vorgehensweise schon hier etwas erläutern und auch — für reelles λ — veranschaulichen. Ausführliche Beispiele zu verschiedenen Gesichtspunkten finden sich dann in Abschnitt 8.3.

(B1) Es seien $s = 2, \lambda_1 = 0, \lambda_2 = 1, m_1 = 1, m_2 = 2$ und mit

$$f(x) := \sqrt{x} \quad \text{für} \quad x \in [0, \infty[$$

$$\omega_{j,0} := f(\lambda_j) \quad (j = 1, 2) \quad \text{und} \quad \omega_{2,1} := f'(\lambda_2)\,.$$

Das gesuchte Polynom p höchstens zweiten Grades soll also an der Stelle 0 den gleichen Funktionswert wie f haben und an der Stelle 1 mit dem Funktionswert und der ersten Ableitung mit f übereinstimmen. Das gibt

$$h_{1,0}(\lambda) = (\lambda - 1)^2, \quad h_{2,0}(\lambda) = \lambda(2 - \lambda), \quad h_{2,1}(\lambda) = \lambda(\lambda - 1)$$

und

$$p(\lambda) = \lambda(2 - \lambda) + \frac{1}{2}\lambda(\lambda - 1) = \frac{1}{2}\lambda(3 - \lambda)\,.$$

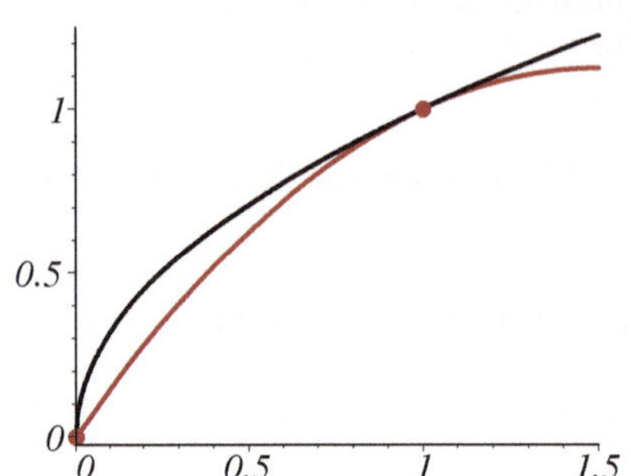

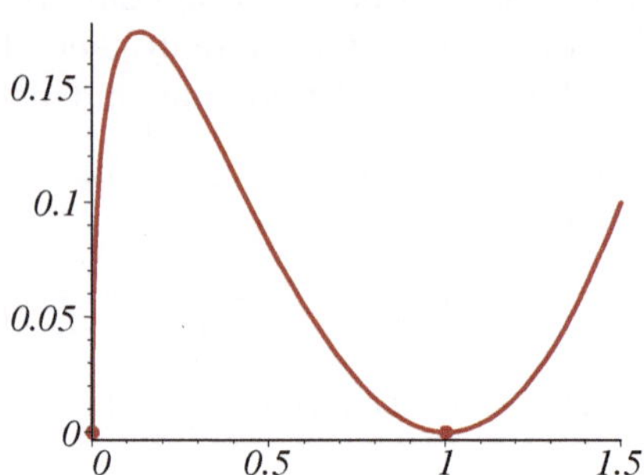

Eine gegebene Matrix A habe nun genau die (paarweise verschiedenen) Eigenwerte $\lambda_1, \ldots, \lambda_s \in \mathbb{C}$ mit den algebraischen Vielfachheiten $n_1, \ldots, n_s$. Ihr *charakteristisches Polynom* χ_A ist also gegeben durch

$$\chi_A(\lambda) = \prod_{\sigma=1}^{s} (\lambda - \lambda_\sigma)^{n_\sigma} \qquad (\lambda \in \mathbb{C}).$$

Für das *Minimalpolynom*[1] μ_A von A gilt somit

$$\mu_A(\lambda) = \prod_{\sigma=1}^{s} (\lambda - \lambda_\sigma)^{m_\sigma} \qquad (\lambda \in \mathbb{C})$$

mit $m_\sigma \leq n_\sigma$ $(\sigma = 1, \ldots s)$.

Für $n \in \mathbb{N}_0$ bezeichne Π_n den Raum der Polynome vom Grade höchstens n. M sei der Grad des Minimalpolynoms μ_A, also $M := \sum_{\sigma=1}^{s} m_\sigma$.

Satz 8.1.2 *Zu jedem gegebenen Polynom p existiert genau ein $r \in \Pi_{M-1}$ mit $p(A) = r(A)$, nämlich*

$$r = \sum_{\sigma=1}^{s} \sum_{k=0}^{m_\sigma - 1} p^{(k)}(\lambda_\sigma)\, h_{\sigma,k}.$$

Es gilt damit also die Spektraldarstellung von SYLVESTER-BUCHHEIM

$$p(A) = \sum_{\sigma=1}^{s} \sum_{k=0}^{m_\sigma - 1} p^{(k)}(\lambda_\sigma)\, h_{\sigma,k}(A).$$

Beweis: Division mit Rest ergibt

[1] Zur Erinnerung: μ_A ist das *normierte* (höchster Koeffizient 1) Polynom P *minimalen Grades* mit $P(A) = 0$.

$$p(\lambda) = q(\lambda)\,\mu_A(\lambda) + r(\lambda) \qquad (\lambda \in \mathbb{C}) \tag{2}$$

mit einem geeigneten Polynom q und $r \in \Pi_{M-1}$. Wegen $\mu_A(A) = 0$ folgt hieraus $p(A) = r(A)$. Sind $r_1, r_2 \in \Pi_{M-1}$ mit $p(A) = r_1(A) = r_2(A)$, so ist $(r_1 - r_2)(A) = 0$ und somit aufgrund des Grades und der Definition des Minimalpolynoms $r_1 - r_2 = 0$, also $r_1 = r_2$.

Wegen $\mu_A^{(k)}(\lambda_\sigma) = 0$ für $\sigma = 1, \ldots, s$ und $k = 0, \ldots, m_\sigma - 1$ folgt aus (2) für diese Indizes:

$$p^{(k)}(\lambda_\sigma) = r^{(k)}(\lambda_\sigma)$$

Mithin ist

$$r = \sum_{\sigma=1}^{s} \sum_{k=0}^{m_\sigma - 1} p^{(k)}(\lambda_\sigma) h_{\sigma,k}\,,$$

also

$$p(A) = r(A) = \sum_{\sigma=1}^{s} \sum_{k=0}^{m_\sigma - 1} p^{(k)}(\lambda_\sigma) h_{\sigma,k}(A)\,. \qquad \square$$

Für $\sigma = 1, \ldots, s$ und $k = 0, \ldots, m_\sigma - 1$ setzen wir $C_{\sigma,k} := h_{\sigma,k}(A)$, speziell $P_\sigma := C_{\sigma,0}$, und erhalten:

Satz 8.1.3

a) $\sum\limits_{\sigma=1}^{s} P_\sigma = E$

b) $P_j P_\ell = \delta_{j,\ell} P_j \qquad (j, \ell = 1, \ldots, s)$

c) $C_{\sigma,k+1} = \dfrac{1}{k+1} (A - \lambda_\sigma E)\, C_{\sigma,k} \qquad (k \le m_\sigma - 2)$

d) $C_{\sigma,k} = \dfrac{1}{k!} (A - \lambda_\sigma E)^k P_\sigma$

e) $(A - \lambda_\sigma E)^k P_\sigma = 0$ *für* $k \in \mathbb{N}$ *mit* $k \ge m_\sigma$

Beweis: a) ergibt sich direkt aus der Beziehung $\sum_{\sigma=1}^{s} h_{\sigma,0}(\lambda) = 1$ für alle $\lambda \in \mathbb{C}$. Diese erhält man unmittelbar aus Satz 8.1.1, da die linke und die rechte Seite je ein Polynom aus Π_{M-1} definieren, das an den Stellen $\lambda_1, \ldots, \lambda_s$ den Funktionswert 1 annimmt, während die Ableitungen der Ordnung $1, \ldots, m_\sigma - 1$ jeweils an der Stelle λ_σ verschwinden.

b)

$$P_j P_\ell = h_{j,0}(A)\, h_{\ell,0}(A) = \sum_{\sigma=1}^{s} \sum_{k=0}^{m_\sigma - 1} \left(h_{j,0} \cdot h_{\ell,0}\right)^{(k)} (\lambda_\sigma)\, C_{\sigma,k}$$

$$= \sum_{\sigma=1}^{s} \underbrace{h_{j,0}(\lambda_\sigma)}_{=\delta_{j,\sigma}}\, \underbrace{h_{\ell,0}(\lambda_\sigma)}_{=\delta_{\ell,\sigma}}\, C_{\sigma,0} = \delta_{j,\ell} P_j$$

Bei der vorletzten Gleichung haben wir die LEIBNIZ-Regel zur Differentiation einer Produktfunktion und die Interpolationsbedingungen eingesetzt.

c) Für das durch $p_{\sigma,k}(\lambda) := \frac{1}{k+1}(\lambda - \lambda_\sigma)\, h_{\sigma,k}(\lambda)$ $(\lambda \in \mathbb{C})$ definierte Polynom $p_{\sigma,k}$ gilt

$$\frac{1}{k+1}(A - \lambda_\sigma E)\, C_{\sigma,k} = p_{\sigma,k}(A) = \sum_{j=1}^{s} \sum_{\nu=0}^{m_j-1} p_{\sigma,k}^{(\nu)}(\lambda_j)\, C_{j,\nu}\,. \tag{3}$$

Mit $p_{\sigma,k}(\lambda_j) = 0$ für $j = 1, \ldots, s$ und

$$p_{\sigma,k}^{(\nu)}(\lambda) = \frac{1}{k+1}(\lambda - \lambda_\sigma)\, h_{\sigma,k}^{(\nu)}(\lambda) + \frac{\nu}{k+1}\, h_{\sigma,k}^{(\nu-1)}(\lambda)$$

für $\nu \geq 1$ ergibt sich

$$p_{\sigma,k}^{(\nu)}(\lambda_j) = \delta_{\sigma,j}\, \delta_{k+1,\nu} \qquad (j = 1, \ldots, s;\ \nu = 0, \ldots, m_j - 1)\,. \tag{4}$$

Aus (3) und (4) folgt $p_{\sigma,k}(A) = C_{\sigma,k+1}$.

d) Gemäß Definition ist $C_{\sigma,0} = P_\sigma$, und mit Hilfe von c) kann der Induktionsschritt durchgeführt werden:

$$C_{\sigma,k+1} = \frac{1}{k+1}(A - \lambda_\sigma E)\, C_{\sigma,k} = \frac{1}{k+1}(A - \lambda_\sigma E) \cdot \frac{1}{k!}(A - \lambda_\sigma E)^k P_\sigma$$

e) Für $k \geq m_\sigma$ ist μ_A ein Teiler des durch $(\lambda - \lambda_\sigma)^k\, h_{\sigma,0}(\lambda)$ für $\lambda \in \mathbb{C}$ gegebenen Polynoms; denn $h_{\sigma,0}$ hat λ_j für $j \neq \sigma$ als m_j-fache Nullstelle, und der erste Faktor liefert ja λ_σ als mindestens m_σ-fache Nullstelle. Mit $\mu_A(A) = 0$ folgt so $(A - \lambda_\sigma E)^k P_\sigma = 0$. □

Anmerkung: *Die Matrizen* $\{C_{\sigma,k} \mid \sigma = 1, \ldots, s;\ k = 0, \ldots, m_\sigma - 1\}$ *sind linear unabhängig.*

Beweis: Aus einer Relation

$$\sum_{\sigma=1}^{s} \sum_{k=0}^{m_\sigma-1} \alpha_{\sigma,k}\, C_{\sigma,k} = 0$$

mit $\alpha_{\sigma,k} \in \mathbb{C}$ folgt für das entsprechende Polynom

$$p := \sum_{\sigma=1}^{s} \sum_{k=0}^{m_\sigma-1} \alpha_{\sigma,k}\, h_{\sigma,k}$$

$p(A) = 0$. Das Minimalpolynom μ_A hat den Grad M, p hingegen gehört zu Π_{M-1}. Aufgrund der Minimalität von μ_A ist also $p = 0$, mithin sind alle Koeffizienten $\alpha_{\sigma,k}$ Null. □

Bei der allgemeinen Formel sollte man nicht den einfachen Spezialfall aus den Augen verlieren. Dazu notieren wir:

Bemerkung 8.1.4

Ist A diagonalisierbar, so gilt

$$\mu_A(\lambda) = \prod_{\sigma=1}^{s} (\lambda - \lambda_\sigma) \quad \textit{für } \lambda \in \mathbb{C}\,.$$

Mit $p(\lambda) = \lambda$ *erhält man dann die Spektraldarstellung*

$$A = \sum_{\sigma=1}^{s} \lambda_\sigma \, P_\sigma\,.$$

Die auftretenden Projektionen $P_1, \ldots, P_s$ werden in der einschlägigen Literatur oft als FROBENIUS-*Kovarianten* oder RIESZ-*Projektoren* bezeichnet.

Zusatz 8.1.5:

P_σ *ist die Projektion auf den Hauptraum*

$$H_\sigma := \left\{ x \in \mathbb{C}^n \mid (A - \lambda_\sigma E)^{n_\sigma} x = 0 \right\} = \operatorname{Kern}\left((A - \lambda_\sigma E)^{n_\sigma} \right),$$

d. h. es gilt $\operatorname{rg}(P_\sigma) = n_\sigma$. *Je* n_σ *linear unabhängige Spalten von* P_σ *liefern eine Basis von* H_σ.

Beweisskizze: Wegen $\operatorname{rg}((A - \lambda_\sigma E)^{n_\sigma}) = n - n_\sigma$ ist $\dim H_\sigma = n_\sigma$.

Nach e) aus Satz 8.1.3 hat man $(A - \lambda_\sigma E)^{n_\sigma} P_\sigma = 0$. Für $V_\sigma := P_\sigma(\mathbb{C}^n)$ gilt also

$$V_\sigma \subset H_\sigma\,, \quad \text{folglich} \quad \operatorname{rg}(P_\sigma) = \dim V_\sigma \leq \dim H_\sigma\,.$$

Berücksichtigt man die Beziehungen a) und b) aus Satz 8.1.3, so erhält man

$$\mathbb{C}^n = V_1 \oplus \cdots \oplus V_s\,.$$

Hieraus ergibt sich $\operatorname{rg}(P_\sigma) = n_\sigma$, $H_\sigma = V_\sigma \quad (\sigma = 1, \ldots, s)$. □

Für die in dieser Beweisskizze nicht ausgeführten Überlegungen ziehe man bei Bedarf etwa [Halm], S. 113f oder [Hs/Si], S. 73f heran.

8.2 Matrixfunktionen: Definition, Eigenschaften

Das Minimalpolynom einer gegebenen Matrix $A \in \mathsf{M}_n$ sei wieder wie in Abschnitt 8.1 dargestellt:

$$\mu_A(\lambda) = \prod_{\sigma=1}^{s} (\lambda - \lambda_\sigma)^{m_\sigma} \qquad (\lambda \in \mathbb{C})$$

Dabei waren $\lambda_1, \ldots, \lambda_s \in \mathbb{C}$ mit $s \in \mathbb{N}$ die (paarweise verschiedenen) Eigenwerte von A mit den (algebraischen) Vielfachheiten $n_1, \ldots, n_s$ und m_σ natürliche Zahlen mit $m_\sigma \leq n_\sigma$ für $\sigma = 1, \ldots s$.

Definition:

$\mathfrak{F}(A)$ bezeichne die Menge der Funktionen f *aus* $\mathbb{C}$ in $\mathbb{C}$, die für $\sigma = 1, \ldots, s$ in λ_σ jeweils $(m_\sigma - 1)$-mal differenzierbar sind.

Für $f \in \mathfrak{F}(A)$ sei

$$f(A) := \sum_{\sigma=1}^{s} \sum_{k=0}^{m_\sigma - 1} \frac{f^{(k)}(\lambda_\sigma)}{k!} (A - \lambda_\sigma E)^k P_\sigma .$$

Auch diese Verallgemeinerung der Formel aus Satz 8.1.2 wird als *Spektraldarstellung von* Sylvester-Buchheim bezeichnet.

Anmerkungen:

a) Im Falle einfacher Eigenwerte werden an Funktionen $f \in \mathfrak{F}(A)$ nur sehr schwache Anforderungen gestellt: Sie brauchen an diesen Stellen nur definiert zu sein. Für reelle Matrizen mit reellen Eigenwerten interpretieren wir ‚Differenzierbarkeit' als ‚reelle Differenzierbarkeit'; für komplexe Eigenwerte λ_σ mit Vielfachheit $m_\sigma \geq 2$ hingegen bedeute sie ‚komplexe Differenzierbarkeit'. Bei (mindestens) zweimaliger Differenzierbarkeit ist dann f in dem betreffenden Punkt holomorph, da ja die zweimalige Differenzierbarkeit die Existenz der ersten Ableitung in einer geeigneten Umgebung bedingt.

b) Für Polynome p gilt nach Satz 8.1.2 und d) aus Satz 8.1.3

$$p(A) = \sum_{\sigma=1}^{s} \sum_{k=0}^{m_\sigma - 1} \frac{p^{(k)}(\lambda_\sigma)}{k!} (A - \lambda_\sigma E)^k P_\sigma .$$

Daher stimmt in diesem Fall die obige Definition mit der speziellen Definition für Matrixpolynome in Abschnitt 8.1 überein.

c) Es seien λ_0 und c_k für $k \in \mathbb{N}_0$ gegebene komplexe Zahlen und damit

$$f(\lambda) = \sum_{k=0}^{\infty} c_k (\lambda - \lambda_0)^k$$

konvergent für $\lambda \in \mathbb{C}$ mit $|\lambda - \lambda_0| < r$ und $|\lambda_\sigma - \lambda_0| < r$ $(\sigma = 1, \ldots, s)$ mit einem geeigneten $r > 0$. Dann existiert der Grenzwert der entsprechenden Matrixreihe[2] $\sum_{k=0}^{\infty} c_k (A - \lambda_0 E)^k$, und dieser ist gleich $f(A)$, also

[2] Dies bedeutet Konvergenz in einer Matrixnorm auf $\mathbb{M}_n$ und damit gerade komponentenweise Konvergenz.

Anhang

$$f(A) = \sum_{k=0}^{\infty} c_k \,(A - \lambda_0 E)^k \;.$$

Beweis: Die durch $f_N(\lambda) := \sum_{k=0}^{N} c_k\,(\lambda - \lambda_0)^k$ für $N \in \mathbb{N}_0$ definierten Partialsummen f_N sind für jedes $r' \in \,]0\,,\, r\,[$ gleichmäßig konvergent für $\lambda \in \mathbb{C}$ mit $|\lambda - \lambda_0| \leq r'$ (lokal gleichmäßige Konvergenz), und es gilt

$$f_N(A) = \sum_{\sigma=1}^{s} \sum_{k=0}^{m_\sigma - 1} \frac{f_N^{(k)}(\lambda_\sigma)}{k!}\,(A - \lambda_\sigma E)^k\, P_\sigma \;.$$

Zusammen mit $f_N(A) \longrightarrow \sum\limits_{k=0}^{\infty} c_k\,(A - \lambda_0 E)^k$ und $f_N^{(k)}(\lambda_\sigma) \longrightarrow f^{(k)}(\lambda_\sigma)$ für $N \longrightarrow \infty$ folgt hieraus die Behauptung. □

Die *Potenzreihendefinition* — als natürliche Erweiterung von Matrixpolynomen — ist mithin in unserer Definition als Spezialfall enthalten.

d) Die Beziehung $p(S^{-1}AS) = S^{-1}p(A)S$ für $A \in \mathbb{M}_n$, invertierbares $S \in \mathbb{M}_n$ und ein beliebiges Polynom p legt es nahe, Matrix*funktionen* mittels der Jordan-*Block-Methode* zu definieren. Wir erläutern dies an folgendem Spezialfall einer (n,n)-Matrix, der aber schon die Kernaussage des allgemeinen Falles beinhaltet:

$$A = \begin{pmatrix} \lambda_1 & 1 & & 0 \\ & \ddots & \ddots & \\ & & \ddots & 1 \\ 0 & & & \lambda_1 \end{pmatrix}$$

Es gilt hier $\mu_A(\lambda) = (\lambda - \lambda_1)^n$ für $\lambda \in \mathbb{C}$ und $P_1 = E$ wegen $h_{1,0}(\lambda) = 1$ sowie

$$A - \lambda_1 E = \begin{pmatrix} 0 & 1 & & 0 \\ & \ddots & \ddots & \\ & & \ddots & 1 \\ 0 & & & 0 \end{pmatrix} .$$

Mit dieser speziellen Matrix $A - \lambda_1 E$ folgt aus

$$f(A) = \sum_{k=0}^{n-1} \frac{f^{(k)}(\lambda_1)}{k!}\,(A - \lambda_1 E)^k\, P_1 = \sum_{k=0}^{n-1} \frac{f^{(k)}(\lambda_1)}{k!}\,(A - \lambda_1 E)^k \;:$$

$$f(A) = \begin{pmatrix} f(\lambda_1) & \frac{f'(\lambda_1)}{1!} & \ldots & \frac{f^{(n-1)}(\lambda_1)}{(n-1)!} \\ \vdots & \ddots & \ddots & \vdots \\ \vdots & & \ddots & \frac{f'(\lambda_1)}{1!} \\ 0 & \ldots & & f(\lambda_1) \end{pmatrix}$$

e) Für $f(\lambda) := \frac{1}{\tau-\lambda}$ zu festem $\tau \in \mathbb{C} \setminus \{\lambda_1, \ldots, \lambda_s\}$ und $\lambda \in \mathbb{C} \setminus \{\tau\}$ gilt $f^{(k)}(\lambda) = \frac{k!}{(\tau-\lambda)^{k+1}}$ für $k \in \mathbb{N}$. Damit führt c) hier auf die *Partialbruchdarstellung der Resolvente:*

$$(\tau E - A)^{-1} = \sum_{\sigma=1}^{s} \sum_{k=0}^{m_\sigma - 1} \frac{1}{(\tau - \lambda_\sigma)^{k+1}} (A - \lambda_\sigma E)^k P_\sigma \qquad (1)$$

Die Beziehung $f(A) = (\tau E - A)^{-1}$ liest man dabei zunächst für hinreichend große τ aus der NEUMANN-Reihe ab und hat dann (Identität rationaler Funktionen!) die Aussage allgemein. Alternativ multipliziert man die rechte Seite von (1) mit $\tau E - A = (\tau - \lambda_\sigma)E - (A - \lambda_\sigma E)$.

f) Mit Hilfe der Resolvente kann man — gemäß einem Vorschlag von E. CARTAN aus dem Jahre 1928 — den *Funktionalkalkül* begründen und Matrixfunktionen $f(A)$ in Analogie zur Integralformel von CAUCHY definieren:

$$f(A) := \frac{1}{2\pi i} \int_\Gamma f(\lambda)\,(\lambda E - A)^{-1}\, d\lambda$$

Hierbei sei die Funktion f holomorph um die Eigenwerte von A und Γ ein Wegezyklus bestehend aus genügend kleinen Kreisen um die Eigenwerte.

Mit Hilfe der Partialbruchdarstellung (1) und der Integralformel (von CAUCHY) für die Ableitung folgt:

$$\frac{1}{2\pi i} \int_\Gamma f(\lambda)\,(\lambda E - A)^{-1}\, d\lambda = \sum_{\sigma=1}^{s} \sum_{k=0}^{m_\sigma - 1} \underbrace{\left(\frac{1}{2\pi i} \int_\Gamma \frac{f(\lambda)}{(\lambda - \lambda_\sigma)^{k+1}}\, d\lambda \right)}_{= \frac{1}{k!} f^{(k)}(\lambda_\sigma)} (A - \lambda_\sigma E)^k P_\sigma$$

CARTANs Definition ist also ebenfalls als Spezialfall in unserer Definition enthalten. Sie hat den Vorteil, daß sie — im Gegensatz zur JORDAN-Block-Methode — direkt auf unendlich-dimensionale Räume ausgedehnt werden kann.

Die Berechnung von $f(A)$ erfordert nicht notwendig die Kenntnis des Minimalpolynoms μ_A. Im folgenden sei c *irgendein* Polynom von der Form

$$c(\lambda) = \prod_{\sigma=1}^{s} (\lambda - \lambda_\sigma)^{\ell_\sigma} \qquad (\lambda \in \mathbb{C})$$

Anhang

mit $\ell_\sigma \in \mathbb{N}$ für $\sigma = 1, \ldots s$, das A annulliert, d. h. $c(A) = 0$. Das Minimalpolynom μ_A teilt dann c. Demzufolge ist $\ell_\sigma \geq m_\sigma$ für $\sigma = 1, \ldots, s$.

Satz 8.2.1

Es sei f eine Funktion aus $\mathbb{C}$ in $\mathbb{C}$, die für $\sigma = 1, \ldots, s$ in λ_σ jeweils $(\ell_\sigma - 1)$-mal differenzierbar ist. Für jedes ‚interpolierende' Polynom $\widehat{p}$ mit

$$\widehat{p}^{(k)}(\lambda_\sigma) = f^{(k)}(\lambda_\sigma) \qquad (\sigma = 1, \ldots, s;\ k = 0, \ldots, \ell_\sigma - 1)$$

gilt

$$f(A) = \widehat{p}(A) \,.$$

Beweis: Dies liest man unmittelbar aus der Definition von $f(A)$ und Anmerkung b) von Seite 332 – für $\widehat{p}$ statt p — ab. □

Wir bezeichnen zu $N := \sum_{j=1}^{s} \ell_j$ für $\sigma = 1, \ldots, s$ und $k = 0, \ldots, \ell_\sigma - 1$ mit $\widehat{h}_{\sigma,k} \in \Pi_{N-1}$ das HERMITE-*Grundpolynom* zu den Interpolationsbedingungen

$$\widehat{h}^{(\nu)}_{\sigma,k}(\lambda_j) = \delta_{\sigma,j}\,\delta_{k,\nu} \quad (j = 1, \ldots, s;\ \nu = 0, \ldots, \ell_j - 1)$$

und mit $H_{f,c}$ zu einer Funktion f das entsprechende HERMITE-*Interpolationspolynom* gemäß Satz 8.2.1, also

$$H_{f,c} = \sum_{\sigma=1}^{s} \sum_{k=0}^{\ell_\sigma - 1} f^{(k)}(\lambda_\sigma)\, \widehat{h}_{\sigma,k} \,,$$

und erhalten die einfache

Folgerung 8.2.2

$$f(A) = \sum_{\sigma=1}^{s} \sum_{k=0}^{\ell_\sigma - 1} f^{(k)}(\lambda_\sigma)\, \widehat{h}_{\sigma,k}(A)$$

$$\textit{mit} \quad \widehat{h}_{\sigma,k}(A) = \begin{cases} C_{\sigma,k} & \textit{für } 0 \leq k \leq m_\sigma - 1 \\ 0 & \textit{für } k \geq m_\sigma \end{cases}$$

Beweis: Satz 8.2.1 liefert mit $\widehat{p} := H_{f,c}$ die erste Gleichung.

$\widehat{h}_{\sigma,k}(A) = \sum\limits_{j=1}^{s} \sum\limits_{\nu=0}^{m_j - 1} \underbrace{\widehat{h}^{(\nu)}_{\sigma,k}(\lambda_j)}_{=\delta_{\sigma,j}\,\delta_{k,\nu}} C_{j,\nu}$ zeigt den Rest. □

Anmerkung: Wegen $\widehat{h}_{\sigma,k}(A) = 0$ für $k \geq m_\sigma$ benötigt man *nicht* die Existenz der Ableitungen $f^{(k)}(\lambda_\sigma)$ für $m_\sigma \leq k < \ell_\sigma$. Das entscheidende Polynom c ist also das Minimalpolynom.

Mit Satz 8.2.1 kann man speziell für die Matrix-Exponentialfunktion eine weitere Lösungsformel gewinnen (man vgl. dazu etwa auch [Kowa], S. 35-38 oder [Run], S. 211-216). Es seien dazu $c_0, \ldots, c_{N-1}$ die Koeffizienten des normierten Polynoms c, also

$$c(\lambda) = \lambda^N + c_{N-1}\lambda^{N-1} + \cdots + c_0 \qquad (\lambda \in \mathbb{C}).$$

Satz 8.2.3

Ordnet man das HERMITE-*Interpolationspolynom* $H_{f,c}$ *zu der für* $x \in \mathbb{R}$ *und* $\lambda \in \mathbb{C}$ *durch* $f(\lambda) := \exp(x\lambda)$ *gegebenen Funktion* f *nach Potenzen von* λ*, so bilden die Koeffizientenfunktionen* φ_ν *(als Funktionen von* x*) dieser Darstellung*

$$H_{f,c}(\lambda) = \sum_{\nu=0}^{N-1} \varphi_\nu(x)\,\lambda^\nu$$

ein Fundamentalsystem der homogenen linearen Differentialgleichung

$$y^{(N)}(x) + c_{N-1}y^{(N-1)}(x) + \cdots + c_0\,y(x) = 0 \qquad (x \in \mathbb{R}) \tag{2}$$

mit den kanonischen Anfangswerten

$$\varphi_\nu^{(\kappa)}(0) = \delta_{\nu,\kappa} \quad (\nu, \kappa = 0, \ldots, N-1).$$

Hierbei ist c *gerade das charakteristische Polynom der Differentialgleichung (2). Ferner gilt:*

$$\exp(x\,A) = \sum_{\nu=0}^{N-1} \varphi_\nu(x)\,A^\nu \qquad (x \in \mathbb{R}) \tag{3}$$

Daß sich $\exp(x\,A)$ *prinzipiell* in der Form $\sum_{\nu=0}^{N-1} \psi_\nu(x)\,A^\nu$ mit geeigneten Koeffizientenfunktionen ψ_ν darstellen läßt, liegt natürlich daran, daß sich A^ν für $\nu \geq N$ durch die Potenzen $A^0 = E, \ldots, A^{N-1}$ linear kombinieren lassen, weil ja $c(A) = 0$ gilt. In der obigen Formel werden die Koeffizientenfunktionen konkret angegeben.

Beweis: Aus der ersten Gleichung von

$$H_{f,c}(\lambda) = \sum_{\nu=0}^{N-1} \varphi_\nu(x)\,\lambda^\nu = \sum_{\sigma=1}^{s}\sum_{k=0}^{\ell_\sigma-1} \left(\frac{\partial^k}{\partial\lambda^k}\exp(\lambda x)\right)_{|\lambda = \lambda_\sigma} \widehat{h}_{\sigma,k}(\lambda) \tag{4}$$

folgt durch Einsetzen von A — wegen $\exp(x\,A) = H_{f,c}(A)$ — direkt die Beziehung (3). Ferner ergibt sich mit $c_N := 1$ aus der zweiten Gleichung von (4) durch Differentiation nach x unter Beachtung des Satzes von SCHWARZ, der die Vertauschbarkeit der Reihenfolge der Differentiationen sichert:

$$\sum_{\nu=0}^{N-1}\left(\sum_{\kappa=0}^{N} c_\kappa\,\varphi_\nu^{(\kappa)}(x)\right)\lambda^\nu = \sum_{\sigma=1}^{s}\sum_{k=0}^{\ell_\sigma-1}\left(\frac{\partial^k}{\partial\lambda^k}\left[\underbrace{\left(\sum_{\kappa=0}^{N} c_\kappa\,\lambda^\kappa\right)}_{=c(\lambda)} e^{\lambda x}\right]\right)_{|\lambda = \lambda_\sigma} \widehat{h}_{\sigma,k}(\lambda)$$

Anhang

Wegen $c^{(k)}(\lambda_\sigma) = 0$ für $\sigma = 1, \ldots, s$ und $k = 0, \ldots, \ell_\sigma - 1$ ist die rechte Seite dieser Gleichung gleich Null für jedes $\lambda \in \mathbb{C}$. Die linke Seite ergibt dann

$$\sum_{\kappa=0}^{N} c_\kappa \, \varphi_\nu^{(\kappa)}(x) = 0 \qquad \text{für } x \in \mathbb{R} \text{ und } \nu = 0, \ldots, N-1 \, .$$

Die Funktionen $\varphi_0, \ldots, \varphi_{N-1}$ lösen also die Differentialgleichung (2). Zur Bestimmung der Anfangswerte $\varphi_\nu^{(\kappa)}(0)$ differenzieren wir für $\kappa = 0, \ldots, N-1$ die zweite Gleichung in (4) κ-mal nach x und erhalten über

$$\sum_{\nu=0}^{N-1} \varphi_\nu^{(\kappa)}(x) \, \lambda^\nu = \sum_{\sigma=1}^{s} \sum_{k=0}^{\ell_\sigma - 1} \left(\frac{\partial^k}{\partial \lambda^k} \Big(\lambda^\kappa \exp(\lambda x) \Big) \right)_{|\lambda = \lambda_\sigma} \widehat{h}_{\sigma,k}(\lambda)$$

speziell für $x = 0$:

$$\sum_{\nu=0}^{N-1} \varphi_\nu^{(\kappa)}(0) \, \lambda^\nu = \sum_{\sigma=1}^{s} \sum_{k=0}^{\ell_\sigma - 1} \left(\frac{\partial^k}{\partial \lambda^k} \lambda^\kappa \right)_{|\lambda = \lambda_\sigma} \widehat{h}_{\sigma,k}(\lambda) \, . \tag{5}$$

Die rechte Seite ist — als HERMITE-Interpolationspolynom — gleich λ^κ. Damit liefert (5) $\sum\limits_{\nu=0}^{N-1} \varphi_\nu^{(\kappa)}(0) \, \lambda^\nu = \lambda^\kappa$, also

$$\varphi_\nu^{(\kappa)}(0) = \delta_{\nu,\kappa} \quad (\nu, \kappa = 0, \ldots, N-1) \, .$$

□

Anmerkung: Aus Formel (3) erhält man mittels Differentiation für $k \in \mathbb{N}_0$

$$A^k \exp(x A) = \sum_{\nu=0}^{N-1} \varphi_\nu^{(k)}(x) \, A^\nu \, ,$$

speziell für $x = 0$ also

$$A^k = \sum_{\nu=0}^{N-1} \varphi_\nu^{(k)}(0) \, A^\nu \quad (k \in \mathbb{N}_0) \, .$$

Mithin liefern für $\nu = 0, \ldots, N-1$ die *Folgen* $\psi_\nu \colon \mathbb{N}_0 \longrightarrow \mathbb{R}$ mit $\psi_\nu(k) = \varphi_\nu^{(k)}(0)$ ein Fundamentalsystem der homogenen linearen *Differenzengleichung*

$$y(k+N) + c_{N-1} \, y(k+N-1) + \cdots + c_0 \, y(k) = 0 \quad (k \in \mathbb{N}_0) \, .$$

Umgekehrt kann man aus diesen Folgen die Funktionen φ_ν zurückgewinnen:

$$\varphi_\nu(x) = \sum_{k=0}^{\infty} \frac{\varphi_\nu^{(k)}(0)}{k!} \, x^k = \sum_{k=0}^{\infty} \psi_\nu(k) \, \frac{x^k}{k!}$$

Anhang

Satz 8.2.4

a) $f \longmapsto f(A)$ *ist ein Homomorphismus der Algebra* $\mathfrak{F}(A)$ *in die Algebra* $\mathbb{M}_n$, *d. h. für Funktionen* $f_1, f_2 \in \mathfrak{F}(A)$ *und komplexe Zahlen* α_1, α_2 *gilt:*

$$\alpha_1 f_1 + \alpha_2 f_2 \longmapsto \alpha_1 f_1(A) + \alpha_2 f_2(A)$$
$$f_1 \cdot f_2 \longmapsto f_1(A) f_2(A)$$

b) Kompositionsregel: Es seien $f_1 \in \mathfrak{F}(A)$ *und eine Funktion* f_2 *aus* $\mathbb{C}$ *in* $\mathbb{C}$ *für* $\sigma = 1, \ldots, s$ *in* $f_1(\lambda_\sigma)$ *jeweils* $(m_\sigma - 1)$*-mal differenzierbar. Dann gilt*

$$(f_2 \circ f_1)(A) = f_2(f_1(A)) .$$

Beweis von a): Zu f_1 und f_2 existieren nach Satz 8.1.1 Polynome p_1 und p_2 mit

$$f_\kappa^{(k)}(\lambda_\sigma) = p_\kappa^{(k)}(\lambda_\sigma) \quad (\sigma = 1, \ldots, s\,;\; k = 0, \ldots, m_\sigma - 1)$$

und somit $f_\kappa(A) = p_\kappa(A)$ für $\kappa = 1, 2$. Aus

$$(\alpha_1 f_1 + \alpha_2 f_2)^{(k)}(\lambda_\sigma) = (\alpha_1 p_1 + \alpha_2 p_2)^{(k)}(\lambda_\sigma)$$

folgt dann — mit Seite 326, α) —

$$\begin{aligned}(\alpha_1 f_1 + \alpha_2 f_2)(A) &= (\alpha_1 p_1 + \alpha_2 p_2)(A)\\ &= \alpha_1 p_1(A) + \alpha_2 p_2(A) = \alpha_1 f_1(A) + \alpha_2 f_2(A) .\end{aligned}$$

Ferner ergibt sich mit Hilfe der Leibniz-Regel zur Differentiation einer Produktfunktion

$$(f_1 \cdot f_2)^{(k)}(\lambda_\sigma) = (p_1 \cdot p_2)^{(k)}(\lambda_\sigma)$$

für $\sigma = 1, \ldots, s$ und $k = 0, \ldots, m_\sigma - 1$ und so

$$(f_1 \cdot f_2)(A) = (p_1 \cdot p_2)(A) = p_1(A)\, p_2(A) = f_1(A)\, f_2(A) .$$

Auf einen — deutlich aufwendigeren — Beweis zu b) verzichten wir. □

Anmerkung:

Für die Gültigkeit der obigen Kompositionsregel reicht es *nicht* aus, $f_1 \in \mathfrak{F}(A)$ und $f_2 \in \mathfrak{F}(f_1(A))$ zu fordern; denn hieraus folgt *nicht* $f_2 \circ f_1 \in \mathfrak{F}(A)$:

Für $A := \begin{pmatrix} 0 & 1 \\ 0 & 0 \end{pmatrix}$ und $f_1 := \cos$ z. B. gilt $f_1(A) = \begin{pmatrix} 1 & 0 \\ 0 & 1 \end{pmatrix}$. Mithin ist $\mu_{f_1(A)}(\lambda) = \lambda - 1$. Wegen $m_1 = 1$ gehört also *jede beliebige* Funktion $f_2 \colon \mathbb{C} \longrightarrow \mathbb{C}$ zu $\mathfrak{F}(f_1(A))$. Es gibt jedoch Funktionen f_2 derart, daß $f := f_2 \circ f_1$ *nicht* in $\lambda_1 = 0$ differenzierbar ist.

8.3 Beispiele zur Berechnung von Matrixfunktionen

Es folgen einige Beispiele, in denen wir zu einer gegebenen Matrix $A \in \mathbb{M}_n$ und $f \in \mathfrak{F}(A)$ die Matrixfunktion $f(A)$ berechnen. Dies tun wir — ausgehend von der Definition in Abschnitt 8.2 bzw. von Satz 8.2.1 oder Folgerung 8.2.2 — mit Hilfe des HERMITE-Interpolationspolynoms in der NEWTON-*Darstellung*. Die Koeffizienten dieses Polynoms erhalten wir wie üblich mittels eines Differenzenschemas. Da Stützstellen mit höherer Vielfachheit auftreten können, verwenden wir darin *verallgemeinerte dividierte Differenzen* (man vgl. hierzu etwa [Bu/St]).

Eine sehr elegante Alternative ist die ‚Residuenformel'— vor allem auch deren spätere Umsetzung mit Maple. Obwohl wir in dieser Darstellung keine funktionentheoretischen Grundlagen voraussetzen[3], halten wir es dennoch für lohnend, für den Kenner diese weitere explizite Darstellung für *holomorphe Funktionen*

$$H_{f,c}(\lambda) = \frac{1}{2\pi i} \int\limits_{\Gamma} \frac{c(z) - c(\lambda)}{c(z)\,(z - \lambda)}\, f(z)\, dz \tag{1}$$

hier aufzuführen (vgl. etwa [Dav], S. 68). Γ ist dabei ein Wegezyklus von hinreichend kleinen, einfach durchlaufenen positiv-orientierten Kreisen um die Eigenwerte von A. Mit dem Residuensatz erhält man aus (1) die *Residuenformel:*

$$H_{f,c}(\lambda) = \sum_{\sigma=1}^{s} \operatorname{Res}\left(\frac{c(z) - c(\lambda)}{c(z)\,(z - \lambda)}\, f(z)\,;\, z = \lambda_\sigma \right)$$

In den folgenden Beispielen — ausgenommen (B4) — ist c gleich dem charakteristischen Polynom χ_A.

(B1) Es sei $A := \begin{pmatrix} 1 & 1 \\ 4 & 1 \end{pmatrix}$.

Aus $\chi_A(\lambda) = \lambda^2 - 2\lambda - 3$ ergeben sich die Eigenwerte $\lambda_1 = 3$ und $\lambda_2 = -1$. Es ist also hier $c := \chi_A = \mu_A$, daher $s = 2$, $n_1 = n_2 = m_1 = m_2 = \ell_1 = \ell_2 = 1$ und somit $M = N = 2$. In diesem einfachen Fall ‚sieht' man direkt $h_{1,0}(\lambda) = \frac{1}{4}(\lambda + 1)$ und $h_{2,0}(\lambda) = \frac{1}{4}(3 - \lambda)$. Mit

$$P_1 = \frac{1}{4}\begin{pmatrix} 2 & 1 \\ 4 & 2 \end{pmatrix}, \quad P_2 = \frac{1}{4}\begin{pmatrix} 2 & -1 \\ -4 & 2 \end{pmatrix}$$

ergibt sich

[3] Der interessierte Leser findet eine zum vorliegenden Buch besonders passende Darstellung in [Fo/Ho].

Anhang

$$f(A) = f(3)\,P_1 + f(-1)\,P_2\,.$$

Als Spezialfälle erhalten wir für $k \in \mathbb{N}_0$ die Matrixpotenzen A^k bzw. für die für $x \in \mathbb{R}$ und $\lambda \in \mathbb{C}$ durch $f(\lambda) = \exp(x\lambda)$ gegebene Funktion f die Matrix-Exponentialfunktion $\exp(xA)$:

$$A^k = 3^k\,P_1 + (-1)^k\,P_2\,, \quad \exp(xA) = e^{3x}\,P_1 + e^{-x}\,P_2$$

Wir vergleichen die obigen Resultate mit denen der Residuenformel. Elementare Umformung oder auch Polynomdivision — etwa mit Hilfe des HORNER-Schemas — ergibt

$$\frac{c(z) - c(\lambda)}{z - \lambda} = z + \lambda - 2\,;$$

dies erleichtert die weiteren Schritte:

$$\begin{aligned} H_{f,c}(\lambda) &= \sum_{\sigma=1}^{2} \operatorname{Res}\Bigl(\frac{z+\lambda-2}{(z-3)\,(z+1)}\,f(z)\,;\, z = \lambda_\sigma\Bigr) \\ &= \frac{1}{4}(\lambda+1)f(3) - \frac{1}{4}(\lambda-3)f(-1) \\ &= \frac{1}{4}\bigl(f(3) + 3f(-1)\bigr) + \frac{1}{4}\bigl(f(3) - f(-1)\bigr)\,\lambda \end{aligned}$$

Für $f(\lambda) = \exp(x\lambda)$ erhalten wir damit gemäß Satz 8.2.3 durch

$$\varphi_0(x) := \frac{1}{4}\bigl(e^{3x} + 3\,e^{-x}\bigr)\,, \quad \varphi_1(x) := \frac{1}{4}\bigl(e^{3x} - e^{-x}\bigr)$$

ein Fundamentalsystem der homogenen linearen Differentialgleichung $y'' - 2y' - 3y = 0$ sowie die Darstellung

$$\exp(xA) = \varphi_0(x)\,E + \varphi_1(x)\,A\,.$$

(B2) Es sei $A = \begin{pmatrix} 0 & 1 & 0 \\ 4 & 3 & -4 \\ 1 & 2 & -1 \end{pmatrix}$. (vgl. (B1) zu Abschnitt 5.2)

Wegen $c(\lambda) := \chi_A(\lambda) = \lambda(\lambda-1)^2$ hat A die Eigenwerte $\lambda_1 = 0$ und $\lambda_2 = 1$ mit den Vielfachheiten $n_1 = 1$ und $n_2 = 2$. Mit Hilfe des *Differenzenschemas*

$$\begin{array}{c|ccccc} 0 & \boxed{f(0)} & & & & \\ & & \boxed{f(1)-f(0)} & & & \\ 1 & f(1) & & \boxed{f'(1) - (f(1)-f(0))} & & \\ & & f'(1) & & & \\ 1 & f(1) & & & & \end{array}$$

erhalten wir das HERMITE-Interpolationspolynom in der NEWTON-*Darstellung:*

$$\begin{aligned} h(\lambda) &= f(0) + \big(f(1) - f(0)\big)\,\lambda + \big(f'(1) - (f(1) - f(0))\big)\,\lambda(\lambda - 1) \\ &= f(0)\,(1 - 2\lambda + \lambda^2) + f(1)\,(\lambda - \lambda(\lambda - 1)) + f'(1)\,\lambda(\lambda - 1) \end{aligned}$$

Hieran liest man die HERMITE-Grundpolynome direkt ab:

$$\begin{aligned} &h_{1,0}(\lambda) = (\lambda - 1)^2\,, \\ &h_{2,0}(\lambda) = \lambda(2 - \lambda)\;,\; h_{2,1}(\lambda) = \lambda(\lambda - 1) \end{aligned}$$

So gilt

$$P_1 = h_{1,0}(A) = \begin{pmatrix} 5 & 1 & -4 \\ 0 & 0 & 0 \\ 5 & 1 & -4 \end{pmatrix},$$

$$P_2 = h_{2,0}(A) = \begin{pmatrix} -4 & -1 & 4 \\ 0 & 1 & 0 \\ -5 & -1 & 5 \end{pmatrix}, \quad (A - E)\,P_2 = \begin{pmatrix} 4 & 2 & -4 \\ 4 & 2 & -4 \\ 6 & 3 & -6 \end{pmatrix}$$

und damit

$$f(A) = f(0)\,P_1 + f(1)\,P_2 + f'(1)\,(A - E)\,P_2\,,$$

speziell

$$\exp(xA) = P_1 + e^x\,P_2 + x\,e^x\,(A - E)\,P_2\,.$$

Wir verwenden ein weiteres Mal die Residuenformel. Mit

$$\frac{c(z) - c(\lambda)}{z - \lambda} = z^2 + (\lambda - 2)\,z + (\lambda - 1)^2$$

erhalten wir:

$$\begin{aligned} H_{f,c}(\lambda) &= \sum_{\sigma=1}^{2} \operatorname{Res}\Big(\frac{z^2 + (\lambda - 2)\,z + (\lambda - 1)^2}{z\,(z - 1)^2}\,f(z)\,;\,z = \lambda_\sigma\Big) \\ &= (\lambda - 1)^2\,f(0) + \frac{\partial}{\partial z}\Big(\Big(z + (\lambda - 2) + \frac{(\lambda - 1)^2}{z}\Big)\,f(z)\Big)_{|\,z = 1} \\ &= (\lambda - 1)^2\,f(0) + \lambda(2 - \lambda)\,f(1) + \lambda(\lambda - 1)\,f'(1) \\ &= f(0) + \big(-2f(0) + 2f(1) - f'(1)\big)\,\lambda + \big(f(0) - f(1) + f'(1)\big)\,\lambda^2 \end{aligned}$$

Satz 8.2.3 liefert ein Fundamentalsystem der DGL[4] $y''' - 2\,y'' + y' = 0$ durch

$$\varphi_0(x) = 1\,,\; \varphi_1(x) = -2 + (2 - x)\,e^x\,,\; \varphi_2(x) = 1 + (x - 1)\,e^x$$

und die Darstellung

$$\exp(xA) = \varphi_0(x)\,E + \varphi_1(x)\,A + \varphi_2(x)\,A^2\,.$$

[4] Natürlich würde man bei einer gegebenen DGL von solchem Typ zunächst vermöge $z := y'$ den Grad reduzieren. Doch das ist nicht der Gesichtspunkt, den wir an dieser Stelle darstellen wollen.

(B3) Es sei $A = \begin{pmatrix} -1 & 0 & -2 \\ 0 & 0 & 0 \\ 1 & 0 & 2 \end{pmatrix}$.

Hier ist $c(\lambda) := \chi_A(\lambda) := \lambda^2(\lambda - 1)$. Mithin sind $\lambda_1 = 0$ und $\lambda_2 = 1$ die Eigenwerte mit Vielfachheiten $n_1 = 2$ und $n_2 = 1$. Analog zum vorangehenden Beispiel erhalten wir mit Hilfe von

$$\begin{array}{c|cccc} 0 & \boxed{f(0)} & & & \\ & & \boxed{f'(0)} & & \\ 0 & f(0) & & \boxed{f(1) - f(0) - f'(0)} & \\ & & f(1) - f(0) & & \\ 1 & f(1) & & & \end{array}$$

das HERMITE-Interpolationspolynom

$$\begin{aligned} h(\lambda) &= f(0) + f'(0)\lambda + \big(f(1) - f(0) - f'(0)\big)\lambda^2 \\ &= f(0)(1 - \lambda^2) + f'(0)\big(\lambda - \lambda^2\big) + f(1)\lambda^2 \end{aligned}$$

und hieraus

$$\widehat{h}_{1,0}(\lambda) = 1 - \lambda^2, \quad \widehat{h}_{1,1}(\lambda) = \lambda - \lambda^2, \quad \widehat{h}_{2,0}(\lambda) = \lambda^2 .$$

Dies ergibt

$$P_1 = \begin{pmatrix} 2 & 0 & 2 \\ 0 & 1 & 0 \\ -1 & 0 & -1 \end{pmatrix}, \quad AP_1 = 0, \quad P_2 = \begin{pmatrix} -1 & 0 & -2 \\ 0 & 0 & 0 \\ 1 & 0 & 2 \end{pmatrix}.$$

In der Spektraldarstellung

$$f(A) = f(0)\,P_1 + f(1)\,P_2$$

tritt offensichtlich der Term mit $f'(0)$ *nicht* explizit auf. Dies kann man auch daran sehen, daß die vorliegende Matrix *diagonalisierbar* ist und das Minimalpolynom durch $\mu_A(\lambda) = \lambda(\lambda - 1)$ gegeben ist.

(B4) Es sei $A = \begin{pmatrix} 1 & -1 & 1 & -1 \\ -3 & 3 & -5 & 4 \\ 8 & -4 & 3 & -4 \\ 15 & -10 & 11 & -11 \end{pmatrix}$. Hierfür beobachten wir:

$$A + E = \begin{pmatrix} 2 & -1 & 1 & -1 \\ -3 & 4 & -5 & 4 \\ 8 & -4 & 4 & -4 \\ 15 & -10 & 11 & -10 \end{pmatrix}, \quad (A+E)^2 = \begin{pmatrix} 0 & 0 & 0 & 0 \\ 2 & -1 & 1 & -1 \\ 0 & 0 & 0 & 0 \\ -2 & 1 & -1 & 1 \end{pmatrix}$$

und $(A + E)^3 = 0$.

An Stelle des charakteristischen Polynoms können wir deshalb das durch $c(\lambda) = (\lambda+1)^3$ gegebene Polynom c benutzen. Wegen $s = 1$, $\lambda_1 = -1$ und $\ell_1 = 3$ erhält man direkt

$$\widehat{h}_{1,0}(\lambda) = 1, \quad \widehat{h}_{1,1}(\lambda) = \lambda + 1, \quad \widehat{h}_{1,2}(\lambda) = \frac{1}{2}(\lambda+1)^2 .$$

Die Spektraldarstellung lautet damit

$$f(A) = f(-1)E + f'(-1)(A+E) + \frac{f''(-1)}{2}(A+E)^2 .$$

Im Hinblick auf den Kontext mit Differentialgleichungssystemen bringen wir noch ein Beispiel mit (konjugiert) *komplexen Eigenwerten:*

(B5) Es sei $A = \begin{pmatrix} 4 & 5 & 8 \\ -1 & -5 & -7 \\ -2 & 1 & 0 \end{pmatrix}$.

Wegen $\chi_A(\lambda) = (\lambda-1)(\lambda^2+2\lambda+10)$ hat A die einfachen Eigenwerte $\lambda_1 = 1$, $\lambda_2 = -1+3i$ und $\lambda_3 = -1-3i$. Damit gilt offenbar

$$\begin{aligned} h_{1,0}(\lambda) &= \frac{1}{13}(\lambda^2 + 2\lambda + 10) , \\ h_{2,0}(\lambda) &= \frac{-3+2i}{78}(\lambda-1)(\lambda+1+3i) \quad \text{und} \quad h_{3,0}(\lambda) = \overline{h_{2,0}(\overline{\lambda})} . \end{aligned}$$

Als Spektraldarstellung ergibt sich

$$f(A) = f(1)P_1 + f(-1+3i)P_2 + f(-1-3i)P_3$$

mit den Eigenprojektionen

$$P_1 = \begin{pmatrix} 1 & 1 & 1 \\ 1 & 1 & 1 \\ -1 & -1 & -1 \end{pmatrix}, \; P_2 = \frac{1}{2}\begin{pmatrix} -i & -1-i & -1-2i \\ -1+i & 2i & -1+3i \\ 1 & 1-i & 2-i \end{pmatrix}, \; P_3 = \overline{P_2}.$$

Im Falle $f(\overline{\lambda_2}) = \overline{f(\lambda_2)}$ vereinfacht sich die obige Spektraldarstellung zu

$$f(A) = f(1)P_1 + 2\,\mathfrak{Re}\big(f(-1+3i)\big)\,\mathfrak{Re}(P_2) - 2\,\mathfrak{Im}\big(f(-1+3i)\big)\,\mathfrak{Im}(P_2) ;$$

denn hier rechnet man für die letzten beiden Summanden von $f(A)$:
$f(\lambda_2)P_2 + f(\lambda_3)P_3 = f(\lambda_2)P_2 + f\left(\overline{\lambda_2}\right)\overline{P_2} = f(\lambda_2)P_2 + \overline{f(\lambda_2)}\,\overline{P_2}$
$= 2\,\mathfrak{Re}\left(f(\lambda_2)P_2\right) = 2\,\mathfrak{Re}(f(\lambda_2))\mathfrak{Re}(P_2) - 2\,\mathfrak{Im}(f(\lambda_2))\mathfrak{Im}(P_2)$.

Speziell für die Matrix-Exponentialfunktion ergibt sich hieraus

$$\exp(xA) = e^x \begin{pmatrix} 1 & 1 & 1 \\ 1 & 1 & 1 \\ -1 & -1 & -1 \end{pmatrix} + e^{-x}\cos(3x) \begin{pmatrix} 0 & -1 & -1 \\ -1 & 0 & -1 \\ 1 & 1 & 2 \end{pmatrix} - e^{-x}\sin(3x) \begin{pmatrix} -1 & -1 & -2 \\ 1 & 2 & 3 \\ 0 & -1 & -1 \end{pmatrix} .$$

Zum Abschluß sei noch die folgende Klasse reeller Matrizen betrachtet:

(B6) Es sei $A = \begin{pmatrix} \alpha & -\beta \\ \beta & \alpha \end{pmatrix}$ mit beliebigen reellen Zahlen α und β.

Für das charakteristische Polynom χ_A einer solchen Matrix gilt: $\chi_A(\lambda) = (\lambda-\alpha)^2+\beta^2$. Daher hat man die beiden konjugierten Eigenwerte $\lambda_1 = \alpha + i\beta$ und $\lambda_2 = \alpha - i\beta$. Im Falle $\beta \neq 0$ hat man:

$$h_{1,0}(\lambda) = \frac{1}{2i\beta}(\lambda - (\alpha - i\beta)) \text{ und } h_{2,0}(\lambda) = -\frac{1}{2i\beta}(\lambda - (\alpha + i\beta)) .$$

Mit den Eigenprojektionen

$$P_1 = \frac{1}{2}\begin{pmatrix} 1 & i \\ -i & 1 \end{pmatrix} \text{ und } P_2 = \frac{1}{2}\begin{pmatrix} 1 & -i \\ i & 1 \end{pmatrix}$$

ergibt sich die Spektraldarstellung

$$f(A) = f(\alpha + i\beta)\, P_1 + f(\alpha - i\beta)\, P_2 .$$

Unser Interesse gilt der Berechnung von $\log A$. Beachtet man, daß die komplexe Logarithmusfunktion $\log z = \log|z| + i \arg z$ mehrdeutig ist und Matrizen L mit $\exp(L) = A$ dieselben Eigenvektoren wie A haben, so erhält man mit ganzzahligen k und ℓ die Matrizenschar

$$\log A = \begin{pmatrix} \frac{1}{2}\log(\alpha^2+\beta^2) & -\arg(\alpha + i\beta) \\ \arg(\alpha + i\beta) & \frac{1}{2}\log(\alpha^2+\beta^2) \end{pmatrix} + k\,2\pi i\, P_1 + \ell\, 2\pi i\, P_2 .$$

Anhang

Historische Notizen

James Joseph SYLVESTER (1814–1897)

Der britische Mathematiker war ein bedeutender Zahlentheoretiker und Mitbegründer der Invariantentheorie. Von ihm stammen viele Beiträge zur Kombinatorik, der Theorie algebraischer Gleichungen, der quadratischen und höherer Formen sowie der Matrizen- und Determinantentheorie. Er war nicht nur ein erfolgreicher Mathematiker, sondern auch Physiker, Jurist, Poet und Herausgeber wichtiger mathematischer Zeitschriften.

MWS zum Anhang

Matrixfunktionen

Wichtige MAPLE-Befehle dieses Kapitels:

linalg-Paket: exponential, linalg:-matfunc, linalg:-'matfunc/pinterp'

LinearAlgebra-Paket: MatrixFunction, MatrixExponential, MatrixPower

8.3 Beispiele zur Berechnung von Matrixfunktionen

Wir greifen die im Text ausgeführten einfachen Beispiele nun mit Maple auf, berechnen also insbesondere zu einer Matrix A und einer geeigneten Funktion f die Matrixfunktion $f(A)$. Dies geschieht mit Hilfe der in Abschnitt 8.2 des Textes vorgestellten *Spektraldarstellung von* SYLVESTER-BUCHHEIM. Bekanntlich setzt diese nur die Kenntnis der Eigenwerte voraus (entsprechend ihrer Vielfachheiten) und basiert auf HERMITE-*Interpolation.* Diese Methode wird im linalg-Paket zwar nur für die Matrix-Exponentialfunktion benutzt, kann jedoch viel allgemeinere Matrixfunktionen berechnen. Wir führen dies hier zunächst in ‚Einzelschritten' detailliert vor und benutzen dabei die Maple-Prozedur linalg:-'matfunc/pinterp'. Abkürzend geben wir ihr den Namen HInterp für HERMITE-Interpolation. Diese ist wesentlicher Teil der undokumentierten Prozedur linalg:-matfunc. In ihr sind die Einzelschritte zu einem Kommando ‚verpackt'. Ab Maple 9 gibt es mit MatrixFunction einen entsprechenden Befehl für das LinearAlgebra-Paket. MatrixExponential und MatrixPower sind Spezialfälle hiervon für die Matrix-Exponentialfunktion bzw. Matrix-Potenzen.

Ab Maple 9.5 ist das ‚table-basierte' Paket linalg auf das neuere ‚module-basierte' Format umgestellt worden. Bei Verwendung dieses Paketes sind deshalb geringfügige Modifikationen nötig, die nachfolgend dokumentiert werden:

```
> restart: with(LinearAlgebra): interface(imaginaryunit=i): macro(I=i):
  # Um- und Neudefinition der imaginären Einheit:
  # Eingabe als I oder i, Ausgabe als i (siehe S. 355ff)
  kernelopts(opaquemodules=false):
  alias(HInterp=linalg:-'matfunc/pinterp'):
```

Die Entscheidung, ob man mit den Matrixfunktionen des linalg-Paketes oder denen des LinearAlgebra-Paketes arbeitet, wird mit Hilfe einer der folgenden alias-Anweisungen getroffen:

```
> # linalg-Paket:
  # alias(MatFunc=linalg:-matfunc,MatExp=linalg[exponential]):

  # LinearAlgebra-Paket:
  alias(MatFunc=MatrixFunction,MatExp=MatrixExponential):
```

Beispiel 1

```
> A := Matrix([[1,1],[4,1]]);
```

$$A := \begin{bmatrix} 1 & 1 \\ 4 & 1 \end{bmatrix}$$

Aus dem zugehörigen charakteristischen Polynom

```
> CharacteristicPolynomial(A,lambda): c := unapply(%,lambda):
  'chi[A]'(lambda) = factor(c(lambda));
```

$$\chi_A(\lambda) = (\lambda + 1)\,(\lambda - 3)$$

ergeben sich die Eigenwerte:

```
> Eigenw := solve(c(lambda));
```

$$Eigenw := 3,\ -1$$

In diesem einfachen Falle erhält man mittels LAGRANGE-Interpolation:

```
> X := [Eigenw]: Y := map(f,X):
  interp(X,Y,lambda): collect(%,Y):
  H := unapply(%,lambda): # Hermite-Interpolationspolynom
  'H[f,c](lambda)' = H(lambda);
```

$$H_{f,\,c}(\lambda) = \left(\frac{\lambda}{4} + \frac{1}{4}\right) f(3) + \left(-\frac{\lambda}{4} + \frac{3}{4}\right) f(-1)$$

Hieraus liest man direkt die HERMITE-Grundpolynome, hier speziell als LAGRANGE-Grundpolynome, ab:

```
> h10 := lambda -> coeff(H(lambda),f(3)):
  h20 := lambda -> coeff(H(lambda),f(-1)):
  'h10(lambda)' = h10(lambda), 'h20(lambda)' = h20(lambda);
```

$$h_{1,0}(\lambda) = \frac{\lambda}{4} + \frac{1}{4},\ h_{2,0}(\lambda) = -\frac{\lambda}{4} + \frac{3}{4}$$

Diese hätte man alternativ auch so gewinnen können:

```
> CurveFitting[PolynomialInterpolation](X,Y,lambda,form=Lagrange);
```

$$\frac{1}{4}\,f(3)\,(\lambda+1)-\frac{1}{4}\,f(-1)\,(\lambda-3)$$

Mit Hilfe der ‚Eigenprojektionen'

```
> P1 := h10(A): P2 := h20(A):
  'P1' = P1, 'P2' = P2;
```

$$P_1=\begin{bmatrix}\frac{1}{2} & \frac{1}{4}\\ 1 & \frac{1}{2}\end{bmatrix},\ P_2=\begin{bmatrix}\frac{1}{2} & -\frac{1}{4}\\ -1 & \frac{1}{2}\end{bmatrix}$$

ergibt sich die Spektraldarstellung:

```
> F : = f(3)*evalm(P1)+f(-1)*evalm(P2): 'f(A)' = F;
```

$$f(A)=f(3)\begin{bmatrix}\frac{1}{2} & \frac{1}{4}\\ 1 & \frac{1}{2}\end{bmatrix}+f(-1)\begin{bmatrix}\frac{1}{2} & -\frac{1}{4}\\ -1 & \frac{1}{2}\end{bmatrix}$$

Die vorangehenden Schritte lassen sich wie folgt kompakter ausführen:

```
> 'f(A)' =  H(A):
```

Für f kann man *spezielle* Funktionen einsetzen:

```
> subs(f=exp,F): 'exp(A)' = %;
```

$$e^A=e^3\begin{bmatrix}\frac{1}{2} & \frac{1}{4}\\ 1 & \frac{1}{2}\end{bmatrix}+e^{-1}\begin{bmatrix}\frac{1}{2} & -\frac{1}{4}\\ -1 & \frac{1}{2}\end{bmatrix}$$

Die Matrixpotenzen und die Matrix-Exponentialfunktion erhält man z. B. so:

```
> subs(f=(lambda->lambda^k),F): subs(f=(lambda->exp(x*lambda)),F):
  'A^k' = %%,  'exp(x*A)' = %;
```

$$A^k=3^k\begin{bmatrix}\frac{1}{2} & \frac{1}{4}\\ 1 & \frac{1}{2}\end{bmatrix}+(-1)^k\begin{bmatrix}\frac{1}{2} & -\frac{1}{4}\\ -1 & \frac{1}{2}\end{bmatrix},\ e^{x\,A}=e^{3\,x}\begin{bmatrix}\frac{1}{2} & \frac{1}{4}\\ 1 & \frac{1}{2}\end{bmatrix}+e^{-x}\begin{bmatrix}\frac{1}{2} & -\frac{1}{4}\\ -1 & \frac{1}{2}\end{bmatrix}$$

Einfacher geht es natürlich mit den Maple-Kommandos MatFunc bzw. MatExp (vgl. die alias-Anweisung zu Beginn dieses Abschnitts).

```
> 'exp(A)'   = MatExp(A);           # MatFunc(A,exp(lambda),lambda);
  'exp(x*A)' = MatExp(A,x);         # MatFunc(A,exp(x*lambda),lambda);
  'A^k'      = MatFunc(A,lambda^k,lambda); # ggf: MatrixPower(A,k);
```

Wir verzichten auf eine Wiedergabe des Maple-Outputs, um unnötige Wiederholungen zu vermeiden. Verwendet man in der vorangehenden Anweisungsgruppe die Prozeduren des linalg-Paketes, so ist zu beachten, daß das Paket LinearAlgebra zur Darstellung von Arrays eine andere Datenstruktur benutzt. Eine Weiterverwendung obiger Resultate erfordert deshalb zuvor eine Typumwandlung mittels des Maple-Befehls convert(..., Matrix) .

Mit funktionentheoretischen Hilfsmitteln erhält man — wie in Abschnitt 8.3 des Textteils angegeben — für das HERMITE-Interpolationspolynom $H_{f,c}$ die *,Residuenformel'* als weitere explizite Darstellung, deren Umsetzung in Maple sehr elegant gelingt:

```
> H := (f,c) -> unapply(add(residue((c(z)-c(lambda))/
                (c(z)*(z-lambda))*f(z),z=zeta), zeta={Eigenw}),lambda):
  'H[f,c](lambda)' = collect(H(f,c)(lambda),f);
```

$$H_{f,c}(\lambda) = \left(\frac{\lambda}{4} + \frac{1}{4}\right) f(3) + \left(-\frac{\lambda}{4} + \frac{3}{4}\right) f(-1)$$

Wendet man dies für ein festes reelles x speziell auf die durch $\lambda \mapsto \exp(\lambda x)$ gegebene Funktion f an und ordnet das Interpolationspolynom nach Potenzen von λ, so ergibt sich:

```
> N := degree(c(lambda),lambda): f0 := lambda->exp(lambda*x):
  subs(f=f0,H(f,c)(lambda)): collect(%,lambda):
  Phi := [seq(coeff(%,lambda,nu),nu=0..N-1)];
```

$$\Phi := \left[\frac{1}{4}e^{3x} + \frac{3}{4}e^{-x},\ \frac{1}{4}e^{3x} - \frac{1}{4}e^{-x}\right]$$

Die Koeffizienten ϕ_ν (nun als Funktionen von x) bilden ein Fundamentalsystem der folgenden homogenen DGL 2. Ordnung mit den ,schönen' Anfangswerten 0 bzw. 1:

```
> sum(coeff(c(lambda),lambda,nu)*(D@@nu)(y)(x),nu=0..N):
  Dgl := convert(%,diff);
  AnfBed := [seq((D@@nu)(y)(0),nu=0..N-1)];
  seq(odetest(y(x)=z,Dgl),z=Phi);
  seq(eval(AnfBed,y=unapply(z,x)),z=Phi);
```

$$Dgl := -3y - 2y' + y'', \quad AnfBed := [y(0),\ \mathrm{D}(y)(0)]$$
$$0,\ 0,\quad [1,\ 0],\ [0,\ 1]$$

Wir erhalten damit die weitere Darstellung $\exp(xA) = \phi_0(x)E + \phi_1(x)A$:

```
> E := IdentityMatrix(N): 'exp(x*A)' = Phi[1]*E+Phi[2]*A:
```

Beispiel 2 (vgl. (B1) zu Abschnitt 5.2 bzw. (B2) zu Abschnitt 8.3)

```
> A := Matrix([[0,1,0],[4,3,-4],[1,2,-1]]);
  N := RowDimension(A): E := IdentityMatrix(N):
```

$$A := \begin{bmatrix} 0 & 1 & 0 \\ 4 & 3 & -4 \\ 1 & 2 & -1 \end{bmatrix}$$

Wegen

```
> CharacteristicPolynomial(A,lambda): c := unapply(%,lambda):
  'chi[A]'(lambda) = factor(c(lambda));
```

$$\chi_A(\lambda) = \lambda\,(\lambda-1)^2$$

hat A den einfachen Eigenwert 0 sowie den doppelten Eigenwert 1. Mittels HERMITE-Interpolation erhält man folgende Grundpolynome:

```
> Eigenw := 0,1,1: X := [Eigenw]: Y := [f(0),f(1),D(f)(1)]:
  HInterp(X,Y,lambda): collect(%,Y):
  H := unapply(%,lambda): 'H[f,c](lambda)' = H(lambda);
  coeff(H(lambda),f(0)):    expand(%): h10 := unapply(%,lambda):
  coeff(H(lambda),f(1)):    expand(%): h20 := unapply(%,lambda):
  coeff(H(lambda),D(f)(1)): expand(%): h21 := unapply(%,lambda):
  'h10(lambda)' = h10(lambda),
  'h20(lambda)' = h20(lambda), 'h21(lambda)' = h21(lambda);
```

$$H_{f,c}(\lambda) = (1+\lambda\,(-2+\lambda))\,f(0) + \lambda\,(2-\lambda)\,f(1) + \lambda\,(\lambda-1)\,\mathrm{D}(f)(1)$$

$$h_{1,0}(\lambda) = \lambda^2 - 2\,\lambda + 1,\; h_{2,0}(\lambda) = 2\,\lambda - \lambda^2,\; h_{2,1}(\lambda) = \lambda^2 - \lambda$$

In diese Polynome setzen wir nun die Matrix A ein. Dazu müssen sie in *ausmultiplizierter Form* vorliegen, was oben durch den Befehl expand erzielt wurde. Es gilt dann

```
> P1  := h10(A): # P1 = C10
  P2  := h20(A): # P2 = C20
  C21 := h21(A): # (A-E)*P2 = C21
  'P1' = P1, 'P2' = P2, '(A-E)*P2' = (A-E) . P2;
```

$$P_1 = \begin{bmatrix} 5 & 1 & -4 \\ 0 & 0 & 0 \\ 5 & 1 & -4 \end{bmatrix},\; P_2 = \begin{bmatrix} -4 & -1 & 4 \\ 0 & 1 & 0 \\ -5 & -1 & 5 \end{bmatrix},\; (A-E)\,P_2 = \begin{bmatrix} 4 & 2 & -4 \\ 4 & 2 & -4 \\ 6 & 3 & -6 \end{bmatrix}$$

und damit

```
> F := f(0)*evalm(P1)+f(1)*evalm(P2)+D(f)(1)*evalm(C21): 'f(A)' = F;
```

$$f(A) = f(0)\begin{bmatrix} 5 & 1 & -4 \\ 0 & 0 & 0 \\ 5 & 1 & -4 \end{bmatrix} + f(1)\begin{bmatrix} -4 & -1 & 4 \\ 0 & 1 & 0 \\ -5 & -1 & 5 \end{bmatrix} + \mathrm{D}(f)(1)\begin{bmatrix} 4 & 2 & -4 \\ 4 & 2 & -4 \\ 6 & 3 & -6 \end{bmatrix}$$

Wie in Beispiel 1 erhalten wir folgende Matrix-Exponentialfunktion:

```
> subs(f=(lambda->exp(x*lambda)),F): 'exp(x*A)' = %;
```

$$e^{xA} = \begin{bmatrix} 5 & 1 & -4 \\ 0 & 0 & 0 \\ 5 & 1 & -4 \end{bmatrix} + e^x \begin{bmatrix} -4 & -1 & 4 \\ 0 & 1 & 0 \\ -5 & -1 & 5 \end{bmatrix} + x\,e^x \begin{bmatrix} 4 & 2 & -4 \\ 4 & 2 & -4 \\ 6 & 3 & -6 \end{bmatrix}$$

Wir berechnen jetzt wieder alternativ das Interpolationspolynom mit Hilfe der *Residuenformel:*

```
> H := (f,c) -> unapply(add(residue((c(z)-c(lambda))/
                (c(z)*(z-lambda))*f(z),z=zeta),zeta={Eigenw}),lambda):
  'H[f,c](lambda)' = collect(H(f,c)(lambda),f);
```

$$H_{f,c}(\lambda) = (\lambda^2 - 2\lambda + 1)\, f(0) + (2\lambda - \lambda^2)\, f(1) + (\lambda^2 - \lambda)\, \mathrm{D}(f)(1)$$

Wendet man dies wieder für ein festes reelles x auf die durch $\lambda \mapsto \exp(\lambda x)$ gegebene Funktion f an und ordnet das Interpolationspolynom nach Potenzen von λ, so ergibt sich:

```
> f0 := lambda->exp(lambda*x):
  subs(f=f0,H(f,c)(lambda)): collect(%,lambda):
  Phi := [seq(collect(coeff(%,lambda,nu),exp(x)),nu=0..N-1)];
```

$$\Phi := [1,\ -2 + (2 - x)\, e^x,\ 1 + (x - 1)\, e^x]$$

Die Koeffizienten ϕ_ν (nun als Funktionen von x) bilden ein Fundamentalsystem folgender homogenen DGL 3. Ordnung mit den ‚schönen' Anfangswerten 0 bzw. 1:

```
> sum(coeff(c(lambda),lambda,nu)*(D@@nu)(y)(x),nu=0..N):
  Dgl := convert(%,diff);
  AnfBed := [seq((D@@nu)(y)(0),nu=0..N-1)];
  seq(odetest(y(x)=z,Dgl),z=Phi);
  seq(eval(AnfBed,y=unapply(z,x)),z=Phi);
```

$$Dgl := y' - 2y'' + y''', \quad AnfBed := [y(0),\ \mathrm{D}(y)(0),\ (\mathrm{D}^{(2)})(y)(0)]$$

$$0,\ 0,\ 0, \quad [1, 0, 0],\ [0, 1, 0],\ [0, 0, 1]$$

Wir erhalten so die Darstellung $\exp(x A) = \phi_0(x)\, E + \phi_1(x)\, A + \phi_2(x)\, A^2$:

```
> sum(Phi[nu+1]*lambda^nu,nu=0..N-1): p := unapply(%,lambda):
  'exp(x*A)' = map(expand,p(A)):
```

Beispiel 3

```
> A := Matrix([[-1,0,-2],[0,0,0],[1,0,2]]);
  E := IdentityMatrix(RowDimension(A)):
```

$$A := \begin{bmatrix} -1 & 0 & -2 \\ 0 & 0 & 0 \\ 1 & 0 & 2 \end{bmatrix}$$

Es ist

```
> c := CharacteristicPolynomial(A,lambda):
  'chi[A]'(lambda) = factor(c);
```

$$\chi_A(\lambda) = \lambda^2(\lambda - 1),$$

mithin also

```
> Eigenw := solve(c);
```

$$Eigenw := 0, 0, 1$$

Analog zu Beispiel 2 erhalten wir folgendes Interpolationspolynom

```
> X := sort([Eigenw]): Y := [f(0),D(f)(0),f(1)]:
  HInterp(X,Y,lambda): collect(%,Y):
  H := unapply(%,lambda): 'H[f,c](lambda)' = H(lambda);
```

$$H_{f,c}(\lambda) = (1 - \lambda^2)\,f(0) + \lambda(-\lambda + 1)\,\mathrm{D}(f)(0) + \lambda^2 f(1)$$

und hieraus (in ausmultiplizierter Form) die HERMITE-Grundpolynome:

```
> coeff(H(lambda),f(0)):      expand(%): h10 := unapply(%,lambda):
  coeff(H(lambda),D(f)(0)): expand(%): h11 := unapply(%,lambda):
  coeff(H(lambda),f(1)):      expand(%): h20 := unapply(%,lambda):
  'h10(lambda)' = h10(lambda), 'h11(lambda)' = h11(lambda),
  'h20(lambda)' = h20(lambda);
```

$$h_{1,0}(\lambda) = 1 - \lambda^2,\; h_{1,1}(\lambda) = -\lambda^2 + \lambda,\; h_{2,0}(\lambda) = \lambda^2$$

Dies ergibt:

```
> P1  := h10(A): # P1 = C10
  C11 := h11(A): # A*P1 = C11
  P2  := h20(A): # P2 = C20
  'P1' = P1, 'A*P1' = A . P1, 'P2' = P2;
```

$$P_1 = \begin{bmatrix} 2 & 0 & 2 \\ 0 & 1 & 0 \\ -1 & 0 & -1 \end{bmatrix},\; AP_1 = \begin{bmatrix} 0 & 0 & 0 \\ 0 & 0 & 0 \\ 0 & 0 & 0 \end{bmatrix},\; P_2 = \begin{bmatrix} -1 & 0 & -2 \\ 0 & 0 & 0 \\ 1 & 0 & 2 \end{bmatrix}$$

In der Spektraldarstellung

```
> F := f(0)*evalm(P1)+D(f)(0)*evalm(C11)+f(1)*evalm(P2): 'f(A)' = F;
```

$$f(A) = f(0)\begin{bmatrix} 2 & 0 & 2 \\ 0 & 1 & 0 \\ -1 & 0 & -1 \end{bmatrix} + \mathrm{D}(f)(0)\begin{bmatrix} 0 & 0 & 0 \\ 0 & 0 & 0 \\ 0 & 0 & 0 \end{bmatrix} + f(1)\begin{bmatrix} -1 & 0 & -2 \\ 0 & 0 & 0 \\ 1 & 0 & 2 \end{bmatrix}$$

wird also $D(f)(0)$ *nicht* benötigt. Die vorliegende Matrix A ist *diagonalisierbar* und hat folgendes *Minimalpolynom:*

```
> MinimalPolynomial(A,lambda): 'mu[A]'(lambda) = factor(%);
```

$$\mu_A(\lambda) = \lambda(\lambda - 1)$$

Wegen $A^2 = A$ ist A *eine* Wurzel von A. Die Rechnung mit der an der Stelle $\lambda = 0$ *nicht* differenzierbaren *Quadratwurzelfunktion* liefert:

```
> F := evalm(F): 'sqrt(A)' = eval(F,f=sqrt);
```

$$\sqrt{A} = \begin{bmatrix} -1 & 0 & -2 \\ 0 & 0 & 0 \\ 1 & 0 & 2 \end{bmatrix}$$

Direkte Anwendung von MatFunc führt zum selben Ergebnis. Aktiviert man hingegen die alias-Anweisung in Zeile 2 von Seite 348 (an Stelle der alias-Anweisung in Zeile 4) so führt dies auf folgende Fehlermeldung:

```
> 'sqrt(A)' = MatFunc(A,sqrt(lambda),lambda);
```

```
Error, (in linalg:-matfunc)
Matrix function is not defined for this matrix
```

MatFunc arbeitet vermutlich bei der Berechnung von $\sqrt{A}$ mit dem *charakteristischen Polynom* und *nicht* mit dem *Minimalpolynom.* Somit tritt der Term $D(f)(0)$ explizit auf. Dieser wird ausgewertet, *bevor* er mit der Nullmatrix multipliziert wird. Die so zwangsläufig auftretende Fehlermeldung läßt sich vermeiden, wenn man z. B. *zunächst symbolisch* $\sqrt{A + x\,E}$ berechnet und anschließend für $x = 0$ auswertet:

```
> MatFunc(A,sqrt(lambda+x),lambda): 'sqrt(A+x*E)' = %;
  'sqrt(A)' = subs(x=0,%%);
```

$$\sqrt{A + x\,E} = \begin{bmatrix} -\sqrt{1+x} + 2\sqrt{x} & 0 & -2\sqrt{1+x} + 2\sqrt{x} \\ 0 & \sqrt{x} & 0 \\ \sqrt{1+x} - \sqrt{x} & 0 & -\sqrt{x} + 2\sqrt{1+x} \end{bmatrix}$$

$$\sqrt{A} = \begin{bmatrix} -1 & 0 & -2 \\ 0 & 0 & 0 \\ 1 & 0 & 2 \end{bmatrix}$$

MWS 8

Beispiel 4

```
> A := Matrix([[1,-1,1,-1],[-3,3,-5,4],[8,-4,3,-4],[15,-10,11,-11]]);
  E := IdentityMatrix(RowDimension(A)):
```

$$A := \begin{bmatrix} 1 & -1 & 1 & -1 \\ -3 & 3 & -5 & 4 \\ 8 & -4 & 3 & -4 \\ 15 & -10 & 11 & -11 \end{bmatrix}$$

Hierfür beobachten wir:

```
> 'A+E' = A+E, '(A+E)^2' = (A+E)^2, '(A+E)^3' = (A+E)^3;
```

$$A+E = \begin{bmatrix} 2 & -1 & 1 & -1 \\ -3 & 4 & -5 & 4 \\ 8 & -4 & 4 & -4 \\ 15 & -10 & 11 & -10 \end{bmatrix}, (A+E)^2 = \begin{bmatrix} 0 & 0 & 0 & 0 \\ 2 & -1 & 1 & -1 \\ 0 & 0 & 0 & 0 \\ -2 & 1 & -1 & 1 \end{bmatrix}, (A+E)^3 = 0$$

```
> MinimalPolynomial(A,lambda): 'mu[A]'(lambda) = factor(%);
```

$$\mu_A(\lambda) = (\lambda+1)^3$$

An Stelle des charakteristischen Polynoms können wir deshalb das Minimalpolynom benutzen. Offensichtlich gilt:

```
> h10 := 1; h11 := lambda -> lambda+1; h12 := lambda -> (lambda+1)^2/2;
```

$$h_{1,0} := 1, \quad h_{1,1} := \lambda \to \lambda+1, \quad h_{1,2} := \lambda \to \frac{1}{2}(\lambda+1)^2$$

Die Spektraldarstellung lautet damit:

```
> 'f(A)' = f(-1)*'E'+D(f)(-1)*'(A+E)'+(D@@2)(f)(-1)/2*'(A+E)^2';
```

$$f(A) = f(-1)E + \mathrm{D}(f)(-1)(A+E) + \frac{1}{2}(\mathrm{D}^{(2)})(f)(-1)(A+E)^2$$

Beispiel 5 (vgl. Beispiel 2 im MWS zu Kapitel 5)

Im Hinblick auf den Kontext mit Differentialgleichungssystemen bringen wir ein Beispiel mit (konjugiert) *komplexen Eigenwerten:*

```
> A := Matrix([[4,5,8],[-1,-5,-7],[-2,1,0]]);
  c := CharacteristicPolynomial(A,lambda):
  'chi[A]'(lambda) = factor(c,I);
```

$$A := \begin{bmatrix} 4 & 5 & 8 \\ -1 & -5 & -7 \\ -2 & 1 & 0 \end{bmatrix}, \quad \chi_A(\lambda) = -(-\lambda-1+3i)(\lambda+1+3i)(\lambda-1)$$

```
> Eigenw := [solve(c)];
```

$$Eigenw := [1, -1+3i, -1-3i]$$

In diesem Falle erhält man mittels LAGRANGE-Interpolation:

```
> Y := map(f,Eigenw):
  interp(Eigenw,Y,lambda): collect(%,Y): evalc(%):
  H := unapply(%,lambda): 'H[f,c](lambda)' = H(lambda);
```

$$H_{f,c}(\lambda) = f(-1+3\,i)\left(\frac{3}{26}-\frac{\lambda}{13}-\frac{\lambda^2}{26}+i\left(-\frac{3}{26}\,\lambda+\frac{1}{39}\,\lambda^2+\frac{7}{78}\right)\right) + f(-1-3\,i)\left(\frac{3}{26}-\frac{\lambda}{13}-\frac{\lambda^2}{26}+i\left(-\frac{7}{78}-\frac{1}{39}\,\lambda^2+\frac{3}{26}\,\lambda\right)\right) + \left(\frac{1}{13}\,\lambda^2+\frac{2}{13}\,\lambda+\frac{10}{13}\right) f(1)$$

Hieraus liest man direkt die LAGRANGE-Grundpolynome ab:

```
> coeff(H(lambda),f(1)):        evalc(%): h10 := unapply(%,lambda):
  coeff(H(lambda),f(-1+3*I)): evalc(%): h20 := unapply(%,lambda):
  coeff(H(lambda),f(-1-3*I)): evalc(%): h30 := unapply(%,lambda):
  'h10(lambda)' = h10(lambda), 'h20(lambda)' = h20(lambda),
  'h30(lambda)' = conjugate('h20(conjugate(lambda))');
```

$$h_{1,0}(\lambda) = \frac{1}{13}\,\lambda^2+\frac{2}{13}\,\lambda+\frac{10}{13},$$
$$h_{2,0}(\lambda) = \frac{3}{26}-\frac{\lambda}{13}-\frac{\lambda^2}{26}+i\left(-\frac{3}{26}\,\lambda+\frac{1}{39}\,\lambda^2+\frac{7}{78}\right), \; h_{3,0}(\lambda) = \overline{h_{2,0}(\overline{\lambda})}$$

Mit Hilfe der ‚Eigenprojektionen'

```
> P1 := h10(A): P2 := h20(A): P3 := h30(A):
  'P1' = P1, 'P2' = P2, 'P3' = conjugate('P2');
```

$$P_1 = \begin{bmatrix} 1 & 1 & 1 \\ 1 & 1 & 1 \\ -1 & -1 & -1 \end{bmatrix}, \; P_2 = \begin{bmatrix} -\frac{1}{2}i & -\frac{1}{2}-\frac{1}{2}i & -\frac{1}{2}-i \\ -\frac{1}{2}+\frac{1}{2}i & i & -\frac{1}{2}+\frac{3}{2}i \\ \frac{1}{2} & \frac{1}{2}-\frac{1}{2}i & 1-\frac{1}{2}i \end{bmatrix}, \; P_3 = \overline{P_2}$$

ergibt sich wegen $P_3 = \overline{P_2}$ die Spektraldarstellung:

```
> 'f(A)' = f(1)*'P1'+f(-1+3*I)*'P2'+f(-1-3*I)*conjugate('P2');
```

$$f(A) = f(1)\,P_1 + f(-1+3\,i)\,P_2 + f(-1-3\,i)\,\overline{P_2}$$

Im Falle $f(\overline{\lambda}) = \overline{f(\lambda)}$ für $\lambda \in \mathbb{C}$ vereinfacht sich diese zu

```
> F := f(1)*evalm(P1)+Re(f(-1+3*I))*evalm(map(Re,2*P2))
                       -Im(f(-1+3*I))*evalm(map(Im,2*P2)):
  'f(A)' = F;
```

$$f(A) = f(1)\begin{bmatrix} 1 & 1 & 1 \\ 1 & 1 & 1 \\ -1 & -1 & -1 \end{bmatrix} + \mathfrak{Re} f(-1+3i)\begin{bmatrix} 0 & -1 & -1 \\ -1 & 0 & -1 \\ 1 & 1 & 2 \end{bmatrix} - \mathfrak{Im} f(-1+3i)\begin{bmatrix} -1 & -1 & -2 \\ 1 & 2 & 3 \\ 0 & -1 & -1 \end{bmatrix}$$

Für die Matrix-Exponentialfunktion ergibt sich hieraus:

```
> assume(x::real): subs(f=(lambda -> exp(x*lambda)),F):
  'exp(x*A)' = map(evalc,%);
```

$$e^{xA} = e^{x}\begin{bmatrix} 1 & 1 & 1 \\ 1 & 1 & 1 \\ -1 & -1 & -1 \end{bmatrix} + e^{-x}\cos(3x)\begin{bmatrix} 0 & -1 & -1 \\ -1 & 0 & -1 \\ 1 & 1 & 2 \end{bmatrix} - e^{-x}\sin(3x)\begin{bmatrix} -1 & -1 & -2 \\ 1 & 2 & 3 \\ 0 & -1 & -1 \end{bmatrix}$$

Im Normalfall verzichtet man natürlich auf die Einzelschritte und berechnet die Matrix-Exponentialfunktion mit MatExp:

```
> 'exp(x*A)' = MatExp(A,x):
```

Beispiel 6

Zum Schluß sei noch folgende Klasse reeller Matrizen betrachtet:

```
> assume(alpha::real,beta::real):
  A := Matrix([[alpha,-beta],[beta,alpha]]);
  c := CharacteristicPolynomial(A,lambda):
  'chi[A]'(lambda) = factor(c,I);
```

$$A := \begin{bmatrix} \alpha & -\beta \\ \beta & \alpha \end{bmatrix}, \quad \chi_A(\lambda) = (\alpha - i\beta - \lambda)(\alpha + i\beta - \lambda)$$

```
> Eigenw := solve(c,lambda);
```

$$Eigenw := \alpha + i\beta,\ \alpha - i\beta$$

Im Falle $\beta \neq 0$ erhält man mittels LAGRANGE-Interpolation:

```
> X := [Eigenw]: Y := map(f,X):
  interp(X,Y,lambda): collect(%,Y): evalc(%):
  H := unapply(%,lambda): 'H[f,c](lambda)' = H(lambda);
```

$$H_{f,c}(\lambda) = f(\alpha + i\beta)\Big(\frac{1}{2} + i\Big(-\frac{\lambda}{2\beta} + \frac{\alpha}{2\beta}\Big)\Big) + f(\alpha - i\beta)\Big(\frac{1}{2} + i\left(\frac{\lambda}{2\beta} - \frac{\alpha}{2\beta}\right)\Big)$$

Hieraus liest man direkt die LAGRANGE-Grundpolynome ab:

MWS 8

```
> coeff(H(lambda),f(X[1])): evalc(%): h10 := unapply(%,lambda):
  coeff(H(lambda),f(X[2])): evalc(%): h20 := unapply(%,lambda):
  'h10(lambda)' = h10(lambda), 'h20(lambda)' = h20(lambda);
```

$$h_{1,0}(\lambda) = \frac{1}{2} + i\left(-\frac{\lambda}{2\beta} + \frac{\alpha}{2\beta}\right),\ h_{2,0}(\lambda) = \frac{1}{2} + i\left(\frac{\lambda}{2\beta} - \frac{\alpha}{2\beta}\right)$$

Mit Hilfe der ‚Eigenprojektionen'

```
> P1 := map(simplify,h10(A)): P2 := map(simplify,h20(A)):
  'P1' = P1, 'P2' = P2;
```

$$P_1 = \begin{bmatrix} \frac{1}{2} & \frac{1}{2}i \\ -\frac{1}{2}i & \frac{1}{2} \end{bmatrix},\ P_2 = \begin{bmatrix} \frac{1}{2} & -\frac{1}{2}i \\ \frac{1}{2}i & \frac{1}{2} \end{bmatrix}$$

ergibt sich — wie im vorangehenden Beispiel — die Spektraldarstellung:

```
> F := Re(f(X[1]))*map(Re,2*P1)-Im(f(X[1]))*map(Im,2*P1): 'f(A)' = F;
```

$$f(A) = \begin{bmatrix} \Re f(\alpha + i\beta) & -\Im f(\alpha + i\beta) \\ \Im f(\alpha + i\beta) & \Re f(\alpha + i\beta) \end{bmatrix}$$

Für den Hauptwert des Logarithmus ergibt sich hieraus:

```
> subs(f=(lambda -> log(lambda)),F): L := map(evalc,%): 'log(A)' = L;
```

$$\log(A) = \begin{bmatrix} \frac{1}{2}\log(\alpha^2 + \beta^2) & -\arctan(\beta, \alpha) \\ \arctan(\beta, \alpha) & \frac{1}{2}\log(\alpha^2 + \beta^2) \end{bmatrix}$$

Wir machen die Probe:

```
> MatExp(L): 'exp(log(A))' = map(simplify,%);
```

$$e^{\log(A)} = \begin{bmatrix} \alpha & -\beta \\ \beta & \alpha \end{bmatrix}$$

Zum Vergleich kann $\log(A)$ mit Hilfe von MatFunc berechnet werden:

```
> L := MatFunc(A,log(lambda),lambda);
```

Aus Platzgründen verzichten wir auf eine Wiedergabe hier im Buch. Berücksichtigt man, daß $\arctan(y, x) =$ argument $(x + iy)$ bei Maple der Hauptwert des Argumentes von $x + iy$ ist, so gilt für $y \neq 0$ die Beziehung $\arctan(-y, x) = -\arctan(y, x)$. Wegen

```
> 'log(A)' = map(z->subs(arctan(-beta,alpha)=-arctan(beta,alpha),z),L);
```

$$\log(A) = \begin{bmatrix} \frac{1}{2}\log(\alpha^2 + \beta^2) & -\arctan(\beta, \alpha) \\ \arctan(\beta, \alpha) & \frac{1}{2}\log(\alpha^2 + \beta^2) \end{bmatrix}$$

stimmt die so erhaltene Darstellung von $\log(A)$ mit obigem Resultat überein.

MWS 8

9 Anhang zu Maple

9.1 Ein erster Einstieg in Maple

Maple ist eines der ausgereiftesten *Computeralgebra-Systeme* und ein in vielfacher Hinsicht mächtiges Werkzeug für Mathematik, Naturwissenschaften und Ingenieurwesen. Seine Stärke liegt u. a. in der Fähigkeit, *symbolisch rechnen* zu können. Man kann natürlich mit Maple auch ganz normale numerische Berechnungen durchführen und dabei noch die Anzahl der zu berücksichtigenden Stellen wählen. Aber im Gegensatz zum numerischen Rechnen, wo die Resultate meist durch Rundungsfehler verfälscht werden, hat man beim symbolischen Rechnen keinerlei Informationsverlust. Zudem wird dem Benutzer viel lästige und fehleranfällige Rechenarbeit abgenommen. Eine weitere wesentliche Stärke von Maple ist die *Visualisierungsmöglichkeit* von Funktionen und anderer geometrischer Objekte. Besonders eindrucksvoll kann man durch *Animationen* den dynamischen Charakter vieler Sachverhalte herausarbeiten. Dies macht Maple interessant als Motivationsvehikel für den Einsatz in der Lehre, wenn es darum geht, abstrakte Sachverhalte im wahrsten Sinne geometrisch *begreifbar* zu machen.

Maple ist im Prinzip eine gewöhnliche Programmiersprache, die allerdings meist *interaktiv* eingesetzt wird. Der Wortschatz dieser Sprache ist zudem sehr umfangreich und orientiert sich an mathematischen Inhalten. Ihr Erlernen erfolgt idealerweise (in Ansätzen) schon in der Schule, einfach aber auch noch in den Grundvorlesungen Analysis und Lineare Algebra, indem man parallel zu deren Fortschreiten immer wieder neue Vokabeln einführt und deren Handhabung am aktuellen Stoff einübt. Auf diese Weise steigt der Schwierigkeitsgrad unmerklich an.

Unser Buch wendet sich keineswegs nur an Leser, die bereits über Maple-Grundkenntnisse verfügen. Jedoch erwarten wir eine gewisse Bereitschaft und das Interesse, sich auf das Wechselspiel zwischen dem theoretischen und dem MWS-Teil der jeweiligen Kapitel einzulassen. Dabei kann man auf vielfältige Weise weitere *Hilfestellung* erhalten. Sehr gute Maple-Bücher sind z. B. [Heck], [Kof] und [Walz], die leider auf älteren Maple-Versionen basieren. Als aktuelle Maple-Einführung empfehlen wir das in Neuauflage erschienene Buch [Br/Me]. Besonders empfehlenswert ist die Internet-Seite von Maplesoft `http://www.maplesoft.com`. Die Menüpunkte *Support* und *Ressourcen* oder die Suche nach Stichworten wie *Tutorials* und *Manuals* zeigen exemplarisch, wie man Zugang zu vielen nützlichen Informationen erhalten kann.

W. Forst, D. Hoffmann, *Gewöhnliche Differentialgleichungen*, Springer-Lehrbuch,
DOI 10.1007/978-3-642-37883-6, © Springer-Verlag Berlin Heidelberg 2013

Die Hilfe-Funktion

Das Arbeiten mit Maple wird durch die Hilfe-Funktion optimal unterstützt. Dazu klickt man etwa Help in der Menüleiste an. Quick Reference im Untermenü informiert über die Möglichkeit, die Benutzeroberfläche von Maple im *Document-Mode* oder *Worksheet-Mode* zu betreiben. Wir legen großen Wert darauf, unterschiedliche Textbereiche wie z. B. *Maple-Eingabe*, *Maple-Ausgabe* sowie *erläuternden Text* klar zu strukturieren und voneinander abzuheben. Deshalb bevorzugen wir in unserem Buch den befehlsorientierten Worksheet-Mode. Will man sich erst einmal einen groben Überblick verschaffen über das, was Maple alles bietet, empfiehlt sich der Menüpunkt Take a Tour of Maple . Man hat dann die Wahl zwischen Ten Minute Tour und Maple Portal . Die *Ten Minute Tour* vermittelt einen kurzen Überblick und grundlegende Informationen für das Arbeiten mit Maple. Umfangreichere Informationen über Maple-Konzepte liefert das *Maple Portal.* Informationen für spezielle Nutzergruppen findet man in den Unterportalen *Engineers, Students* und *Math Educators.* Erste (interaktive) Schritte mit Maple kann man z. B. auch mit Hilfe eines der oben genannten Bücher machen. Wir weisen zudem noch auf die im Literaturverzeichnis aufgeführten weiteren Bücher zu Maple hin. Kurzinformationen über die Syntax von Maple-Befehlen erhält man (etwa für *plot)* leicht auf folgende Weise:

```
> ?plot
```

Für das praktische Arbeiten ist es oft sehr hilfreich, die Beispiele der Hilfe-Seite ins Worksheet zu kopieren und sie auszuführen bzw. auf die eigenen Bedürfnisse anzupassen. Eine weitere Hilfemöglichkeit bietet der *Help-Browser.* Klickt man auf Help , so öffnet sich ein Menü mit zahlreichen wichtigen Menüpunkten, von denen z. B. Maple Help auf Topic Search und Text Search führt. Bei der Eingabe von topic wirkt *Topic Search* wie ?topic . Mit Hilfe von *Text Search* kann man nach Stichwörtern in den Hilfe-Seiten suchen.

Elementare Rechnungen

Dieser Abschnitt will und kann keine Maple-Einführung ersetzen. Wir empfehlen deshalb, zusätzlich Maple-Help aufzurufen. Dadurch wird ein Fenster geöffnet, auf dessen linker Seite eine Liste von Verzeichnissen zu sehen ist. Anklicken von Getting Started sowie des Unterverzeichnisses Tutorials führt auf Tutorien, die je nach Bedarf näher angeschaut werden sollten.

Annahmen über Variable

```
> restart: sqrt(a^2); # Quadratwurzel
```

$$\sqrt{a^2}$$

Ohne weitere Annahmen über a kann Maple offensichtlich diesen Ausdruck nicht vereinfachen.

```
> assume(a,real): simplify(sqrt(a^2));
```

$$|a\text{~}|$$

Mit dem Befehl assume machen wir Annahmen über a. Normalerweise hängt Maple dann eine Tilde an den Variablennamen an. Mit additionally kann man weitere Annahmen hinzufügen und mit about kann man erfahren, welche Annahmen über eine Unbekannte gemacht worden sind.

```
> assume(a>0): about(a); sqrt(a^2);
```

```
Originally a, renamed a~:
is assumed to be: RealRange(Open(0),infinity)
```

$$a\text{~}$$

```
> assume(a,real): sqrt(a^2); simplify(%,symbolic);
```

$$\sqrt{a\text{~}^2}, \quad a\text{~}$$

Vorsicht: Die Option symbolic bewirkt offenbar Vereinfachungen, bei denen a als nicht-negativ betrachtet wird. Eigentlich müßte sich $|a\text{~}|$ ergeben.

Alternativ ist der nachgestellte Befehl assuming empfehlenswert, wenn *assume* nur *lokal* wirken soll:

```
> restart: simplify(sqrt(a^2)) assuming a::real;
```

$$|a|$$

Einige wichtige reelle Zahlen

Maple kennt sowohl Pi als auch pi :

```
> Pi; pi;
```

$$\pi, \quad \pi$$

Es kennt aber nur für Pi einen Zahlenwert:

```
> evalf(Pi,9); evalf(pi,9); # evaluate using floating point arithmetic
```

$$3.14159265, \quad \pi$$

Die EULERsche Zahl e:

```
> evalf(exp(1),40); evalf(e,40);
```

$$2.718281828459045235360287471352662497757\,,\quad e$$

Nach der folgenden Anweisung kennt Maple auch die übliche Schreibweise:

```
> alias(e=exp(1)): evalf(e,40);
```

$$2.718281828459045235360287471352662497757$$

eval, evalb, evalc

eval und subs liefern meistens dasselbe Resultat:

```
> restart: eval(z^2+1,z=2), subs(z=2,z^2+1);
```

$$5\,,\ 5$$

```
> eval(sin(z)/cos(z),z=0), subs(z=0,sin(z)/cos(z));
```

$$0\,,\ \frac{\sin(0)}{\cos(0)}$$

Vollständige Auswertung:

```
> restart: a := b: b := c: c := d: eval(a);
```

$$d$$

Auswertungen unterschiedlicher Tiefe:

```
> eval(a,1), eval(a,2), eval(a,3), eval(a,4);
```

$$b\,,\ c\,,\ d\,,\ d$$

Auswertung logischer Ausdrücke:

```
> expr := x*(x-1) = x^2-x; expand(expr);
```

$$expr := x\,(x-1) = x^2 - x\,,\quad x^2 - x = x^2 - x$$

Der Variablen `expr` wird also der logische Ausdruck `x*(x-1)=x^2-x` als Wert zugewiesen.

```
> evalb(expr), evalb(expand(expr));
```

$$false\,,\ true$$

evalb liefert offensichtlich unterschiedliche Ergebnisse, da es Ausdrücke nicht vereinfachen kann. Vergleichen wir dies mit is :

```
> is(expr);
```

$$true$$

Und noch ein Vergleich von evalb und is:

```
> evalb(Pi>3), evalb(evalf(Pi)>3), is(Pi>3);
```

$$3 < \pi\,,\ true\,,\ true$$

Wir wenden deshalb bevorzugt den Maple-Befehl is an.

Auswertung von Ausdrücken mit komplexen Zahlen:

```
> abs(x+I*y), evalc(abs(x+I*y));
  subs(z=x+I*y,exp(z)): % = evalc(%);
```

$$|x + I\,y|\,,\ \sqrt{x^2 + y^2}\,,\quad e^{x+I\,y} = e^x \cos(y) + I\,e^x \sin(y)$$

evalc interpretiert offensichtlich ungebundene Variable als *reelle* Größen.

Anführungszeichen

Maple kennt drei verschiedene Arten von Anführungszeichen: linksgerichtete (bei Windows auch „gerade" genannt) oder Apostroph[1], rechtsgerichtete (Gravis, accent grave)[2] und Doppelanführungszeichen.

Linksgerichtete Anführungszeichen

```
> restart: x := 2: y := 'x'; y;
```

$$y := x\,,\quad 2$$

Linksgerichtete Anführungszeichen — eigentlich ′, im Ausdruck meist ’ — bewirken eine *verzögerte Auswertung:* Durch die Wertzuweisung $y := 'x'$ erhält y zunächst den Namen von x zugewiesen, erst im nächsten Schritt den tatsächlichen Wert von x. Man kann dies dazu nutzen, die Variable x wieder zu einer ungebundenen Variablen zu machen, aber auch um die Lesbarkeit von Ausgaben zu erhöhen:

```
> x := 'x'; x;
```

$$x := x\,,\quad x$$

```
> 'sin(0)' = sin(0);
```

[1] Den Apostroph findet man auf einer deutschen Tastatur auf derselben Taste wie #. Auf manchen Tastaturen liefert der Akut (accent aigu) das gleiche Ergebnis.

[2] Auf einer deutschen Tastatur erhält man dieses Zeichen, indem man mit der Umschalttaste (Shift) die Taste „accent grave" rechts neben dem „ß" drückt.

$$\sin(0) = 0$$

Verzögerte Auswertung einer Variablen ist z. B. dann notwendig, wenn sie als Ausgabeparameter in einer Prozedur verwendet wird. Beim Programmaufruf muß der *Name* des Parameters (und nicht, wie sonst üblich, sein aktueller Wert) übergeben werden *(call by name* an Stelle von *call by value)*:

```
> a := 25: b := 7: r := 1: q := iquo(a,b,'r'); r; b*q+r;
```

$$q := 3\,, \quad 4\,, \quad 25$$

Die Variable r liefert den Rest bei ganzzahliger Division. Da ihr vor Aufruf von iquo bereits ein Wert zugewiesen wurde, muß man 'r' schreiben und erhält den Ausgabewert $r = 4$.

Rechtsgerichtete Anführungszeichen — eigentlich \`, im Ausdruck meist ‘ — dienen zur Kennzeichnung von *Symbolen*, also von Bezeichnern für Variable. Ihre Verwendung ist dann notwendig, wenn ein Variablenname unzulässige Zeichen enthält, z. B. die Variable r':

```
> restart: ‘r’‘, type(‘r’‘,symbol);
  ‘r’‘ := "r’"; type(%,string);
  r := ’‘r’‘’; r;
```

$$r',\ true\,, \quad r' := \text{“}r'\text{”}, \quad true\,, \quad r := r'\,, \quad \text{“}r'\text{”}$$

Wir haben hier zugleich die *Doppelanführungszeichen* ins Spiel gebracht, mit denen *Strings* gekennzeichnet werden. Man ahnt, daß man durch virtuosen Einsatz von Anführungszeichen jeden Überblick verhindern kann.

Abkürzungen mit *macro* und *alias*

Der macro -Befehl dient bei der *Eingabe* zur Abkürzung von Funktions- und Kommandonamen sowie zur Definition von Konstanten. Mit Hilfe von alias kann man Ausdrücke bei der *Ein- und Ausgabe* vereinfachen.

```
> restart: macro(J=BesselJ):
  Diff(J(0,x),x): % = value(%);
```

$$\frac{d}{dx}\,\mathrm{BesselJ}(0,\,x) = -\mathrm{BesselJ}(1,\,x)$$

```
> restart: alias(J=BesselJ):
  Diff(J(0,x),x): % = value(%);
```

$$\frac{d}{dx}\,\mathrm{J}(0,\,x) = -\mathrm{J}(1,\,x)$$

```
> restart: macro(s=1.2345): s;
```

$$1.2345$$

```
>  s := 3;
Error, invalid left hand side of assignment
```

Durch den macro-Befehl ist s eine *geschützte* Variable geworden. Machen wir nun ‚ganz naiv' den Versuch, s mit dem Wert $\sqrt{2}$ zu definieren:

```
> restart: macro(s=sqrt(2)): s, s^2;
```

$$\sqrt{2},\, 2$$

```
> s := 3; s;
```

$$\sqrt{2} := 3\,, \quad 3$$

Wir erhalten ein ‚erstaunliches' Resultat! So ist es offenbar richtig:

```
> restart: macro(s=eval(sqrt(2))): s, s^2;
```

$$\sqrt{2},\, 2$$

```
> s := 3;
Error, invalid left hand side in assignment
```

Schleifen, bedingte Anweisungen, Prozeduren

Zu Beginn eine Schleife mit Inkrement 2, welche alle ungeraden Zahlen kleiner 20 aufaddiert:

```
> restart: s := 0:
  for k from 1 to 20 by 2 do s := s+k end do:
  s;
```

$$100$$

Die Verwendung von bedingten Anweisungen demonstrieren wir im Zusammenhang mit der Definition der Prozedur *Fib*, welche die durch

$$f_0 = 0,\; f_1 = 1,\; f_n = f_{n-1} + f_{n-2}$$

rekursiv definierte Folge von FIBONACCI-Zahlen liefert:

```
> Fib := proc(n)
    if n=0 then 0
      elif n=1 then 1
      else Fib(n-1)+Fib(n-2)
    end if
  end proc:
  seq(Fib(n),n=0..10);
```

$$0, 1, 1, 2, 3, 5, 8, 13, 21, 34, 55$$

Auf Feinheiten, z. B. sich durch die Verwendung von option remember alte Zwischenergebnisse in einer Erinnerungstabelle zu merken und dadurch Rechenzeit zu sparen, haben wir hier bewußt verzichtet.

Das Arbeiten mit den Worksheets zu diesem Buch

Beim ersten Durcharbeiten kann man die Worksheets einfach ‚fast wie einen Film‘ ablaufen lassen. Größeren Gewinn hat man natürlich durch aktives Mittun. Im Normalfall empfiehlt es sich, die Worksheets Schritt für Schritt auszuführen und — eventuell mit Unterstützung der Hilfe-Funktion — nachzuvollziehen. Schwierigkeiten bereiten eventuell Prozeduren. Hier ist es häufig zweckmäßig, gezielt Print-Anweisungen einzubauen, um anhand der Zwischenresultate zu verfolgen, was im einzelnen darin abläuft. Bei dem bisweilen sehr umfangreichen Maple-Code zur Erstellung von Graphiken raten wir dazu, durch Auskommentieren, Ändern der Strichstärken und Farben Teile zu lokalisieren.

Stolperfallen und wie man sie meidet

- restart nicht vergessen; denn Variablen, die irgendwann vorher mit Werten belegt worden sind, können zu falschen Ergebnissen führen.
- z. B. den Multiplikationsoperator * vergessen
- Vergleichsoperator = und Wertzuweisungszeichen := verwechseln
- zu viele, zu wenige oder falsche *Klammern*
- falsche *Anführungszeichen* (z. B. ` ` und ' ' verwechseln)
- bei Bereichen: eventuell ... statt ..
- pi und Pi verwechseln

- *i nicht als Laufvariable* benutzen, falls durch interface(imaginaryunit=i) die Variable i als imaginäre Einheit vereinbart ist.

- Eventuelle Probleme durch Verwendung der *dito-Operatoren* % , %% bzw. %%% , wenn die Anweisungen eines Worksheets nicht der Reihe nach ausgeführt werden. Diese Probleme lassen sich vermeiden, wenn man derartige Rückverweise nur innerhalb einer Anweisungsgruppe verwendet und andernfalls Wertzuweisungen an Hilfsvariable vornimmt, auf die man sich dann bezieht.

9.2 Der Befehl *interface*

Mit dem Befehl interface kann man eine Reihe von Voreinstellungen, welche die Kommunikation zwischen Maple und der Benutzeroberfläche regeln, den eigenen Bedürfnissen anpassen. Durch restart werden alle vorgenommenen Änderungen zurückgesetzt. Von den zahlreichen Optionen dieses Befehls interessieren uns hier nur die folgenden drei:

Standardmäßig ist I bei Maple die imaginäre Einheit. Wie folgt kann man diese mittels der Option imaginaryunit etwa zu J abändern:

```
> restart: I^2; interface(imaginaryunit=J): I^2; J^2;
```

$$-1, \quad I^2, \quad -1$$

Variablen, über die mittels *assume* eine Annahme gemacht worden ist, werden in der Regel durch Anhängen einer Tilde gekennzeichnet:

```
> assume(x>0): x+1;
```

$$x\text{~} + 1$$

Dies kann man auf folgende Weise unterbinden:

```
> interface(showassumed=0):
  assume(x>0): x+1;
```

$$x + 1$$

Will man den Maple-Code einer Bibliotheksroutine, etwa von *nextprime*, ansehen, ergibt der erste Versuch:

```
> print('nextprime');
```

proc(n) ... end proc

Der eigentlich interessierende Rumpf der Prozedur wird also nicht angezeigt. Dies erreicht man wie folgt:

```
> interface(verboseproc=2): print('nextprime');
```

```
proc(n)
option
'Copyright (c) 1990 by the University of Waterloo. All rights reserved.';
local i, t1;
    if type(n, integer) then
        if n < 2 then 2
        else
            if irem(n, 2) = 0 then  t1 := n + 1 else t1 := n + 2 end if;
            for i from t1 by 2 while not isprime(i) do end do;
            i
        end if
    elif type(n, numeric) then error  "argument must be integer"
    else 'nextprime(n)'
    end if
end proc
```

9.3 Die Initialisierungsdatei

Häufig benutzte Maple-Befehle und Voreinstellungen kann man in die Initialisierungsdatei von Maple auslagern. Unter *Windows* heißt diese maple.ini und ist etwa in einem Verzeichnis mit Namen `C:\Programme\Maple16\Users` gespeichert; unter *Unix/Linux* befindet sie sich im Home-Verzeichnis und wird mit .mapleinit (mit einem Punkt am Anfang) bezeichnet. Beim Start von Maple (und nach jedem Restart) werden die Anweisungen dieser ASCII-Textdatei ausgeführt. Bei der Erstellung dieses Buches wollten wir mittels

```
interface(showassumed=0):
```

die Maple-Eigenheit unterdrücken, Variablen, über die mittels *assume* Annahmen gemacht werden, eine Tilde anzuhängen und dadurch den Maple-Output schwerer lesbar zu machen.

Entsprechend den Empfehlungen auf Seite 11 bezüglich der Maple-Anweisung PDEtools[declare] sowie in MWS 7, Seite 306, bezüglich der Prozedur RandBed2Matrix hat die von uns verwendete Initialisierungsdatei folgendes Aussehen:

```
interface(showassumed=0): # Unterdrückt Tilde nach assume
PDEtools[declare](prime=x,(y,u,v,z,eta)(x),quiet): # vgl. S. 11
RandBed2Matrix := proc(RandBed,vars)  # vgl. MWS 7, S.306
  local n,A,B,c,d,u,v;
  n := nops(RandBed);
  subs({(vars[1][j]=u[j])$j=1..n,(vars[2][j]=v[j])$j=1..n},RandBed):
```

```
  (A,d) := LinearAlgebra[GenerateMatrix](%,[seq(u[j],j=1..n)]);
  (B,c) := LinearAlgebra[GenerateMatrix]([seq(-d[j]=0,j=1..n)],
                                          [seq(v[j],j=1..n)]);
  return A,B,c
end proc:
macro(red=COLOR(RGB, 184/256, 20/256, 11/256)): # Neudef. von "red"
```

9.4 Der Befehl *transform*

Ein Blick hinter die Kulissen

Der transform -Befehl aus dem Plottools-Paket hat sich bereits in unserem Buch [Fo/Ho] als vielseitig einsetzbarer Maple-Befehl erwiesen, dessen Leistungsfähigkeit in der Maple-Literatur meist nicht genügend erkannt wird. (Man vergleiche dazu z. B. Abschnitt 5.3.) Seine Wirkungsweise wollen wir an einem einfachen Beispiel erläutern. Die Funktion f (s. u.) wird durch $F := \text{transform}(f)$ zu einer Graphiktransformation, die hier 2D- in 3D-Graphikstrukturen wandelt. Wir wollen uns genauer anschauen, wie dies geschieht:

```
> restart: with(plots): with(plottools): Digits := 4:
  f := (x,y) -> [2*x,2*y,x^2+y^2-1]/(1+x^2+y^2):
       # stereographische Projektion
  F := transform(f): # Graphiktransformation zu f
  Punkt := disk([1,2],0.2,color=red,numpoints=20,style=patchnogrid):
       # Punkt z = [1,2] in der Ebene
  Kugel := plot3d(1,theta=0..2*Pi,phi=0..Pi,coords=spherical,
                  shading=zgrayscale):
  display(Punkt,axes=framed,scaling=constrained,view=[0..2,1..3],
    tickmarks=[2,2],title="Graphikstruktur Punkt");
  display(F(Punkt),Kugel,axes=framed,scaling=constrained,orientation
    =[60,60],tickmarks=[3,3,3],title="Graphikstruktur F(Punkt)");
```

Graphikstruktur Punkt

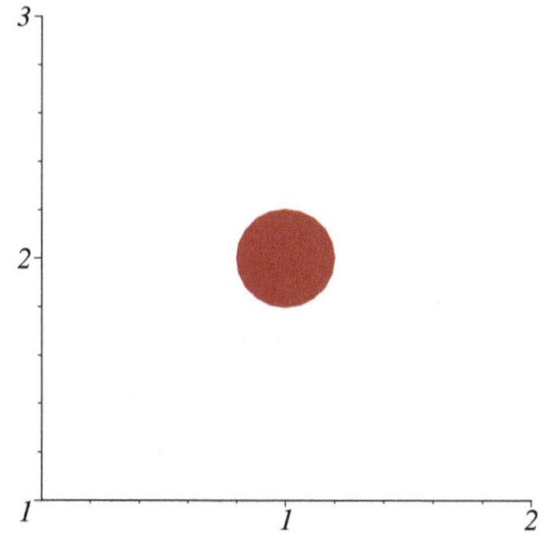

Graphikstruktur F(Punkt)

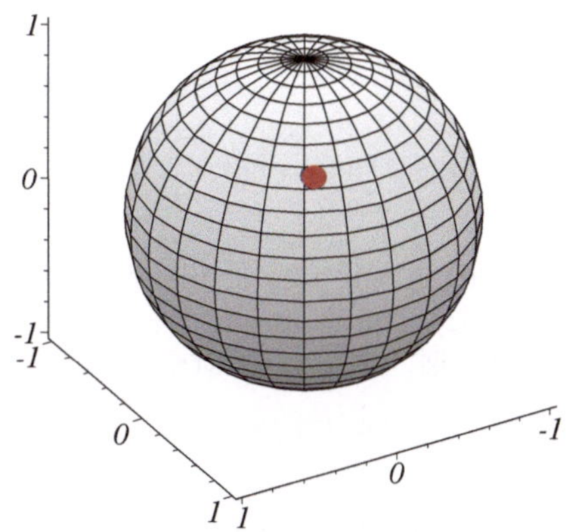

Dazu führen wir schrittweise eine Reihe von Maple-Anweisungen durch, deren meist umfangreiche Ausgaben hier im Buch unterdrückt werden. Als erstes schauen wir uns die Graphikstruktur *Punkt* genauer an und erhalten durch

```
> Punkt;
```

POLYGONS([[1.2, 2.], [1.190, 2.062], [1.162, 2.118], [1.118, 2.162], [1.062, 2.190], [1.000, 2.200], [0.9382, 2.190], [0.8823, 2.162], [0.8381, 2.117], [0.8098, 2.062], [0.8000, 2.000], [0.8098, 1.938], [0.8382, 1.882], [0.8824, 1.838], [0.9383, 1.810], [1.000, 1.800], [1.062, 1.810], [1.117, 1.838], [1.162, 1.882], [1.190, 1.938], [1.200, 2.000]], COLOUR(*RGB*, 0.7188, 0.07812, 0.04297), STYLE(*PATCHNOGRID*))

Maple's interne Darstellung. Es handelt sich offensichtlich um eine Folge von drei Operanden. Mit dem Befehl op(1,Punkt) greifen wir auf den ersten Operanden zu:

```
> op(1,Punkt):
```

Dies ist eine Liste von 2D-Punkten, die mittels der stereographischen Projektion in 3D-Punkte transformiert werden sollen. Unter Zuhilfenahme von map geht dies sehr einfach. Versucht man es im ersten Anlauf mit

```
> Punkt_3D := map(f,op(1,Punkt));
Error, invalid input: f uses a 2nd argument, y, which is missing
```

so erhält man eine Fehlermeldung, denn hier wird f auf Punkte der Form $[x, y]$ angewendet. Durch $f([x, y])$ wird f nämlich fälschlich nur auf *ein* Argument angewendet; korrekt wäre vielmehr der Aufruf $f(x, y)$. Das Problem läßt sich mit folgendem Maple-Befehl lösen:

```
> op([x,y]);
```

$$x, y$$

Offensichtlich ist also $f(x, y) = f(\mathrm{op}([x, y]))$. Den Ausdruck auf der rechten Seite kann man mit dem Verknüpfungsoperator @ auch in der Form $(f@\mathrm{op})([x, y])$ schreiben. Im zweiten Anlauf sind wir erfolgreicher:

```
> Punkt_3D := map(f@op,op(1,Punkt)):
```

Wir substituieren in *Punkt* den ersten Operanden durch die Liste *Punkt_3D* und erhalten so eine 3D-Graphikstruktur:

```
> f_Punkt := subs(op(1,Punkt)=Punkt_3D,Punkt):
```

Mittels

```
> display(f_Punkt,Kugel,axes=framed,scaling=constrained,
          orientation=[60,60],tickmarks=[3,3,3]):
```

überzeugen wir uns schließlich, daß *f_Punkt* dieselbe Graphik liefert wie *F(Punkt)*. Durch unsere Konstruktion von f_Punkt haben wir also die Wirkungsweise der Graphiktransformation F nachvollzogen.

Symbolverzeichnis

Griechische Buchstaben

Sonstiges

Markierung für Animationen in den MWSs

Namen- und Sachverzeichnis

A

B

C

D

E

H

I

J

K

L

M

Q

R

S

T

U

V

W

Z

Index zu Maple

Literaturverzeichnis

Gewöhnliche Differentialgleichungen

[Am] AMANN, H. (1995): *Gewöhnliche Differentialgleichungen.* de Gruyter, Berlin

[Arn] ARNOL'D, V. (2001): *Gewöhnliche Differentialgleichungen.* Springer, Berlin

[Bi/Ro] BIRKHOFF, G., ROTA, G. (1989): *Ordinary Differential Equations.* John Wiley & Sons, New York

[Bo/DiP] BOYCE, W., DIPRIMA, R. (1995): *Gewöhnliche Differentialgleichungen.* Spektrum, Heidelberg

[Bran] BRAND, L. (1966): *Differential and Difference Equations.* John Wiley & Sons, New York

[Bra] BRAUN, M. (1991): *Differentialgleichungen und ihre Anwendungen.* Springer, Berlin

[Ces] CESARI, L. (1963): *Asymptotic Behavior and Stability Problems in Ordinary Differential Equations.* Springer, Berlin

[Co/Le] CODDINGTON, A., LEVINSON, N. (1955): *Theory of Ordinary Differential Equations.* McGraw-Hill, New York

[Col] COLE, R. H. (1968): *Theory of Ordinary Differential Equations.* Appleton-Century-Crofts, New York

[De/Bo] DEUFLHARD, P., BORNEMANN, F. (2002): *Scientific Computing with Ordinary Differential Equations.* Springer, Berlin

[Edw] EDWARDS, C. H. (1993): *Elementary Differential Equations with Boundary Value Problems.* Prentice-Hall, Englewood Cliffs

[Ess] ESSER, M. (1968): *Differential Equations.* Saunders, Philadelphia

[Go/Sc] GOLDBERG, J., SCHWARTZ, A. (1972): *Systems of Ordinary Differential Equations.* Harper Row, New York

[Hal] HALE, J. (1980): *Ordinary Differential Equations.* Krieger, Malabar

[Har] HARTMAN, P. (1964): *Ordinary Differential Equations.* John Wiley & Sons, New York

[Heu] HEUSER, H. (2009): *Gewöhnliche Differentialgleichungen.* Vieweg+Teubner, Wiesbaden

[Hil] HILLE, E. (1969): *Lectures on Ordinary Differential Equations.* Addison-Wesley, Reading

[Hi/Sm] HIRSCH, M., SMALE, S. (1974): *Differential Equations, Dynamical Systems and Linear Algebra.* Academic Press, San Diego

[Hs/Si] HSIEH, P., SIBUYA, Y. (1999): *Basic Theory of Ordinary Differential Equations.* Springer, Berlin

[Ka] KAMKE, E. (1969): *Differentialgleichungen I.* Geest & Portig, Leipzig

[Kapl] KAPLAN, W. (1962): *Operational Methods for Linear Systems.* Addison-Wesley, Reading

[Kn/Ka] KNOBLOCH, H., KAPPEL, G. (1974): *Gewöhnliche Differentialgleichungen.* Teubner, Stuttgart

[Lu_al] LUTHER, W. ET AL. (1987): *Gewöhnliche Differentialgleichungen · Analytische und numerische Behandlung.* Vieweg, Wiesbaden

[Per] PERKO, L. (2001): *Differential Equations and Dynamical Systems.* Springer, Berlin

[Redh] REDHEFFER, R. (1991): *Differential Equations: Theory and Applications.* Jones and Bartlett, Boston

[Rei] REID, W. (1971): *Ordinary Differential Equations.* John Wiley & Sons, New York

[Ross] ROSS, S. L. (1984): *Differential Equations.* John Wiley & Sons, New York

[Rou] ROUCHE, N., MAWHIN, J. (1973): *Équations différentielles ordinaires.* Masson et Cie, Paris

[Run] RUNCKEL, H.-J. (2000): *Höhere Analysis — Funktionentheorie und Gewöhnliche Differentialgleichungen.* Oldenbourg, München

[Sc/Sc] SCHÄFKE, F., SCHMIDT, D. (1973): *Gewöhnliche Differentialgleichungen.* Springer, Berlin

[Schn] SCHNEIDER, A. (2000): *Gewöhnliche Differentialgleichungen.* Fernuniversität Hagen, Kurs 01335

[Simm] SIMMONS, F. G. (1991): *Differential Equations with Applications and Historical Notes.* McGraw-Hill, New York

[Wal] WALTER, W. (2000): *Gewöhnliche Differentialgleichungen.* Springer, Berlin

[Was] WASOW, W. R. (1965): *Asymptotic Expansions for Ordinary Differential Equations.* Interscience Publ., New York

[Weise] WEISE, K. H. (1966): *Differentialgleichungen.* Vandenhoeck & Ruprecht, Göttingen

[Yos] YOSIDA, K. (1960): *Lectures on Differential and Integral Equations.* John Wiley & Sons, New York

[Zill] ZILL, D. (2012): *A First Course in Differential Equations with Modeling Applications.* Brooks/Cole, Pacific Grove

Analysis, Lineare Algebra, Numerische Mathematik

[Ba/Fl] BARNER, M., FLOHR, F. (1989): *Analysis II.* de Gruyter, Berlin

[Br] BRÖCKER, T. (1980): *Analysis in mehreren Variablen.* Teubner, Stuttgart

[Bu/St] BULIRSCH, R., STOER, J. (2002): *Introduction to Numerical Analysis.* Springer, Berlin

[Dav] DAVIS, P. (1975): *Interpolation and Approximation.* Dover, New York

[Dieu] DIEUDONNÉ, J. (1975): *Grundzüge der modernen Analysis, Band 1.* Vieweg, Wiesbaden

[Halm] HALMOS, P. R. (1974): *Finite Dimensional Vector Spaces.* Springer, Berlin

[Heu1] HEUSER, H. (2009): *Lehrbuch der Analysis, Teil 1.* Vieweg+Teubner, Wiesbaden

[Heu2] HEUSER, H. (2008): *Lehrbuch der Analysis, Teil 2.* Vieweg+Teubner, Wiesbaden

[Hoff] HOFFMANN, D. (1995): *Analysis für Wirtschaftswissenschaftler und Ingenieure.* Springer, Berlin

[Kab1] KABALLO, W. (2000): *Einführung in die Analysis I.* Spektrum, Heidelberg

[Kab2] KABALLO, W. (1997): *Einführung in die Analysis II.* Spektrum, Heidelberg

[Ki/Ch] KINCAID, D., CHENEY, W. (1991): *Numerical Analysis.* Brooks/Cole, Pacific Grove

[Koec] KOECHER, M. (2003): *Lineare Algebra und Analytische Geometrie.* Springer, Berlin

[Koe2] KÖNIGSBERGER, K. (2004): *Analysis 2.* Springer, Berlin

[Me/Va] MEYBERG, K., VACHENAUER, P. (2001): *Höhere Mathematik 2.* Springer, Berlin

[Schw] SCHWARZ, H. R., KLÖCKLER, N. (2009): *Numerische Mathematik.* Vieweg+Teubner, Wiesbaden

[Wa1] WALTER, W. (2004): *Analysis 1.* Springer, Berlin

[Wa2] WALTER, W. (2002): *Analysis 2.* Springer, Berlin

LAPLACE-Transformation

[Doet] DOETSCH, G. (1976): *Einführung in Theorie und Anwendung der Laplace-Transformation.* Birkhäuser, Basel

[Ma/Ob] MAGNUS, W., OBERHETTINGER, F. (1966): *Formulas and Theorems for the Special Functions of Mathematical Physics.* Springer, Berlin

[Widd] WIDDER, D. V. (1972): *The Laplace Transform.* Princeton Univ. Press, Princeton

Matrixfunktionen

[Culv] Culver, W. J. (1966): *On the Existence and Uniqueness of the Real Logarithm of a Matrix.* Proceedings of the AMS 17, 1146–1151

[Gant] Gantmacher, F. (1986): *Matrizentheorie.* Springer, Berlin

[Ho/Jo] Horn, R., Johnson, C. (1991): *Topics in Matrix Analysis.* University Press, Cambridge

[Kowa] Kowalewski, G. (1950): *Einführung in die Theorie der kontinuierlichen Gruppen.* Chelsea, New York

[Leo] Leonard, I. E. (1996): *The Matrix Exponential.* SIAM Review 38, 507–512

[Mo1] Moler, C., Van Loan, C. (1978): *Nineteen Dubious Ways to Compute the Exponential of a Matrix.* SIAM Review 20, 801–836

[Mo2] Moler, C., Van Loan, C. (2003): *Nineteen Dubious Ways to Compute the Exponential of a Matrix, Twenty-Five Years Later.* SIAM Review 45, 3–49

[Rine] Rinehart, R. F. (1955): *The Equivalence of Definitions of a Matrix Function.* Amer. Math. Monthly 62, 395–414

[Ros] Roseau, M. (1976): *Équations différentielles.* Masson, Paris (Chapitre I)

Zitierte Literatur zu Anwendungen

[Bat] Batschelet, E. (1980): *Einführung in die Mathematik für Biologen.* Springer, Berlin

[Def] Defares, J., Sneddon, I. (1973): *An Introduction to the Mathematics of Medicine and Biology.* North-Holl., Amsterdam

[Fuc] Fuchs, G. (1979): *Mathematik für Mediziner und Biologen.* Springer, Berlin

[Had] Hadeler, K. (1974): *Mathematik für Biologen.* Springer, Berlin

[Hai] Hainzl, J. (1985): *Mathematik für Naturwissenschaftler.* Teubner, Stuttgart

[Hof] Hofmann, W. (1967): *Lehrbuch der Mathematik für Volks- und Betriebswirte.* Ullstein, Frankfurt

[Ma/Mu] Margenau, H., Murphy, G. (1967): *Die Mathematik für Physik und Chemie.* Deutsch, Frankfurt

[Me] Meschede, D. (2010): *Gerthsen Physik.* Springer, Berlin

[Volt] Volterra (1931): *Leçons sur la théorie mathématique de la lutte pour la vie.* Gauthier-Villars, Paris

[Zac] Zachmann, H. (1990): *Mathematik für Chemiker.* Verlag Chemie, Weinheim

Literatur zu und mit Maple

[PrG] BERNHARDIN, B. ET AL. (2012): *Maple 16 Programming Guide.* Maplesoft, Waterloo

[Br/Me] BRAUN, R., MEISE, R. (2012): *Analysis mit Maple.* Vieweg+Teubner, Wiesbaden

[Cor] CORLESS, R. M. (2002): *Essential Maple 7.* Springer, Berlin

[Fo/Ho] FORST, W., HOFFMANN, D. (2012): *Funktionentheorie erkunden mit Maple.* Springer, Berlin

[Gu/Mo] GUIDERA, C., MONOGAN, M. (1997): *Teaching Introductory Differential Equations with Maple.* MapleTech Vol. 4, No. 1 (59–67)

[Heck] HECK, A. (2003): *Introduction to Maple.* Springer, Berlin

[Kam] KAMERICH, E. (1999): *A Guide to Maple.* Springer, Berlin

[Kof] KOFLER, M. ET AL. (2002): *Maple: Einführung, Anwendung, Referenz.* Pearson, München

[Kr/No] KREYSZIG, E., NORMINTON, E. J. (2006): *Maple Computer Guide.* John Wiley & Sons, New York

[Walz] WALZ, A. (2002): *Maple 7: Rechnen und Programmieren.* Oldenbourg, München

[Wes] WESTERMANN, T. (2011): *Mathematik für Ingenieure.* Springer, Berlin

[Wes2] WESTERMANN, T. (2012): *Ingenieurmathematik kompakt mit Maple.* Springer, Berlin